混凝土结构与砌体结构

主　编　翁光远
参　编　柴彩萍　王占锋
　　　　贺丽娟　刘　洋
主　审　杨云峰

北京理工大学出版社
BEIJING INSTITUTE OF TECHNOLOGY PRESS

内 容 提 要

本书共分为三篇九个项目,主要内容包括钢筋混凝土结构材料的物理力学性能、砌体结构材料的物理力学性能、结构设计基本原理、梁板结构施工图设计、单层工业厂房施工图设计、多层框架结构施工图设计、砌体结构施工图设计、预应力混凝土基本知识、混凝土构件的使用性能及结构耐久性等。

本书可作为高等院校土木工程类相关专业的教材,也可作为建筑工程技术人员及相关人员学习的参考用书。

图书在版编目(CIP)数据

混凝土结构与砌体结构 / 翁光远主编.—北京:北京理工大学出版社,2018.1
ISBN 978-7-5682-5039-9

Ⅰ.①混… Ⅱ.①翁… Ⅲ.①混凝土结构—高等学校—教材 ②砌体结构—高等学校—教材 Ⅳ.①TU37②TU209

中国版本图书馆CIP数据核字(2017)第309825号

出版发行 / 北京理工大学出版社有限责任公司

社　　址 / 北京市海淀区中关村南大街5号

邮　　编 / 100081

电　　话 / (010)68914775(总编室)

　　　　　 (010)82562903(教材售后服务热线)

　　　　　 (010)68948351(其他图书服务热线)

网　　址 / http://www.bitpress.com.cn

经　　销 / 全国各地新华书店

印　　刷 / 北京紫瑞利印刷有限公司

开　　本 / 787毫米×1092毫米　1/16

印　　张 / 19　　　　　　　　　　　　　　　　　责任编辑 / 李玉昌

字　　数 / 462千字　　　　　　　　　　　　　　　文案编辑 / 李玉昌

版　　次 / 2018年1月第1版　2018年1月第1次印刷　　责任校对 / 杜　枝

定　　价 / 72.00元　　　　　　　　　　　　　　　责任印制 / 边心超

编审委员会

前　言

本书按照土木工程类相关专业人才培养目标对"混凝土结构与砌体结构"课程的基本教学要求，依据我国现行的最新结构设计规范和标准编写而成。

本书注重理论内容的精炼，突出实践内容的重要性，以"实用"为宗旨，在重要章节内容的编写过程中，附有大量的实践设计，体现知识与能力的结合，力求反映高等教育的教材特点。

本书遵循项目化教材的编写思路，突出技术技能的培养。全书分为三篇，第一篇为技能基础篇，开发教学项目3个，分别为钢筋混凝土结构材料的物理力学性能、砌体结构材料的物理力学性能和结构设计基本原理；第二篇为技能形成篇，开发教学项目4个，分别为梁板结构施工图设计、单层工业厂房施工图设计和多层框架结构施工图设计和砌体结构施工图设计；第三篇为技能拓展篇，开发教学项目2个，分别为预应力混凝土基本知识和混凝土构件的使用性能及结构耐久性。

本书由翁光远担任主编，柴彩萍、王占锋、贺丽娟和刘洋参与了本书部分章节的编写工作。具体编写分工为：绪论、第二篇项目1的1.4和1.5节、第二篇项目3、第二篇项目4、第三篇项目1由翁光远编写；第一篇项目1、第一篇项目2、第一篇项目3、第三篇项目2和附录B由柴彩萍编写；第二篇项目1的1.1、1.2、1.3.1、1.3.2、1.3.3、1.3.4、1.3.5、1.3.6、1.3.7节，第二篇项目2的2.1、2.2节由王占锋编写；第二篇项目1的1.3.8、1.3.9、1.3.10、1.3.11、1.3.12、1.3.13、1.3.14节和附录A由贺丽娟编写；第二篇项目2的2.3节由刘洋编写。全书最后由翁光远修改定稿，由杨云峰主审。

本书编写过程中参考了大量的国内外文献，在书末的参考文献中均已列出，特此向其作者表示感谢。

由于时间仓促，编者水平有限，书中不妥之处在所难免，敬请读者批评指正。

编　者

目　录

第一篇 技能基础

绪 论

0.1 混凝土结构的基本概念

在建筑物中，承受和传递作用的各个部件的总和称为结构。任何结构都是由许多基本构件通过一定的连接方式而组成的承重骨架体系。建筑结构中的板、柱、梁、墙、基础等称为基本构件。基本构件按受力与变形的特点分为受弯构件、受压构件、受扭构件、受拉构件等。在工程实际中，有些构件的受力和变形比较简单，而有些构件的受力和变形则比较复杂，可能是几种受力状态的组合。

按材料不同将结构分为混凝土结构、钢结构、砌体结构、木结构和混合结构等。混凝土结构是以混凝土为主要材料制成的结构，这种结构广泛应用于建筑、桥梁、隧道、矿井以及水利、港口等工程。混凝土结构包括素混凝土结构、钢筋混凝土结构、预应力混凝土结构及配置各种纤维筋的混凝土等。

素混凝土结构是由无筋或不配置受力钢筋的混凝土制成的结构，常用于路面和一些非承重结构。

钢筋混凝土结构是由配置受力的普通钢筋、钢筋网或钢筋骨架的混凝土制成，是一种最为常见的结构形式，如图 0-1-1 所示。

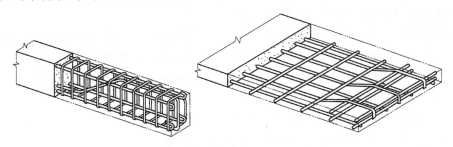

图 0-1-1 钢筋混凝土结构

预应力混凝土结构是指充分利用高强度材料来改善钢筋混凝土结构的抗裂性能的结构，其是由配置的受力钢筋通过张拉或其他方法建立预应力的混凝土结构。

钢筋混凝土结构和预应力混凝土结构常用作土木工程中主要的承重结构。在大多数情况下混凝土结构是指钢筋混凝土结构。钢筋和混凝土都是土木工程中重要的建筑材料，钢筋的抗拉强度和抗压强度都很高，但混凝土的抗拉强度很低，其抗拉强度约为抗压强度的十分之一。素混凝土梁的承载力很低，如图 0-1-2(a)所示。梁在受拉区配置适量的钢筋，

即构成钢筋混凝土梁,如图 0-1-2(b)所示。在荷载
作用下,梁受拉区的混凝土仍会开裂,由于钢筋的
作用,可以代替受拉区混凝土承受拉力,裂缝不会
迅速发展,受压区的压应力仍由混凝土承受,因此,
梁可以承受继续增大的荷载,直到钢筋的应力达到
其屈服强度。随后荷载仍可略有增加致使受压区混
凝土被压碎,混凝土抗压强度得到了充分利用,梁
最终被破坏。可见,配置在受拉区的钢筋明显地加
强了受拉区的抗拉能力,从而使钢筋混凝土梁的承
载力比素混凝土梁有很大的提高。这样,混凝土的
抗压能力和钢筋的抗拉能力都得到了充分利用,而

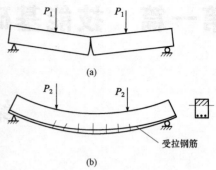

图 0-1-2　素混凝土梁和钢筋混凝土梁
(a)素混凝土梁;(b)钢筋混凝土梁

且在梁破坏前,其裂缝充分发展,其变形迅速增大,有明显的破坏预兆。结构的受力特性
得到显著改善。

0.2　混凝土结构的特点

钢筋和混凝土这两种物理和力学性能不同的材料,能有机地结合在一起共同受力,主
要是由于它们之间有良好的粘结力,能牢固粘结成整体。当构件承受荷载时,钢筋和混凝
土协调变形,不产生相对滑动。此外,钢筋和混凝土的线膨胀系数较接近(钢筋为 1.2×10^{-5},混凝土为 1.0×10^{-5}),当温度变化时,两种材料间不致产生温度应力,不会产生较
大的相对变形,不破坏结构的整体性,不会在未受荷载之前,钢筋和混凝土之间就产生相
互作用而开裂或破坏。

钢筋混凝土结构除了较合理地利用钢筋和混凝土二者的材料性能外还具有很多优点:

(1)承载力高。混凝土结构和砌体、木结构相比,其承载力高。在一定条件下,可以用
来代替钢结构,达到节约钢材、降低造价的目的。

(2)耐久性好。在钢筋混凝土结构中,混凝土的强度随时间的增加而增大,抗风化能力
强,且钢筋受混凝土的保护而不易锈蚀,所以钢筋混凝土的耐久性好;而钢结构需要经常
的保养和维修。处于侵蚀性气体或受海水浸泡的钢筋混凝土结构,经过合理的设计及采取
特殊的措施,一般也可满足工程需要。

(3)整体性好。钢筋混凝土结构特别是现浇的钢筋混凝土结构,整体性好,对于抵抗地
震作用(或抵抗强烈爆炸时冲击波的作用)具有较好的性能。

(4)耐火性好。混凝土是热的不良导体,导热性差。混凝土包裹在钢筋之外,起着保护
作用,若有足够的保护层,就不致因遭受火灾而使钢材很快达到软化的危险温度,造成结
构的整体破坏。

(5)可模性好。钢筋混凝土可根据设计需要浇制成各种形状和尺寸的结构,便于建筑造
型的实现和建筑设备、工程开孔、留洞需要,特别适用于建造外形复杂的大体积结构及空
间薄壁结构。这一特点是砖、石、钢、木等结构所没有的。

(6)就地取材。钢筋混凝土所用的原材料砂和石,一般较易于就地取材。在工业废料
(如矿渣、粉煤灰等)比较多的地方,还可将工业废料制成人造集料用于钢筋混凝土结构中,

以降低工程造价。

(7)节约钢材。钢筋混凝土结构合理地发挥了材料的性能，在某些情况下可以代替钢结构，从而节约钢材并降低造价。

(8)隔声性好。与钢、木结构相比，钢筋混凝土结构的隔声性能相对较好。

(9)保养费省。钢筋混凝土结构很少需要维修，不像钢、木结构需要经常地保养。

虽然混凝土结构具有上述的优点，但在工程应用过程中还存在以下一些缺点：

(1)自重大。混凝土结构不利于建造大跨度结构及高层建筑。

(2)抗裂性能差。由于混凝土抗拉强度低，所以，钢筋混凝土构件在使用阶段往往免不了带有裂缝。

(3)施工的季节性。在严寒地区冬期施工，混凝土浇筑后可能冻坏，这时可采用预制装配式结构，也可在混凝土中掺加化学拌和剂加速凝结、增加热量，防止冻结，还可以采用保温措施。在酷热地区或雨期施工，可采用防护措施，控制水胶比，加强保养，或采用预制装配式结构。

(4)费工、费模板。现场施工工期长而建造的整体式钢筋混凝土结构比较费工；同时又需大量模板和支撑，且混凝土需要在模板内进行一段时间的养护。

0.3　混凝土结构的应用及发展

1. 混凝土结构的发展概况

相对于木结构、钢结构、砌体结构而言，混凝土结构起步较晚，其应用仅有 160 多年的历史，可大致划分为四个阶段。从 1850 年到 1920 年为第一阶段，这时由于钢筋和混凝土的强度都很低，仅能建造一些小型的梁、板、柱、基础等构件，钢筋混凝土本身的计算理论尚未建立，只能按弹性理论进行结构设计；自 1920 年至 1950 年为第二阶段，这时已建成各种空间结构，发明了预应力混凝土并应用于实际工程，开始按破损阶段进行构件截面设计；1950 年到 1980 年为第三阶段，由于材料强度的提高，混凝土单层房屋和桥梁结构的跨度不断增大，混凝土高层建筑的高度已达 262 m，混凝土的应用范围进一步扩大，普遍采用各种现代化施工方法，同时广泛采用预制构件，结构构件设计已过渡到按极限状态的设计方法；大致从 1980 年起，混凝土结构的发展进入第四阶段。尤其是近十余年来，大模板现浇和大板建筑等工业化体系进一步发展，高层建筑新结构体系(如框桁架体系和外伸结构等)有较多的应用。振动台试验、拟动力试验和风洞试验较普遍地开展。计算机辅助设计和绘图的程序化，改进了设计方法并提高了设计质量，也减轻了设计工作量；非线性有限元分析方法的广泛应用，推动了混凝土强度理论和本构关系的深入研究，并形成了"近代混凝土力学"这一分支学科；结构构件的设计已采用极限状态设计方法。

随着技术的发展，混凝土结构在其所用材料和配筋方式上有了很多新进展，形成了一些新的混凝土结构形式，如高性能混凝土结构、纤维增强混凝土结构、钢与混凝土组合结构等。

(1)高性能混凝土结构。高性能混凝土具有高强度、高耐久性、高流动性及高抗渗透性等优点，是今后混凝土材料发展的重要方向。一般将混凝土强度等级大于 C50 的混凝土划分为高强度混凝土。高强度混凝土的强度高、变形小、耐久性好，适应现代工程结构向大跨、重载、高层发展和承受恶劣环境条件的需要。配置高强度混凝土必须采用较低的水胶比，并应掺入粉煤灰、矿渣、沸石灰、硅粉等混合料。在混凝土中加入高效减水剂可有效地降低水胶比；掺入粉煤灰、矿渣、沸石灰则能有效地改善混凝土拌合料的和易性，提高硬化后混凝土的力学性能和耐久性；硅粉对提高混凝土的强度最为有效，并使混凝土具有耐磨和耐冲刷的特性。

高强度混凝土在受压时表现出较小的塑性和更大的脆性，因而，在结构构件计算方法和构造措施上与普通强度混凝土有一定差别，在某些结构上的应用受到限制，如有抗震设防要求的混凝土结构，混凝土强度等级不宜超过C60（抗震设防烈度为9度时）和C70（抗震设防烈度为8度时）。

（2）纤维增强混凝土结构。在普通混凝土中掺入适当的各种纤维材料而形成纤维增强混凝土，其抗拉、抗剪、抗折强度和抗裂、抗冲击、抗疲劳、抗震和抗爆等性能均有较大提高，因而获得较大发展和应用。

目前，应用较多的纤维材料有钢纤维、合成纤维、玻璃纤维和碳纤维等。

钢纤维混凝土是将短的、不连续的钢纤维均匀、乱向地掺入普通混凝土而制成，有无钢筋纤维混凝土结构和钢纤维钢筋混凝土结构两种。钢纤维混凝土结构的应用很广，如机场的飞机跑道、地下人防工程、地下泵房、水工结构、桥梁与隧道工程等。

合成纤维（尼龙基纤维、聚丙烯纤维等）可以作为主要加筋材料，能提高混凝土的抗拉、韧性等结构性能，用于各种水泥基板材；其也可以作为一种次要加筋材料，主要用于提高水泥混凝土材料的抗裂性。碳纤维具有轻质、高强、耐腐蚀、施工便捷等优点，已广泛用于建筑、桥梁结构的加固补强及机场飞机跑道工程等。

（3）钢与混凝土组合结构。用型钢或钢板焊（或冷压）成钢截面，再将其埋置在混凝土中，使混凝土与型钢形成整体共同受力，这种结构称为钢与混凝土组合结构。国、内外常用的钢与混凝土组合结构有压型钢板与混凝土组合楼板、钢与混凝土组合梁、型钢混凝土结构、钢管混凝土结构和外包钢混凝土结构五大类。

钢与混凝土组合结构除具有钢筋混凝土结构的优点外，还具有抗震性能好、施工方便，能充分发挥材料的性能等优点，因而可以得到广泛应用。各种结构体系，如框架、剪力墙、框架-剪力墙、框架-核心筒等结构体系中的梁、柱、墙均可采用钢与混凝土组合结构。例如，美国的太平洋第一中心大厦（44层）和双联广场大厦（58层）的核心筒大直径柱，以及北京环线地铁车站柱，都采用了钢管混凝土结构；上海金茂大厦外围柱、环球金融中心大厦的外框筒柱，采用了型钢混凝土柱；我国在电厂建筑中推广使用了外包钢混凝土结构。

2. 混凝土结构应用概况

混凝土结构广泛应用在土木工程的各个领域，下面简要介绍其主要应用情况。

在混凝土结构材料应用方面，混凝土和钢材的质量不断改进、强度逐步提高。例如，美国20世纪60年代使用的混凝土平均抗压强度为28 MPa，20世纪70年代提高到42 MPa，近年来，一些特殊需要的结构混凝土抗压强度可达80～105 MPa，而实验室制备的混凝土抗压强度可高达1 000 MPa。目前，强度等级为C50～C80的混凝土甚至更高强度混凝土的应用已比较普遍。各种特殊用途的混凝土不断研制成功并获得应用，如超耐久性混凝土的耐久年限可达500年；耐热混凝土可达1 800 ℃的高温；钢纤维混凝土和聚合物混凝土、放射线、耐磨、耐腐蚀、防渗透、保温等有特殊要求的混凝土也应用在实际工程中。20世纪70年代，苏联使用的钢材平均屈服强度为380 MPa，20世纪80年代提高到420 MPa，而美国在 20 世纪 70 年代所用钢材平均屈服强度已达 420 MPa，预应力钢筋强度则更高。材料质量与强度的提高为混凝土结构在更大范围应用创造了条件。

目前，混凝土结构已成为土木工程中的主流结构。例如，房屋建筑中的住宅和公共建筑，广泛采用钢筋混凝土楼盖和屋盖；单层厂房很多采用钢筋混凝土柱、基础，钢筋混凝土或预应力混凝土屋架及薄腹梁等；高层建筑混凝土结构体系的应用更为广泛。2010 年投入使用的阿拉伯联合酋长国迪拜哈利法塔（Burj Khalifa Tower），是已建成的世界最高混凝土结构建筑物（图 0-1-3）。哈利法塔原名迪拜塔（Burj Dubai），又称迪拜大厦或比斯迪拜塔，162 层，总高度为 828 m。号称"亚洲第一高楼"的上海中心，127 层，楼高为 632 m，是亚洲最高的混凝土结构建筑物（图 0-1-4）。1998 年建成的马来西亚石油双塔楼，88 层，高度为 452 m，以及 2003 年建成的中国台北国际金融中心，101 层，高度为 455 m，这两幢房屋均采用钢-混凝土组合结构，其高度已超过世界上最高的钢结构房屋（美国芝加哥 SearsTower 大厦）。我国上海金茂大厦，88 层，建筑高度为 420.5 m，为钢筋混凝土和钢构架混合结构。其中，横穿混凝土核心筒的三道 8 m 高的多方位外伸钢桁架，为世界高层建筑所罕见。已知世界上计划建造 800 m 以上的塔楼，有日本东京的千禧年大厦（MilleniumTower），高度为 840 m，以及香港超群塔楼（BionicTower），高度为 1 128 m 等。

图 0-1-3 世界第一高楼——哈利法塔

图 0-1-4 亚洲第一高楼——上海中心

混凝土结构在桥梁工程中的应用也相当普遍，无论是中、小跨度桥梁还是大跨度桥梁，大都采用混凝土结构建造。如分别于 1991 年与 1997 年建成的挪威 Skarnsundet 桥和重庆长江二桥，均为预应力混凝土斜拉桥；广东虎门大桥中的辅航道桥为预应力混凝土刚架公路桥，跨度达 270 m；攀枝花预应力混凝土铁路刚架桥，跨度为 168 m。公路混凝土拱桥应用也较多，其中，突出的如 1997 年建成的四川万县（现重庆万州）长江大桥，为上承式拱桥，采用钢管混凝土和型钢骨架组成三室箱形截面，跨长 420 m，为目前世界最大跨径拱桥；贵州江界河 330 m 的桁架式组合拱，广西邕宁江 312 m 的中承式拱桥等均为混凝土桥。尤为值得一提的是当今世界上最长的跨海大桥——青岛海湾大桥（又称胶州湾跨海大桥），全长 41.58 km，分上部结构和下部结构两部分，其中，上部结构包括钢箱梁、混凝土主塔和悬索等，下部结构则包括混凝土承台、墩身及桩基等（图 0-1-5）。

位居世界跨海大桥第三的是我国杭州湾跨海大桥(图 0-1-6)，全长 36 km，据初步核定，大桥共用钢材 76.7 万 t，水泥 129.1 万 t，石油沥青 1.16 万 t，木材 1.91 万 m³，混凝土 240 万 m³，各类混凝土桩基 7 000 余根，为国内特大型桥梁之最。

图 0-1-5　世界最长跨海大桥——
青岛海湾大桥

图 0-1-6　世界第三长跨海大桥——
杭州湾跨海大桥

混凝土结构在隧道工程、水利工程、地下工程、特种工程中的应用也极为广泛。中华人民共和国成立后，修建了约 2 500 km 长的铁路隧道，其中，成昆铁路线中有混凝土隧道 427 座，总长 341 km，占全线路长的 31%。我国除北京、上海、天津、广州等大城市已有地铁外，许多二、三线城市也建有或正在筹划建造地铁。我国许多城市建有地下商业街、地下停车场、地下仓库、地下工厂、地下旅店等。

水利工程中的水电站、拦洪坝、引水渡槽、污水排灌管等均采用钢筋混凝土结构。目前，世界上最高的重力坝为瑞士的大狄仁桑坝，高度为 285 m，其次为俄罗斯的萨杨苏申克坝，高度为 245 m；我国于 1989 年建成的青海龙羊峡大坝，高度为 178 m；四川二滩水电站拱坝，高度为 242 m；贵州乌江渡拱形重力坝，高度为 165 m；黄河小浪底水利枢纽主坝，高度为 154 m。我国的三峡水利枢纽，水电站主坝，高度为 190 m，设计装机容量 1 820×10⁴ kW，发电量居世界单一水利枢纽发电量的第一位。另外，举世瞩目的南水北调大型水利工程，沿线将建造很多预应力混凝土渡槽。

特种结构中的烟囱、水塔、筒仓、储水池、电视塔、核电站反应堆安全壳、近海采油平台等也有很多采用混凝土结构建造。例如，1989 年建成的挪威北海混凝土近海采油平台，水深为 216 m；目前，世界上最高的电视塔——加拿大多伦多电视塔，塔高为 553.3 m，为预应力混凝土结构；上海东方明珠电视塔由三个钢筋混凝土筒体组成，高度为 456 m，居世界第三位。另外，还有瑞典建成的容积为 10 000 m³ 的预应力混凝土水塔，我国山西云冈建成的两座容量为 6×10⁴ t 的预应力混凝土煤仓等。

3. 我国混凝土结构规范编制简介

随着我国土木工程建设经验的积累、科研工作和世界范围内技术的不断进步，体现我国混凝土结构学科水平的混凝土结构规范也在不断改进与完善。1952 年，东北地区首先颁布了《建筑物结构设计暂行标准》；1955 年，借鉴苏联规范中的破损阶段设计法，制定了《钢筋混凝土结构设计暂行规范》；1966 年颁布了中国第一部《钢筋混凝土结构设计规范》(BJG21—1966)，采用了当时较为先进、以三系数(材料匀质系数、超载系数、工作条件系数)表达的极限状态设计法;1974 年编制的《钢筋混凝土结构设计规范》(TJ 10—1974),采用了多系数分析、单一安全系数表达的极限状态设计法,并辅以相关规定和规程。

为解决各类材料的建筑结构可靠度设计方法的合理与统一问题,我国于 1984 年颁布了《建筑结构设计统一标准》(GBJ 68—1984),规定各种建筑结构设计规范均统一采用以概率理论为基础的极限状态设计法。其特点是以结构功能的失效概率作为结构可靠度的量度,将极限状态的概念由定值转到非定值,从而将我国结构可靠度方法提升到当时的国际水准。与此相适应,1989 年我国颁布了《混凝土结构设计规范》(GBJ 10—1989)。2001 年前后,我国先后颁布了《建筑结构可靠度设计统一标准》(GB 50068—2001)和《混凝土结构设计规范》(GB 50010—2002)等。然而,2008 年 5 月 12 日,震惊中外的汶川大地震造成约 700 万间房屋倒塌,2 400 万间房屋受损,给我国土木建筑工作者带来了惨痛的教训,也客观反映出我国原有规范中存在的不足。在进行汶川地震房屋倒塌与损害原因分析的基础上,2009 年起,我国先后颁布了《工程结构可靠性设计统一标准》(GB 50153—2008)、《建筑抗震设计规范》(GB 50011—2010)和《混凝土结构设计规范》(GB 50010—2010),并首次提出了工程建设标准是最低要求的概念。2015 年,我国对《混凝土结构设计规范》(GB 50010—2010)进行了局部修订,2016 年又对《建筑抗震设计规范》(GB 50011—2010)进行了局部修订,以进一步适应当前的发展。但是,以上规范、标准与国际上通用的设计规范相比还有一定的差距,有待进一步发展与完善。不可否认的是,每一次新规范、新标准的颁布,必将极大推动新材料、新工艺与新结构的应用,从而推动我国混凝土结构学科向前发展。

0.4 砌体结构特点及发展

1. 砌体结构的特点

砌体结构是砖砌体、砌块砌体、石砌体建造的结构的统称。这些砌体是分别将黏土砖、各种砌块或石材等块体用砂浆砌筑而成的。由于过去大量应用的是砖砌体和石砌体,所以习惯上称为砖石结构。

众所周知,砖、石是地方材料,用其建造房屋符合"因地制宜、就地取材"的原则。和钢筋混凝土结构相比,其可以节约水泥和钢材,降低造价。砖、石材料具有良好的耐火性,较好的化学稳定性和大气稳定性。在施工方面,砖、石砌体在砌筑时不需要特殊的技术设备。此外,砖、石砌体特别是砖砌体,具有较好的隔热、隔声性能。

砌体结构的另一个特点是其抗压强度远大于抗拉、抗剪强度,即使砌体强度不是很高,也能具有较高的结构承载力,特别适合于以受压为主的构件。

由于上述这些特点,砌体结构得到了广泛的应用,不但大量应用于一般工业与民用建筑,而且在高塔、烟囱、料仓、挡墙等构筑物以及桥梁、涵洞、墩台等也有广泛的应用。闻名世界的中国万里长城和埃及金字塔就是古代砌体结构的光辉典范。

砌体结构与其他材料结构相比有许多缺点,砌体的强度较低,因而必须采用较大截面的墙、柱构件,体积大、自重大、材料用量多、运输量也随之增加;砂浆和块材之间的粘结力较弱,因此砌体的抗拉、抗弯和抗剪强度较低,抗震性能差,使砌体结构的应用受到限制;砌体基本上采用手工方式砌筑,劳动量大,生产效率较低。此外,在我国大量采用的黏土砖与农田争地的矛盾十分突出,已经到了政府不得不加大禁用黏土砖力度的程度。

随着科学技术的进步，针对上述种种缺点已经采取各种措施加以克服和改善，古老的砖石结构已经逐步走向现代砌体结构。

2. 砌体结构的发展

(1)砌体结构简要发展历史：我国素有"秦砖汉瓦"之说，足见砌体结构的悠久历史。考古资料表明：约在五千年前的新石器时代，就有石砌围墙、石砌祭坛和木骨架泥墙建筑；在商代(公元前1600—前1046)以后，开始逐渐采用黏土做成板筑墙；在西周时代(公元前1046—前771)已有烧制瓦存在；战国时代(公元前475—前221)已能烧制大尺寸空心砖；南北朝以后，砖的应用更为普遍；而秦代(公元前221—前207)修建的闻名于世的万里长城，则主要是用土和乱石筑成的城墙，它是我国砌体结构史上光辉的一页；隋代(公元581—617)时由工匠李春建造的河北赵县赵州桥(安济桥)，其净跨为37.37 m、高为7 m、宽为9 m，是单孔敞肩式石拱桥，其造型新颖，结构合理，是世界上最早建造且保留至今的石桥；明代建造的南京灵谷寺无梁殿后面走廊的砖砌穹窿，显示出我国古代应用砖石结构上的巨大成就。

砌体结构在我国的发展大致可分为三个阶段：

1)19世纪中叶以前，我国的砖石结构主要为城墙、佛墙、石桥及少数砖砌重型穹拱佛殿。

2)19世纪中叶到20世纪中叶100年左右的时间，我国广泛采用黏土砖建造承重墙。这一阶段对砌体结构的设计按容许应力法粗略计算，而静力分析还没有较正确的理论依据。

3)1950年至今，我国广泛采用砖砌多层房屋、扩大石结构应用范围，发展新结构，采用新材料和新技术(如建造砖薄壳、采用蒸压灰砂砖和粉煤灰砖、混凝土空心砌块、采用各种配筋砌体和大型墙板等)，砌体结构有了较快发展。

(2)砌体结构主要发展方向：我国自新中国成立以来，砌体结构有了较快发展，以往砌体结构的固有缺点限制了砌体结构的适用范围，并且不符合大规模建设的要求。但砌体结构在很多领域的使用仍具有现实意义，因此研制轻质高强块体，使砂浆具有高强度，采用工业化方法和机械化施工，利用工业废料制作块体等，是砌体结构的主要发展方向。

1)研制轻质高强块体。目前，我国采用的烧结砖，抗压强度一般都比较低；而国外市场供应的砖，抗压强度可高达140 N/mm²，两者差距较大。轻质高强意味着砌体抗压强度的提高，因而墙厚可减薄，自重可减轻。

大尺寸、高孔洞率、高强度的空心砖，有利于减轻结构自重、节约材料、降低工程造价。我国的承重空心砖孔洞率一般在30%以内，抗压强度设计值为10～30 N/mm²，国外的承重空心墙孔洞率往往在40%以上，抗压强度普遍可达30～40 N/mm²，有的国家还可以达到50～80 N/mm²。采用高强轻质空心砖可以建造高层建筑，如瑞士用孔洞率为28%、抗压强度为60 N/mm²的空心砖先后建成了19层和24层的塔式住宅，而墙体厚度仅为380 mm。为节省钢材和水泥、造价，有必要研制适合时代发展的高强度轻质砖或砌块。

2)利用工业废料制作块体。城市工业废料如粉煤灰、炉渣或经过处理的垃圾，可以制成硅酸盐砖、加气硅酸盐砌块或炉渣混凝土砌块等，这样既可处理城市建设中的部分工业垃圾，又可以减少烧结砖的使用，进而保护了耕地。

3)采用大型墙板结构。大型墙板作为悬挂的外墙，墙内采用现浇钢筋混凝土墙(俗称内浇外挂)的结构，是北京、唐山等地住宅建筑的一种主要承重结构形式，其有利于加快建筑速度、减轻砌墙的繁重体力劳动，促进建筑工业化、施工机械化，是墙体改革的一种趋向。

0.5 课程特点与学习方法

1. 课程特点

(1)材料的复杂性。钢筋混凝土是由钢筋和混凝土两种力学性能完全不同的材料组成的复合材料，除自身性能复杂外，其性能还受诸多因素的较大影响。由于它与以往学过的材料力学中单一、匀质、连续、理想弹性的材料不同，所以材料力学公式在混凝土结构中可以直接应用的不多，但在考虑了钢筋混凝土材料特性的基础上通过平衡关系建立基本方程的途径是相同的。而且两种材料在截面面积数量和材料强度大小上的比例匹配不同会引起构件受力性能的改变，这是单一材料构件所没有的特点。为了对钢筋混凝土的受力性能和破坏特性有较好的了解，首先要掌握好钢筋和混凝土材料的力学性能和影响因素。这对于钢筋混凝土构件而言则是一个既具有基本理论意义，又有工程实际意义的问题。这是学习本课程必须注意的问题。

(2)半理论、半经验性。《混凝土结构及砌体结构》中的计算公式与《材料力学》等基础课中的公式有所不同，《材料力学》所涉及的材料都是理想的弹性材料，而《混凝土结构及砌体结构》中的材料是非均质、非弹性的钢筋混凝土材料，其计算公式是根据理论分析及试验研究得到的半理论、半经验公式，有些则是工程经验的总结。因此，在学习和运用这些公式时，要正确理解公式的本质，特别注意公式的适用范围及限制条件。

(3)设计的多方案性。在数学和力学等基础学科中，问题的答案一般是唯一的。而结构设计则是要综合考虑总体布置、结构形式、材料选择和构件选型等多个方面，是一个多因素的综合性问题，应遵循安全、经济、适用、美观和有利环保的原则。同一构件在给定荷载作用下，可以采用不同的截面形式，选择不同的截面尺寸和配筋方式等，进而可得到不同的设计结果。合理的设计往往要经过多方案的技术经济比较，从施工、造价、使用、维护和环保等方面综合考虑。事实上，不同的设计理念造就了不同的设计结果。所以，在学习过程中，要注意培养对多种因素进行综合分析的能力。

(4)规范的权威性和设计者的主动创造性。规范是国家制定的有关结构设计计算和构造要求的技术规定和标准，是具有约束性和立法性的文件，是设计、校核、审批结构工程设计的依据。强制性条文是设计中必须遵守的带有法律性质的技术文件，这将使设计方法达到统一化和标准化，从而有效地贯彻国家的技术经济政策，保证工程质量。规范是总结了近年来全国高校与设计、科研单位的科研成果和工程实践经验，并广泛征求国内有关单位的意见，学习和借鉴国外先进规范的经验，并逐渐与国际标准一致，经过反复修改而制定的，它代表了该学科在一个时期的技术水平。由于科学技术水平和生产实践经验是不断发展的，所以规范也必然需要不断修订和补充。因此，要用发展的观点来看待设计规范，在学习和掌握钢筋混凝土结构理论和设计方法的同时，要学会运用规范，在熟悉、运用规范时，注意应不仅限于规范所列的具体条文、公式、表格，更主要的是对规范条文的概念和实质有正确的理解，要善于观察和分析，不断地进行探索和创新。只有这样才能确切地运用规范，充分发挥设计者的主动性和创造性。

2. 学习方法

(1)重视构造要求。结构设计包括结构计算及构造设计两个方面，结构计算是在对结构进行假定简化的基础上进行的，因而计算结果与实际情况仍有一定差距；而构造要求是构件受力性能的保证措施，是长期的科学实验和工程实践的总结。因此，一定要重视构造细节的设计，理解构造原理，懂得计算和构造同等重要。

（2）重视实践和规范应用。《混凝土结构及砌体结构》课程是一门理论性和实践性都较强的课程，学习时一方面应重视基础知识及理论学习；另一方面还应有针对性地到预制厂及施工现场参观学习，增强感性认识，积累工程经验。并在学习过程中逐步熟悉和正确运用我国颁布的一些设计规范和设计规程，如《混凝土结构设计规范（2015 年版）》（GB 50010—2010）、《建筑结构可靠度设计统一标准》（GB 50068—2001）、《建筑结构荷载规范》（GB 50009—2012）、《建筑抗震设计规范（2016 年版）》（GB 50011—2010）、《砌体结构设计规范》（GB 50003—2011）等。

（3）注意难点，突出重点。专业课一般知识面广，综合性强，内容更新快。本课程内容多、试验多、符号多、公式多、构造规定多，学习时要遵循教学大纲的要求，贯彻"少而精"的原则，突出对重点内容的学习。对学习中的难点要找出它的根源，以利于化解。除记好本学科理论和方法的推论、应用和联系外，还要记下更新的内容以及与其他学科的联系。讲到新概念时，要想一想为什么建立这个概念，它是怎样从实际问题中抽象出来的。讲到论证时，已知和未知的因素是什么？推理的方法为什么是这样，论证中的关键步骤有哪些？讲到应用公式时，要想想应用这些公式有什么限制条件？有什么实际意义？边听、边思考、边记笔记，就能使所记内容成为自己理解的东西。

深刻理解重要的概念，熟练掌握设计计算的基本功和构造措施。对于构造规定，也要着眼于理解，对常识性的构造规定应知道，切忌死记硬背。

项目1 钢筋混凝土结构材料的物理力学性能

钢筋混凝土结构是由性质截然不同的钢筋和混凝土两种材料组成的复合结构。正确合理地进行钢筋混凝土结构设计，必须掌握钢筋混凝土结构材料的物理力学性能。钢筋混凝土结构材料的物理力学性能是指钢筋混凝土组成材料——混凝土和钢筋各自的强度及变形的变化规律，以及两者结合组成钢筋混凝土材料后的共同工作性能。这些都是建立钢筋混凝土结构设计计算理论的基础，是学习和掌握钢筋混凝土结构构件工作性能应必备的基础知识。

1.1 钢筋的种类及选用

1.1.1 钢筋的形式

HPB300级钢筋外形轧制成光面，俗称光圆钢筋或圆钢筋，用符号 ϕ 表示。HRB335级钢筋用符号 Φ 表示，HRBF335级钢筋用符号 Φ^F 表示；HRB400级钢筋，用符号 Φ 表示；HRBF400级钢筋，用符号 Φ^F 表示，RRB400级钢筋用符号 Φ^R 表示，轧制成螺纹钢；HRB500级钢筋，用符号 Φ 表示；HRBF500级钢筋，用符号 Φ^F 表示，轧制成月牙纹、人字纹或螺纹钢筋，如图1-1-1所示。

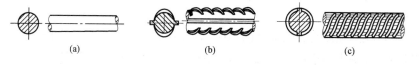

图 1-1-1 热轧钢筋外形
(a)光圆钢筋；(b)月牙钢筋；(c)等高肋钢筋

1.1.2 钢筋的种类

钢筋混凝土结构所采用的钢筋按其化学成分，可分为碳素钢及普通低合金钢两大类。碳素钢除了铁、碳两种基本元素外，还含有少量硅、锰、硫、磷等元素。钢筋混凝土的含碳量越高强度越高，但塑性和可焊性就会降低。普通低合金钢除碳素钢中已有的成分外，再加入少量(一般总量不超过3%)的合金元素如硅、锰、钛、钒和铬等，可有效地提高钢材的强度和改善钢材的性能。

按钢筋的加工方法，钢筋可分为热轧钢筋、冷拉钢筋、冷轧带肋钢筋，热处理钢筋和钢丝五大类。热轧钢筋按外形可分为光圆钢筋(HPB)和带肋钢筋(HRB)两大类，广泛用于钢筋混凝土结构中的钢筋和预应力混凝土结构中的非预应力钢筋。碳素钢丝又称高强钢丝，具有强度高、无须焊接、使用方便等优点；碳素钢丝按其外形可分为光圆钢丝、螺旋肋钢丝和刻痕钢丝三种类型，光圆钢丝一般以多根钢丝组成钢丝束或由若干根钢丝扭结成钢绞线的形式应用。钢绞线截面集中，盘卷运输方便，与混凝土粘结性能良好，现场配束方便，是预应力混凝土桥梁广泛采用的钢筋。螺旋肋钢丝和刻痕钢丝，与混凝土之间的粘结性能好，适用于先张法预应力混凝土结构。此外，冷轧带肋钢筋和冷轧扭钢筋是近年来在建筑工程中应用的新钢种。

修订后的国家钢筋产品标准提倡应用高强、高性能钢筋，不再限制钢筋材料的化学成分和制作工艺，而按性能确定钢筋的牌号和强度级别，并以相应的符号表达。根据混凝土构件对受力的性能要求，规定了各种牌号钢筋的选用原则。钢筋材料的变化主要从以下几个方面体现：

（1）增加了强度为 500 MPa 级的热轧带肋钢筋，推广 400 MPa、500 MPa 级热轧带肋高强度钢筋作为纵向受力的主导钢筋，限制并逐步淘汰 335 MPa 级热轧带肋钢筋的应用；用 300 MPa 级光圆钢筋取代 235 MPa 级光圆钢筋。

（2）推广具有较好延性、可焊性、机械连接性能及施工适应性的 HRB 系列普通热轧带肋钢筋。引入用控温轧制工艺生产的 HRBF 系列细晶粒带肋钢筋。

（3）RRB 系列余热处理钢筋由轧制钢筋经高温淬火，余热处理后强度提高，其延性、可焊性、机械连接性能及施工适应性降低，一般可用于对变形性能及加工性能要求不高的构件中，如基础、大体积混凝土、楼板、墙体以及次要的中、小结构构件等。

（4）增加预应力钢筋的品种：增补高强、大直径的钢绞线；引入大直径预应力螺纹钢筋（精轧螺纹钢筋）；列入中强度预应力钢丝以补充中等强度预应力钢筋的空缺，用于中、小跨度的构件；淘汰锚固性能很差的刻痕钢丝。

（5）高强度钢筋当用于约束混凝土的间接钢筋（如连续螺旋配箍或封闭焊接箍）时其强度可以得到充分发挥，采用 500 MPa 级热轧带肋高强度钢筋具有一定的经济效益。箍筋用于抗剪、抗扭及抗冲切设计时，其抗拉强度设计值不宜采用强度高于 400 MPa 级热轧带肋高强度钢筋，即 $f_y \leqslant 360$ N/mm^2。

（6）近年来，我国强度高、性能好的预应力钢筋（钢丝、钢绞线）已可充分供应，故冷加工钢筋不再列入《混凝土结构设计规范（2015 年版）》（GB 50010—2010）中。

1.1.3　钢筋的公称截面面积及质量

根据国家现行的钢筋产品标准，钢筋的供货直径，在 6～22 mm 按 2 mm 递增，25 mm 钢筋，28 mm 以上按 4 mm 递增到 40 mm，最粗的钢筋直径可达 50 mm。

各种钢筋横截面积和每米长的质量详见附表 A13。每米宽的板带中所配的钢筋面积见附表 14。

1.1.4　混凝土结构中钢筋的选用

《混凝土结构设计规范（2015 年版）》（GB 50010—2010）规定，混凝土结构和预应力混凝土结构中使用的钢筋如下：

（1）纵向受力普通钢筋可采用 HRB400、HRB500、HRBF400、HRBF500、HRB335、RRB400、HPB300 级钢筋。

（2）梁、柱和斜撑构件的纵向受力普通钢筋宜采用 HRB400、HRB500、HRBF400、

HRBF500 级钢筋。

（3）箍筋宜采用 HRB400、HRBF400、HRB335、HPB300、HRB500、HRBF500 级钢筋。

（4）预应力筋宜采用预应力钢丝、钢绞线和预应力螺纹钢筋。

1.2 钢筋的力学性能

1.2.1 钢筋的应力-应变曲线

钢筋的强度、变形及弹性模量都可以用拉伸试验所得的应力-应变曲线来说明。低碳钢、低合金钢的应力-应变曲线有明显的流幅，而高碳钢的应力-应变曲线没有明显的流幅。

1. 有明显流幅的钢筋

（1）弹性阶段。从应力-应变曲线图坐标原点 O 到曲线上的 A 点，应力和应变成正比例，施加拉力钢筋会自动伸长，卸掉拉力钢筋回缩至受拉前的状态，钢筋的这种性质称为弹性，这个阶段叫作弹性阶段，A 点对应的应力值叫作钢筋的弹性极限，也可叫作比例极限。这一阶段应力和应变的比值是一个常数，我们定义这个常数为钢筋的弹性模量，用 E_s 表示。从应力-应变曲线上的 A 点到 B 点，应变增加的速度略微高于应力增加的速度，曲线的斜率有所下降，但依然处在弹性阶段，即应力卸掉应变能够完全恢复，这一阶段也是钢筋受力的弹性阶段。

（2）屈服阶段。从曲线图上的 B 点到 C 点，钢筋应力和应变抖动变化，应力总体上不超过 B 点的值，这一阶段被形象地叫作屈服平台。在屈服阶段钢材产生塑性流动，所以这一阶段称为屈服阶段，屈服阶段应变增加的幅度称为流幅。钢筋受力到这一阶段后，钢筋应变已经较大，钢筋混凝土结构中构件的裂缝已比较宽，实际上已不能满足实用要求。为了使结构具有足够的安全性，规范规定取屈服点偏低点的对应的应力值为屈服强度。

（3）强化阶段。曲线图上从 C 点到 D 点，达到屈服后由于钢筋内部晶体结构产生了明显的重新排列，阻碍塑性流动的能力开始增强，强度伴随应变的增加在不断提高，钢筋材质已开始明显变脆，这一阶段的最高应力叫作钢筋的极限强度。钢筋屈服强度和它的极限强度的比值叫作屈强比。屈强比是反映钢筋力学性能的一个重要指标。屈强比越小，表明钢筋用于混凝土结构中，在所受应力超过屈服强度时，仍然有比较高的强度储备，结构安全性高，但屈强比小，钢筋的利用率低。如果屈强比太大，说明钢筋利用率太高，用于结构时安全储备太小。换句话说就是当钢筋屈服后，内力增加不多时钢筋就有可能达到最大应力。

（4）颈缩断裂。有明显流幅钢筋的应力-应变曲线如图 1-1-2 所示。曲线图上从 D 点到 E 点，应力到达最高点时钢筋的应变已比较大，随着应变的加大，试件的横截面上的薄弱部位直径显著变小，这个现象称为颈缩，最终在 E 点时达到极限应变发生断裂。

对有明显流幅的钢筋，屈服强度是最重要的力学指标，构件设计时，以屈服强度作为强度的取值依据。超过屈服强度后，钢筋虽然没有断裂，但会产生较大的变形，超出正常使用的允许值，所以，设计中不使用极限强度。

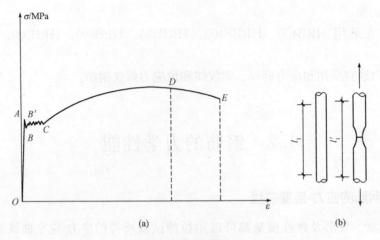

图 1-1-2　有明显流幅钢筋的应力-应变曲线

2. 无明显流幅的钢筋

没有明显流幅的钢筋拉伸应力-应变曲线如图 1-1-3 所示。当应力很小时，具有理想弹性性质，应力超过 $\sigma_{0.2}$ 之后钢筋表现出明显的塑性性质，直到材料破坏时曲线上没有明显的流幅，破坏时它的塑性变形比有明显流幅钢筋的塑性变形要小得多。对无明显流幅钢筋，在设计时一般取残余应变的 0.2% 相对应的应力 $\sigma_{0.2}$ 作为假定的屈服点，称为"条件屈服强度"。由于 $\sigma_{0.2}$ 不易测定，故极限抗拉强度就作为钢筋检验的唯一强度指标，$\sigma_{0.2}$ 为极限抗拉强度的 0.8 倍。

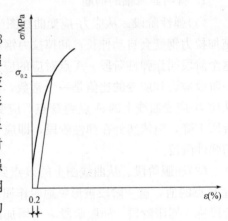

图 1-1-3　无明显流幅钢筋的应力-应变曲线

1.2.2　钢筋的塑性性能

钢筋除满足强度要求外，还应满足变形能力的要求，通常用伸长率和冷弯性能指标衡量钢筋的塑性。

钢筋拉断后的伸长值与原长的比率称为伸长率，表示材料在破坏时产生的应变大小，用公式表示为

$$d = \frac{l_1 - l}{l} \times 100\% \tag{1-1-1}$$

式中　d——伸长率；

l_1——拉断时钢筋的长度；

l——钢筋的原长。

延伸率 δ 大的钢筋在拉断前变形明显，构件破坏前有足够的预兆，属于延性破坏；延伸率 δ 小的钢筋拉断前没有预兆，具有脆性破坏的特征。延伸率大则说明钢筋的塑性好，容易加工，对冲击和急变荷载的抵抗能力强。

现行规范将最大力下总伸长率 δ_{gt} 作为控制钢筋伸长率的指标，它反映了钢筋拉断前达到最大力(极限强度)时的均匀应变，故又称均匀伸长率。各种钢筋的最大伸长率可按表 1-1-1 采用。

表 1-1-1　普通钢筋及预应力钢筋在最大力下的总伸长率限值

钢筋品种	普通钢筋			预应力钢筋
	HPB300	HRB335、HRB400、HRBF400、HRB500、HRBF500	RRB400	
$\delta_{gt}/\%$	10.0	7.5	5.0	3.5

冷弯是将钢筋围绕某个规定直径 $D(D$ 规定为 $1d$，$2d$，$3d$ 等)的辊轴弯曲一定的角度(90°或 180°)，如图 1-1-4 所示。弯曲后的钢筋应无裂纹、鳞落或断裂现象。弯芯(辊轴)的直径越小，弯转角越大，说明钢筋的塑性越好。

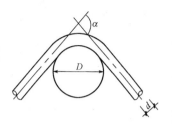

图 1-1-4　钢筋的冷弯

1.2.3　钢筋强度取值

(1)标准强度取值。为了保证钢材质量，《建筑结构可靠度设计统一标准》(GB 50068—2001)规定，钢筋强度标准值取较其统计平均值偏低的具有不小于 95% 保证概率的值。即产品出厂前要进行抽样检验，检查的标准为废品限值。废品限值是根据钢筋屈服强度的统计资料，既考虑了使用钢材的可靠性，又考虑了钢厂的经济核算而制定的一个标准。这个标准相当于钢材的屈服强度减去 1.645 倍的标准差，即

$$f_{yk} = \mu f_{yk} - 1.645 \sigma_{f_{yk}} \tag{1-1-2}$$

式中　f_{yk}——钢筋废品限值；

　　　μf_{yk}——钢筋屈服强度平均值；

　　　$\sigma_{f_{yk}}$——钢筋屈服强度标准差。

通过抽样试验，当某批钢材的实测屈服强度低于废品限值时即认为该批次钢筋不合格为废品，不得按合格品出厂。例如，对于直径小于 25 mm 的 HRB400 级钢筋废品限值为 400 N/mm² 等。

通过校核，光圆钢筋、热轧带肋钢筋、预应力钢丝、消除预应力钢丝、钢绞线及预应力螺纹钢筋等混凝土结构用的钢筋能满足现行国家标准规定钢筋强度标准值不小于 95% 的保证概率。

《混凝土结构设计规范(2015 年版)》(GB 50010—2010)沿用传统规定，以各种钢材的国家标准规定的值作为确定标准强度的依据。钢筋的强度设计值等于其标准强度除以大于 1 的钢筋材料分项系数，各类钢筋的强度标准值见附表 A1，预应力钢筋的强度标准值见表 1-1-2。

表 1-1-2　预应力钢筋强度标准值　　　　　　　　　　　　　N/mm²

种类		符号	公称直径 d/mm	屈服强度标准值 f_{pyk}	极限强度标准值 f_{ptk}
中强度预应力钢丝	光圆螺旋肋	ϕ^{PM} ϕ^{HM}	5、7、9	620	800
				780	970
				980	1 270
预应力螺纹钢筋	螺纹	ϕ^{T}	18、25、32、40、50	785	980
				930	1 080
				1 080	1 230

种类		符号	公称直径 d/mm	屈服强度标准值 f_{pyk}	极限强度标准值 f_{ptk}
消除应力钢丝	光圆螺旋肋	ϕ^P ϕ^H	5	—	1 570
				—	1 860
			7	—	1 570
			9	—	1 470
				—	1 570
钢绞线	1×3(三股)	ϕ^S	8.6、10.8、12.9	—	1 570
				—	1 860
				—	1 960
	1×7(七股)		9.5、12.7、15.2、17.8	—	1 720
				—	1 860
				—	1 960
			21.6	—	1 860

注：极限强度标准值为 1 960 N/mm² 的钢绞线作后张预应力钢筋时，应有可靠的工程经验。

(2)设计强度取值。普通钢筋强度设计值见附表 A1，预应力筋强度设计值见表 1-1-3。

表 1-1-3　预应力钢筋强度设计值　　　　　　　　　　　　　　N/mm²

种类	极限强度标准值 f_{ptk}	抗拉强度设计值 f_{py}	抗压强度设计值 f'_{py}
中强度预应力钢丝	800	510	410
	970	650	
	1 270	810	
消除应力钢丝	1 470	1 040	410
	1 570	1 110	
	1 860	1 320	
钢绞线	1 570	1 110	390
	1 720	1 220	
	1 860	1 320	
	1 960	1 390	
预应力螺纹钢筋	980	650	400
	1 080	770	
	1 230	900	

注：当预应力筋的强度标准值不符合表 1-7 的规定时，其强度设计值应进行相应的比例换算。

当构件中配有不同种类的钢筋时，每种钢筋应采用各自的强度设计值。对轴心受压构件，当采用 HRB500、HRBF500 钢筋时，钢筋的抗压强度设计值 f'_y 应取 400 N/mm²。横向钢筋的抗拉强度设计值 f_{yv} 应按附表 A1 中 f_y 的数值采用；当用作受剪、受扭、受冲切承载力计算时，其数值大于 360 N/mm² 时应取 360 N/mm²。

《混凝土结构设计规范(2015 年版)》(GB 50010—2010)中指出，构件中的钢筋可以采用并筋的配置形式。直径 28 mm 及以下的钢筋并筋数量不应超过 3 根；直径 32 mm 的钢筋并筋数量宜为 2 根，钢筋直径 36 mm 及以上的钢筋不应采用并筋。并筋应按单根等效计算，等效钢筋的等效直径应按截面面积相等的原则换算确定。

当进行钢筋代换时，除应符合设计要求的构件承载力、最大力下的总伸长率、裂缝宽度验算以及抗震规定外，还应满足最小配筋率、钢筋间距、保护层厚度、钢筋锚固长度、接头面积百分率及搭接长度等构造要求。

1.2.4 钢筋的弹性模量

钢筋的弹性模量 E_s 是取其应力-应变曲线的比例极限之前曲线的斜率值。它主要用于构件变形和预应力混凝土结构截面应力分析验算。它的单位是 N/mm^2。各类钢筋的弹性模量，按表 1-1-4 采用。

表 1-1-4　钢筋弹性模量 E_s 　　　　　　　　　N/mm^2

种类	弹性模量 E_s
HPB300 钢筋	2.1×10^5
HRB335、HRB400、HRB500 钢筋 HRBF400、HRBF500 钢筋 RRB400 钢筋 预应力螺纹钢筋	2.0×10^5
消除应力钢丝、中强度预应力钢丝	2.05×10^5
钢绞线	1.95×10^5
注：必要时可采用实测的弹性模量。	

1.3　混凝土的强度

混凝土强度是混凝土的重要力学性能，是设计钢筋混凝土结构的重要依据，其直接影响结构的安全性和耐久性。混凝土的强度是指混凝土抵抗外力产生某种应力的能力，即混凝土材料达到破坏或开裂极限状态时所能承受的应力。混凝土的强度除受材料组成、养护条件及龄期等因素影响外，还与受力状态有关。

1.3.1 混凝土立方体抗压强度

实际工程中几乎不出现混凝土立方体受压的状态，多数受压状态接近棱柱体受压，讨论混凝土立方体抗压强度是因为：一方面，立方体强度测定比较容易，尺寸小的试件制作养护方便，节省材料而且离散性较小；另一方面，在同等条件下制作养护的棱柱体受压、受拉试件极限强度和立方体试件极限强度具有确切的相关关系，我们可以根据测得的立方体抗压强度，依据《混凝土结构设计规范（2015 年版）》（GB 50010—2010）规定换算出混凝土的棱柱体抗压强度和棱柱体抗拉强度。

《混凝土结构设计规范（2015 年版）》（GB 50010—2010）规定，混凝土立方体抗压强度标准值是指在标准状况下制作养护边长为 150 mm 的立方体试件，在 28 d 或设计规定龄期用标准试验方法测得的具有95%保证率的强度值，用符号$f_{cu,k}$表示，共14个等级，即C15、C20、C25、C30、C35、C40、C45、C50、C55、C60、C65、C70、C75、C80，其中C代表混凝土，C后面的数字代表立方体抗压强度标准值，单位是N/mm²。其中，试件制作的标准状况是指必须按照混凝土材料试验有关规程的规定，做到配合比准确，集料级配符合要求，混凝土振捣密实方法标准；养护的标准状况是指养护的环境温度必须保持在20℃±3℃，相对湿度必须保持在90%以上；试验的标准状况是指试验机的加压板和试块表面不涂润滑剂，加荷速度必须限制在0.15~0.25 N/mm²·s。同时必须强调的是，混凝土立方体强度测试必须是同一批试块，要具有材料试验规程规定的块数。

《混凝土结构设计规范(2015年版)》(GB 50010—2010)规定，素混凝土结构的混凝土强度等级不应低于C15；钢筋混凝土结构的混凝土强度等级不应低于C20；采用强度等级400 MPa及以上的钢筋时，混凝土强度等级不应低于C25。预应力混凝土结构的混凝土强度等级不宜低于C40，且不应低于C30；承受重复荷载的钢筋混凝土构件，混凝土强度等级不应低于C30。

1.3.2　混凝土轴心抗压强度

由于实际工程中的混凝土构件高度通常比截面边长大很多，所以，用棱柱体试件比立方体试件能更好地反映混凝土的实际受力状况。通过用相同混凝土在同一条件下制作养护的棱柱体试件和同时制作的钢筋混凝土短柱在轴心力作用下受压性能的对比试验可以看出，高宽比超过3以后的混凝土棱柱体中的混凝土抗压强度和以受压为主的钢筋混凝土构件中的

混凝土抗压强度是一致的。同时，由于试件的高宽比较大($h/b \geq 3$)，可摆脱端部摩阻力的影响，所测强度趋于稳定。因此，采用150 mm×150 mm×450 mm的柱体作为混凝土轴心抗压试验的标准试件，按与上述立方体试件相同的制作、养护条件和标准试验方法测得的具有95%保证率的抗压强度称轴心抗压(或柱体抗压)强度标准值(以MPa计)，用符号f_{ck}表示。

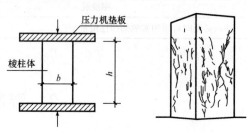

图 1-1-5　混凝土棱柱体抗压试验

用各级别混凝土轴心抗压强度标准值见附表A4，设计值见附表A5。棱柱体的抗压试验及试件破坏情况如图1-1-5所示。

根据我国近年来所做的棱柱体与立方体试件的抗压强度对比试验，可得图1-1-6的结果，试验资料得出混凝土轴心抗压强度f_{ck}与立方体抗压强度$f_{cu,k}$的关系

$$f_{ck} = 0.88\alpha_1\alpha_2 f_{cu,k} \qquad (1-1-3)$$

式中　α_1——棱柱体强度与立方体强度比值，对混凝土强度等级为C50及以下取$\alpha_1 = 0.76$，对C80取$\alpha_1 = 0.82$，中间按线性规律变化取值；

α_2——混凝土考虑脆性的折减系数，对C40取$\alpha_2 = 1.00$，对C80取$\alpha_2 = 0.87$，中间按线性规律变化取值；

0.88——考虑结构中混凝土强度与试件混凝土强度之间的差异而采用的修正系数。

1.3.3　混凝土的轴心抗拉强度

混凝土的抗拉强度是混凝土的基本力学特征之一，其值约为立方体抗压强度的1/8~1/18。

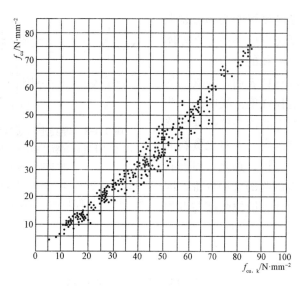

图 1-1-6　混凝土的轴心抗压强度值与立方体抗压强度的关系

在轴心受拉、受弯构件及偏心受压构件设计时一般不考虑混凝土承担的很小的一部分拉力，只有在验算预应力混凝土结构和构件裂缝宽度以及抗裂验算时才用到混凝土抗拉强度。

混凝土抗拉强度的测试方法各国不尽相同。我国较多采用的拔出试验方法是用钢模浇筑成型的 100 mm×100 mm×500 mm 的柱体试件，通过预埋在试件轴线两端的钢筋，对试件施加拉力，试件破坏时的平均应力即为混凝土的轴心抗拉强度 f_{tk}，具体尺寸如图 1-1-7 所示。

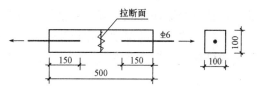

图 1-1-7　混凝土直接受拉试验

通过对大量的试验结果进行回归分析，《混凝土结构设计规范（2015 年版）》（GB 50010—2010）也给出了混凝土轴心抗拉强度和混凝土立方体抗压强度标准值之间的换算关系式：

$$f_{tk} = 0.88 \times 0.395 f_{cu,k}^{0.55} (1 - 1.6458)^{0.45} \times \alpha_2 \tag{1-1-4}$$

式中　f_{tk}——混凝土轴心抗拉强度标准值；

　　　$f_{cu,k}$——混凝土立方体抗压强度标准值。

应该指出，用上述直接受拉试验测定混凝土抗拉强度时，试件的对中比较困难，稍有偏差就可能引起偏心受拉破坏，影响试验结果。因此，目前国外常采用劈裂试验间接测定混凝土抗拉强度。

劈裂试验可用立方体或圆柱体试件进行，在试件上下支承面与压力机压板之间加一条垫条，使试件上下形成对应的条形加载，造成沿立方体中心或圆柱体直径切面的劈裂破坏（图 1-1-8）。混凝土的劈裂强度可按下式计算：

$$f_{tk} = \frac{2P}{\pi dL} \tag{1-1-5}$$

式中　P——竖向破坏荷载；

　　　d——圆柱体试件的直径、立方体试件的边长；

　　　L——试件的长度。

试验结果表明，混凝土的劈裂强度除与试件尺寸等因素有关外，还与垫条的宽度和材料特性有关。加大垫条宽度可使实测劈裂强度提高，一般认为垫条宽度应不小于立方体试件边长或圆柱体试件直径的 1/10。

国外的大多数试验资料表明，混凝土的劈裂强度略高于轴心抗拉强度。我国的一些试验资料则表明，混凝土的轴心抗拉强度略高于劈裂强度，考虑到国内、外对比资料的具体条件不完全相同等原因，加之，目前我国尚未建立混凝土劈裂试验的统一标准，因此，通常认为混凝土的轴心抗拉强度与劈裂强度基本相同。

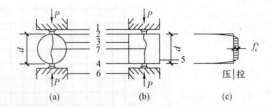

图 1-1-8　混凝土劈裂试验及其应力分布

(a) 用圆柱体进行劈裂试验；(b) 用立方体进行劈裂试验；

(c) 劈裂面中水平应力分布

1—压力机上压板；2—垫条；3—试件；4—试件浇筑顶面；

5—试件浇筑底面；6—压力机下压板；7—试件破裂线

1.4　混凝土的变形

混凝土的变形可以分为受力变形和体积变形两类。其中混凝土的受力变形可分为两类：一类是荷载作用下产生的受力变形，其数值和变化规律与加载方式及荷载作用持续时间有关，包括单调短期加载、多次重复加载以及荷载长期作用下的变形等；另一类是体积变形，包括混凝土收缩和随温度变化产生的热胀冷缩。工程中的混凝土构件大多考虑一次加荷时的受力破坏、长期不变的荷载作用下的徐变以及混凝土的收缩变形。

1.4.1　混凝土在一次短期加载时的变形性能

混凝土棱柱体受压时的应力-应变关系能比较全面地反映混凝土在压力作用下强度和变形的性能，它也是研究钢筋混凝土受压构件截面应力分布的主要依据。在图 1-1-9 所示的应力-应变曲线图中，我们就可以比较清楚地看到混凝土受力破坏过程中应力和应变变化几个阶段的基本情况。完整的混凝土轴心受压应力应变曲线由上升段 OC、下降段 CD 和收敛段 DE 三个阶段组成。

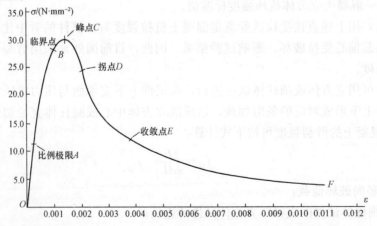

图 1-1-9　混凝土棱柱体短期荷载时应力-应变关系曲线

（1）上升段 OC。当压应力 $\sigma<0.3f_c$ 左右时，应力-应变关系接近直线变化（OA 段），混凝土处于弹性阶段工作。在压应力 $\sigma>0.3f_c$ 后，随着压应力的增大，应力-应变关系越来越偏离直线，任一点的应变 ε 可分为弹性应变 ε_{ce} 和塑性应变 ε_{cp} 两部分。原有的混凝土内部微裂缝发展，并在孔隙等薄弱处产生新的个别的微裂缝。当应力达到 $0.8f_c$（B 点）左右后，混凝土塑性变形显著增大，内部裂缝不断延伸扩展，并有几条贯通，应力-应变曲线斜率急剧减小，如果不继续加载，裂缝也会发展，即内部裂缝处于非稳定发展阶段。当应力达到最大应力时（C 点），应力-应变曲线的斜率已接近于水平，试件表面出现不连续的可见裂缝。

（2）下降段 CD。曲线到达峰值应力点 C 后，混凝土的强度并不完全消失，随着应力 σ 的减少（卸载），应变仍然增加，曲线下降坡度较陡，混凝土表面裂缝逐渐贯通。

（3）收敛段 DE。在反弯点 D 之后，应力下降的速率减慢，趋于稳定的残余应力。表面纵向裂缝把混凝土棱柱体分成若干个小柱，外载力由裂缝处的摩擦咬合力及小柱体的残余强度所承受。对于没有侧向约束的混凝土，收敛段没有实际意义，所以，通常只注意混凝土轴心受压应力-应变曲线的上升段 OC 和下降段 CD，而最大应力值 f_c 及相应的应变值 ε_{c0}（称峰值压应变值）以及 D 点的应变值 ε_{cu}（称极限压应变值）成为曲线的三个特征值。对于均匀受压的棱柱体试件，其压应力达到 f_c 时，混凝土就不能承受更大的压力，成为结构构件计算时混凝土强度的主要指标。与 f_c 相比对应的应变 ε_{c0} 随混凝土强度等级而异，约在 $(1.5\sim2.5)\times10^{-3}$ 间变动，通常取其平均值为 $\varepsilon_{c0}=2.0\times10^{-3}$。应力-应变曲线中相应于 D 的混凝土极限压应变 ε_{cu} 约为 $(3.0\sim5.0)\times10^{-3}$。混凝土的极限压应变 ε_{cu} 越大，表示混凝土的塑性变形能力越大，即延性越好。

影响混凝土轴心受压应力应变曲线的主要因素有混凝土强度、应变速率、测试技术和试验条件。

（1）混凝土强度。试验表明，混凝土强度对其应力-应变曲线有一定影响，对于上升段，混凝土强度的影响较小，与应力峰值点相应的应变大致为 0.002。随着混凝土强度增大，则峰值点处的应变也稍大些。对于下降段，混凝土强度则有较大影响。混凝土强度越高，应力-应变曲线下降越剧烈，延性就越差（延性是材料承受变形的能力）。

（2）应变速率。应变速率小，峰值应力 f_c 降低，ε_{c0} 增大，下降段曲线坡度显著地减缓。

（3）测试技术和试验条件。应该采用等应变加载。如果采用等应力加载，则很难测得下降段曲线。试验机的刚度对下降段的影响很大。如果试验机的刚度不足，在加载过程中积蓄在压力机内的应变能立即释放所产生的压缩量，当其大于试件可能产生的变形时，结果形成压力机的回弹对试件的冲击，使试件突然破坏，以致无法测出应力-应变曲线的下降段。应变测量的标距也有影响，应变量测的标距越大，曲线坡度越陡；标距越小，坡度越缓。试件端部的约束条件对应力-应变曲线下降段也有影响。例如，在试件与支承垫板间垫以橡胶薄板并涂以油脂，则与正常条件情况相比，不仅强度降低，而且没有下降段。

混凝土受拉时的应力-应变关系曲线与受压时相似，但其峰值时的应力、应变都比受压时小得多。计算时，一般混凝土的最大拉应变可取 1.5×10^{-4}。

1.4.2 混凝土在长期不变荷载作用下的变形性能（徐变）

在荷载的长期作用下，混凝土的变形将随时间而增加，即在应力不变的情况下，混凝土的应变随时间继续增长，这种现象被称为混凝土的徐变。混凝土的徐变对结构构件的变形、承载能力以及预应力钢筋的应力损失都将产生重要的影响。因此，在设计和施工过程中要尽可能采取措施降低混凝土的徐变。图 1-1-10 所示为我国铁道部科学院所做的混凝土棱柱体试件徐变的试验曲线，试件加载至应力达 $0.5f_c$ 时，保持应力不变。由图可见，混凝土的总应变由两部分组成，即加载过程中完成的瞬时应变 ε_c 和荷载持续作用下逐渐完成的徐变应变 ε_{cr}。徐变开始增长较快，以后逐渐减慢，经过长时间后基本趋于稳定。通常在前四个月内增长较快，半年内可完成总徐变量的 70%～80%，第一年内可完成 90% 左右，其余部分持续几年才能完成。最终总徐变量约为瞬时应变的 2～4 倍。此外，图中还表示了两年后卸载时应变的恢复情况，其中 ε_c' 为卸载时瞬时恢复的应变，其值略小于加载时的瞬时应变 ε_c，ε_c'' 为卸载后的弹性后效，即卸载后经过 20 d 左右又恢复的一部分应变，其值约为总徐变量的 1/12，其余很大一部分应变是不可恢复的，称为残余应变 ε_{cr}'。

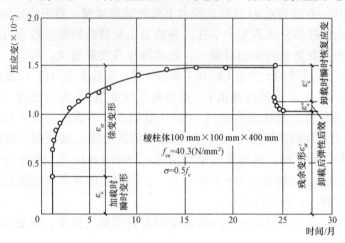

图 1-1-10　混凝土的徐变与时间关系

关于徐变产生的原因，通常可这样理解：一是混凝土中水泥凝胶体在荷载作用下产生黏性流动，并把它所承受的压力逐渐转给集料颗粒，使集料压力增大，试件变形也随之增大；二是混凝土内部的微裂缝在荷载长期作用下不断发展和增加，也使应变增大。当应力不大时，徐变的发展以第一种原因为主；当应力较大时，以第二种原因为主。

影响混凝土徐变的因素很多，除了受材料组成及养护和使用环境条件等客观因素影响外，从结构角度分析，持续应力的大小和受荷时混凝土的龄期（即硬化强度）是影响混凝土徐变的主要因素。

试验表明，混凝土的徐变与持续应力的大小有着密切关系，持续应力越大徐变也越大。当持续应力较小时（如 $\sigma_c < 0.5f_c$），徐变与应力成正比，这种情况称为线性徐变。当持续应力较大时（如 $\sigma_c > 0.5f_c$），徐变与应力不成正比，徐变比应力增长更快，称为非线性徐变。因此，如果构件在使用期间长时间处于高应力状态是不安全的。

试验表明，受荷时混凝土的龄期（即硬化程度）对混凝土的徐变有重要影响。受荷时混凝土的龄期越短，混凝土中尚未完全结硬的水泥凝胶体越多，徐变也越大。因此，混凝土结构过早的受荷（即过早的拆除底模板），将产生较大的徐变，对结构是不利的。

此外，混凝土的组成对混凝土的徐变也有很大影响。水胶比越大，水泥水化后残存的游离水越多，徐变也越大；水泥用量越多，水泥凝胶体在混凝土中所占比重也越大，徐变也越大；集料越坚硬，弹性模量越高，以及集料所占体积比越大，则由水泥凝胶体流动后转给集料的压力所产生变形越小，徐变也就越小。所以，混凝土配合比设计时，在保证强度等级的前提下，严格控制水泥用量和用水量、选择级配良好和坚硬的集料，可以减小混凝土结构的徐变。

混凝土的养护和工作环境对混凝土的徐变也有重要影响。养护环境湿度越大，温度越高，水泥水化作用越充分，则徐变就越小。混凝土在使用期间处于高温、干燥条件下所产生的徐变比低温、潮湿环境下明显增大。此外，由于混凝土中水分的发挥逸散和构件的体积与表面之比有关系，因而体表比越大，徐变越小。

1.4.3 混凝土的收缩

混凝土在空气中结硬时体积减小的现象，称为收缩。混凝土在不受力情况下的这种变形，在受到外部或内部（钢筋）约束时，将使混凝土中产生拉应力，甚至使混凝土开裂。

混凝土的收缩是一种随时间而增长的变形。结硬初期收缩变形发展很快，两周可完成全部收缩的 25%，一个月约可完成 50%，三个月后增长缓慢，一般两年后趋于稳定，最终收缩值为 $(2\sim6)\times10^{-4}$。

引起混凝土收缩的原因，主要是硬化初期水泥石在水化凝固硬结过程中产生的体积变化，后期主要是混凝土内自由水分蒸发而引起的干缩。

混凝土的组成和配合比是影响混凝土收缩的重要因素。水泥的用量越多，水胶比较大，收缩就越大。集料的级配好、密度大、弹性模量高、粒径大能减小混凝土的收缩。这是因为集料对水泥石的收缩有制约作用，粗集料所占体积比越大、强度越高，对收缩的制约作用就越大。

由于干燥失水是引起收缩的重要原因，所以构件的养护条件、使用环境的温度与湿度以及凡是影响混凝土中水分保持的因素，都对混凝土的收缩有影响。高温湿养（蒸汽养护）可加快水化作用，减少混凝土中的自由水分，因而可使收缩减少。使用环境的温度越高，相对湿度较低，收缩就越大。

混凝土的最终收缩量还和构件的体表比有关，因为这个比值决定着混凝土中水分蒸发的速度。体表比较小的构件如工字形、箱形薄壁构件，收缩量较大，而且发展也较快。

1.4.4 混凝土的弹性模量、变形模量

混凝土结构的内力分析及构件的变形计算中，混凝土的弹性模量是不可缺少的基础资料之一。前述已指出混凝土的应力-应变关系是一条曲线，只是在应力较小时才接近于直线，因此，在不同的应力阶段反映应力-应变关系的变形模量是一个变数。混凝土的弹变形模量的有三种表示方法，如图 1-1-11 所示，分别为原点弹性模量、切线模量、变形模量。

（1）混凝土的弹性模量。目前，中弹性模量值是采用棱柱体试件，取应力上限为 $0.4f$（对高强度混凝土为 $0.5f$）重复加荷 $5\sim10$ 次，直至应力-应变曲线趋于稳定，稳定后的应力-应变曲线接近于直线，该直线与水平水平轴夹角的正切值即为混凝土的弹

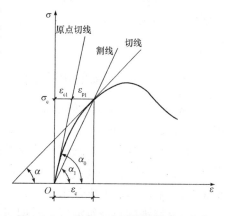

图 1-1-11　混凝土变形模量的表示方法

性模量。

根据混凝土不同强度等级的弹性模量实验值的统计分析，《混凝土结构设计规范(2015年版)》给出不同强度等级的混凝土弹性模量的经验计算公式：

$$E_c = \frac{10^5}{2.2 + \frac{34.7}{f_{cu,k}}}$$ (1-1-6)

设计使用时，混凝土的弹性模量可以直接查附表 A5。

(2)混凝土的变形模量。如前所述，混凝土试验时受到的压应力超过其轴心抗压强度设计值的 0.3 倍后，便会有一定的塑性性质表现出来，超过轴心抗压设计值的 0.5 倍时，弹性模量已不能反映此时的应力-应变关系。为了研究混凝土受力变形的实际情况，提出了变形模量的概念。变形模量是指从应力-应变曲线的坐标原点和过曲线上压应力大于 0.5 倍的任意一点 C 所作的割线的斜率，也叫作割线模量，用 E_c' 表示。

1.5 钢筋和混凝土之间的粘结力

钢筋与混凝土之间的粘结作用是保证这两种性质完全不同的材料共同工作的前提条件之一。这是因为当钢筋混凝土构件受外力作用后要产生变形，钢筋和混凝土接触表面就会产生剪应力，如果这种剪应力超过二者之间的粘结强度时，钢筋和混凝土之间将发生滑移，导致结构构件发生破坏。工程实践中这类破坏有梁端支座内钢筋锚固长度不满足，梁受力后钢筋从梁内拔出，或钢筋搭接处搭接长度不够，内力传递效果差，产生钢筋滑移导致构件开裂破坏等情况。因此，钢筋和混凝土之间具有足够的粘结力是保证钢筋和混凝土二者粘结在一起共同受力的基础。

1.5.1 粘结力的组成

钢筋与混凝土间的粘结力由三部分组成：

(1)混凝土中水泥凝胶体与钢筋表面的化学胶结力，它占总粘结力的 10% 左右。

(2)混凝土结硬时，体积收缩时产生的摩擦力，它占总粘结力的 15%~20%。

(3)钢筋表面粗糙不平或带肋钢筋的表面凸出肋条产生的机械咬合力，这种作用提供的粘结力占全部粘结力的 70% 左右。此外，对于采用机械锚固措施(如末端带弯钩、末端焊锚板或贴焊锚筋等)的钢筋，还应包括机械锚固力。

1.5.2 影响粘结强度的因素

影响钢筋与混凝土之间粘结强度的因素很多，其中主要为混凝土强度、浇筑位置、保护层厚度及钢筋净间距等。

(1)混凝土强度。光圆钢筋及变形钢筋的粘结强度均随混凝土强度等级的提高而提高，但并不与立方体抗压强度 $f_{cu,k}$ 成正比。试验表明，当其他条件基本相同时，粘结强度与混凝土抗拉强度 f_{tk} 近乎成正比。

(2)粘结强度与浇筑混凝土时钢筋所处的位置有明显关系。处于水平位置的钢筋，直接位于其下面的混凝土，由于水分、气泡的逸出及混凝土的下沉，并不与钢筋紧密接触，形成了间隙层,削弱了钢筋与混凝土间的粘结作用,使水平位置钢筋比竖向位置钢筋的粘结强度显著降低。

(3)钢筋混凝土构件截面上有多根钢筋并列一排时,钢筋之间的净距对粘结强度有重要影响。净距不足,钢筋外围混凝土将会发生在钢筋位置水平面上贯穿整个梁宽的劈裂裂缝。

(4)混凝土保护层厚度对粘结强度有着重要影响。特别是采用带肋钢筋时,若混凝土保护层太薄时,则容易发生沿纵向钢筋方向的劈裂裂缝,并使粘结强度显著降低。

(5)带肋钢筋与混凝土的粘结强度比用光圆钢筋时大。试验表明,带肋钢筋与混凝土之间的粘结力比用光圆钢筋时高出 2~3 倍。因而,带肋钢筋所需的锚固长度比光圆钢筋短。试验还表明,月牙纹钢筋与混凝土之间的粘结强度比用螺纹钢筋时的粘结强度低 10%~15%。

1.5.3 粘结应力的分布及应用

试验研究表明,钢筋与混凝土间粘结应力的分布呈曲线形,且光圆钢筋与带肋钢筋的粘结应力分布图形状有明显不同,粘结剪应力的计算通常是取其平均值。粘结强度一般通过试验方法确定,图 1-1-12 为钢筋拔出试验示意图。

在实际工程中,通常以拔出试验中粘结失效(钢筋被拔出或混凝土被劈裂)时的最大平均粘结应力,作为钢筋和混凝土的粘结强度。平均粘结应力按下式计算:

$$\tau_u = \frac{P}{\pi dL} \tag{1-1-7}$$

式中　P——拉拔力;

　　　d——钢筋直径;

　　　L——钢筋埋置长度。

实测的粘结强度极限值变化范围很大,光圆钢筋为 1.5~3.5 MPa;带肋钢筋为 2.5~6.0 MPa;

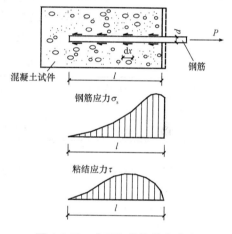

图 1-1-12　光圆钢筋的拔出试验

另外,在其他条件确定的情况下,就可以计算出钢筋从混凝土中不能拔出的长度,即基本锚固长度。

1.6　基本锚固长度

1.6.1　基本锚固长度的概念

钢筋在混凝土内锚入长度不满足要求时,构件受力后钢筋会因为发生粘结力不足而破坏。但是,如果钢筋锚入混凝土内的长度太长,二者之间的粘结剪应力远小于其粘结强度,钢筋会因为锚入太长造成浪费。结构设计时要确保钢筋在混凝土内具有一个合理的锚入长度,做到既能保证构件受力后钢筋和混凝土之间不发生粘结破坏,也不会造成浪费,这就需要用这样一个特定的锚入长度,我们把这个长度叫作钢筋在混凝土内的基本锚固长度。

1.6.2 基本锚固长度的确定

《混凝土结构设计规范(2015 年版)》(GB 50010—2010)规定，当计算中充分利用钢筋的抗拉强度时，受拉钢筋的锚固长度应符合下列要求：

(1)基本锚固长度。

1)普通钢筋

$$l_{ab}=\alpha \frac{f_y}{f_t}d \tag{1-1-8}$$

2)预应力钢筋

$$l_{ab}=\alpha \frac{f_{py}}{f_t}d \tag{1-1-9}$$

式中 l_{ab}——受拉钢筋的基本锚固长度；

d——锚固钢筋公称直径(mm)；

f_y，f_{py}——普通钢筋、预应力筋的抗拉强度设计值；

f_t——混凝土轴心抗拉强度设计值，当混凝土强度等级高于 C60 时，按 C60 取值；

α——锚固钢筋的外形系数，按表 1-1-5 取值。

表 1-1-5 锚固钢筋的外形系数 α

钢筋类型	光圆钢筋	带肋钢筋	螺旋肋钢丝	三股钢绞线	七股钢绞线
α	0.16	0.14	0.13	0.16	0.1
注：光圆钢筋末端应设 180°弯钩，弯后平直段长度不应小于 3d，但作受压钢筋时可不做弯钩。					

依据式(1-1-8)计算的纵向受力钢筋的基本锚固长度不宜小于表 1-1-6 的规定。

表 1-1-6 基本锚固长度

钢筋种类	混凝土强度等级								
	C20	C25	C30	C35	C40	C45	C50	C55	≥C60
HPB300	39d	34d	30d	28d	25d	24d	23d	22d	21d
HRB335	38d	33d	29d	27d	25d	23d	22d	21d	21d
HRB400、HRBF400、RRB400	—	40d	35d	32d	29d	28d	27d	26d	25d
HRB500、HRBF500	—	48d	43d	39d	36d	34d	32d	31d	30d

(2)受拉锚固长度。受拉钢筋的锚固长度应根据锚固条件按式(1-1-10)计算，且不应小于 200 mm。

$$l_a=\xi_a l_{ab} \tag{1-1-10}$$

式中 l_a——受拉钢筋的锚固长度；

ξ_a——锚固长度修正系数，对普通钢筋应按下述"(3)1)"的规定取用，当多于一项时，可按连乘计算，但不应小于 0.6；对预应力筋，可取 1.0。

(3)锚固长度调整。

1)纵向受拉普通钢筋的锚固长度修正系数 ζ_a 应根据钢筋的锚固条件按下列规定取用：

①当带肋钢筋的公称直径大于 25 mm 时修正系数取 1.10。

②环氧树脂涂层带肋钢筋修正系数取 1.25。

③施工过程中易受扰动的钢筋修正系数取 1.10。

④当纵向受力钢筋的实际配筋面积大于其设计计算面积时，修正系数取设计计算面积与实际配筋面积的比值，但对有抗震设防要求及直接承受动力荷载的结构构件，不应考虑此项修正。

⑤锚固钢筋的保护层厚度为 $3d$ 时修正系数可取 0.80，保护层厚度不小于 $5d$ 时修正系数可取 0.70，中间按内插法取值，此处 d 为锚固钢筋的直径。

2)当纵向受拉普通钢筋末端采用弯钩或机械锚固措施时，包括弯钩或锚固端头在内的锚固长度(投影长度)可取为基本锚固长度 l_{ab} 的 60%。弯钩和机械锚固的形式与技术要求应符合图 1-1-13 及表 1-1-7 的规定。

表 1-1-7　钢筋弯钩与机械锚固的形式和技术要求

锚固形式	技术要求
90°弯钩	末端 90°弯钩，弯钩内径 $4d$，弯后直段长度 $12d$
135°弯钩	末端 135°弯钩，弯钩内径 $4d$，弯后直段长度 $5d$
一侧贴焊锚筋	末端一侧贴焊长 $5d$ 同直径钢筋
两侧贴焊锚筋	末端两侧贴焊长 $3d$ 同直径钢筋
焊端锚板	末端与厚度 d 的锚板穿孔塞焊
螺栓锚头	末端旋入螺栓锚头
注：1. 焊缝和螺纹长度应满足承载力要求。 2. 螺栓锚头和焊接锚板的承压净面积不应小于锚固钢筋截面面积的 4 倍。 3. 锚栓锚头的规格应符合相关标准的要求。 4. 螺栓锚头和焊接锚板的间距不宜小于 $4d$，否则应考虑群锚效应的不利影响。 5. 截面角部的弯钩和一侧贴焊锚筋的布筋方向宜向截面内偏置。	

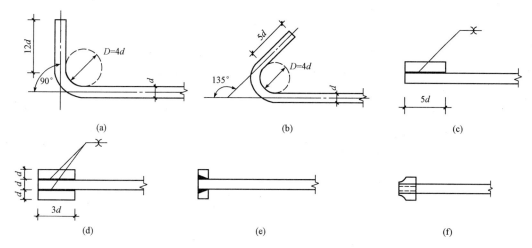

图 1-1-13　弯钩和机械锚固的形式与要求

(a)90°弯钩；(b)135°弯钩；(c)一侧贴焊锚筋；(d)两侧贴焊锚筋；(e)穿孔塞焊锚板；(f)螺栓锚头

3)当锚固钢筋保护层厚度不大于 $5d$ 时，锚固长度范围内应配置横向构造钢筋，其直径不应小于 $d/4$；对梁、柱、斜撑等构件间距不应大于 $5d$，对板、墙等平面构件间距不应大于 10d 且均不大于 100 mm，此处 d 为锚固钢筋的直径。

4)对混凝土结构中的纵向受压钢筋，当计算中充分利用钢筋的抗压强度时，受压钢筋的锚固长度应不小于相应受拉锚固长度的 70%。

【例 1-1-1】　某构件采用 C45 级混凝土，纵向受拉钢筋采用 HRB400 级直径为 28 mm 的钢筋，试确定纵向钢筋的锚固长度 l_a。

【解】　(1)确定基本参数。

查表可知，$f_y=360$ N/mm²，$f_t=1.80$ N/mm²，$\alpha=0.14$。

(2)确定锚固长度调整系数。

该纵向受拉钢筋的直径大于 25 mm，其锚固长度应乘以修正系数 1.1。

(3)该纵向钢筋的锚固长度为

$$l_a=\xi_a l_{ab}=\xi_a\alpha\frac{f_y}{f_t}d$$

$$=1.1\times0.14\times\frac{360}{1.80}\times28=862.4(\text{mm})$$

项目 2　砌体结构材料的物理力学性能

2.1　砌体的材料及种类

2.1.1　砌体的材料

砌体是由块材和砂浆砌筑形成的整体。

1. 块体材料

块体的种类主要有人造砖块、混凝土砌块、天然石块。

(1)人造砖块。烧结普通砖由黏土、页岩、煤矸石或粉煤灰为主要原料，经过焙烧而成的实心或空洞率大于规定值(15%)但外形尺寸符合规定的砖。烧结普通砖的外形尺寸是：240 mm(长)×115 mm(宽)×53 mm(高)。根据所采用的原材料不同分为烧结黏土砖、烧结页岩砖、烧结煤矸石砖、烧结粉煤灰砖等。烧结普通砖的强度等级是按照标准试验方法测得的试件抗压强度划分的，《砌体结构设计规范》(GB 50003—2011)将烧结普通砖的强度等级划分为 MU30、MU25、MU20、MU15、MU10 五级。

烧结多孔砖是以黏土、页岩、煤矸石或粉煤灰为主要原料，经焙烧而成，空洞率不小于 15%，孔的尺寸小而数量多，主要用于重要部位的砖，简称多孔砖。如图 1-2-1 所示，多孔砖分为 P 形多孔砖(240 mm×115 mm×90 mm)和 M 形多孔砖(190 mm×190 mm×90 mm)。多孔砖的强度等级划分与烧结普通砖相同，也分为 MU30、MU25、MU20、MU15、MU10 五级。其强度等级是根据标准试验方法测得的。多孔砖具有自重轻、保温隔热性能好等优点，但同时也具有砌筑麻烦、劳动强度大等缺点。

蒸压灰砂砖普通砖是以石灰和砂为主要原料，经坯料制备、压制成型、蒸压养护而成的实心砖，简称灰砂砖。

蒸压粉煤灰普通砖是以粉煤灰、石灰为主要原料，掺加适量石膏和集料，经坯料制备、压制成型、高压蒸汽养护而成的实心砖，简称粉煤灰砖。

蒸压灰砂普通砖和蒸压粉煤灰普通砖的尺寸与烧结普通砖相同，其强度等级分

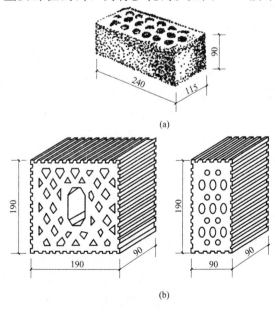

图 1-2-1　烧结多孔砖

(a)P 形多孔砖；(b)M 形多孔砖

为 MU25、MU20、MU15 三级。

（2）混凝土砌块。混凝土砌块是采用普通混凝土或利用浮石、陶粒等为集料的轻集料混凝土制成的实心或空心砌块。

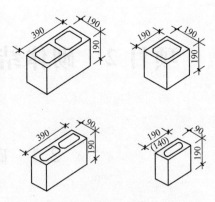

图 1-2-2　混凝土小型空心砌块

混凝土砌块按体型大小分为三类，通常将高度为 190～390 mm 的砌块称为小型砌块（图 1-2-2 所示为混凝土小型空心砌块），高度为 390～900 mm 的砌块称为中型砌块，高度大于 900 mm 的砌块称为大型砌块。小型砌块具有尺寸较小、自重较轻、使用灵活、便于手工操作的优点，因此，目前在我国应用较广泛。混凝土砌块的强度等级分为 MU20、MU15、MU10、MU7.5、MU5 五级。它和多孔砖一样，其强度等级也是根据标准试验方法测得的试件毛面积抗压强度划分的。

砌块是混凝土小型空心砌块的简称，由普通混凝土或利用浮石、陶粒等为集料的轻集料混凝土制成，主要规格尺寸为 390 mm×190 mm×190 mm，孔隙率为 25%～50%。

（3）天然石块。天然石块按其外形和加工程度不同可分为毛石和料石。未经加工的形状不规则的石材为毛石（其中部厚度不应小于 200 mm）；经加工的石材称为料石（料石高度不应小于 200 mm）。料石根据加工后外形规则程度，分为细料石、半细料石、粗料石和毛料石。石材一般采用重天然石，如石灰岩、花岗岩、砂岩等。石材的强度等级划分为 MU100、MU80、MU60、MU50、MU40、MU30 和 MU20 七级。在承重石砌体结构中，石材应选用无明显风化的天然石材。石材的强度高，耐久度好，多用于产石地区的基础及挡土墙，房屋的基础及勒脚部位。石材的热传导系数较高，如用作墙体，往往需要较大的厚度。

2. 砂浆

砂浆是指由胶结材料、细集料、掺合料加水拌和而成的粘结材料。砂浆在砌体中把块材粘结成整体，并在块材之间起均匀传递压力的作用。用砂浆填满块材之间的缝隙，减少砌体的透气性，提高砌体的隔热性和抗冻性。

砂浆应具有足够的强度和耐久性，并具有一定的保水性和流动性。保水性和流动性好的砂浆，在砌筑过程中容易铺摊均匀，水分不易被块材吸收，使胶凝材料正常硬化，砂浆与砖的粘结性能好。

砂浆按其组成成分可分为纯水泥砂浆、混合砂浆、专用砂浆和非水泥砂浆四类。

（1）纯水泥砂浆。纯水泥砂浆由水泥、砂和水拌和而成，具有较高的强度和耐久性，但水泥砂浆的保水性、流动性差，水泥用量大。适用于对砂浆强度要求较高的砌体和潮湿环境中的砌体。计算砌体承载力时应考虑水泥砂浆保水性、流动性对砌体强度的影响。

（2）混合砂浆。混合砂浆是在水泥砂浆中加入适量塑性掺合材料拌制而成，如水泥石灰砂浆。这种砂浆掺加了石灰后，大大改善了砂浆的保水性、流动性，因而砌体质量较好。与同等条件的水泥砂浆相比，混合砂浆砌筑的砌体强度可提高 10%～15%，因而广泛应用于一般墙、柱砌体，但不宜用于潮湿环境中的砌体。

砂浆的强度等级是根据边长为 70.7 mm 的立方体标准试块，以标准养护 28 d 龄期的抗压强度平均值划分的，其可分为 MU15、MU10、MU7.5、MU5、MU2.5 五个强度等级。

（3）专用砂浆。专用砂浆是由水泥、砂、水以及按一定比例掺入的掺合材料搅拌而成。与一般砂浆相比，专用砂浆的和易性好，粘结性能好，用于砌筑混凝土砌块可减少墙体的开裂和渗漏。

（4）非水泥砂浆。非水泥砂浆即不用水泥作胶结材料的砂浆，如石灰砂浆、黏土砂浆等。这类砂浆强度低、耐久性差，只适用于干燥环境下受力较小的砌体，以及临时性房屋的墙体。

2.1.2 砌体的种类

砌体按其配筋与否可分为无筋砌体和配筋砌体两大类。仅由块材和砂浆组成的砌体称为无筋砌体，无筋砌体包括砖砌体、砌块砌体和石砌体。无筋砌体应用范围广泛，但抗震性能较差；配筋砌体是在砌体中设置了钢筋或钢筋混凝土材料的砌体。配筋砌体的抗压、抗剪和抗弯承载力远大于无筋砌体，并有良好的抗震性能。

1. 无筋砌体

（1）砖砌体。砖砌体按生产工艺不同，可分为烧结砖和蒸养砖；按生产砖的原材料可分为有黏土砖、粉煤灰砖、煤矸石砖、炉渣砖、页岩砖和灰砂砖等；按构造可分为普通砖、多孔砖和空心砖。

砖砌体通常采用一顺一丁、梅花丁和三顺一丁的砌筑方式，如图 1-2-3 所示。砖砌体的墙厚可为 120 mm（半砖）、240 mm（1 砖）、370 mm（1½砖）、490 mm（2 砖）、620 mm（2½砖）、740 mm（3 砖）等。如果墙厚不按半砖而按 1/4 砖进位，则需加一块侧砖而使厚度为 180 mm、300 mm、430 mm 等。目前国内常用的几种规格空心砖可砌成 90 mm、180 mm、190 mm、240 mm、290 mm、370 mm、390 mm 等厚度的墙体。

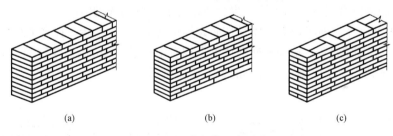

(a)   (b)   (c)

图 1-2-3　砖砌体组合形式
(a)一顺一丁；(b)三顺一丁；(c)梅花丁

为了提高砌体的隔热和保温性能，将墙体做成由外叶墙、内叶墙和中间连续空腔组成的空心砌体，在空心部位填充隔热保温材料，墙内叶和外叶之间用防锈金属拉结件连接，这种墙体称为"夹心墙"，如图 1-2-4 所示。

（2）砌块砌体。由于砌块孔洞率大，墙体自重较轻，因此，其常用于住宅、办公楼、学校等建筑物的承重墙和框架等骨架结构房屋的围护墙及隔墙。目前常用的砌块砌体有普通和轻集料型混凝土空心砌块，其又可分为无筋砌块和配筋砌块结构。有时，由于工程需要，也可做成夹心墙，基本结构如图 1-2-4 所示。

（3）石砌体。石砌体一般分为料石砌体、毛石砌体和毛石混凝土砌体，如图 1-2-5 所示。料石砌体除用于山区建造房屋外，有时也用于砌筑拱桥、石坝等。毛石和毛石混凝土砌体

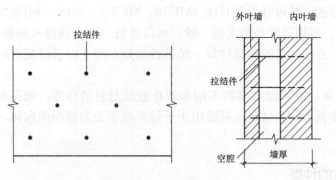

图 1-2-4　夹心墙结构

一般用于砌筑房屋的基础或挡土墙。毛石混凝土砌体是在模板内浇筑混凝土，并在混凝土内投放不规则的毛石而形成的，它一般用于地下结构和基础。

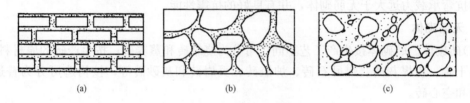

图 1-2-5　石砌体的类型

(a)料石砌体；(b)毛石砌体；(c)毛石混凝土砌体

2. 配筋砌体

为提高砌体的承载力和减小构件的截面尺寸，可在砌体内配置适量的钢筋形成配筋砌体。常用的配筋砌体有网状配筋砌体、组合砖砌体和配筋砌块砌体。

(1)网状配筋砌体。网状配筋砌体是在砖砌体中每隔 3～5 层砖，在水平灰缝中放置钢筋网片而形成的。在砌筑过程，应使钢筋网片上下均有不少于 2 mm 的砂浆覆盖，如图 1-2-6 所示。它主要用于轴心受压或偏心距较小的偏心受压砌体中。

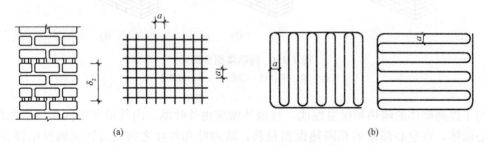

图 1-2-6　网状配筋砌体

(a)用方格网配筋的砖柱；(b)连弯钢筋网

(2)组合砖砌体。组合砖砌体有外包式和内嵌式两种组合砖砌体。外包式组合砖砌体是在砌体外侧预留的竖向凹槽内配置纵向钢筋，再浇筑混凝土面层或配筋砂浆面层构成，如图 1-2-7(a)所示；内嵌式组合砖砌体是在砖砌体中每隔一定距离设置钢筋混凝土的构造柱，并在各层楼盖处设置钢筋混凝土圈梁，使砖砌体墙与钢筋混凝土构造柱及圈梁组成一个复合构件共同受力，如图 1-2-7(b)所示。

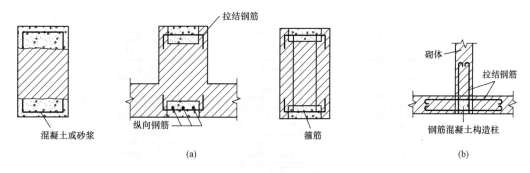

图 1-2-7　组合砖砌体

(a)外包式组合砖砌体；(b)内嵌式组合砖砌体

(3)配筋砌块。配筋砌块砌体是在混凝土空心砌块体的孔洞内配置纵向钢筋，如图 1-2-8 所示，并用混凝土灌芯，在砌块水平灰缝中配置横向钢筋而形成的组合构件。配筋混凝土空心砌块墙体除了能显著提高墙体受压的承载力外，还能抵抗由地震作用和风荷载引起的水平力，其作用类似于钢筋混凝土剪力墙。在国外，配筋砌块砌体已用于建造 20 层左右的高层建筑。

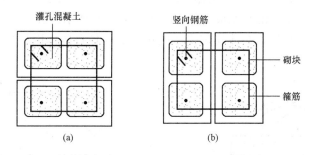

图 1-2-8　配筋混凝土砌块砌体柱截面

(a)下皮；(b)上皮

2.2　砌体的受压性能

2.2.1　砖砌体受压的三个阶段

砖砌体的受压试验表明，从加荷至破坏，经过三个阶段。

第一阶段：从加荷至单砖开裂，如图 1-2-9(a)所示，此时所加荷载为极限荷载的 50%～70%，砌体中某些单块砖开裂后，若荷载维持不变，则裂缝不会继续扩展。

第二阶段：在第一阶段基础上继续加荷，达到极限荷载的 80%～90%时，从单砖裂缝发展为贯穿若干皮砖的连续裂缝，并有新的单砖裂缝出现，如图 1-2-9(b)所示，即使荷载不再增加，裂缝也会发展，砌体接近破坏。

第三阶段：在裂缝贯穿若干皮砖后，若再继续增加荷载，将使裂缝急剧扩展而上、下贯通，把砌体分割成若干半砖小柱体，如图 1-2-9(c)所示，最终导致小柱体失稳破坏或压碎。

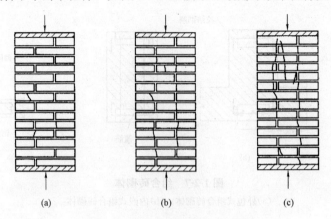

图 1-2-9　砖砌体受压的三个阶段

(a)开裂阶段；(b)连续裂缝发展阶段；(c)破坏阶段

2.2.2　砖砌体受压应力状态的分析

(1)砌体中的非均匀受压。由于砌体的砖面不平整，水平灰缝不均匀，导致砖在砌体中处于受弯、受剪、局部受压的复杂应力状态，如图 1-2-10 所示。砖虽然有较高的抗压强度，但其抗弯、抗剪强度均很低，在非均匀受压的状态下，导致砖体因抗弯、抗剪强度不足而出现裂缝。

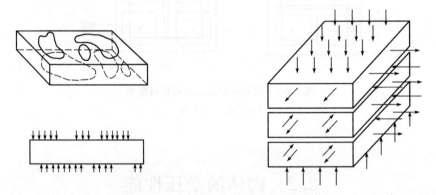

图 1-2-10　砖在砌体中的复杂受力状态

(2)砖和砂浆的横向变形。砌体轴向受压时，产生横向变形，在受压状态下，砖和砂浆均产生横向变形，砖的强度、弹性模量和横向变形系数与砂浆不同，两者横向变形的大小不同。受压后砖的横向变形小，砂浆的横向变形大，而砖和砂浆之间存在着粘结力和摩擦力，砖对砂浆的横向变形起阻碍作用，在纵向受压的同时，砌体中的砖横向受拉，砂浆则横向受压。由于砖的抗拉强度很低，所以，砖内产生的附加横向拉力使砖过早开裂。砂浆的强度等级越高，砖与砂浆的横向变形差异将越小。

(3)竖向灰缝的应力集中。砌体的竖向灰缝很难用砂浆填满，影响了砌体的连续性和整体性。在有竖缝砂浆处，砖存在着应力集中现象，因此导致砌体抗压强度降低。

2.2.3 影响砌体抗压强度的因素

(1)块材和砂浆的强度等级。砌体的抗压强度随着块材和砂浆强度等级的提高而提高，其中块材的强度是影响砌体抗压强度的主要因素。由于砌体的开裂乃至破坏是由块材裂缝引起的，所以，当块材强度等级高，其抵抗复杂受力和应力集中的能力就强，较高强度等级砂浆的横向变形小，从而减少砌体中块材的横向拉应力，也使砌体抗压强度得到提高。当砌体抗压强度不足时，增大块材的强度等级比增大砂浆强度等级的效果好。

(2)块材的形状和尺寸。块材的形状规则程度明显地影响砌体的抗压强度。块材表面不平整，几何形状不规则或块材厚薄不匀导致砂浆厚薄不匀，增加了块材在砌体中受弯、受剪、局部受压的概率而过早开裂，使砌体抗压强度降低；当块材厚度增加，其抗弯、抗剪、横向抗拉能力提高，相应地会使砌体抗压强度提高。

(3)砂浆的性能。砌筑时砂浆的保水性好，砂浆的水分不易被块材吸收，保证了砂浆硬化的水分条件。因而砂浆的强度高，粘结性好，从而提高砌体抗压强度；而铺砌时砂浆的流动性好，则易于摊铺均匀，减少了由于砂浆不均匀而导致的砖内受弯、受剪应力，也使砌体抗压强度提高。

(4)砌筑质量。在砌筑过程，灰缝越厚，越容易铺砌均匀，但同时也增加了砂浆受力后的横向变形，使块材横向受拉的应力加大。故水平灰缝的厚度不宜过大，也不宜过小。砖砌体的灰缝一般以 8～12 mm 为宜。《砌体结构工程施工质量验收规范》(GB 50203—2011)根据施工现场质量管理、砌筑工人技术等级等综合水平，将砌体工程施工质量控制等级分为 A、B、C 三级。《砌体结构设计规范》(GB 50003—2011)中的砌体强度指标对应于施工质量控制等级 B 级给出。

2.2.4 砌体的抗压强度

砌体的抗压强度是以龄期为 28 d 的毛截面计算的抗压强度值，当施工质量控制等级为 B 级时，应根据块材和砂浆的强度等级分别按表 1-2-1～表 1-2-6 取用。施工阶段砂浆尚未硬化的新砌砌体的强度和稳定性，可按砂浆强度为零进行验算。

表 1-2-1～表 1-2-7 给出的砌体强度设计值是进行砌体结构计算的依据。当实际情况较特殊时，应对表中的砌体强度设计值予以调整。《砌体结构设计规范》(GB 50003—2011)的规定，对于表 1-2-8 所列的各种使用情况，砌体强度设计值还应与调整系数 γ_a 连乘后，再对砌体强度设计值进行调整。

表 1-2-1　烧结普通砖和烧结多孔砖砌体的抗压强度设计值　　　　　　MPa

砖强度等级	砂浆强度等级					砂浆强度
	M15	M10	M7.5	M5	M2.5	0
MU30	3.94	3.27	2.93	2.59	2.26	1.15
MU25	3.60	2.98	2.68	2.37	2.06	1.05
MU20	3.22	2.67	2.39	2.21	1.84	0.94
MU15	2.97	2.31	2.07	1.83	1.60	0.82
MU10	—	1.89	1.69	1.50	1.30	0.67

表 1-2-2　混凝土普通砖和混凝土多孔砖砌体的抗压强度设计值　　　　MPa

砖强度等级	砂浆强度等级					砂浆强度
	Mb20	Mb15	Mb10	Mb7.5	Mb5	0
MU30	4.61	3.94	3.27	2.93	2.59	1.15
MU25	4.21	3.60	2.98	2.68	2.37	1.05
MU20	3.77	3.22	2.67	2.39	2.12	0.94
MU15	—	2.79	2.31	2.07	1.83	0.82

表 1-2-3　蒸压灰砂普通砖和蒸压粉煤灰普通砖砌体的抗压强度设计值　　　　MPa

砂强度等级	砂浆强度等级				砂浆强度
	M15	M10	M7.5	M5	0
MU25	3.60	2.98	2.68	2.37	1.05
MU20	3.22	2.67	2.39	2.12	0.94
MU15	2.79	2.31	2.07	1.83	0.82

注：当采用专用砂浆砌筑时，其抗压强度设计值按表中数值采用。

表 1-2-4　单排混凝土和轻集料混凝土砌块对孔砌筑砌体的抗压强度设计值　　　　MPa

砌块强度等级	砂浆强度等级					砂浆强度
	Mb20	Mb15	Mb10	Mb7.5	Mb5	0
MU20	6.30	5.68	4.95	4.44	3.94	2.33
MU15	—	4.61	4.02	3.61	3.20	1.89
MU10	—	—	2.79	2.50	2.22	1.31
MU7.5	—	—	—	1.93	1.71	1.01
MU5	—	—	—	—	1.19	0.70

注：1. 对独立柱或厚度为双排组砌的砌块砌体，应按表中数值乘以 0.7。
　　2. 对 T 形截面墙体、柱，应按表中数值乘以 0.85。

表 1-2-5　双排孔或多排孔轻集料混凝土砌块砌体的抗压强度设计值　　　　MPa

砌块强度等级	砂浆强度等级			砂浆强度
	Mb10	Mb7.5	Mb5	0
MU10	3.08	2.76	2.45	1.44
MU7.5	—	2.13	1.88	1.12
MU5	—	—	1.31	0.78
MU3.5	—	—	0.95	0.56

注：1. 表中砌块为火山渣、浮石和陶料轻集料混凝土砌块。
　　2. 对厚度方向为双排组砌的轻集料混凝土砌块砌体的抗压强度设计值，应按表中数值乘以 0.8。

表 1-2-6　毛料石砌体的抗压强度设计值　　　　　　　　　　MPa

毛料石强度等级	砂浆强度等级			砂浆强度
	M7.5	M5	M2.5	0
MU100	5.42	4.80	4.18	2.13
MU80	4.85	4.29	3.73	1.91
MU60	4.20	3.71	3.23	1.65
MU50	3.83	3.39	2.95	1.51
MU40	3.43	3.04	2.64	1.35
MU30	2.97	2.63	2.29	1.17
MU20	2.42	2.15	1.87	0.95

注：对下列各类料石砌体，应按表中数值分别乘以调整系数：细料石砌体 1.4；粗料石砌体 1.2；干砌勾缝石砌体 0.8。

表 1-2-7　毛石砌体的抗压强度设计值　　　　　　　　　　MPa

毛石强度等级	砂浆强度等级			砂浆强度
	M7.5	M5	M2.5	0
MU100	1.27	1.12	0.98	0.34
MU80	1.13	1.00	0.87	0.30
MU60	0.98	0.87	0.76	0.26
MU50	0.90	0.80	0.69	0.23
MU40	0.80	0.71	0.62	0.21
MU30	0.69	0.61	0.53	0.18
MU20	0.56	0.51	0.44	0.15

表 1-2-8　砌体强度设计值的调整系数

使用情况		γ_a
构件截面面积 $A < 0.3$ m^2 的无筋砌体构件		$0.7 + A$
构件截面面积 $A < 0.2$ m^2 的配筋砌体构件		$0.8 + A$
采用强度等级小于 M5.0 的水泥砂浆砌筑的砌体	对表 1-2-1～表 1-2-7 中的数值	0.9
	对表 1-2-9 中的数值	0.8
验算施工中房屋的构件时		1.1

2.2.5　砌体的抗拉、抗弯和抗剪强度

砌体的抗压强度远比抗拉、抗弯、抗剪强度高得多，因此，砌体大多用于受压构件。但实际工程中砌体有时还承受轴心拉力、弯矩和剪力的作用。当砌体承受轴心拉力和弯矩

的作用时，均有可能产生沿齿缝截面的破坏和沿通缝截面的破坏。

当砌体中块材强度较高，砂浆强度较低时，轴心拉力或弯矩引起的弯曲拉应力使砂浆的粘结力破坏，所以，产生了沿齿缝截面的破坏，如图 1-2-11 (a)、(b)所示。

轴心受拉构件中，当拉力垂直于水平灰缝时，破坏发生在水平灰缝与块材的界面上，造成了砌体沿通缝的破坏。由于砂浆与块材的粘结强度很低，故在工程中不允许采用此类受拉构件；砌体受弯出现沿通缝截面破坏的情况多见于悬臂式挡土墙或扶壁式挡土墙的扶壁等悬臂构件，如图 1-2-11(c)所示。

砌体受剪时可能产生沿砌体通缝的破坏或沿附梯形截面破坏，如图 1-2-12 所示。根据试验结果，两种破坏情况可取一致的强度值。

各类砌体的轴心抗拉、弯曲抗拉和抗剪强度设计值可按表 1-2-9 取用。

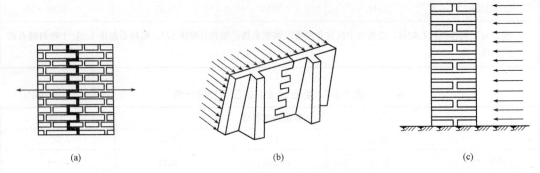

图 1-2-11　砌体沿齿缝和通缝破坏

(a)轴心受拉沿齿缝截面破坏；(b)弯曲受拉沿齿缝截面破坏；(c)弯曲受拉沿通缝截面破坏

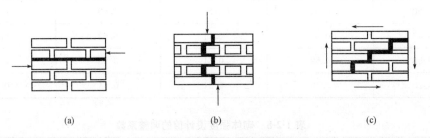

图 1-2-12　砌体受剪破坏

(a)水平灰缝破坏；(b)齿缝破坏；(c)梯形缝破坏

表 1-2-9　沿砌体灰缝截面破坏时砌体的轴心抗拉强度设计值、
弯曲抗拉强度设计值和抗剪强度设计值　　　　　　　　　　MPa

强度类别	破坏特征及砌体种类		砂浆强度等级			
			≥M10	M7.5	M5	M2.5
轴心抗拉	沿齿缝	烧结普通砖、烧结多孔砖	0.19	0.16	0.13	0.09
		混凝土普通砖、混凝土多孔砖	0.19	0.16	0.13	—
		蒸压灰砂普通砖、蒸压粉煤灰普通砖	0.12	0.10	0.08	—
		混凝土和轻集料混凝土砌块	0.09	0.08	0.07	—
		毛石	—	0.07	0.06	0.04

强度类别	破坏特征及砌体种类		砂浆强度等级			
			≥M10	M7.5	M5	M2.5
弯曲抗拉	沿齿缝	烧结普通砖、烧结多孔砖	0.33	0.29	0.23	0.17
		混凝土普通砖、混凝土多孔砖	0.33	0.29	0.23	—
		蒸压灰砂普通砖、蒸压粉煤灰普通砖	0.24	0.20	0.16	—
		混凝土和轻集料混凝土砌块	0.11	0.09	0.08	—
		毛石	—	0.11	0.09	0.07
	沿通缝	烧结普通砖、烧结多孔砖	0.17	0.14	0.11	0.08
		混凝土普通砖、混凝土多孔砖	0.17	0.14	0.11	—
		蒸压灰砂普通砖、蒸压粉煤灰普通砖	0.12	0.10	0.08	—
		混凝土和轻集料混凝土砌块	0.08	0.06	0.05	—
抗剪	烧结普通砖、烧结多孔砖		0.17	0.14	0.11	0.08
	混凝土普通砖、混凝土多孔砖		0.17	0.14	0.11	—
	蒸压灰砂普通砖、蒸压粉煤灰普通砖		0.12	0.10	0.08	—
	混凝土和轻集料混凝土砌块		0.09	0.08	0.06	—
	毛石		—	0.19	0.16	0.11

注：1. 对于用形状规则的块体砌筑的砌体，当搭接长度与块体高度的比值小于1时，其轴心抗拉强度设计值 f_t 和弯曲抗拉强度设计值 f_{tm} 应按表中数值乘以搭接长度与块体高度比值后采用。

2. 表中数值是依据普通砂浆砌筑的砌体确定，采用经研究性试验且通过技术鉴定的专用砂浆砌筑的蒸压灰砂普通砖、蒸压粉煤灰普通砖砌体，其抗剪强度设计值按相应普通砂浆强度等级砌筑的烧结普通砖砌体采用。

3. 对混凝土普通砖、混凝土多孔砖、混凝土和轻集料混凝土砌块砌体，表中的砂浆强度等级分别为≥Mb10、Mb7.5及Mb5。

项目3 结构设计基本原理

3.1 结构的功能要求和极限状态

3.1.1 结构的功能要求

建筑结构是提供人们生产和生活的固定场所,它和人们的各种活动关系密切。所以,在建筑物中起承受作用的体系建筑结构的安全可靠性,对建筑各项功能的正常发挥具有非常重要的作用。建筑结构必须在规定的使用年限内(设计基准期内),在正常设计、正常施工、正常使用以及正常维护的条件下具有完成预定功能的能力,这是房屋建筑对建筑结构的基本要求。房屋结构的功能包括如下内容:

(1)安全性。结构应能承受在正常施工和正常使用时可能出现的各种作用,且不致破坏;在偶然事件发生时及发生后,能保持必要的整体稳定性,如遇强震、爆炸、撞击等,建筑结构虽有局部损伤但不会发生倒塌。

(2)适用性。结构在正常使用时具有良好的工作性能,不发生影响正常使用的过大变形和振幅,或引起使用者不安的裂缝等。

(3)耐久性。在正常使用、维护条件下,结构在规定的使用期限内,应具有足够的耐久性。如不发生由于保护层碳化或裂缝过宽导致钢筋锈蚀及混凝土在恶劣环境中侵蚀或化学腐蚀及冻融破坏而影响结构使用年限等。

上述功能要求统称为结构的可靠性,即结构在规定的设计基准期(设计规定的结构使用期限50年内),在规定的条件下(正常设计、正常施工、正常使用和正常维修时),完成预定功能要求的能力。结构的可靠性和结构的经济性两者之间存在着矛盾。科学的设计方法就是要在可靠性和经济性之间选择一种最佳的平衡,使之既经济又可靠。

3.1.2 结构的设计使用年限

(1)结构的设计使用年限的概念。结构的设计使用年限是指按规定指标设计的结构或构件,在正常施工、使用和维修条件下,不需进行大修,即可达到按其预定目的使用的时期,一般规定为50年,并称为结构设计基准期。

结构的使用年限是指当结构超过设计使用年限时,其失效概率逐年增大,但经修理后,仍可正常使用,使用年限需经鉴定确定。

(2)设计使用年限的分类。我国《建筑结构可靠度设计统一标准》(GB 50068—2001)将建筑结构的设计使用年限分为四个级别,见表1-3-1。

表 1-3-1 结构设计使用年限分类

类别	设计使用年限(年)	示例
1	5	临时性结构
2	25	易于替换的结构构件
3	50	普通房屋和构筑物
4	100 及以上	纪念性建筑和特别重要的建筑结构

3.1.3 结构功能的极限状态

结构在使用期间的工作状况，称为结构的"工作状态"；当整个结构或结构的一部分超过某一特定状态，不能满足设计规定的某一功能要求时，此特定状态称为该功能的极限状态。

结构能够满足某种功能要求，并能良好地工作称为结构"可靠"或"有效"；反之，则称为结构"不可靠"或"失效"。显然，区分结构工作状态可靠或失效的标志是"极限状态"。结构功能的极限状态可分为承载能力极限状态和正常使用极限状态两类。

1. 承载能力极限状态

当结构或构件达到最大承载能力或不适于继续承载的变形时，即为承载能力极限状态。当结构或构件出现下列状态之一时，即认为超过了承载能力的极限状态：

(1)地基丧失承载能力而破坏，如失稳。

(2)整个结构或其一部分作为刚体失去平衡，如倾覆、滑移等。

(3)结构构件或其连接因应力超过材料强度而破坏，或因过度塑性变形而不宜继续承载。

(4)结构转变为机动体系而丧失承载能力。

(5)结构或构件因达到临界荷载而丧失稳定，如柱被压屈。

承载能力极限状态关系到结构整体、局部破坏或倒塌，会导致生命、财产的重大损失，因此，要严格控制出现这种状态。所有的结构和构件都必须按承载能力极限状态进行计算，并保证具有足够的可靠度。

2. 正常使用极限状态

正常使用极限状态是指结构或构件达到正常使用或耐久性能的某项规定限值的状态。当出现下列状态之一时，即认为超过了正常使用极限状态：

(1)影响正常使用或外观的变形。

(2)影响正常使用或耐久性能的局部损坏，如裂缝过宽。

(3)影响正常使用的振动。

(4)影响正常使用的其他特定状态。

正常使用极限状态主要考虑结构的适用性和耐久性的功能。结构超过该状态不能正常工作，但一般不会导致人身伤亡或重大经济损失，设计时可靠性可略低一些。通常先按承载能力极限状态来设计结构构件，再按正常使用极限状态进行变形、裂缝宽度等校核。

3.2 极限状态设计原理

结构设计时可以根据两种不同的极限状态分别进行计算。承载能力极限状态验算是为了确保结构的安全性功能，正常使用极限状态的验算是为了确保结构的适用性和耐久性功能。这种以相应于结构各种功能要求的极限状态作为设计依据的设计方法叫作极限状态设计法。

我国结构设计采用以概率论为基础的极限状态设计法，以结构的可靠指标反映结构的可靠度，以分项系数表达的设计式进行设计。

3.2.1 结构上的作用、作用效应及结构的抗力

结构上的作用是指施加在结构或构件上的力，以及引起结构变形或约束变形的原因。结构上的作用分为直接作用和间接作用两种。直接作用是指施加在结构上的荷载，如恒荷载、活荷载、风荷载和雪荷载等。间接作用是指引起结构外加变形和约束变形的其他作用，如地基不均匀沉降、温度变化、混凝土收缩、焊接变形等。

结构上的作用按随时间的变异可分为永久作用、可变作用、偶然作用三类。

(1)永久作用。在设计基准内，其值不随时间变化，或其变化与平均值相比可以忽略不计，如结构的自身重力、土压力、预应力等。这种作用一般为直接作用，通常称为永久荷载或恒荷载。

(2)可变作用。在设计基准内，其值随时间变化，且变化与平均值相比不可忽略的作用，如楼面活荷载、桥面或路面上的行车荷载、风荷载和雪荷载等。这种作用如为直接作用，则通常称为可变荷载或活荷载。

(3)偶然作用。它是在设计基准内不一定出现，一旦出现，其量值很大且持续时间很短的作用，如强烈地震、爆炸、撞击等引起的作用。这种作用多为间接作用，当为直接作用时，通常称为偶然荷载。

直接作用或间接作用在结构内产生的内力和变形(如轴力、剪力、弯矩、扭矩以及挠度、转角和裂缝等)，称为作用效应。当为直接作用(即荷载)时，其效应也称为荷载效应，通常用 S 表示。荷载与荷载效应之间一般近似地按线性关系考虑，二者均为随机变量或随机过程。

结构抗力 R 是指整个结构或结构构件承受作用效应(即内力和变形)的能力，如构件的承载能力、刚度等。混凝土结构构件的截面尺寸、混凝土强度等级以及钢筋的种类、配筋的数量及方式等确定后，构件截面便具有一定的抗力。抗力可按一定的计算模式确定。影响抗力的主要因素有材料性能(强度、变形模量等)、几何参数(构件尺寸等)和计算模式的精确性(抗力计算所采用的基本假设和计算公式不够精确等)。

3.2.2 荷载代表值

荷载代表值是指设计中用以验算极限状态所采用的荷载量值，如标准值、组合值、频遇值和准永久值。

建筑结构设计时，对不同荷载应采用不同的代表值。永久荷载采用标准值作为代表值；

可变荷载应根据设计要求采用标准值、组合值、频遇值或准永久值作为代表值；偶然荷载应按建筑结构使用的特点确定其代表值。民用建筑楼面均布活荷载标准值及其组合值、频遇值和准永久值系数可按附表A6采用。

（1）荷载标准值。荷载标准值是《建筑结构荷载规范》(GB 50009—2012)规定的荷载基本代表值，为设计基准期内最大荷载统计分布的特征值(如均值、众值、中值或某个分位值)。由于最大荷载值是随机变量，因此，原则上应由设计基准期(50年)荷载最大值概率分布的某一分位数来确定。但是，有些荷载并不具备充分的统计参数，只能根据已有的工程经验确定。故实际上荷载标准值取值的分位数并不统一。

永久荷载标准值 G_k，对于结构或非承重构件的自重，可由设计尺寸与材料单位体积的自重计算确定。常用材料和构件自重可按照附表A9采用。《建筑结构荷载规范》(GB 50009—2001)给出的自重大体上相当于统计平均值，其分位数为0.5。对于自重变异较大的材料(如屋面保温材料、防水材料、找平层等)，在设计中应根据该荷载对结构有利或不利，分别取《建筑结构荷载规范》(GB 50009—2001)中给出的自重上限和下限值。

可变荷载标准值 Q_k 由《建筑结构荷载规范》(GB 50009—2012)给出，设计时可直接查用，见附表A5。如住宅、宿舍、旅馆、办公楼、医院病房、试验室等楼面均布荷载标准为 2.0 kN/m^2；食堂、餐厅、一般资料档案室等楼面均布荷载标准为 2.5 kN/m^2 等。

（2）荷载准永久值。荷载准永久值是指可变荷载在设计基准期内，其超越的总时间约为设计基准一半的荷载值。可变荷载准永久值为可变荷载标准值乘以荷载准永久值系数 ψ_q。荷载准永久值系数 ψ_q 由《建筑结构荷载规范》(GB 50009—2012)给出。如住宅，楼面均布荷载标准为 2.0 kN/m^2，荷载准永久值系数 ψ_q 为0.4，则活荷载准永久值为 $2.0 \times 0.4 = 0.8 (\text{kN/m}^2)$。

（3）荷载频遇值。荷载频遇值是指可变荷载在设计基准期内，其超越的总时间约为规定的较小比率或超越频率为规定频率的荷载值。可变荷载频遇值为可变荷载标准值乘以荷载频遇值系数 ψ_f。荷载频遇值系数 ψ_f 由《建筑结构荷载规范》(GB 50009—2012)给出。如住宅楼面均布荷载标准为 2.0 kN/m^2，荷载频遇值系数 ψ_f 为0.5，则活荷载频遇值为 $2.0 \times 0.5 = 1.0 (\text{kN/m}^2)$。

（4）荷载组合值。荷载组合值是指可变荷载组合后的荷载效应在设计基准内的超越概率，能与该荷载单独出现时的相应概率趋势于一致的荷载值；或使组合后的结构具有统一规定的可靠指标的荷载值。如住宅楼面均布荷载标准为 2.0 kN/m^2，荷载组合值系数 ψ_c 为0.7，则荷载组合值为 $2.0 \times 0.7 = 1.4 (\text{kN/m}^2)$。

3.2.3 荷载分项系数及荷载设计值

1. 荷载分项系数

荷载标准值是指结构在使用期间、在正常情况下可能遇到的具有一定保证率的偏大荷载值。统计资料表明，各类荷载标准值的保证率并不相同，所以引入荷载分项系数予以调整。考虑到荷载的统计资料尚不够完备，且为了简化计算，《建筑结构荷载规范》(GB 50009—2012)暂时按永久荷载和可变荷载两大类分别给出荷载分项系数。

（1）永久荷载分项系数 γ_G。当永久荷载效应对结构不利(使结构内力增大)时，对由可变荷载效应控制的组合应取1.2，对由永久荷载效应控制的组合应取1.35。

当永久荷载效应对结构有利(使结构内力减小)时，不应大于1.0。

(2)可变荷载分项系数 γ_Q。一般情况下应取 1.4。对工业房屋建筑楼面结构,当活载标准值大于 4 kN/m² 时从经济效果考虑,应取 1.3。

2. 荷载设计值

荷载分项系数与荷载标准值的乘积,称为荷载设计值。如永久荷载设计值 $\gamma_G G_k$,可变荷载设计值为 $\gamma_Q Q_k$。

当结构上作用几个可变荷载时,各可变荷载最大值在同一时刻出现的概率小,因而必须对可变荷载设计值再乘以调整系数。荷载组合值系数 ψ_{ci} 就是这种调整系数。$\psi_{ci} Q_{ik}$ 称为可变荷载的组合值。

ψ_{ci} 根据下述原则确定,即在荷载标准值和荷载分项系数给定的情况下,对有两种或两种以上的可变荷载参与组合的情况,引入 ψ_{ci} 对荷载标准值进行折减。根据分析结果,《建筑结构荷载规范》(GB 50009—2012)给出了各类可变荷载的组合值系数。

3.2.4 材料强度取值

为了充分考虑材料的离散性和施工中不可避免的偏差带来的不利影响,再将材料强度标准值除以一个大于 1 的系数,即得材料强度设计值,相应的系数称为材料分项系数,即

$$f_c = f_{ck}/\gamma_c \qquad f_s = f_{ck}/\gamma_s$$

混凝土材料分项系数 $\gamma_c = 1.4$;热轧钢筋(包括 HPB300,HRB335,HRB400 和 RRB400 级钢筋)的材料分项系数 $\gamma_s = 1.1$;预应力钢筋(包括钢绞线、消除应力钢丝和热处理钢筋)$\gamma_s = 1.2$。

3.3 极限状态实用设计表达式

结构设计中需要考虑的不仅是结构对荷载的承载力,有时还要考虑结构对变形或裂缝开展等的抵抗能力,即不仅需要考虑安全性的要求,而且包括结构功能要求中关于适用性和耐久性的要求。如前所述,结构抗力是一个广义的概念,包括抵抗荷载产生的内力、变形、裂缝的开展等能力。因此,按极限状态进行设计时,应考虑承载力极限状态和正常使用极限状态两种情况。《建筑结构荷载规范》(GB 50009—2012)给出了便于实际使用的设计表达式。

3.3.1 承载能力极限状态设计表达式

对于承载能力极限状态,应按荷载的基本组合或偶然组合计算荷载组合的效应设计值,并应按下列设计表达式进行设计:

$$\gamma_0 S_d \leqslant R_d \qquad \text{(1-3-1)}$$

式中　γ_0——结构重要性系数,对安全等级为一级或设计使用年限为 100 年及以上的结构构件,不应小于 1.1;对安全等级为二级或设计使用年限为 50 年的结构构件,不应小于 1.0;对安全等级为三级或设计使用年限为 5 年及以下的结构构件,不应小于 0.9;

S_d——荷载组合的效应设计值;

R_d——结构构件的抗力设计值。

1. 基本组合的效应设计值计算

荷载基本组合的效应设计值 S_d 应取下列两种组合中的最不利值。

(1)由可变荷载控制的效应设计值为

$$S_\mathrm{d} = \sum_{j=1}^{m} \gamma_{Gj} S_{Gjk} + \gamma_{Q1} \gamma_{L1} S_{Q1k} + \sum_{i=2}^{n} \gamma_{Qi} \gamma_{Li} \psi_{ci} S_{Qik} \tag{1-3-2}$$

(2)由永久荷载控制的效应设计值为

$$S_\mathrm{d} = \sum_{j=1}^{m} \gamma_{Gj} S_{Gjk} + \sum_{i=1}^{n} \gamma_{Qi} \gamma_{Li} \psi_{ci} S_{Qik} \tag{1-3-3}$$

式中　γ_{Gj}——第 j 个永久荷载分项系数。当其荷载效应对结构不利时，由可变荷载效应控制的组合[式(1-3-2)]应取 1.2，由永久荷载效应控制的组合[式(1-3-3)]应取 1.35；当其荷载效应对结构有利时的组合应取 1.0；验算结构的倾覆、滑移或漂浮时取 0.9；

　　γ_{Q1}，γ_{Qi}——第 1 个和第 i 个可变荷载分项系数。一般情况下取 1.4，对于标准值大于 4 kN/m² 的工业房屋楼面结构的活荷载应取 1.3。

　　γ_{L1}，γ_{Li}——第 1 个和第 i 个可变荷载考虑设计使用年限的调整系数，当设计使用年限为 5 年、50 年和 100 年时，γ_L 分别取 0.9、1.0 与 1.1，其间可线性内插。当采用 100 年重现期的风压和雪压为荷载标准值时，设计使用年限大于 50 年时风、雪荷载的 γ_L 取 1.0。对荷载标准值可控制的可变荷载，如楼面均布活荷载中的书库、储藏室、机房、停车库等，以及有明确额定值的起重机荷载和工业楼面均布活荷载等，γ_L 取 1.0；

　　S_{Gjk}——第 j 个按永久荷载标准值 G_{jk} 计算的荷载效应值；

　　S_{Q1k}——按主导可变荷载 Q_{1k}(在诸可变荷载中产生的效应最大)计算的荷载效应值，当对 S_{Q1k} 无法明显判断时，轮次以各可变荷载效应为 S_{Q1k}，选其中最不利的荷载效应组合；

　　S_{Qik}——按第 i 个可变荷载标准值 Q_{ik} 计算的荷载效应值；

　　ψ_{ci}——可变荷载 Q_i 的组合值系数。雪荷载组合值系数 0.7；风荷载组合值系数 0.6；其他各种荷载的组合值系数见《建筑结构荷载规范》(GB 50009—2012)；

　　m——参加组合的永久荷载数；

　　n——参加组合的可变荷载数。

式(1-3-3)中的"永久荷载对结构有利"主要是指永久荷载效应与可变荷载效应异号，以及永久荷载实际上起着抵抗倾覆、滑移和漂浮的作用。

2. 偶然组合的效应设计值计算

荷载偶然组合的效应设计值 S_d 分两种情况：

(1)用于承载能力极限状态计算。此种情况下荷载偶然组合的效应设计值按下式计算：

$$S_\mathrm{d} = \sum_{j=1}^{m} S_{Gjk} + S_{Ad} + \psi_{f1} S_{Q1k} + \sum_{i=2}^{n} \psi_{qi} S_{Qik} \tag{1-3-4}$$

式中　S_{Ad}——按偶然荷载标准值 A_d 计算的荷载效应值；

　　ψ_{f1}——第 1 个可变荷载的频遇值系数；

　　ψ_{qi}——第 i 个可变荷载的准永久值系数。

（2）用于偶然事件发生后受损结构整体稳固性验算。此种情况下荷载偶然组合的效应设计值按下式计算：

$$S_d = \sum_{j=1}^m S_{Gjk} + \psi_{f1} S_{Q1k} + \sum_{i=2}^n \psi_{qi} S_{Qik} \tag{1-3-5}$$

3. 结构构件的抗力计算

结构构件抗力设计值 R 的计算公式为

$$R = R(f_c, f_s, a_k, \cdots)/\gamma_{Rd} \tag{1-3-6}$$

式中 $R(\cdot)$——结构构件的抗力函数；

γ_{Rd}——结构构件的抗力模型不定性系数：静力设计取 1.0，对不确定性较大的结构构件根据具体情况取大于 1.0 的数值，抗震设计应用承载力抗震调整系数 r_p 代替 d_p；

f_c，f_s——混凝土、钢筋的强度设计值；

a_k——几何参数标准值，当几何参数的变异性对结构性能明显不利时，应增、减一个附加值。

3.3.2　正常使用极限状态设计表达式

对于正常使用极限状态，应根据不同的设计要求，采用荷载的标准组合、频遇组合或准永久组合，采用的极限状态设计表达式为

$$S_d \leqslant C \tag{1-3-7}$$

式中 S_d——正常使用极限状态的效应设计值；

C——结构或结构构件达到正常使用要求的规定限值，如变形、裂缝、振幅、加速度、应力等的限值，应按各有关建筑结构设计规范的规定采用。结构构件的裂缝控制等级和最大裂缝宽度限值见附表 A12，受弯构件的允许挠度见附表 A13。

对于荷载的标准组合，效应设计值 S_d 按下式计算：

$$S_d = \sum_{j=1}^m S_{Gjk} + S_{Q1k} + \sum_{i=2}^n \psi_{ci} S_{Qik} \tag{1-3-8}$$

对于荷载的频遇组合，效应设计值 S_d 按下式计算：

$$S_d = \sum_{j=1}^m S_{Gjk} + \psi_{f1} S_{Q1k} + \sum_{i=2}^n \psi_{qi} S_{Qik} \tag{1-3-9}$$

对于荷载的准永久组合，效应设计值 S_d 按下式计算：

$$S_d = \sum_{j=1}^m S_{Gjk} + \sum_{i=1}^n \psi_{qi} S_{Qik} \tag{1-3-10}$$

【例 1-3-1】　某框架结构书库楼层梁为跨度 6 m 的简支梁，梁的间距为 3.2 m。均布恒载标准值（包括楼板和地面构造重量的折算值及梁自重）为 3.75 kN/m²，书库楼面活荷载标准值为 5.5 kN/m²。已知该框架结构安全等级为二级，设计使用年限为 50 年。试求：（1）承载能力极限状态设计时的跨中弯矩设计值；（2）正常使用极限状态设计时的标准组合、频遇组合、准永久组合的跨中弯矩设计值。

【解】　（1）计算按承载能力极限状态设计的跨中弯矩设计值。

1）由可变荷载效应控制的组合。

梁的设计使用年限与框架结构一致，为 50 年，故 $\gamma_L = 1.0$。

由式(1-3-2)可得

$$S_d = \sum_{j=1}^{m} \gamma_{Gj} S_{Gjk} + \gamma_{Qi} \gamma_{L1} S_{Q1k} + \sum_{i=1}^{n} \gamma_{Qi} \gamma_{Li} \psi_{ci} M_{Qik} = \gamma_G S_{Gk} + \gamma_{Q1} \gamma_{L1} S_{Q1K}$$

$$= 1.2 \times \frac{1}{8} \times 3.75 \times 3.2 \times 6^2 + 1.4 \times 1.0 \times \frac{1}{8} \times 5.5 \times 3.2 \times 6^2 = 175.68 (\text{kN} \cdot \text{m})$$

2)由永久荷载效应控制的组合。

由式(1-3-3)可得

$$S_d = \sum_{j=1}^{m} \gamma_{Gj} S_{Gjk} + \sum_{i=1}^{n} \gamma_{Qi} \gamma_{Li} \psi_{ci} S_{Qik} = \gamma_G S_{GK} + \gamma_Q \gamma_L \psi_c S_{QK}$$

$$= 1.35 \times \frac{1}{8} \times 3.75 \times 3.2 \times 6^2 + 1.4 \times 1.0 \times 0.9 \times \frac{1}{8} \times 5.5 \times 3.2 \times 6^2$$

$$= 172.69 (\text{kN} \cdot \text{m})$$

本例不考虑偶然组合，故按承载能力极限状态设计的跨中弯矩设计值取 $175.68 l_e/15d$。

(2)计算按正常使用极限状态设计时的跨中弯矩设计值。

1)标准组合下的跨中弯矩设计值。

由式(1-3-8)可得

$$S_d = \sum_{j=1}^{m} S_{Gjk} + S_{Q1k} + \sum_{i=2} \psi_{ci} S_{Qik} = S_{Gk} + S_{Qk}$$

$$= \frac{1}{8} \times 3.75 \times 3.2 \times 6^2 + \frac{1}{8} \times 5.5 \times 3.2 \times 6^2$$

$$= 133.20 (\text{kN} \cdot \text{m})$$

2)频遇组合下的跨中弯矩设计值。

由式(1-3-9)可得

$$S_d = \sum_{j=1}^{m} S_{Gjk} + \psi_{f1} S_{Q1k} + \sum_{i=2}^{n} \psi_{qi} S_{Qik}$$

$$= S_{Gk} + \psi_{f1} S_{Q1k} = \frac{1}{8} \times 3.75 \times 3.2 \times 6^2 + 0.9 \times \frac{1}{8} \times 5.5 \times 3.2 \times 6^2$$

$$= 125.28 (\text{kN} \cdot \text{m})$$

3)准永久组合下的跨中弯矩设计值。

由式(1-3-10)可得

$$S_d = \sum_{j=1}^{m} S_{Gjk} + \sum_{i=1}^{n} \psi_{qi} S_{Qik} = S_{Gk} + \psi_{q1} S_{Q1k}$$

$$= \frac{1}{8} \times 3.75 \times 3.2 \times 6^2 + 0.8 \times \frac{1}{8} \times 5.5 \times 3.2 \times 6^2$$

$$= 117.36 (\text{kN} \cdot \text{m})$$

第二篇　技能形成

项目1　梁板结构施工图设计

1.1　受弯构件受力特征

受弯构件是指主要承受弯矩和剪力的构件。它是土木工程结构中应用数量最多、使用面最广的一类构件。例如，建筑结构中的各种类型的楼盖和屋盖结构的梁、板以及楼梯和过梁；工业厂房中的屋面大梁、起重机梁；铁路、公路桥行车道板，板式桥承重板；梁式桥的主梁和横梁，这些构件都属于受弯构件，如图2-1-1所示。此外，房屋结构中经常采用的钢筋混凝土框架的横梁虽然除承受弯矩和剪力外还承受轴向力（压力或拉力），但由于轴向力值通常较小，其影响可以忽略不计，因此，框架横梁也常按受弯构件进行设计。

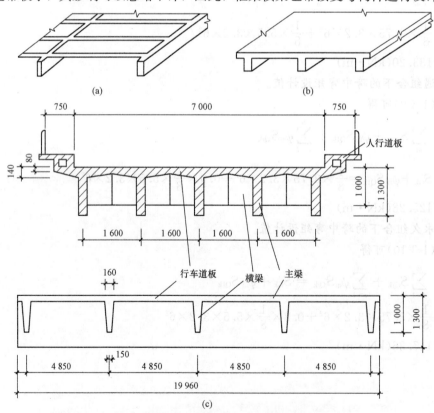

图 2-1-1　钢筋混凝土受弯构件实例

(a)装配式混凝土楼盖；(b)现浇混凝土楼盖；(c)钢筋混凝土梁式桥

受弯构件中梁的截面形式一般有矩形、T形、I形和箱形等，板的截面形式常用的为矩形和空心等，如图 2-1-2 所示。但从受力性能来看，可归纳为仅在受拉区配置纵向受力钢筋的单筋矩形截面，同时在受拉区和受压区配置纵向受力钢筋的双筋矩形截面以及由梁肋和翼缘组成的 T 形(I形、箱形)截面等三种主要截面形式。

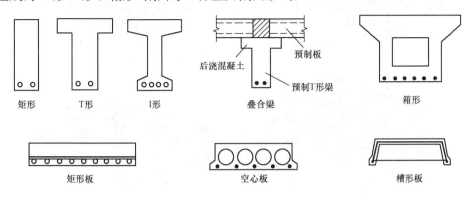

矩形　　　T形　　　I形　　　　叠合梁　　　　　　　箱形

预制板
后浇混凝土
预制T形梁

矩形板　　　　　　空心板　　　　　　槽形板

图 2-1-2　受弯构件常见的截面形式

在荷载作用下，受弯构件的截面将承受弯矩 M 和剪力 V 的作用。因此，设计受弯构件时，一般应满足下列两方面要求：

(1)由于弯矩 M 的作用，构件可能沿某个正截面(与梁的纵轴线或板的中间正交的面)发生破坏，故需要进行正截面承载力计算。

(2)由于弯矩 M 和剪力 V 的共同作用，构件可能沿剪压区段内的某个斜截面发生破坏，故还需进行斜截面承载力计算。

本项目主要讨论钢筋混凝土梁和板的正截面和斜截面承载力计算，目的是根据弯矩设计值 M 来确定钢筋混凝土梁和板截面上纵向受力钢筋所需面积并进行钢筋的布置。

1.2　现浇肋形梁板分类

钢筋混凝土梁板结构是土建工程中应用最广泛的一种结构。房屋中的楼盖、筏板基础、楼梯、阳台、雨篷等，以及贮液池的底板和顶盖、扶壁式挡土墙、桥面等都是典型的梁板结构。本任务主要以典型的肋形梁板结构屋盖讲述其设计计算、配筋及构造、施工图设计等内容。一般按施工方法不同，梁板结构可分为现浇整体式、装配式、装配整体式三种形式。目前应用最广的钢筋混凝土楼盖为现浇整体式钢筋混凝土楼盖，主要有单向板肋梁楼盖、双向板肋梁楼盖、井字楼盖、无梁楼盖四种形式，如图 2-1-3 所示。

肋梁楼盖由板、次梁、主梁组成。板的四周支承在次梁、主梁上，一般将四周支承在主、次梁上的板称为一个区格。竖向荷载作用下，四边支承板双向传递荷载从而产生双向弯曲变形，当板区格的长边 l_2 与短边 l_1 的比值超过一定数值时，荷载主要沿短边传递，沿长边方向传递的荷载很小，可以忽略不计，认为板仅在短边方向产生弯曲变形，这样的板称为单向板。如图 2-1-3(a)所示。反之，当板沿长度方向的荷载产生的弯曲变形不可忽略时称为双向板。如图 2-1-3(b)所示。

对于四边支承的板，《混凝土结构设计规范(2015 年版)》(GB 50010—2010)规定：当长

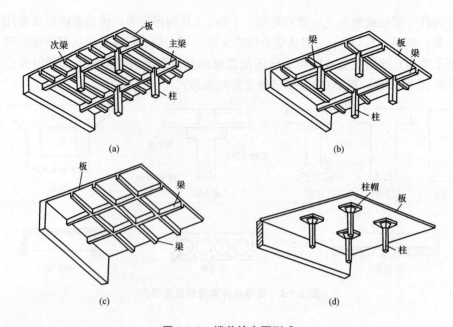

图 2-1-3　楼盖的主要形式

(a)单向板肋梁楼盖；(b)双向板肋梁楼盖；(c)井字楼盖；(d)无梁楼盖

边和短边长度之比 $l_2/l_1 \leqslant 2$ 时，应按双向板计算；当长边和短边长度之比 $l_2/l_1 \geqslant 3$ 时，宜按沿短边方向受力的单向板计算，并应沿长边方向布置构造钢筋；当长边和短边长度之比 $2 < l_2/l_1 < 3$ 时，宜按双向板计算。

　　为了建筑上的需要或柱间距较大时，经常将楼板划分为若干个正方形小区格，两个方向梁截面相同，无主、次梁之分，梁格布置呈"井"字形，故称为井字楼盖，如图 2-1-3(c) 所示。

　　楼盖不设梁，而将板直接支承在柱上的楼盖称为无梁楼盖。无梁楼盖又可分为无柱帽平板和有柱帽平板，如图 2-1-3(d) 所示。

1.3　单向板肋梁楼盖的设计

1.3.1　多层厂房楼盖设计任务书

　　某多层工业厂房楼盖建筑轴线及柱网平面如图 2-1-4 所示，采用现浇钢筋混凝土肋形楼盖。四边支撑在砖墙上，外墙厚度为 370 mm，钢筋混凝土柱截面尺寸为 350 mm×350 mm，图示范围内不考虑楼梯间。

　　(1)楼面构造层做法：水磨石(底层为 20 mm 厚水泥砂浆)，自重荷载标准值为 0.65 kN/m²；15 mm 厚石灰砂浆抹底。

　　(2)楼面荷载：恒载包括梁、板及粉刷层的自重，钢筋混凝土自重为 25 kN/m²，石灰砂浆自重为 17 kN/m²，恒载分项系数为 1.2。楼面均布活荷载为 7 kN/m²，活荷载分项系数为 1.3(因楼面活荷载标准值大于 4 kN/m²)。

(3)材料。

混凝土：采用C25；

钢筋：梁内受力纵筋为HRB400级钢筋，其余采用HPB300级钢筋。

试设计此楼盖的板、次梁和主梁，并绘制结构施工图。

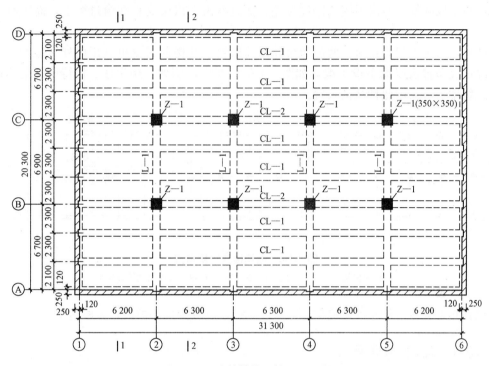

图2-1-4 建筑轴线及柱网平面图

1.3.2 多层厂房楼盖设计工作流程

在现浇单向板肋梁楼盖中，屋面或楼面上作用的荷载首先传递给次梁，次梁将所受到的荷载传递给主梁，然后主梁将所受荷载传递给墙体或柱子。在实际工程中，由于楼盖整体现浇，板和梁形成多跨连续结构。设计时，一般按照图2-1-5所示工作流程进行。

1.3.3 选择结构平面布置方案

一般在建筑设计中已经确定了建筑物的柱网尺寸或承重墙的布置，柱网和承重墙的间距决定了主梁的跨度，主梁的间距决定了次梁的跨度，次梁的间距又决定了板的跨度。进行结构平面布置时，应综合考虑建筑功能、造价及施工条件等因素。合理进行主、次梁布置，科学设计楼盖梁板结构，具有十分重要的意义。

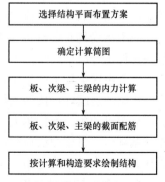

图2-1-5 楼盖设计工作流程

主梁的布置方案有两种情况：一种沿房屋横向布置；另一种沿房屋纵向布置。

当主梁沿房屋横向布置，而次梁沿房屋纵向布置时主梁与柱形成横向框架受力体系，如

图 2-1-6(a)所示。各榀横向框架通过纵向次梁联系，形成整体，房屋的横向刚度较大。由于主梁与外纵墙垂直，外纵墙的窗洞高度可较大，有利于室内采光。

当横向柱距大于纵向柱距较多时，或房屋有集中通风的要求时，显然沿纵向布置主梁比较有利，如图 2-1-6(b)所示。这种布置主梁的方案可使主梁截面高度适当减小，从而使房屋层高得以降低。但房屋横向刚度较差，而且常由于次梁支承在窗过梁上，而限制了窗洞高度。

此外，对于中间为走道，两侧为房间的建筑物，其楼盖布置可利用内外纵墙承重，此种情况可仅布置次梁而不设主梁，如图 2-1-6(c)所示，例如，病房楼、招待所、集体宿舍等建筑物楼盖可采用此种结构布置。

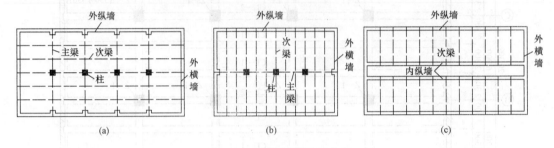

图 2-1-6　肋梁楼盖结构布置
(a)横向框架受力；(b)沿纵向布置主梁；(c)仅布置次梁而不设主梁

梁格布置应尽可能布置得简单、规整、统一，以减少构件类型，方便施工。

1.3.4　确定计算简图

1. 荷载计算范围

作用在楼盖上的荷载有恒荷载和活荷载。恒荷载包括结构自重、构造层自重、永久性设备自重；活荷载包括人群、家具、堆料等。

恒荷载的标准值由所选定的构件尺寸、材料和材料单位体积质量计算确定。民用建筑楼面或屋面上的均布活荷载可由《建筑结构荷载规范》(GB 50009—2012)查得。

对于承受均布荷载的楼盖，板可取 1 m 宽板带作为计算单元。次梁负荷面积为次梁两侧各延伸 1/2 次梁间距范围内面积，如图 2-1-7 所示。由图可知板、次梁承受均布荷载，而主梁承受由次梁传来的集中荷载。在确定板、次梁和主梁间的荷载传递时，可忽略板、次梁、主梁的连续性，按简支板、简支梁确定支座反力值。但必须注意，对于民用建筑的楼盖，楼盖梁的负荷面积越大，则楼面活荷载全部满布的可能性越小。因此，在设计梁、墙、柱和基础时，对楼面活荷载标准值应乘以折减系数，此折减系数是根据房屋类别和楼面梁的从属面积大小来确定的，具体可查阅《建筑结构荷载规范》(GB 50009—2012)。

2. 计算简图中的要素

(1)支座。板和次梁，分别由次梁和主梁支承，计算时，一般不考虑板、次梁和主梁的整体连接。将连续板和次梁的支座均视为铰支座。梁、板能自由转动，且支座无沉降。

主梁支承在砖墙(砖柱)上时，简化为铰支座。当主梁与钢筋混凝柱现浇在一起时，应根据梁和柱的线刚度比值而定。当梁与柱的线刚度比值大于 5 时，可将主梁视为铰支于钢筋混凝土柱上的连续梁。否则应按梁、柱刚接进行内力分析。

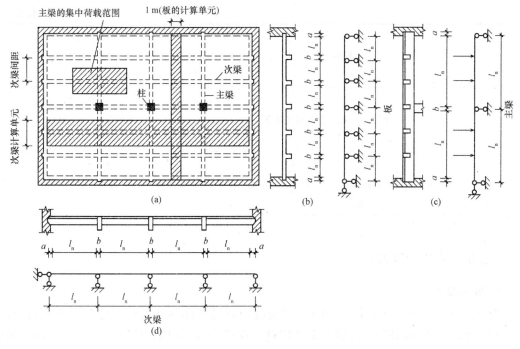

图 2-1-7 单向板肋梁楼盖的板和梁的计算简图

（2）跨数。对于各跨荷载相同，且跨数超过五跨的等跨等截面连续梁（板），除两边各两跨外的所有中间跨内力十分接近，因此工程上为简化计算，将所有中间跨均以第三跨来代替，故实际跨数超过五跨时，可按五跨来计算内力。当梁（板）的实际跨数少于五跨时，按实际跨数计算。

（3）跨度。当连续梁（板）各跨跨度不相等时，如各跨计算跨度相差不超过 10%，则可按等跨度连续梁（板）考虑。连续板、梁的计算跨度 l_0 按表 2-1-1 选用。

表 2-1-1　梁板的计算跨度

按弹性分析内力	单跨	两端搁置	$l_0 = l_n + a$ 且 $l_0 \leqslant l_n + h$（板） $l_0 \leqslant 1.05 l_n$（梁）
		一端搁置、一端与支承构件整浇	$l_0 = l_n + a/2$ 且 $l_0 \leqslant l_n + h/2$（板） $l_0 \leqslant 1.025 l_n$（梁）
		两端与支承构件整浇	$l_0 = l_n$
	多跨	边跨	$l_0 = l_n + a/2 + b/2$ 且 $l_0 \leqslant l_n + h/2 + b/2$（板） $l_0 \leqslant 1.025 l_n + b/2$（梁）
		中间跨	$l_0 = l_c$ 且 $l_0 \leqslant 1.1 l_n$（板） $l_0 \leqslant 1.05 l_n$（梁）

按塑性理论计算	两端搁置	$l_0=l_n+a$ 且 $l_0\leqslant l_n+h$（板） $l_0\leqslant1.05l_n$（梁）
	一端搁置、一端与支承构件整浇	$l_0=l_n+a/2$ 且 $l_0\leqslant l_n+h/2$（板） $l_0\leqslant1.025l_n$（梁）
	两端与支承构件整浇	$l_0=l_n$

注：l_0——板、梁的计算跨度；l_c——支座中心线间距离；l_n——板、梁净跨；h——板厚；a——为板、梁端支承长度；b——中间支座宽度。

1.3.5 板的截面构造

1. 板的厚度

板截面厚度除应满足承载力、刚度和裂缝控制等方面的要求外，还应考虑使用要求、施工要求及经济方面的因素。《混凝土结构设计规范（2015 年版）》（GB 50010—2010）给出的现浇混凝土板的厚度见表 2-1-2。

表 2-1-2　现浇钢筋混凝土板的最小厚度　　　　　　　　　mm

板的类别		最小厚度
单向板	屋面板	60
	民用建筑楼板	60
	工业建筑楼板	70
	行车道下的楼板	80
双向板		80
密肋楼盖	面板	50
	肋高	250
悬臂板（根部）	悬臂长度不大于 500 mm	60
	悬臂长度 1 200 mm	100
无梁楼板		150
现浇空心楼盖		200

2. 板的钢筋布置

板中通常布置两种钢筋，即受力钢筋和分布钢筋。受力钢筋沿板的短跨方向在截面受拉一侧布置，其截面面积由计算确定；分布钢筋垂直于板的受力钢筋方向，并在受力钢筋的内侧按构造要求配置。简支单向板受力钢筋的两种布置方案如图 2-1-8 所示。

板嵌固在砖墙内的支承长度，一般不小于板的厚度。对嵌固在承重砖墙上的现浇板，

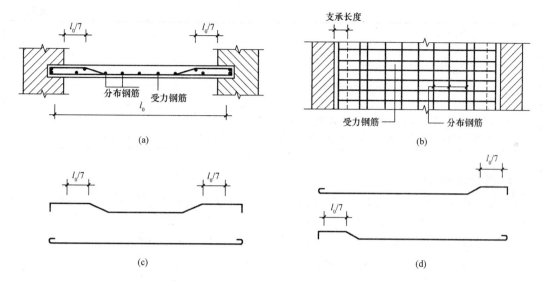

图 2-1-8　单向板钢筋布置

由于其有一定的嵌固性，在支座处将产生较小的负弯矩，因此，可在板端上部另设构造钢筋，或将部分跨中钢筋在支座附近处从下部弯起。

3. 板的受力钢筋

当板厚 h 小于 100 mm 时，$d=6\sim8$ mm；当板厚 $h=100\sim150$ mm 时，$d=8\sim12$ mm；当板厚 h 大于 150 mm 时，$d=12\sim16$ mm。

为了使板内钢筋受力均匀，配置时应尽量采用小直径的钢筋，同时为了便于施工，选用钢筋直径的种类越少越好。为了避免在施工中不同直径的钢筋相互混淆，在同一块板中钢筋直径差应不少于 2 mm。为了使板内钢筋能够正常地分担内力和便于浇筑混凝土，钢筋间距不宜太大，也不宜太小。当钢筋采用绑扎施工方法，板的受力钢筋间距有以下规定要求：

(1)当板厚 $h\leqslant150$ mm 时，不宜大于 200 mm；当板厚 $h>150$ mm 时，不宜大于 $1.5h$，且不宜大于 250 mm。

(2)简支板或连续板下部纵向受力钢筋伸入支座的锚固长度 l_{as} 不应小于 $5d(d$ 为下部纵向受力钢筋直径)。

板中弯起钢筋的弯起角在 30°～45°之间。弯起钢筋的端部可做成直钩，使其直接支承在模板上，以保证钢筋的设计位置和可靠锚固。

混凝土保护层是指受力钢筋的外边缘至混凝土截面外边缘的最小距离。其作用是保护钢筋，防止钢筋锈蚀，满足钢筋与混凝土耐久性的要求，并使钢筋可靠地锚固在混凝土内，发挥钢筋和混凝土共同工作的作用。混凝土的保护层最小厚度不应小于钢筋的直径，并应符合表 2-1-3 的规定。表 2-1-3 中的环境类别的判断可参照附表 A10。

表 2-1-3　混凝土保护层的最小厚度　　　　　　　　　　　　mm

环境类别	板、墙、壳	梁、柱、杆
一	15	20
二 a	20	25

环境类别	板、墙、壳	梁、柱、杆
二 b	25	35
三 a	30	40
三 b	40	50

注：1. 混凝土强度等级不大于 C25 时，表中保护层厚度数值应增加 5 mm。
　　2. 钢筋混凝土基础宜设置混凝土垫层，基础中钢筋的保护层应从垫层顶面算起，且不应小于 40 mm。

4. 板的分布钢筋

分布钢筋的作用是把荷载较分散地传递到板的各受力钢筋上去，承担因混凝土收缩及温度变化在垂直于板跨方向所产生的拉应力，并在施工中固定受力钢筋的位置。

分布钢筋的截面面积，应不小于单位长度上受力钢筋截面面积的 15%，且不应小于该方向板截面面积的 0.15%，分布钢筋的间距不宜大于 250 mm，直径不小于 6 mm。对于集中荷载较大的情况，分布钢筋的截面面积应适当增加，其间不宜大于 200 mm。

1.3.6 梁的截面构造

1. 截面尺寸

梁的截面高度 h 与跨度 l 及荷载大小有关。从刚度要求出发，根据设计经验，单跨次梁及主梁的最小截面高度分别可取为 $l/20$ 及 $l/12$，连续次梁及主梁则分别为 $l/25$ 及 $l/15$。

梁截面宽度 b 与截面高度 h 的比值(b/h)，对于矩形截面为 $1/2\sim1/2.5$，对于 T 形截面为 $1/2.5\sim1/3$。

2. 钢筋的布置和用途

梁中一般配置的钢筋如图 2-1-9 所示，有纵向受力钢筋、弯起钢筋、架立钢筋、箍筋。此外，还有侧向构造钢筋。

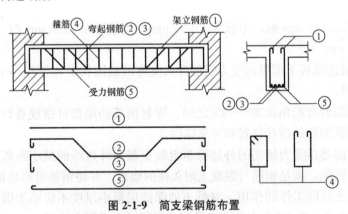

图 2-1-9　简支梁钢筋布置

纵向受力钢筋用以承受弯矩，在梁的受拉区布置钢筋以承担拉力；有时由于弯矩较大，在受压区也布置钢筋，协助混凝土共同承担压力。

弯起钢筋是将纵向受力钢筋弯起而形成的，用以承受弯起区段截面的剪力。弯起后钢筋顶部的水平段可以承受支座处的负弯矩。

架立钢筋设置在梁受压区，和纵向受力钢筋平行，用以固定箍筋的正确位置，并能承受梁内因收缩和温度变化所产生的应力。

箍筋用以承受梁的剪力；连系梁内的受拉及受压纵向钢筋使其共同工作；此外，能固定纵向钢筋位置，便于浇灌混凝土。

侧向构造钢筋用以增加梁内钢筋骨架的刚性，增强梁的抗扭能力，并承受侧向发生的温度及收缩变形。

3. 纵向受力钢筋

(1)钢筋直径。梁中常用钢筋直径为 $12\sim25$ mm。纵向钢筋的选择应当适中，直径太粗则不易加工，钢筋与混凝土之间的粘结力也差；直径太细则根数增加，在截面内不好布置。钢筋混凝土梁受力钢筋直径的选取为：

当梁高 $h\geqslant300$ mm 时，$d\geqslant10$ mm；

当梁高 $h<300$ mm 时，$d\geqslant8$ mm。

(2)钢筋间距。为了便于浇筑混凝土，保证混凝土有良好的密实性，对采用绑扎骨架的钢筋混凝土梁，纵向钢筋的净间距应满足图 2-1-10 的要求。当截面下部纵向钢筋配置多于两排时，上排钢筋水平方向的中距应比下面两排的中距增大一倍。

(3)混凝土保护层。纵向受力钢筋的混凝土保护层最小厚度的概念和要求与板的情况相同，应不小于钢筋的直径，并应符合表 2-1-2 的规定。

(4)梁截面的有效高度。梁截面受压区的外边缘至受拉钢筋合力点的距离称为梁截面的有效高度。根据以上定义，对一类环境，当混凝土保护层厚度为 25 mm 时，可得梁截面的有效高度 h_0 值，如图 2-1-10 所示。

当受拉钢筋配置成一排时，近似取 $h_0=h-35$ mm；

当受拉钢筋配置成二排时，近似取 $h_0=h-60$ mm。

4. 构造钢筋

(1)架立钢筋。钢筋直径与梁的跨度有关。当梁的跨度小于 4 m 时，直径不宜小于 8 mm；当梁的跨度为 $4\sim6$ m 时，直径不宜小于 10 mm；当梁的跨度大于 6 m 时，直径不宜小于 12 mm。

(2)侧向构造钢筋。当梁的腹板高度 $h_w\geqslant450$ mm 时，在梁的两个侧面应沿高度配置纵向构造钢筋，如图 2-1-11 所示，每侧纵向构造钢筋(不包括梁上、下部受力钢筋及架立钢筋)的截面面积不应小于腹板截面面积 bh_w 的 0.1%，且其间距不宜大于 200 mm。

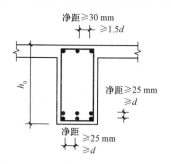

图 2-1-10　纵向钢筋间距

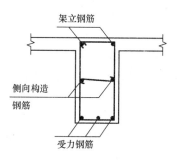

图 2-1-11　侧向构造钢筋

1.3.7　板、次梁、主梁的内力计算

钢筋混凝土连续梁、板的内力计算方法包括按弹性计算方法和按塑性内力重分布计算

方法。一般地，板、次梁按照塑性内力重分布计算方法，主梁按照弹性计算方法。

1. 塑性内力重分布计算方法

按照弹性理论计算连续梁、板的内力时，假定钢筋混凝土为匀质弹性材料，结构的刚度不随荷载大小而改变，所以荷载与内力呈线性关系。但是，钢筋混凝土受弯构件正截面承载力计算中采用的是塑性理论。因此，按照弹性理论计算的内力设计值不能准确反映结构的实际内力，材料的强度没有得到充分发挥。这是因为当计算简图和荷载确定后，各截面间弯矩、剪力等内力分布规律始终保持不变，只要任何一个截面的内力达到其内力设计值时，就认为整个结构达到其承载能力。实际上，钢筋混凝土连续梁、板是超静定结构，结构的内力与结构各部分刚度大小有直接关系，当结构中某截面发生塑性变形后，刚度降低，结构上的内力也将发生变化，也就是说，在加载的全过程中，由于材料的非弹性性质，各截面间的内力分布是不断发生变化的，这种情况称为内力重分布。另外，由于钢筋混凝土连续梁、板结构是超静定结构，即使其中某个正截面的受拉钢筋达到屈服，整个结构仍是几何不变体系，仍具有一定的承载能力。因此，在楼盖设计中考虑材料的塑性性质来分析结构内力将更加合理。同时，考虑材料的塑性性质，可充分发挥结构的承载能力，因而也会带来一定的经济效果。

(1)塑性铰的形成。图 2-1-12 所示跨中承受集中荷载的简支梁，该梁为配有适当数量热轧钢筋的适筋梁，当加载到受拉钢筋屈服时，梁所受的弯矩为 M_y；所对应的曲率为 φ_y。此后即使荷载增加很少，受拉钢筋都会屈服伸长，裂缝继续向上开展，截面受压区高度减小，从而截面弯矩略有增加，但截面曲率增加很大，梁跨中塑性变形较集中的区域犹如一个能够转动的"铰"，称为塑性铰。可以认为，这是受弯构件的受弯屈服现象。

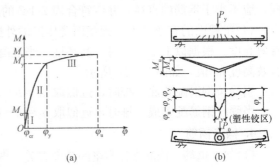

图 2-1-12 钢筋混凝土受弯构件的塑性铰

钢筋混凝土受弯构件塑性铰与理想铰有本质区别，两者区别如下：理想铰不能传递弯矩，而塑性塑能传递极限弯矩 M_u；理想铰可以在两个方向自由转动，而塑性铰却是单向铰，只能沿弯矩作用方向作有限的转动，塑性铰的转动能力与配筋率 ρ 及混凝土极限压应变 ε_{cu} 有关；理想铰集中于一点，而塑性铰有一定的长度。

(2)塑性内力重分布。钢筋混凝土连续梁的内力重分布现象，在裂缝出现以前即已产生，但不明显。在裂缝出现后，内力重分布逐渐明显，特别在纵向受拉钢筋屈服后，即塑性铰形成后，内力将产生明显的重分布。下面主要研究纵向受拉钢筋屈服后的内力重分布现象。

在静定结构的某一截面，一旦形成塑性铰，就意味着整个结构变成几何可变体系，失去继续承载的能力。但对于超静定结构，如两跨连续梁，假设外载作用下，中间支座截面首先形成塑性铰，对于整个结构只不过减少一个多余约束，结构仍然是几何不变体系。不过此时两跨连续梁变成两跨简支梁，继续加载，直至其中某一跨跨中截面形成塑性铰，结构才变为可变体系而破坏。

下面以两跨连续梁为例说明塑性内力重分布。

图 2-1-13 所示为承受均布荷载的两跨连续梁，该梁承受均布恒荷载 $g=5$ kN/m 和均布活荷载 $q=10$ kN/m。

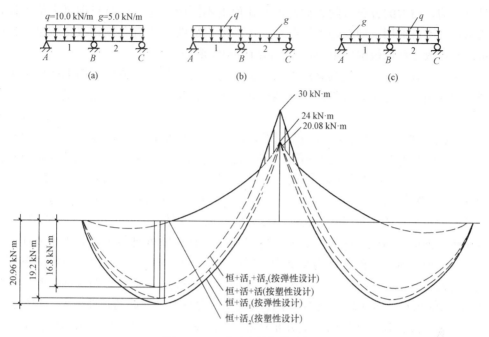

图 2-1-13　两跨连续梁的弯矩图

按弹性计算方法，支座截面按 $M_{Bmax}=30$ kN·m 配筋，跨中截面按 $M_{Bmax}=30$ kN·m 配筋，跨中截面按 $M_{1max}=20.96$ kN·m 配筋。由于 M_{Bmax} 与 M_{1max} 不可能同时达到，认为材料没有充分利用，为节约材料，现降低支座配筋，按 $M_{Bmax}=24$ kN·m 配筋，而跨中仍按 $M_{Bmax}=20.96$ kN·m 配筋。对配筋调整后，能否降低梁的承载力，分析如下：

当恒荷载与左跨布置活荷载时，B 支座和跨中弯矩分别为 20.08 kN·m 和 20.96 kN·m，显然此时连续梁的承载能力是满足的。

当恒荷载、活荷载均满布时，B 支座和跨中弯矩分别为 30 kN·m 和 16.8 kN·m。跨中承载力足够，但 B 支座由于配筋减少只能承担 24 kN·m 弯矩，也就是说活荷载在加载过程中，当使 B 座弯矩达 24 kN·m 时 B 支座形成塑性铰，两跨连续梁变为两跨简支梁。形成塑性铰以后，支座 B 所承受的弯矩维持在 24 kN·m 不变，两跨简支梁可继续加荷载，当荷载增至最大值 15 kN/m 时，跨中弯矩为 19.2 kN·m，仍小于跨中所能承担的弯矩 20.96 kN·m，所以，此两跨连续梁仍然安全可靠。

由上述例子分析可知，通过对支座弯矩的调整，使其内力重分布，在承载能力不降低的同时，达到了一定的经济效果，另外我们也得出一些具有普遍意义的结论：

1)对钢筋混凝土静定结构，塑性铰出现即导致结构破坏。但对于超静定结构，某一截面出现塑性铰并不一定表明该结构的承载能力丧失，只有当结构上出现足够数量的塑性铰，使整个结构变为几何可变体系时，结构才丧失其承载能力。因此，当考虑塑性内力重分布计算时，可充分发挥各截面的承载力，从而提高整个结构的极限承载力。

2)塑性铰出现以前，多跨连续梁、板内力服从于弹性内力分布规律，塑性铰出现后的加载过程中，结构的内力经历了一个重新分布的过程，此过程称为内力重分布。

3）对于钢筋混凝土多跨连续梁、板，按弹性理论计算时，在荷载与跨度确定后，内力解是唯一的，这时内力与外力平衡，且变形协调，而按塑性内力重分布理论计算时，内力解不是唯一的，内力的分布可随各截面配筋比值的不同而变化，这时只满足平衡条件，而变形协调条件不再适用，即在塑性铰截面，梁的变形曲线不再有共同切线。所以，超静定结构可以通过改变截面极限弯矩 M_u 来控制内力塑性重分布。

4）按照弹性方法计算，连续梁的内支座截面弯矩通常较大，造成配筋拥挤，施工不方便。考虑塑性内力重分布，可降低支座截面弯矩的设计值，减少支座截面配筋，改善施工条件。

（3）连续梁、板考虑塑性内力重分布计算方法——弯矩调幅法。弯矩调幅法是考虑塑性内力重分布的分析方法中最实用、最简便的一种方法。它是在弹性理论计算的弯矩值基础上进行调整，并按调整后的弯矩进行截面设计的一种方法。弯矩调幅法遵循以下的一般原则：

1）截面的弯矩调整幅度不宜超过 30%。在调整中，支座弯矩不能调整幅度过大。否则由于塑性内力重分布的历程过长，将使裂缝开展过宽，降低梁的刚度影响正常使用。

2）调幅截面的相对受压区高度 ξ 不应超过 0.35。按照塑性计算方法，考虑支座截面出现塑性铰，并要求有一定的塑性转动能力。影响塑性转动能力的主要因素有纵向钢筋配筋率、钢筋的延性和混凝土的极限压应变等。纵向钢筋的配筋率直接影响截面的相对受压区高度 ξ；截面的相对受压区高度越小，塑性铰转动能力越大。钢筋的延性越大，塑性铰转动能力也越大。因此，在按塑性内力重分布计算结构构件承载力时，宜采用塑性性能良好的HPB300 级和 HRB400 级钢筋。

3）确保结构安全可靠。弯矩调整后，连续梁、板各跨两支座弯矩的平均值与跨中弯矩值之和应不小于该跨按简支梁计算的跨中弯矩。即

$$\frac{M'_A+M'_B}{2}+M'_{中} \geqslant M_0 \tag{2-1-1}$$

式中 M'_A，M'_B——连续梁某跨两端调整后的支座弯矩；

$M'_{中}$——连续梁相应跨调整后的跨中弯矩，如图 2-1-14 所示；

M_0——在相应荷载作用下，按简支梁计算时的跨中弯矩。

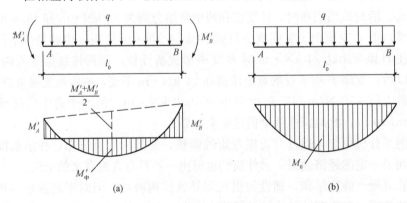

图 2-1-14　连续梁某跨弯矩图与简支梁弯矩图的关系

4）考虑内力重分布，结构构件必须有足够抗剪能力。为防止结构实现内力重分布之前发生剪切破坏，考虑弯矩调幅后，连续梁在下列区段内应将计算箍筋的截面面积增大 20%；对集中荷载，取支座边至最近一个集中荷载之间的区段，对均布荷载，取支座边至距支座

边为 $1.05h_0$ 区段(h_0 为梁的有效高度)。此外,箍筋的配筋率 ρ_{sv} 不应小于 $0.03f_c/f_{yv}$。

5)经过弯矩调整以后,构件在使用阶段不应出现塑性铰,同时构件在正常使用极限状态下的变形和裂缝宽度应符合有关规定。

根据以上原则,经过内力调整,同时考虑计算方便,对于承受均布荷载的等跨连续梁、板按塑性计算的内力设计值简化如下:

弯矩设计值:

$$M=\alpha_m(g+q)l_0^2 \tag{2-1-2}$$

式中　α_m——弯矩系数按表 2-1-4 确定;

　　　g,q——分别为均布恒荷载、活荷载的设计值;

　　　l_0——计算跨度,见表 2-1-1。

表 2-1-4　连续梁和连续单向板考虑塑性内力重分布的弯矩计算系数 α_m

支撑情况		截面位置					
		端支座	边跨跨中	第一内支座	第二跨跨中	中间支座	中间跨跨中
		A	1	B	2	C	3
梁、板搁置在墙上		0	1/11	两跨连续: $-1/10$ 三跨以上连续: $-1/11$	1/16	$-1/14$	1/16
板	与梁整体连接	$-1/16$	1/14				
梁		$-1/24$					
梁与柱整体连接		$-1/16$	1/14				

注:1. 表中系数适用于荷载比 $q/g>0.3$ 的等跨连续梁和连续单向板。

　　2. 连续梁或连续单向板的各跨长度不等,但相邻两跨的长跨与短跨之比值小于 1.10 时,仍可采用表中弯矩系数值。计算支座弯矩时应取相邻两跨中的较长跨度值,计算跨中弯矩时应取本跨长度。

剪力设计值:

$$V=\alpha_v(g+q)l_n \tag{2-1-3}$$

式中　α_v——梁的剪力系数,按表 2-1-5 确定;

　　　l_n——净跨度。

表 2-1-5　连续梁考虑塑性内力重分布的剪力计算系数 α_v

支承情况	截面位置				
	A 支座右截面	第一内支座		中间支座	
		左截面	右截面	左截面	右截面
搁置在墙上	0.45	0.6	0.55	0.55	0.55
与梁或柱整体连接	0.5	0.55			

板内剪力相对较小,而板宽度较大,一般情况均能满足 $V\leqslant0.7f_tbh_0$ 条件,故板不需要进行剪力计算。

由于塑性计算方法是按构件能出现塑性铰的情况而建立起来的一种计算方法,虽然比弹性理论计算节省材料,但不可避免地会导致使用荷载下构件变形较大、应力较高、裂缝宽度较宽的结果。因此,下列情况不宜采用塑性计算方法:

(1)直接承受动力荷载作用的构件。

(2)在使用阶段不允许有裂缝，或对裂缝宽度有较高要求的结构。

(3)处于重要部位的构件。

2. 弹性计算方法

按弹性计算方法计算连续板、梁的内力时，将钢筋混凝土梁、板视为理想弹性体，以结构力学的一般方法来进行结构的内力计算。为设计方便，对于等跨连续梁、板且荷载规则的情况，其内力均已制成表格，见本书附表 A15。

(1)活荷载不利布置。作用于梁或板上的荷载有恒荷载、活荷载，其中恒荷载保持不变，而活荷载的分布是随机的。活荷载是按一整跨为单位来改变位置的，因此，在设计多跨连续梁、板时，应研究活荷载如何布置与恒荷载组合后，使得某一截面的内力最为不利。

对于连续梁，某跨的作用荷载对本跨产生的内力较大，对于邻近跨所产生的内力较小，对于更远的跨则影响甚小，如图 2-1-15。活荷载布置在不同跨间时，从图中可以看出内力图的变化规律：当 1 跨单独布置荷载时，1 跨支座为负弯矩，相邻的 2 跨支座为正弯矩，相隔的 3 跨支座又为负弯矩；1 跨跨中为正弯矩，相邻的 2 跨跨中为负弯矩，相隔的 3 跨跨中又为正弯矩；支座剪力的变化规律与支座负弯矩的变化规律相同，如图 2-1-15(a)所示。同样的道理，当 2 跨和 3 跨分别单独布置荷载时内力有同样的变化规律，如图 2-1-15(b)、(c)所示。

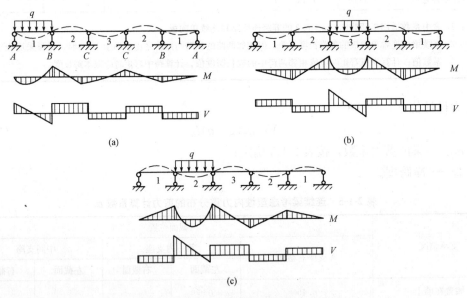

图 2-1-15　连续梁在不同跨间荷载作用下的内力

把上述活荷载不同分布情况时内力图的变化规律分析归纳，则可得出如下的活荷载最不利布置规律：

1)当求连续梁、板某跨跨内最大正弯矩时，应在该跨布置活荷载，然后向左右两边每隔一跨布置活荷载。

2)当求某支座最大(绝对值)负弯矩时，应在该支座左右两跨布置活荷载，然后每隔一跨布置活荷载。

3)当求某跨跨内最大(绝对值)负弯矩时,该跨不布置活荷载,而在左右相邻两跨布置活荷载,然后每隔一跨布置活荷载。

4)求某支座截面最大剪力时,应在该支座左右相邻两跨布置活荷载,然后每隔一跨布置活荷载。

(2)计算内力。当活荷载最不利布置明确后,等跨连续梁、板的内力可由附表查出相应弯矩及剪力系数,利用下列公式计算跨内或支座截面的最大内力:

当均布荷载作用时

$$M=k_1gl_0^2+k_2ql_0^2 \tag{2-1-4}$$

$$V=k_3gl_0+k_4ql_0 \tag{2-1-5}$$

当集中荷载作用时

$$M=k_1Gl_0+k_2Pl_0 \tag{2-1-6}$$

$$V=k_3G+k_4P \tag{2-1-7}$$

式中　　g——单位长度上的均布恒荷载设计值;

q——单位长度上的均布活荷载设计值;

G——集中恒荷载;

P——集中活荷载;

$k_1 \sim k_4$——附表 A15 相应栏中的内力系数;

l_0——梁的计算跨度,按表 2-1-1 规定采用,对于不等跨连续梁板,当各跨跨度相差不超过 10%时,计算支座弯矩时,l_0 应取该支座左右两跨跨度的平均值,计算跨内弯矩时,l_0 取本跨的跨度。

(3)内力包络图。将恒载在各个截面所产生的内力与各相应截面最不利活荷载布置时所产生的内力相叠加,便可以得出各个截面可能出现的最不利内力。以五跨连续梁为例,根据活荷载的不同布置情况,每一跨都可以画出四个弯矩图,分别对应于跨中最大正弯矩、跨中最小正弯矩(或最大负弯矩)和左、右支座截面的最大负弯矩。当端支座为简支时,边跨只能画出三个弯矩图。把这些弯矩图绘于同一坐标图上,称为弯矩叠合图,如图 2-1-16(a)所示。这些图的外包线所形成的图形称为弯矩包络图,如图 2-1-16(a)中粗实线。同样,可画出剪力叠合图和剪力包络图,如图 2-1-16(b)所示。包络图中跨内和支座截面弯矩、剪力设计值就是连续梁相应截面进行受弯、受剪承载力计算的内力依据;弯矩包络图也是确定纵向钢筋弯起和截断位置的依据。

(4)折算荷载。在现浇肋梁楼盖中,对于支座为整体连接的板、梁,在确定其计算简图时,将支座视为铰支,与实际情况有一定的差别,为此可以通过折算荷载的方法进行修正。

在计算模型的简化过程中,认为连续板在次梁处,连续次梁在主梁处均为铰支承,没有考虑次梁对板、主梁对次梁转动约束作用。以板为例,实际上,当板受荷发生弯曲转动时,将使支承它的次梁产生扭转,而次梁对此扭转的抵抗将部分地阻止板自由转动,此时板支座截面的实际转角 θ' 比理想铰支承时转角 θ 小,即 $\theta'<\theta$,如图 2-1-17 所示。其效果相当于降低了板弯矩。次梁与主梁间的情况与此类似。工程中通常采用增大恒荷载和相应减小活荷载的方法来考虑这一有利影响。即以折算荷载来代替实际荷载。板和次梁的折算荷载通常按下列公式取值:

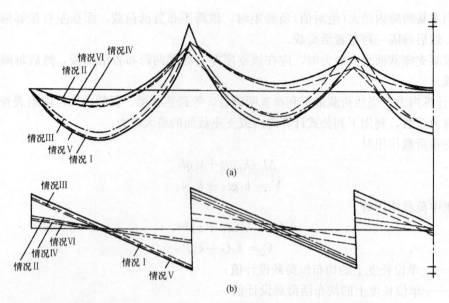

图 2-1-16　五跨连续梁(板)在均布荷载作用下的内力包络图

(a)弯矩叠合图；(b)剪力叠合图和剪力包络图

对于板

$$g' = g + \frac{1}{2}q \quad q' = \frac{1}{2}q \qquad (2\text{-}1\text{-}8)$$

对于次梁

$$g' = g + \frac{1}{4}q \quad q' = \frac{3}{4}q \qquad (2\text{-}1\text{-}9)$$

式中　g'——折算恒荷载设计值；

$\quad\quad q'$——折算活荷载设计值；

$\quad\quad g$——实际恒荷载设计值；

$\quad\quad q$——实际活荷载设计值。

当板或梁搁置在砖墙或钢结构上时，支座处所受到的约束较小，因此荷载不进行调整；主梁不进行荷载折算。

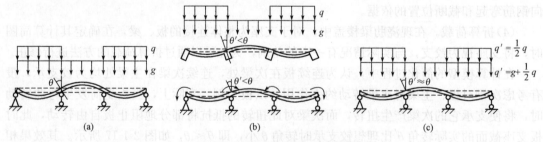

图 2-1-17　板和次梁的折算荷载

(a)理想铰支座时的变形；(b)实际约束的变形；(c)采用折算荷载时的变形

(5)控制截面内力设计值。控制截面是指对受力钢筋计算起控制作用的截面。在现浇混凝土肋梁楼盖中，在计算内力时，由于计算跨度取至支座中心处，忽略了支座宽度，故所得支座截面负弯矩和剪力值都是在支座中心位置处的弯矩和剪力。板、梁、柱整浇时，支座中心处截面的高度较大，所以危险截面应在支座边缘，内力设计值应按支座边缘处确定，如图 2-1-18 所示。

支座边缘弯矩剪力设计值按下式计算：

弯矩设计值

$$M_b = M - V \frac{b}{2} \qquad (2\text{-}1\text{-}10)$$

剪力设计值均布荷载时

$$V_b = V - (g + q) \frac{b}{2} \qquad (2\text{-}1\text{-}11)$$

集中荷载时

$$V_b = V \qquad (2\text{-}1\text{-}12)$$

式中　M_b——支座边缘弯矩设计值；

　　　M——支座中心处弯矩设计值；

　　　V_b——支座边缘处剪力设计值；

　　　b——支座宽度；

　　　V——支座中心处的剪力设计值。

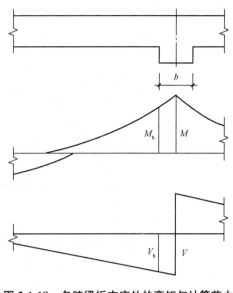

图 2-1-18　多跨梁板支座处的弯矩与计算剪力

1.3.8　单筋矩形截面配筋设计

1. 梁正截面受弯性能试验分析

(1)适筋梁的工作阶段。配筋率比较适当的梁称为适筋梁。图 2-1-19 所示为一根简支的矩形截面试验梁。在跨度的三分点处两点加载，荷载为 F。于是在跨度的中部形成纯弯段，在纯弯段内承受的弯矩 $M = Fl_0/3$。梁的跨中挠度 f 是由三只百分表量测的，一只放在跨中点，另外的两只放在支座 A、B 处，这样可以较准确地计取梁的挠度。另外在纯弯段的中心区段用应变仪量测截面表面纵向纤维的平均应变。用逐级加载法由零荷载一直加到梁被破坏。

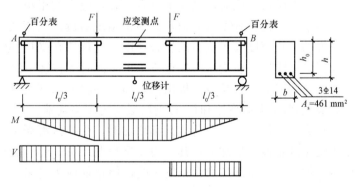

图 2-1-19　钢筋混凝土试验梁

试验梁的荷载-挠度(F-f)的试验曲线，如图 2-1-20 所示。梁从加载开始到破坏的全过程工作性能一直是变化的，因此可将图 2-1-20 的曲线中有明显转折点的点作为界限点，可将适筋梁的受力性能分为Ⅰ、Ⅱ、Ⅲ三个受力阶段。每个阶段梁截面上的应变和应力分布情况，如图 2-1-21 所示。

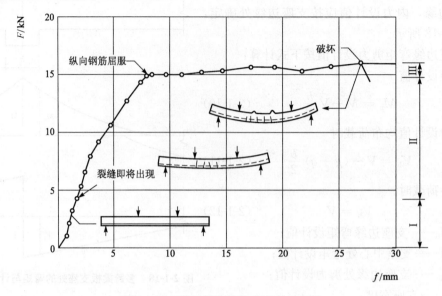

图 2-1-20　试验梁的荷载-挠度关系曲线

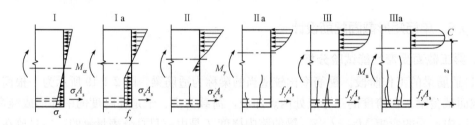

图 2-1-21　钢筋混凝土梁各受力阶段截面应力分布情况

第Ⅰ阶段——构件没有开裂，为弹性工作阶段。当荷载较小时，挠度随荷载的增加而不断增长，梁处于弹性工作阶段。此时，混凝土压应力和拉应力均很小，按应力三角形分布。混凝土下缘拉应力小于其抗拉强度极限值，截面未出现裂缝。当荷载增加时，混凝土的塑性变形发展，变形的增长速度大于应力的增长速度，此现象在受拉部位更为显著。因此，应力图形在受拉区呈曲线形，在受压区接近三角形。此时受拉区下缘应力达到混凝土抗拉强度极限值，应变达到混凝土抗拉应变极限值，即达到将要出现裂缝的临界阶段。计算钢筋混凝土构件裂缝出现（即开裂弯矩）时，以此阶段应力图为基础。

第Ⅱ阶段——带有裂缝工作阶段。当荷载继续增加时，受拉区混凝土出现裂缝，并向上不断发展，混凝土受压区塑性变形加大，其应力图略呈曲线形。此时受拉区混凝土作用甚小，可以不考虑其参加工作，全部拉力由钢筋承受，但钢筋应力尚未达到屈服强度。按允许应力法计算钢筋混凝土构件的弹性分析以此阶段为基础。

第Ⅲ阶段——破坏阶段。当荷载继续增加时，钢筋的应力增长较快，并达到屈服强度。其后由于钢筋塑性变形，使裂缝进一步扩展，中性轴上升，混凝土受压面积减小，混凝土的应变随之达到极限压应变，上缘混凝土压碎，导致全梁破坏。这一阶段是按承载能力极限状态计算钢筋混凝土构件的基本出发点。

(2)受弯构件正截面破坏形态。试验表明，由于纵向受拉钢筋配筋率ρ的不同，受弯构件正截面受弯破坏形态有适筋破坏、超筋破坏和少筋破坏三种，如图 2-1-22 所示。

图 2-1-22 ρ 与破坏形态关系图

1)适筋梁破坏。当梁的配筋率$\rho_{min}\leqslant\rho\leqslant\rho_{max}$时（适筋梁），受拉区钢筋首先达到屈服强度，其应力保持不变而应变显著地增大，直到受压区边缘混凝土的应变达到极限压应变时，受压区出现纵向水平裂缝随之混凝土压碎而破坏。这种梁破坏前，梁的裂缝急剧开展，挠度较大，梁截面产生较大的塑性变形，因而有明显的破坏预兆，属于延性破坏。破坏时的特征如图 2-1-23(a)所示。

2)超筋梁破坏。当梁的配筋率$\rho>\rho_{max}$时（超筋梁），梁破坏时受压区混凝土被压坏，而受拉区钢筋应力尚未达到屈服强度。破坏前梁的荷载-挠度曲线没有明显的转折点，受拉区的裂缝开展不宽，延伸不高，破坏是突然的，没有明显预兆，属于脆性破坏。超筋梁的破坏使受压区混凝土抗压强度耗尽，而钢筋的抗拉强度没有得到充分发挥，因此，超筋破坏时的弯矩 M_u 与钢筋强度无关，仅取决于混凝土的抗压强度。破坏时的特征如图 2-1-23(b)所示。

3)少筋梁破坏。当梁配筋率$\rho<\rho_{min}$时（少筋梁），梁受拉区混凝土一开裂，受拉钢筋到达屈服，并迅速经历整个流幅而进入强化阶段，梁仅出现一条集中裂缝，不仅宽度较大，而且沿梁高延伸很高，此时受压区混凝土还未压坏，而裂缝宽度已

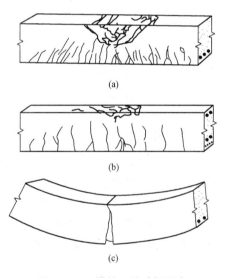

图 2-1-23 梁的三种破坏形态
(a)适筋破坏；(b)超筋破坏；(c)少筋破坏

很宽，挠度过大，钢筋甚至被拉断。由于破坏很突然，故属于脆性破坏。破坏时的特征如图 2-1-23(c)所示。

少筋梁的抗弯承载力取决于混凝土的抗拉强度，在工程中不允许采用。

(3)适筋梁与超筋梁、少筋梁的界限。比较适筋梁和超筋梁的破坏特点，可以发现两者的差异在于：前者破坏始自受拉钢筋屈服；后者破坏始自受压区混凝土被压碎。显然，总会有一个界限配筋率ρ，这时钢筋应力达到屈服强度的同时，受压区边缘纤维应变也恰好达到混凝土受弯时极限压应变值，这种破坏形态称为"界限破坏"，即适筋梁与超筋梁的界限。界限配筋率ρ即为适筋梁的最大配筋率$\rho>\rho_{max}$。界限破坏也属于延性破坏，所以界限配筋的梁也属于适筋梁的范围。可见，梁的配筋率应满足$\rho_{min}\leqslant\rho\leqslant\rho_{max}$的要求。

2. 受弯构件正截面承载力计算的一般规定

(1)基本假定。受弯构件正截面计算时，应以图 2-1-21(Ⅲa 阶段)的受力状态为依据。为简化计算，《混凝土结构设计规范(2015 年版)》(GB 50010—2010)规定，包括受弯构件在内的各种混凝土构件的正截面承载力应按下列四个基本假定进行计算：

1)截面应变保持平面。

2)不考虑混凝土的抗拉强度。

3)混凝土受压的应力-应变曲线按下列规定取用(其简化的应力-应变曲线如图 2-1-24 所示)。

当 $\varepsilon_c \leqslant \varepsilon_0$ 时(上升段)

$$\sigma_c = f_c \left[1 - \left(1 - \frac{\varepsilon_c}{\varepsilon_0} \right)^n \right] \qquad (2\text{-}1\text{-}13)$$

当 $\varepsilon_0 < \varepsilon_c \leqslant \varepsilon_{cu}$ 时(水平段)

$$\sigma_c = f_c \qquad (2\text{-}1\text{-}14)$$

$$n = 2 - \frac{1}{60}(f_{cu,k} - 50) \qquad (2\text{-}1\text{-}15)$$

$$\varepsilon_0 = 0.002 + 0.5(f_{cu,k} - 50) \times 10^{-5} \qquad (2\text{-}1\text{-}16)$$

$$\varepsilon_{cu} = 0.003\,3 - (f_{cu,k} - 50) \times 10^{-5} \qquad (2\text{-}1\text{-}17)$$

式中　σ_c——混凝土压应变为 ε_c 时的混凝土压应力;

　　　f_c——混凝土轴心抗压强度设计值,按附表 A5 采用;

　　　ε_0——混凝土压应力达到 f_c 时的混凝土压应变,当计算的 ε_0 值小于 0.002 时,取为 0.002;

　　　ε_{cu}——正截面的混凝土极限压应变,当处于非均匀受压时,按式(2-1-17)计算,如计算的 ε_{cu} 值大于 0.003 3 时,取为 0.003;当处于轴心受压时取为 ε_0;

　　　$f_{cu,k}$——混凝土立方体抗压强度标准值;

　　　n——系数,当计算的 n 值大于 2.0 时,取为 2.0。

4)纵向钢筋的应力取钢筋应变与其弹性模量的乘积,但其绝对值不应大于其相应的强度设计值。纵向受拉钢筋的极限拉应变取为 0.01,其简化的应力-应变曲线如图 2-1-25 所示。

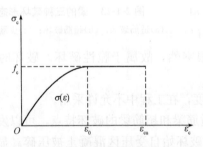

图 2-1-24　混凝土应力-应变设计曲线

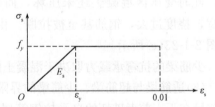

图 2-1-25　钢筋应力-应变设计曲线

钢筋的应力-应变曲线方程为

$$\sigma_s = E_s \varepsilon_s, \ \text{且} -f'_y \leqslant \sigma_s \leqslant f_y \qquad (2\text{-}1\text{-}18)$$

受拉钢筋的极限拉应变取为 0.01 是为了避免过大的塑性变形。对于混凝土各强度等级,各参数 n、ε_0、ε_{cu} 按上式的计算结果见表 2-1-6。《混凝土结构设计规范(2015 年版)》(GB 50010—2010)建议的公式仅适用于正截面计算。

表 2-1-6　混凝土应力-应变曲线参数

f_{cu}	≤C50	C60	C70	C80
n	2	1.83	1.67	1.50
ε_0	0.002	0.002 05	0.002 1	0.002 15
ε_{cu}	0.003 3	0.003 2	0.003 1	0.003 0

（2）受压区混凝土的应力分布图——理论应力图。以单筋矩形截面为例，根据混凝土的应变分布图［图 2-1-26(b)］，再根据基本假定 3 就可由受压区混凝土的实际应力图［图 2-1-26(c)］得出受压区混凝土的理论应力图［图 2-1-26(d)］。受压区混凝土合力 C 的值为一积分表达式，受压区混凝土合力作用点与受拉钢筋合力作用点之间的距离 z 称为内力臂，也必须表达为积分的形式。

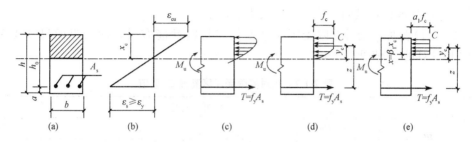

图 2-1-26　单筋矩形梁应力图的简化

（a）截面图；（b）截面应变图；（c）实际应力图；（d）理论应力图；（e）等效矩形应力图

由平衡方程可知

$$\sum X = 0 \qquad T = A_s f_y = C(x_c) \tag{2-1-19}$$

$$\sum M = 0 \qquad M_u = A_s f_y z(x_c) \tag{2-1-20}$$

通过联立求解上述方程虽然可以进行界面设计计算，但因混凝土压应力分布为非线性分布，计算过程中需要进行比较复杂的积分计算，不利于工程应用。《混凝土结构设计规范（2015 年版）》(GB 50010—2010)采用简化压应力分布的方法。

（3）混凝土相对界限受压高度 ξ_b。相对界限受压区高度 ξ_b 是指在适筋梁的界限破坏时，等效矩形应力图的受压区高度 x_b 与界面有效高度 h_0 的比值，即 $\xi_b = \dfrac{x_b}{h_0}$。界限破坏的特征是受拉纵向受力钢筋应力达到屈服强度的同时，混凝土受压区边缘纤维应变恰好达到受弯时极限压应变 ε_{cu} 值。根据平截面假定，正截面破坏时，不同受压区高度的应变变化如图 2-1-27 所示，中间斜线表示为界限破坏的应变由图中可以看出，破坏时的相对受压区高度越大，钢筋拉应变越小。设钢筋开始屈服时的应变为 ε_y，则 $\varepsilon_y = f_y / E_s$，有

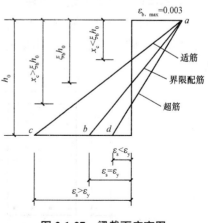

图 2-1-27　梁截面应变图

$$\xi_b = \frac{x_b}{h_0} = \frac{\beta_1 x_{cb}}{h_0} = \beta_1 \frac{\varepsilon_{cu}}{\varepsilon_{cu} + \varepsilon_y} = \frac{\beta_1}{1 + \frac{f_y}{E_s \varepsilon_{cu}}} \qquad (2\text{-}1\text{-}21)$$

式中　ξ_b——相对界限受压高度；

$\qquad x_b$——界限受压区高度；

$\qquad h_0$——截面有效高度；

$\qquad x_{cb}$——界限破坏时中和轴高度；

$\qquad f_y$——普通钢筋抗拉强度设计值；

$\qquad E_s$——钢筋的弹性模量；

$\qquad \varepsilon_{cu}$——非均匀受压时的混凝土极限压应变，按 $\varepsilon_{cu} = 0.003\,3 - (f_{cu,k} - 50) \times 10^{-5}$ 计算，当 $f_{cu,k} \leqslant 50\ \text{N/mm}^2$ 时，$\varepsilon_{cu} = 0.003\,3$；

$\qquad \beta_1$——系数，当混凝土强度等级不超过 C50 时，β_1 取为 0.80，当混凝土强度等级为 C80 时，β_1 取为 0.74，其间按线性内插法确定。

式(2-1-21)表明，相对界限受压区高度仅与材料性能有关，而与界面尺寸无关。由式(2-1-21)计算的 ξ_b 值见表 2-1-7。

表 2-1-7　相对界限受压区高度 ξ_b 取值

钢筋级别	混凝土强度等级						
	≤C50	C55	C60	C65	C70	C75	C80
HPB300	0.576	0.566	0.556	0.546	0.537	0.528	0.518
HRB335	0.550	0.541	0.531	0.522	0.512	0.503	0.493
HRB400	0.518	0.508	0.499	0.490	0.481	0.472	0.463
RRB400							
HRBF400							
HRB500	0.482	0.473	0.464	0.455	0.447	0.438	0.429
HRBF500							

3. 基本计算公式与适用条件

(1)基本计算公式。根据前述钢筋混凝土受弯构件按承载能力极限状态设计时的假定，并根据适筋梁的破坏形态，可得出单筋矩形截面受弯构件正截面承载力计算简图，如图 2-1-28 所示。

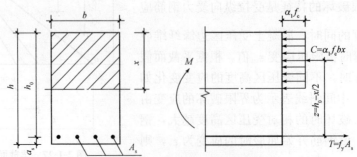

图 2-1-28　单筋矩形截面受弯构件正截面承载力计算简图

由力的平衡条件 $\sum X = 0$ 可得

$$\alpha_1 f_c b x = f_y A_s \tag{2-1-22}$$

由弯矩的平衡条件 $\sum M = 0$ 可得

$$\gamma_0 M \leqslant M_u = \alpha_1 f_c b x \left(h_0 - \frac{x}{2} \right) = f_y A_s \left(h_0 - \frac{x}{2} \right) \tag{2-1-23}$$

式中　M——外荷载在计算截面上产生的弯矩设计值；γ_0 为结构重要系数，一般情况下 $\gamma_0 = 1.0$ 可以省略；

$\quad M_u$——计算截面的抗弯承载力设计值；

$\quad \alpha_1$——受压区混凝土矩形应力图的应力值与混凝土轴心抗压强度设计值的比值；当混凝土强度等级不超过 C50 时，α_1 取为 1.0；当混凝土强度等级为 C80 时，α_1 取为 0.94；其间按线性内插法确定；

$\quad f_c$——混凝土轴心抗压强度设计值，等效应力图的应力可取 $\alpha_1 f_c$；

$\quad f_y$——纵向受拉钢筋抗拉强度设计值；

$\quad b$——截面宽度；

$\quad x$——按等效矩形应力图的计算受压区高度；

$\quad h_0$——截面有效高度；

$\quad A_s$——纵向受拉钢筋的截面面积。

采用相对受压区高度 $\xi = \dfrac{x}{h_0}$，式(2-1-22)和式(2-1-23)可写成

$$f_y A_s = \alpha_1 f_c b h_0 \xi \tag{2-1-24}$$

$$\gamma_0 M \leqslant M_u = \alpha_1 f_c b h_0^2 \xi (1 - 0.5\xi) = f_y A_s h_0 (1 - 0.5\xi) \tag{2-1-25}$$

(2)适用条件。

1)$\xi \leqslant \xi_b$ 或 $\rho \leqslant \rho_{max}$——为了防止超筋破坏，保证梁截面破坏时纵向受拉钢筋首先屈服。

2)$\rho \geqslant \rho_{min}$ 或 $A_s \geqslant \rho_{min} b h_0$——为了防止少筋破坏。

当 $\xi = \xi_b$ 时，由式(2-1-25)可得单筋矩形截面的最大受弯承载力 $M_{u,max}$ 为

$$M_{u,max} = \alpha_1 f_c b h_0^2 \xi_b (1 - 0.5\xi_b) = \alpha_1 f_c b h_0^2 \alpha_{s,max} \tag{2-1-26}$$

$$\alpha_{s,max} = \xi_b (1 - 0.5\xi_b) \tag{2-1-27}$$

所以，当 $M \leqslant M_{u,max}$ 时，可按单筋截面设计。

根据我国设计经验，梁的经济配筋率范围为 $0.5\% \sim 1.6\%$，板的经济配筋率范围为 $0.4\% \sim 0.8\%$。这样的配筋率远小于最大配筋率 ρ_{max}，既节约钢材，又降低成本，且防止脆性破坏。

4. 正截面受弯承载力的计算系数

由式(2-1-25)令

$$\alpha_s = \xi (1 - 0.5\xi) \tag{2-1-28}$$

将式(2-1-28)代入式(2-1-25)则

$$\alpha_s = \frac{\gamma_0 M}{\alpha_1 f_c b h_0^2} \tag{2-1-29}$$

式中　α_s——截面抵抗矩系数。

由(2-1-28)可得

$$\xi = 1 - \sqrt{1 - 2\alpha_s} \tag{2-1-30}$$

由式(2-1-24)可得

$$A_s = \frac{\alpha_1 f_c b h_0 \xi}{f_y} \tag{2-1-31}$$

由式(2-1-25)令

$$\gamma_s = 1 - 0.5\xi \tag{2-1-32}$$

将式(2-1-32)代入式(2-1-25)，则

$$A_s = \frac{\gamma_0 M}{f_y h_0 \gamma_s} \tag{2-1-33}$$

式中　γ_s——内力臂系数。

将式(2-1-30)代入(2-1-32)，则

$$\gamma_s = \frac{1 + \sqrt{1 - 2\alpha_s}}{2} \tag{2-1-34}$$

所以由式(2-1-29)求出 α_s 后，就可由相应的式(2-1-30)或式(2-1-34)求出系数 ξ、γ_s，再利用式(2-1-31)或式(2-1-33)求出受拉钢筋面积 A_s 并验算公式的使用条件，使正截面受弯承载力的计算得到解决。

5. 设计计算方法

钢筋混凝土受弯构件的正截面计算，一般仅需对构件的控制截面进行。控制截面在等截面受弯构件中一般是指弯矩设计值最大的截面；在变截面受弯构件中，除了弯矩设计值最大的截面外，还有截面尺寸相对较小，而弯矩设计值相对较大的截面。

在工程设计计算中，正截面受弯承载力计算包括截面设计和截面复核两类问题。解决这两类计算问题的依据是前述的基本公式及适用条件。

(1)截面设计。截面设计是指根据截面所承受的弯矩设计值 M，选定材料，确定截面尺寸，计算配筋量。设计时，应满足 $\gamma_0 M \leqslant M_u$。为了经济起见，一般按 $\gamma_0 M = M_u$ 进行计算。

已知弯矩设计值 M，混凝土和钢筋材料的强度等级，截面尺寸 $b \times h$，求受拉钢筋截面面积 A_s。

计算的一般步骤如下：

假设钢筋截面重心到截面受拉边缘距离 a_s。在一类环境条件下，对于绑扎钢筋骨架的梁，可设 $a_s \approx 40$ mm(布置一层钢筋时)或 65 mm(布置两层钢筋时)。对于板，一般可根据板厚假设 a_s 为 25 mm 或 35 mm。这样可得到有效高度 h_0。

1)由式(2-1-29)和式(2-1-30)计算 $\alpha_s = \dfrac{\gamma_0 M}{\alpha_1 f_c b h_0^2}$、$\xi = 1 - \sqrt{1 - 2\alpha_s}$。

2)若 $\xi \leqslant \xi_b$，则由式(2-1-31) 计算 $A_s = \dfrac{\alpha_1 f_c b h_0 \xi}{f_y}$，选择钢筋。

3)验算最小配筋率 $\rho = \dfrac{A_s}{b h_0} \geqslant \rho_{min}$。

在以上的计算中若 $\xi > \xi_b$，说明截面过小，会形成超筋梁，应加大截面尺寸或提高混凝土强度等级，或改用双筋截面。

(2)截面复核。在实际工程中，有时需对已建成或已完成设计的梁、板进行受弯承载力验算，或复核其截面承受某个弯矩设计值是否安全等。例如，某一建成梁由于结构用途改变，要求求出梁截面所能负担的弯矩，以检验其能否承受由于新的使用荷载所产生的弯矩设计值。又如对某个已完成设计的梁进行图纸审查时，要求按梁的截面尺寸及配筋等计算

出该梁所能负担的极限弯矩,并将其与原弯矩设计值相比,以检验其是否安全等。因此,截面复核的主要问题,就是根据已有的梁截面尺寸及配筋情况等利用基本公式计算出其截面所能承受的极限弯矩 M_u。

截面复核时宜先检查其配筋率 ρ,看是否满足适筋梁的配筋率限值要求。如果实配的 $A_s < \rho_{min}bh_0$,则应增加原设计的钢筋用量;如为已建成梁,则应按素混凝土截面和钢筋混凝土截面分别计算其所能抵抗的弯矩值,并取其较小者。如果 $\rho > \rho_{max}$,则说明原设计不合理;如设计难以改变或为已建成梁,则应按超筋梁进行复核。

【例 2-1-1】 某现浇钢筋混凝土简支楼板支承在砖墙上,如图 2-1-29 所示,计算跨度为 2.85 m,结构的安全等级为二级,环境类别为一类,板上作用的均布活荷载标准值为 $q_k = 3$ kN/m^2。瓷砖地面及水泥砂浆找平层共 40 mm 厚(按 22 kN/m^3 计),板底粉刷白灰砂浆 10 mm 厚(按 17 kN/m^3 计),混凝土强度等级选用 C25,纵向受拉钢筋采用 HPB300 (I级)热轧钢筋。试确定板厚和受拉钢筋截面面积,并绘出截面配筋图。

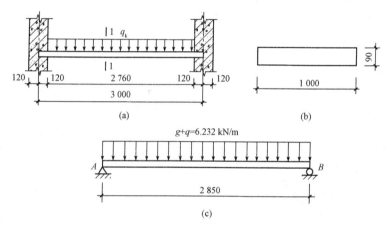

图 2-1-29 例 2-1-1 受力分析图

【解】 设板厚 $h = 90$ mm(约为计算跨度的 1/32),取板宽 $b = 1\,000$ mm 的板带作为计算单元,如图 2-1-29(b)所示,其余板带均按此板配筋。

(1)确定设计参数。

查附表 A5 可知:C25 混凝土,$f_c = 11.9$ N/mm^2,$f_t = 1.27$ N/mm^2,

由式(2-1-23 可知):$\alpha_1 = 1.0$;

查附表 A1 可知:HPB300 级钢筋,$f_y = 270$ N/mm^2;

查表 2-1-7 可知:$\xi_b = 0.576$;

一类环境,$c = 20$ mm,取 $a_s = 25$ mm,$h_0 = 90 - 25 = 65$(mm);

结构重要性系数:$\gamma_0 = 1.0$;

$$\rho_{min} = 0.45 \times \frac{f_t}{f_y} = 0.45 \times \frac{1.27}{270} = 0.212\% > 0.2\%。$$

(2)计算荷载标准值和设计值。

1)荷载标准值。

永久荷载标准值 g_k:

瓷砖地面及水泥砂浆找平层 40 mm 厚自重: $0.04 \times 22 = 0.88$(kN/m^2)

90 mm 厚钢筋混凝土板自重： $0.09 \times 25 = 2.25 (kN/m^2)$

板底粉刷白灰砂浆 10 mm 厚自重： $0.01 \times 17 = 0.17 (kN/m^2)$

$$g_k = (0.88 + 2.25 + 0.17) \times 1 = 3.3 (kN/m)$$

活荷载标准值 q_k：

$$q_k = 3 \times 1 = 3.0 (kN/m)$$

2）荷载设计值。

以可变荷载为控制的组合：

$$g + q = 1.2g_k + 1.4q_k = 1.2 \times 3.3 + 1.4 \times 3.0 = 8.16 (kN/m)$$

以永久荷载为控制的组合：

$$g + q = 1.35g_k + 1.4 \times 0.7q_k = 1.35 \times 3.3 + 1.4 \times 0.7 \times 3.0 = 7.395 (kN/m)$$

所以，取 $g + q = 8.16 (kN/m)$。

（3）计算弯矩设计值 M。

板的最大弯矩：

$$M = \frac{1}{8}(g+q)l_0^2 = \frac{1}{8} \times 8.16 \times 2.85^2 = 8.28 (kN \cdot m)$$

（4）计算系数 α_s、ξ。

$$\alpha_s = \frac{\gamma_0 M}{\alpha_1 f_c b h_0^2} = \frac{1.0 \times 8.28 \times 10^6}{1.0 \times 11.9 \times 1\,000 \times 65^2} = 0.165$$

$$\xi = 1 - \sqrt{1 - 2\alpha_s} = 1 - \sqrt{1 - 2 \times 0.165} = 0.181 < \xi_b = 0.576$$

满足要求。

（5）计算配筋面积 A_s。

$$A_s = \frac{\alpha_1 f_c b h_0 \xi}{f_y} = \frac{1.0 \times 11.9 \times 1\,000 \times 65 \times 0.181}{270} = 519 (mm^2)$$

选用 φ10@150 钢筋，$A_s = 523$ mm²。

（6）验算最小配筋率。

$$\rho = \frac{A_s}{bh_0} = \frac{523}{1\,000 \times 65} = 0.805\% > \rho_{min} = 0.212\%$$

满足要求，截面配筋如图 2-1-30 所示。

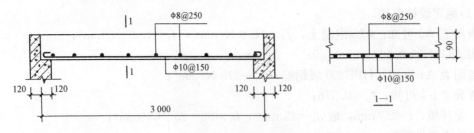

图 2-1-30　截面配筋图

【例 2-1-2】　已知梁的截面尺寸为 $b \times h = 250$ mm × 450 mm；受拉钢筋为 4φ16 钢筋，$f_y = 300$ N/mm²，$A_s = 804$ mm²，如图 2-1-31 所示。混凝土强度等级为 C40，$f_t = 1.71$ N/mm²，$f_c = 19.1$ N/mm²；承受的弯矩 $M = 89$ kN·m，环境类别为一类，结构的安全等级为二级。验算此梁截面是否安全。

【解】　（1）设计参数。

可知：C40 混凝土，$f_c = 19.1$ N/mm²，$f_t = 1.71$ N/mm²；

由式(2-1-23)可知：$\alpha_1 = 1.0$；

查附表 A1 可知：HRB335 级钢筋，$f_y = 300$ N/mm²；

查表 2-1-7 可知：$\xi_b = 0.550$；

一类环境，$c = 25$ mm，$a_s = c + d/2 = 25 + 16/2 = 33$(mm)，故 $h_0 = 450 - 33 = 417$(mm)；

结构重要性系数：$\gamma_0 = 1.0$；

$\rho_{\min} = 0.45 f_t / f_y = 0.45 \times 1.71 / 300 \times 100\% = 0.26\% > 0.2\%$，取 $\rho_{\min} = 0.26\%$。

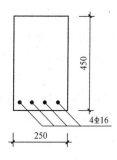

图 2-1-31　截面配筋图

(2)验算配筋率。

$A_s = 804$ mm² $> \rho_{\min} b h_0 = 0.26\% \times 250 \times 417 = 271$(mm²)，符合要求。

(3)计算受压区高度 x。

$$x = \frac{f_y A_s}{\alpha_1 f_c b} = \frac{300 \times 804}{1.0 \times 19.1 \times 250} = 51\text{mm} < \xi_b h_0 = 0.550 \times 417 = 229(\text{mm})$$

满足要求。

(4)计算受弯承载力 M_u 并判断。

$$M_u = f_y A_s \left(h_0 - \frac{x}{2} \right) = 300 \times 804 \times \left(417 - \frac{51}{2} \right) = 94\ 429\ 800(\text{N} \cdot \text{mm})$$
$$= 94.429\ 8(\text{kN} \cdot \text{m}) > \gamma_0 M = 1.0 \times 89 = 89(\text{kN} \cdot \text{m})$$

所以该梁安全。

1.3.9　板的截面配筋及施工图设计

(1)板的设计要点。连续板设计主要是板的正截面承载力计算，即配筋计算。计算方法同前述内容中的受弯构件。只不过要对跨中及支座截面分别计算，并且注意纵向受力钢筋位置应与截面内力情况相一致。

在现浇楼盖中，板支座截面在负弯矩作用下，顶面开裂，而跨中截面由于正弯矩作用，底面开裂，使板形成了拱，如图 2-1-32 所示。因此在竖向荷载作用下，板将因拱的作用而产生推力，板中推力可减少板中计算截面的弯矩。考虑这一有利因素，设计截面时可将设计弯矩乘以折减系数。对于四周与梁整体连接的板中间跨的跨中及中间支座，折减系数为 0.8。对于边跨跨中截面和离板端第二支座截面，由于边梁侧向刚度不大，难以提供足够的水平推力，故计算时弯矩不予折减，如图 2-1-33 所示。

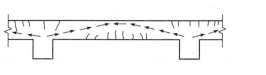

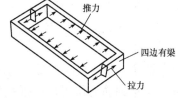

图 2-1-32　板的拱作用

(2)板厚及支承长度。板的混凝土用量占全楼盖混凝土用量的一半以上，因此，楼盖中的板在满足建筑功能和方便施工条件下，可尽可能薄些，但也不能过薄。工程设计中板的最小厚度一般可取：一般屋盖为 50 mm；一般民用建筑楼盖为 60 mm；工业房屋楼盖为 80 mm。为了保证刚度，单向板的厚度还不应小于跨度的 1/40（连续板）或 1/35（简支板）。板在砖墙上的支承长度一般不小于板厚，也不小于 120 mm。

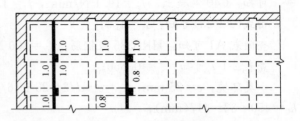

图 2-1-33　板的弯矩折减

（3）板的受力钢筋。板内的受力钢筋经计算确定后，配置时应考虑构造简单、施工方便。对于多跨边疆板各跨截面配筋可能不同，配筋时往往各截面的钢筋间距相同，而用调整直径的方法处理，连续板中的受力钢筋布置有弯起式和分离式两种形式。

弯起式如图 2-1-34（a）所示，将承受正弯矩的跨中钢筋在支座附近弯起，弯起跨中钢筋的 1/2～2/3，以承担支座负弯矩，如不足可另加直钢筋。这种配筋方式节省钢筋，锚固可靠，整体性好，但施工较复杂。

分离式如图 2-1-34（b）所示，将承担支座弯矩与跨中弯矩的钢筋各自独立配置。分离式配筋较弯起式具有设计施工简便的优点，适用于不受震动和较薄的板中。

连续板受力钢筋的弯起与截断，一般可不按弯矩包络图确定，而按图 2-1-34 所示弯起点和截断点位置确定。但当板的相邻跨度相差超过 20% 时，或各跨荷载相差较大时，则仍按弯矩包络图确定。

钢筋的弯起角度一般为 30°，当 $h > 120$ mm 时，可采用 45°。板下部伸入支座的钢筋应不少于跨中钢筋截面面积的 1/3，间距不应大于 400 mm。钢筋末端一般做成半圆弯钩（HPB300 级钢筋），但板的上部钢筋应做成直钩，以便施工时撑在模板上。

钢筋截断，对于承受支座负弯矩的钢筋，可在距支座边 a 处截断（图 2-1-34）。a 的取值为

当 $\dfrac{q}{g} \leqslant 3$ 时，$a = \dfrac{1}{4} l_n$；

当 $\dfrac{q}{g} > 3$ 时，$a = \dfrac{1}{3} l_n$。

式中　g，q——作用于板上的恒荷载、活荷载设计值；

l_n——板的净跨。

板中受力钢筋一般采用 HPB300 级钢筋，常用直径为 $\phi 6$、$\phi 8$、$\phi 10$、$\phi 12$ 等。为便于架立，支座处承受板面负弯矩的钢筋不宜太细。

板中受力钢筋的间距不应小于 70 mm，当板厚 $h \leqslant 150$ mm 时，间距不应大于 200 mm；当板厚 $h > 150$ mm 时，间距应不大于 $1.5h$，且不应大于 250 mm。

（4）板的构造钢筋。

1）分布钢筋。单向板除在受力方向布置受力钢筋外，还应在垂直受力钢筋方向布置分布钢筋。分布钢筋的作用是：抵抗混凝土收缩或温度变化产生的内力；有助于将板上作用的集中荷载分布在较大的面积上，使更多的受力钢筋参与工作；对四边支承的单向板，可承担长跨方向实际存在的一些弯矩；与受力钢筋形成钢筋网，固定受力钢筋的位置。

分布钢筋应放置在受力钢筋内侧。间距不应大于 250 mm，直径不宜小于 6 mm；单位

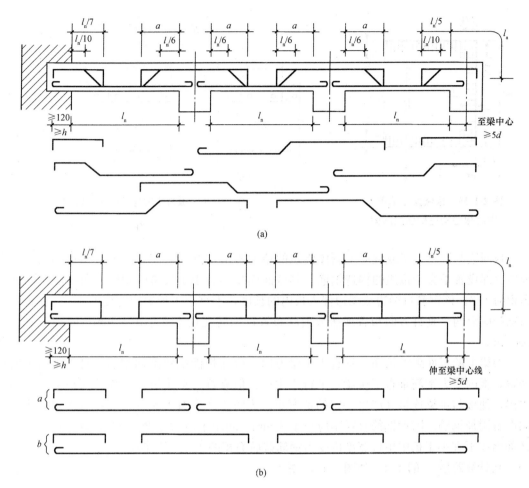

图 2-1-34　等跨连续板的钢筋布置

(a)弯起式；(b)分离式

长度上的分布钢筋的截面面积不应小于单位宽度上受力钢筋截面面积的 15％，且不宜小于该方向板截面面积的 0.15％；对集中荷载较大的情况，分布钢筋的截面面积应适当增加，其间距不宜大于 200 mm。此外，在受力钢筋的弯折点内侧应布置分布钢筋。对于无防寒或隔热措施的屋面板和外露结构，分布钢筋应适当增加。

2)一边嵌固于砌体墙内时的板面附加钢筋。沿承重墙边缘在板面配置附加钢筋。对于一边嵌固在承重墙内的单向板，其计算简图与实际情况不完全一致，计算简图按简支考虑，而实际墙对板有一定约束作用，因而板在墙边会产生一定的负弯矩。因此，应在板上部沿边墙配置直径不小于 8 mm、间距不大于 200 mm 的板面附加钢筋(包括弯起钢筋)，从墙边算起不宜小于板短边跨度的 1/7，如图 2-1-35 所示。

3)两边嵌固于砌体墙内的板角部分双向附加钢筋。对于两边嵌固于墙内的板角部分，应在板面配置双向附加钢筋。由于板在荷载作用下，角部都会翘离支座，当这种翘离受到墙体约束时，板角上部产生沿墙边裂缝和板角斜裂缝。因此，应在角区 l/4 范围内双向配置板面附加钢筋，钢筋直径不小于 8 mm，间距不宜大于 200 mm。该钢筋伸入板内的长度不宜小于板短边跨度的 1/4，如图 2-1-36 所示。

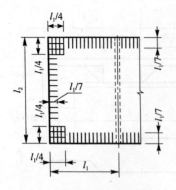

图 2-1-35　板嵌固在承重墙
内时板边构造钢筋配筋图

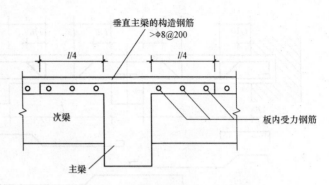

图 2-1-36　板与主梁连接的构造配筋

4)周边与混凝土梁或混凝土墙体浇筑的单向板沿支撑周边配置的上部构造钢筋。应在板边上部设置垂直于板边的构造钢筋,其截面面积不宜小于板跨中相应方向纵向钢筋截面面积的 1/3;该钢筋自梁边或墙边伸入板内的长度,不宜小于板短边跨度的 1/5。在板角处该钢筋应沿两个垂直方向布置或按放射状布置;钢筋直径不宜小于 8 mm,间距不宜大于200 mm。

5)梁上的板面附加钢筋。垂直于主梁方向,应在板面配置附加钢筋。对于单向板肋梁楼盖,板内受力钢筋垂直于次梁,平行于主梁,但靠近主梁附近,有部分荷载会直接传给主梁,使板与主梁连接处产生一定的负弯矩。为防止产生过大裂缝,应在板面垂直主梁方向配置附加钢筋。附加钢筋直径不应小于 8 mm,间距不应大于 200 mm,其单位长度上的截面面积不宜小于板中单位宽度内受力钢筋截面面积的 1/3。其伸入板内长度从梁边算起不小于板计算跨度 l_0 的 1/4,如图 2-1-36 所示。

1.3.10　双筋矩形截面配筋设计

双筋截面是指同时配置受拉和受压钢筋的截面,如图 2-1-37 所示。一般来说采用受压钢筋辅助混凝土承受压力是不经济的。

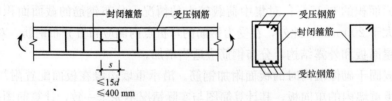

图 2-1-37　受压钢筋及其箍筋直径和间距

1. 采用双筋截面的条件

双筋截面一般用于:

(1)弯矩较大,且截面高度受到限制,而采用单筋截面将引起超筋。

(2)同一截面内受变号弯矩作用,在截面上下两侧均应配置受力钢筋。

(3)受压区已配置构造钢筋并作为受力钢筋考虑。

(4)为了提高构件抗震性能或减少结构在长期荷载下的变形。

由于受压钢筋在纵向压力作用下易产生压屈而导致钢筋侧向凸出，将受压区保护层崩裂，从而使构件提前发生破坏，降低构件的承载力。为此，必须配置封闭箍筋防止受压钢筋的压屈，并限制其侧向凸出。为保证有效防止受压钢筋的压屈，《混凝土结构设计规范（2015 年版）》(50010—2010)规定箍筋的间距 s 不应大于 15 倍受压钢筋最小直径和 400 mm；箍筋直径不应小于受压钢筋最大直径的 1/4，且不应小于 6 mm。上述箍筋的设置要求是保证受压钢筋发挥作用的必要条件。

试验表明，双筋截面破坏时的受力特点与单筋截面相似，只要满足 $\xi \leqslant \xi_b$ 时，双筋矩形截面的破坏也是受拉钢筋的应力先达到抗拉强度 f_y（屈服强度），然后，受压区混凝土应力达到其抗压强度 f_c，具有适筋梁的塑形破坏特征。这时，受压区边缘的混凝土达到极限压应变 $\varepsilon_0 = 2 \times 10^{-3}$，钢筋的应变 ε_s' 与混凝土相同，故钢筋的应力为：$\sigma_s = \varepsilon_s' E_s = 2 \times 10^{-3} \times 2 \times 10^5 = 400 (\text{N/mm}^2)$。

当钢筋的抗压强度设计值大于 400 N/mm² 时，则取钢筋的抗压强度设计值为 $f_y' = 400$ N/mm²。当 $f_y' < 400$ N/mm² 时，钢筋能充分利用。

2. 基本计算公式及适用条件

(1)基本计算公式。双筋矩形截面受弯构件正截面承载力计算简图如图 2-1-38 所示。

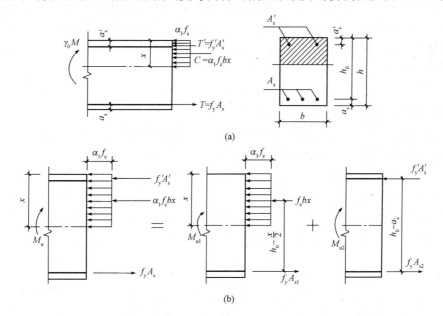

图 2-1-38　双筋矩形截面受弯构件正截面承载力计算简图

由平衡条件可得

$$\sum X = 0, \quad f_y A_s = \alpha_1 f_c b x + f_y' A_s' \tag{2-1-35}$$

$$\sum M = 0, \quad \gamma_0 M \leqslant M_u = \alpha_1 f_c b x \left(h_0 - \frac{x}{2}\right) + f_y' A_s'(h_0 - a_s') \tag{2-1-36}$$

式中　f_y'——受压钢筋的强度设计值；

$\quad\quad A_s'$——受压钢筋截面面积；

$\quad\quad a_s'$——受压钢筋合力作用点至截面受压区外边缘的距离。

分析式(2-1-35)和式(2-1-36)可以看出，双筋矩形截面受弯承载力设计值 M_u 可分为两部分，如图 2-1-38(b)所示。第一部分是由受压区混凝土和相应的一部分受拉钢筋 A_{s1} 所形成的承载力设计值 M_{u1}，相当于单筋矩形截面的受弯承载力；第二部分是由受压钢筋 A_s' 和相应的另一部分受拉钢筋 A_{s2} 所形成的承载力设计值 M_{u2}，即

$$M_u = M_{u1} + M_{u2} \tag{2-1-37}$$

$$A_s = A_{s1} + A_{s2} \tag{2-1-38}$$

对第一部分，由平衡条件可得

$$f_y A_{s1} = \alpha_1 f_c bx \tag{2-1-39}$$

$$M_{u1} = \alpha_1 f_c bx \left(h_0 - \frac{x}{2} \right) \tag{2-1-40}$$

对第二部分，由平衡条件可得

$$f_y A_{s2} = f_y' A_s' \tag{2-1-41}$$

$$M_{u2} = f_y' A_s' (h_0 - a_s') \tag{2-1-42}$$

(2)适用条件。

1)$\xi \leqslant \xi_b$——防止发生超筋脆性破坏。

2)$x \geqslant 2a_s'$——保证受压钢筋 A_s' 达到抗压强度设计值。

在实际设计中，若求得 $x < 2a_s'$，则表明受压钢筋 A_s' 可能达不到其抗压强度设计值。对于受压钢筋保护层混凝土厚度不大的情况，这时可取 $x = 2a_s'$，即假设混凝土压应力合力作用点与受压区钢筋 A_s' 合力作用点相重合，对受压钢筋合力作用点取矩，可得到正截面抗弯承载力的近似表达式为

$$M_u = f_y A_s (h_0 - a_s) \tag{2-1-43}$$

3. 设计计算方法

(1)截面设计。双筋矩形截面受弯构件截面设计的基本出发点，应首先充分发挥受压区混凝土和其对应的受拉钢筋 A_{s1} 的承载能力（即取 $x = \xi_b h_0$，按单筋截面设计），而对无法承担的部分荷载效应，则考虑由受压钢筋 A_s' 和部分受拉钢筋 A_{s2} 来承担。

1)已知弯矩设计值 M，构件截面尺寸 $b \times h$，混凝土和钢筋的强度等级，构件的重要性系数 γ_0，求受拉钢筋截面面积 A_s 和受压钢筋截面面积 A_s'。可按如下计算步骤进行计算：

①判断是否需按双筋截面设计。单筋矩形截面所能承担的最大弯矩为

$$M_{u1} = \alpha_1 f_c bx \left(h_0 - \frac{x}{2} \right) = \alpha_1 f_c \xi_b (1 - 0.5\xi_b) bh_0^2 \tag{2-1-44}$$

当 $M > M_{u1}$，则应配置受压钢筋。此时，由于两个基本公式(2-1-35)和(2-1-36)中含有 A_s、A_s' 和 x 三个求知数，因此，还需补充一个条件。当充分利用混凝土的受压能力，即取 $x = \xi_b h_0$ 时，可使用钢筋总量($A_s + A_s'$)最少。

②计算受压钢筋截面面积 A_s'。

$$A_s' = \frac{\gamma_0 M - M_{u1}}{f_y' (h_0 - a_s')} = \frac{\gamma_0 M - \alpha_1 f_c \xi_b (1 - 0.5\xi_b) bh_0^2}{f_y' (h_0 - a_s')} \tag{2-1-45}$$

③计算受拉钢筋截面面积 A_s。

$$A_s = \alpha_1 \frac{f_c}{f_y} b\xi_b h_0 + \frac{f_y'}{f_y} A_s' \tag{2-1-46}$$

按上述方法设计的双筋截面，均能满足其适用条件 $\xi \leqslant \xi_b$ 和 $x \geqslant 2a_s'$，所以可不再进行这两项内容的验算。

2)已知弯矩设计值 M，构件的重要性系数 γ_0，构件截面尺寸 $b \times h$，混凝土和钢筋的强

度等级，受压钢筋截面积 A'_s，求受拉钢筋截面积 A_s。可按如下计算步骤进行计算。

①求相应部分受拉钢筋面积 A_{s2} 和它们共同组成的内力矩 M_{u2}。

由式(2-1-41)可得

$$A_{s2} = \frac{f'_y}{f_y}A'_s \tag{2-1-47}$$

由式(2-1-42)可求得 M_{u2}。

②计算 M_{u1}。

由式(2-1-37)可得

$$M_{u1} = M - M_{u2} \tag{2-1-48}$$

③计算 A_{s1}。

由式(2-1-39)可得

$$A_{s1} = \frac{\alpha_1 f_c bx}{f_y} \tag{2-1-49}$$

④计算受拉钢筋截面面积 A_s。

由式(2-1-38)可求得 A_s。

⑤根据 A_s 选配钢筋。这种情况下，在计算过程中需注意以下两个问题：

a. 如求得 $\xi > \xi_b$，则意味着原来已配置的受压钢筋 A'_s 数量不足，应增加钢筋。按 A'_s 与 A_s 均未知的情况重新计算。

b. 如求得的受压区高度 $x < 2a'_s$，说明受压区钢筋的应力达不到抗压强度设计值 f'_y，此时可假设混凝土压应力合力作用在受压钢筋重心处(相当于 $x = 2a'_s$)，取对受压钢筋重心处为矩心的力矩平衡条件，得

$$A_s = \frac{M}{f_y(h_0 - a'_s)} \tag{2-1-50}$$

(2)截面复核。已知弯矩设计值 M，构件的重要性系数 γ_0，构件截面尺寸 b、h，混凝土强度等级及钢筋等级，受压钢筋截面积 A'_s，受拉钢筋截面积 A_s 及截面的钢筋布置情况，判断截面是否安全。

计算步骤如下：

1)复核钢筋的构造，要求钢筋的间距及保护层厚度均满足要求。

2)求受压区的高度 x。

$$x = \frac{f_y A_s - f'_y A'_s}{\alpha_1 f_c b} \tag{2-1-51}$$

3)验算 x，并求 M_u。

当 $2a'_s \leqslant x \leqslant \xi_b h_0$ 时

$$M_u = \alpha_1 f_c bx \left(h_0 - \frac{x}{2}\right) + f'_y A'_s (h_0 - a'_s) \tag{2-1-52}$$

当 $x < M_u = f_y A_s (h_0 - a'_s)$ 时

$$M_u = f_y A_s (h_0 - a'_s) \tag{2-1-53}$$

当 $x > \xi_b h_0$ 时，则属于超筋梁，此时应取 $x = \xi_b h_0$，代入式(2-1-36)。

$$M_u = \alpha_1 f_c \xi_b (1 - 0.5\xi_b) bh_0^2 + f'_y A'_s (h_0 - a'_s) \tag{2-1-54}$$

4)判断截面是否安全。

若 $\gamma_0 M \leqslant M_u$，截面安全；

若 $\gamma_0 M \geqslant M_u$，截面不安全。

【例 2-1-3】 某一框架梁处于一类环境，截面尺寸为 250 mm×600 mm，采用 C20 等级混凝土和 HRB335 级钢筋，承受弯矩设计值 $M=300$ kN·m，结构的安全等级为二级，试计算所需配置的纵向受力钢筋。

【解】 (1)设计参数。

查附表 A5 可知：C20 混凝土，$f_c=9.6$ N/mm²，$f_t=1.1$ N/mm²；

由式(2-1-23)可知：$\alpha_1=1.0$；

查附表 A1 可知：HRB335 级钢筋，$f_y=f_y'=300$ N/mm²；

查表 2-1-7 可知：$\xi_b=0.550$；

一类环境，$c=30$ mm；由于该梁弯矩较大，假设受拉钢筋为两排，取 $a_s=65$ mm，$h_0=h-65=600-65=535$(mm)；

假定受压钢筋为一排，取 $a_s'=40$ mm。

结构重要性系数：$\gamma_0=1.0$。

(2)判断是否需要采用双筋截面。

$$M_{u1}=\alpha_1 f_c bx\left(h_0-\frac{x}{2}\right)=\alpha_1 f_c bh_0^2 \xi_b(1-0.5\xi_b)$$

$$=1.0\times9.6\times250\times535^2\times0.550\times(1-0.5\times0.550)\times10^{-6}$$

$$=273.92(\text{kN·m})<\gamma_0 M=1.0\times300=300(\text{kN·m})$$

所以，要采用双筋截面。

(3)求受压钢筋 A_s'。

$$A_s'=\frac{M-M_{u1}}{f_y'(h_0-a_s')}=\frac{(300-273.92)\times10^6}{300\times(535-40)}=175.62(\text{mm})$$

(4)求受拉钢筋 A_s。

$$A_s=\alpha_1\frac{f_c}{f_y}b\xi_b h_0+\frac{f_y'}{f_y}A_s'$$

$$=1.0\times\frac{9.6}{300}\times250\times0.55\times535+\frac{300}{300}\times175.62$$

$$=2\,529.62\text{ mm}^2$$

(5)选配钢筋及绘制配筋图。

受拉钢筋选用 4Φ22+4Φ18($A_s=1\,520+1\,017=2\,537$mm²)，受压钢筋选用 2Φ12($A_s'=226$ mm²)，配筋图如图 2-1-39 所示。

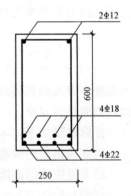

图 2-1-39 截面配筋图

【例 2-1-4】 已知梁的截面尺寸 $b\times h=200$ mm×500 mm，混凝土为 C20，$f_c=9.6$ N/mm²，受压钢筋采用 2Φ16($A_s'=402$ mm²)，受拉钢筋采用 4Φ18($A_s=1\,017$ mm²)，环境类别为一类，结构的安全等级为二级，如图 2-1-40 所示。试求该梁所承担的最大弯矩设计值 M_u。

【解】 (1)设计参数。

查附表 A5 可知：混凝土 C20，$f_c=9.6$ N/mm²；

由式(2-1-23)可知：$\alpha_1=1.0$；

查附表 A1 可知：$f_y'=300$ N/mm²，$f_y=300$ N/mm²；

一类环境，$c=25$ mm，$a_s=c+d/2=25+18/2=34$(mm)，$a_s'=c+d/2=25+16/2=33$(mm)，$h_0=h-a_s=500-34=466$(mm)；

查表 2-1-7 可知：$\xi_b=0.550$；

结构重要性系数：$\gamma_0 = 1.0$。

(2)计算受压区高度 x。

$$M_{u2} = f'_y A'_s (h_0 - a'_s) = 300 \times 402 \times (466 - 33)$$
$$= 52.22 \times 10^6 (\text{N} \cdot \text{mm}) = 52.22 \text{ kN} \cdot \text{m}$$

$$A_{s2} = \frac{f'_y A'_s}{f_y} = \frac{300 \times 402}{300} = 402 (\text{mm}^2)$$

$$A_{s1} = A_s - A_{s2} = 1\,017 - 402 = 615 (\text{mm}^2)$$

$$\xi = \frac{A_{s1} f_y}{b h_0 f_c} = \frac{615 \times 300}{200 \times 466 \times 9.6} = 0.206 < \xi_b = 0.550，为适筋梁。$$

$$x = \xi h_0 = 0.206 \times 466 = 96 (\text{mm}) > 2a'_s = 2 \times 33 = 66 (\text{mm})，受压$$

钢筋能达到屈服。

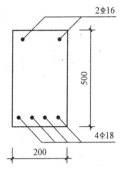

图 2-1-40　例 2-1-4
截面配筋图

(3)计算受弯承载力 M。

$$M_{u1} = f_c b x \left(h_0 - \frac{x}{2} \right) = 9.6 \times 200 \times 96 \times \left(466 - \frac{96}{2} \right) = 77.05 (\text{kN} \cdot \text{m})$$

$$M = M_{u1} + M_{u2} = 77.05 + 52.22 = 129.27 (\text{kN} \cdot \text{m})$$

该梁截面能承担的最大弯矩值为 129.27 kN·m。

1.3.11　T 形截面配筋设计

1. T 形截面梁的应用

矩形截面受弯构件在破坏时受拉区混凝土早已开裂，因此，在裂缝截面处，受拉区混凝土承担的拉力很小，对截面受弯承载力的贡献也很小，故在进行矩形截面受弯承载力计算时，可不考虑受拉区混凝土的作用。这样，将受拉区的一部分混凝土去掉，再将受拉钢筋较为集中地布置，并保持钢筋截面重心高度不变，就可形成图 2-1-41 所示的 T 形截面。

这种 T 形截面和原来的矩形截面所能承受的极限弯矩完全相同或大致相同，但可以节省混凝土，同时减轻构件自重。

T 形截面梁在实际工程中的应用极为广泛。例如，建筑结构中的现浇整体式楼盖，通常采用梁板式或称肋形楼盖，即下面的梁与上面的整片板现浇在一起(图 2-1-42)。这种楼盖在竖向荷载作用下梁跨中截面承受正弯矩，其底面受拉而顶面(板)受压，即伸出的翼缘部分(板)恰好位于受压区且与梁肋受压区混凝土共同受力，从而使压区的形状为 T 形，是典型的 T 形截面梁，故在其受弯承载力的计算中可按 T 形截面梁考虑。但对于梁支座处

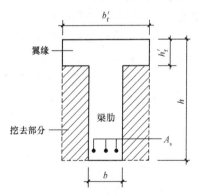

图 2-1-41　T 形截面的形成

的截面，由于其承受负弯矩，故梁顶面(板)受拉而底面受压，这样受压区的形状仍然为矩形，同时，伸出的翼缘部分(板)位于受拉区，形成所谓的倒 T 形截面梁，当受拉区混凝土开裂后，翼缘部分将退出工作而不参与受力，因此，该截面的受弯承载力可按肋宽为 b 的矩形截面梁计算。

T 形截面的伸出部分 $(b'_f - b) \times h'_f$ 称为翼缘，中间部分 $(b \times h)$ 称腹板或者梁肋。梁肋的宽度为 b，位于截面受压区的翼缘总宽度为 b'_f，翼缘高度为 h'_f(图 2-1-42)。工程中为了便于

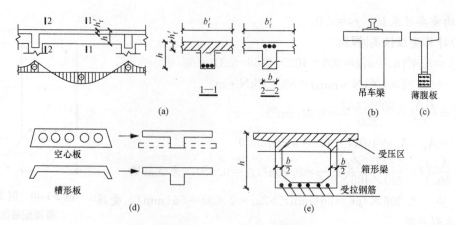

图 2-1-42　各类 T 形截面图

纵向受拉钢筋的布置及满足构造要求等，有时也可做成独立的 T 形截面、I 形截面、Ⅱ形截面或箱形截面梁，如预制 T 形截面起重机梁、预制 T 形截面檩条、预制 I 形截面起重机梁和 I 形薄腹屋面梁等。在上述截面梁的设计中，Ⅱ形截面或箱形截面梁一般都可换算为一个相应的力学性能等效的 T 形截面或 I 形截面梁进行计算，如预制槽形板，将其两侧的纵肋合并后即可换算为一个等效的 T 形截面；又如预制空心板，按其截面面积、惯性矩及形心位置三者都不变的原则，即可将原截面换算成一个等效的 I 形截面。值得注意的是，I 形截面位于受拉区的翼缘（翼缘总宽度为 b_f，翼缘高度为 h_f）不参与受力，因此也可按 T 形截面计算。这样，本节所讲的 T 形截面梁包括了 I 形截面、Ⅱ形截面和箱形截面梁。

独立 T 形截面梁的 h/b 通常取为 2.5～4，其上翼缘的宽度一般由使用条件确定，例如，起重机梁的上翼缘宽度是为了满足固定轨道的构造要求，屋面梁的上翼缘宽度是为了搁置屋面板的构造需要等。独立 T 形截面梁的高度与计算跨度有关，对于起重机梁，其截面梁的高度还与起重机吨位有关。此外，起重机梁、屋面梁等预制构件一般都有标准图集。

空心板及槽形板的截面高度 h 一般取 $(1/25～1/20)l_0$，其中 l_0 为板的计算跨度；板的总宽度有 500 mm、600 mm 等，通常也都有标准图集。

现浇整体式肋形楼盖中的 T 形截面梁，其截面高度 h（包括板厚在内）及肋宽 b 一般可按下述要求选用：

$$h=\left(\frac{1}{16}～\frac{1}{18}\right)l_0$$

$$b=\left(\frac{1}{3}～\frac{1}{2}\right)h$$

式中　l_0——梁的计算跨度。

T 形截面梁的经济配筋率范围为 0.9%～1.8%。

目前在高层建筑中，为了有效地降低层高和建筑物的总高度，从而减小由风荷载和地震作用所引起的结构内力，节省房屋的经常性耗能以及工程结构的造价等，有时也采用扁梁结构，即 T 形截面梁的肋宽较大，有时甚至超过其截面高度。框架扁梁的截面高度 h（包括板厚在内）应满足刚度要求，一般可取：

$$h=\left(\frac{1}{22}～\frac{1}{16}\right)l_0$$

T 形截面受弯构件通常采用单筋截面，即仅需配置纵向受拉钢筋。但如果所承受的弯矩设计值很大，而截面高度又受到限制或为扁梁结构时，则也可设计成T形双筋截面。

2. T形截面翼缘计算宽度

T形截面梁承受荷载作用产生弯曲变形时，在翼板宽度方向上纵向压应力的分布是不均匀的，如图 2-1-43 所示。离梁肋越远，压应力越小，其分布规律主要取决于截面与跨径（长度）的相对尺寸、翼缘板厚度、支承条件等。

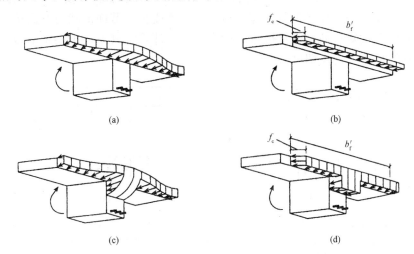

(a) (b)

(c) (d)

图 2-1-43　T形截面应力分布图

在设计计算中，为了便于计算，根据等效受力原则，把与梁肋共同工作的翼缘板宽度限制在一定的范围内，称为受压翼缘板的有效宽度 b'_f。在 b'_f 宽度范围内的翼板可以认为是全部参与工作，并假定其压应力是均匀分布的，如图 2-1-43 所示，而在这范围以外部分，则不考虑它参与受力。本书中关于 T形截面的计算中，若无特殊说明，b'_f 表示翼缘板的有效宽度。

《混凝土结构设计规范（2015 年版）》（GB 50010—2010）对翼缘的计算宽度 b'_f 的取值规定见表 2-1-8，计算时应取表中有关各项中的最小值。

表 2-1-8　T形、I形及倒L形截面受弯构件翼缘计算宽度 b'_f

考虑情况		T形、I形截面		倒L形截面
		肋形梁（板）	独立梁	肋形梁（板）
按计算跨度 l_0 考虑		$l_0/3$	$l_0/3$	$l_0/6$
按梁（肋）净距 S_n 考虑		$b+S_n$	—	$b+S_n/2$
按翼缘高度 h'_f 考虑	$h'_f/h_0 \geqslant 0.1$	—	$b+12h'_f$	—
	$0.1 > h'_f/h_0 \geqslant 0.05$	$b+12h'_f$	$b+6h'_f$	$b+5h'_f$
	$h'_f/h_0 < 0.05$	$b+12h'_f$	b	$b+5h'_f$

注：1. 表中 b 为梁的腹板厚度。
　　2. 如肋形梁在梁跨内设有间距小于纵肋间距的横肋时，则可不遵守表第 3 种情况的规定。
　　3. 对于加腋的 T形、I形和倒 L形截面，当受压区加腋的高度 $h_h \geqslant h'_f$ 且加腋的宽度 $b_h \leqslant 3h_h$ 时，则其翼缘计算宽度可按表中情况 3 的规定分别增加 $2b_h$（T形、I形截面）和 b_h（倒 L形截面）。
　　4. 独立梁受压区的翼缘板在荷载作用下经验算沿纵肋方向可能产生裂缝时，则其计算宽度应取用腹板宽度 b。

3. 基本计算公式及适用条件

T形截面按受压区高度的不同可分为两类：受压区高度在翼缘板厚度内，即 $x \leqslant h_\mathrm{f}'$，则为第一类T形截面[图2-1-44(a)]；受压区已进入梁肋，即 $x > h_\mathrm{f}'$，则为第二类T形截面[图2-1-44(b)]。下面介绍这两类单筋T形截面梁正截面抗弯承载力计算基本公式。

(1)第一类T形截面。第一类T形截面，中和轴在受压翼板内，受压区高度 $x \leqslant h_\mathrm{f}'$。此时，截面虽为T形，但受压区形状为宽 b_f' 的矩形，而受拉区截面形状与截面抗弯承载力无关，故以为宽度 b_f' 的矩形截面进行抗弯承载力计算。计算时只需将单筋矩形截面公式中梁宽 b 以翼板有效宽度 b_f' 置换即可。

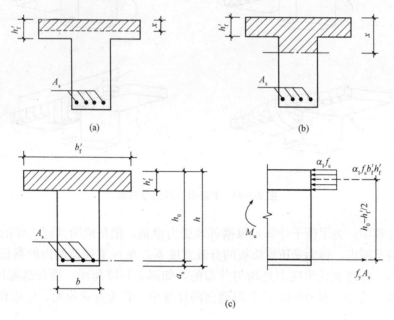

(a)　(b)

(c)

图 2-1-44　T形截面的分类

(a)第一类T形截面；(b)第二类T形截面；(c)两类T形截面的分界情况

由截面平衡条件(图2-1-45)可得到基本计算公式为

$$\sum X = 0, \quad \alpha_1 f_\mathrm{c} b_\mathrm{f}' x = f_\mathrm{y} A_\mathrm{s} \tag{2-1-55}$$

$$\sum M = 0, \quad \gamma_0 M \leqslant M_\mathrm{u} = \alpha_1 f_\mathrm{c} b_\mathrm{f}' x \left(h_0 - \frac{x}{2} \right) \tag{2-1-56}$$

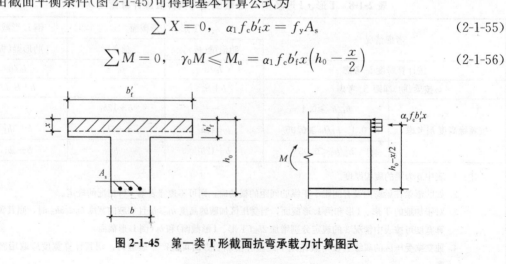

图 2-1-45　第一类T形截面抗弯承载力计算图式

基本公式适用条件如下：

1)$x \leqslant \xi_b h_0$ 或 $\rho \leqslant \rho_{max}$。第一类 T 形截面的 $x = \xi_b h_0 \leqslant h_f'$，即 $\xi \leqslant h_f'/h_0$。由于一般 T 形截面的 h_f'/h_0 较小，因而 ξ 值也小，所以一般均能满足这个条件。

2)$\rho > \rho_{min}$。这里的 $\rho = A_s/bh_0$，b 为 T 形截面的梁肋宽度。最小配筋率 ρ_{min} 是根据开裂后梁截面的抗弯强度应等于同样截面的素混凝土梁抗弯承载力这一条件得出的，而素混凝土梁的抗弯承载力主要取决于受拉区混凝土的强度等级，素混凝土 T 形截面梁的抗弯承载力与高度为 h、宽度为 b 的矩形截面素混凝土梁的抗弯承载力相接近，因此，在验算 T 形截面的 ρ_{min} 值时，近似地取梁肋宽 b 来计算。

(2)第二类 T 形截面。第二类 T 形截面，中和轴在梁肋部，受压区高度 $x > h_f'$，受压区为 T 形，如图 2-1-46 所示。

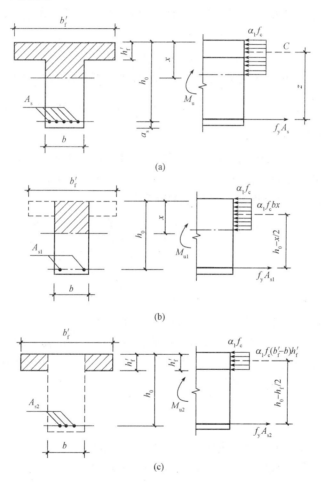

图 2-1-46　第二类 T 形截面抗弯承载力计算图式

由于受压区为 T 形，故一般将受压区混凝土压应力的合力分为两部分求得：一部分宽度为肋宽 b、高度为 x 的矩形，其合力 $C_1 = \alpha_1 f_c bx$；另一部分宽度为 $(b_f' - b)$、高度为 h_f' 的矩形，其合力 $C_2 = \alpha_1 f_c (b_f' - b) h_f'$。由图 2-1-46 的截面平衡条件可得到第二类 T 形截面的基本计算公式为

$$C_1 + C_2 = \alpha_1 f_c bx + \alpha_1 f_c (b_f' - b) h_f' = A_s f_y \qquad (2\text{-}1\text{-}57)$$

$$\gamma_0 M \leqslant M_u = M_{u1} + M_{u2} = \alpha_1 f_c b_f x \left(h_0 - \frac{x}{2} \right) + \alpha_1 f_c (b_f' - b) h_f' \left(h_0 - \frac{h_f'}{2} \right) \qquad (2\text{-}1\text{-}58)$$

式中　b_f'——T 形截面受弯构件受压区翼缘的计算宽度；

　　　h_f'——T 形截面受弯构件受压区翼缘的计算高度。

基本公式适用条件如下：

1)$x \leqslant \xi_b h_0$；

2)$\rho \geqslant \rho_{\min}$。

第二类 T 形截面的配筋率较高，一般情况下均能满足 $\rho \geqslant \rho_{\min}$ 的要求，故可不必进行验算。

4. 设计计算方法

(1)截面设计。已知弯矩设计值 M、截面尺寸 $b \times h$、混凝土和钢筋的强度等级，求受拉钢筋截面面积 A_s。

1)判定 T 形截面类型。由基本公式可见，当中和轴恰好位于受压翼缘板与梁肋交界处，即 $x = h_f'$，如图 2-1-46（c）为两类 T 形截面的界限情况。显然，若满足：$M \leqslant \alpha_1 f_c b_f' h_f' \left(h_0 - \frac{h_f'}{2} \right)$ 时，即 $x \leqslant h_f'$ 时，则属于第一类 T 形截面；若 $M > \alpha_1 f_c b_f' h_f' \left(h_0 - \frac{h_f'}{2} \right)$，即 $x > h_f'$ 时，则属于第二类 T 形截面。

2)求 A_s。第一类 T 形梁按 $b_f' \times x$ 的矩形截面设计，这里不再叙述。

当为第二类 T 形截面时，由式(2-1-58)求受压区高度 x，并满足 $h_f' < x \leqslant \xi_b h_0$。将各已知值及 x 值代入式(2-1-57)求得所需受拉钢筋面积 A_s。

$$x = h_0 - \sqrt{h_0^2 - \frac{2[M - \alpha_1 f_c (b_f' - b) h_f' (h_0 - 0.5 h_f')]}{f_c b}} \qquad (2\text{-}1\text{-}59)$$

若 $x \leqslant \xi_b h_0$，则

$$A_s = \frac{f_c}{f_y} [bx + (b_f' - b) h_f'] \qquad (2\text{-}1\text{-}60)$$

若 $x > \xi_b h_0$，则应增大截面尺寸或提高混凝土强度等级。

3)配筋。选择钢筋直径和数量，按构造要求进行布置，并按要求绘出截面配筋图。

(2)截面复核。已知弯矩设计值 M、截面尺寸 $b \times h$、混凝土和钢筋的强度等级、受拉钢筋截面面积 A_s，求受弯承载力 M_u。

1)检查钢筋布置是否符合规范要求。

2)判定 T 形截面的类型。这时，若满足：$A_s f_y \leqslant \alpha_1 f_c b_f' h_f'$ 时，即 $x \leqslant h_f'$，属于第一类 T 形截面；若 $A_s f_y > \alpha_1 f_c b_f' h_f'$ 时，则属于第二类 T 形截面。

3)当为第一类 T 形截面时，受压区高度 x 按下式求得：

$$x = \frac{f_y A_s}{\alpha_1 f_c b_f'} \qquad (2\text{-}1\text{-}61)$$

满足 $x \leqslant h_f'$。将各已知值及 x 值代入下式求得正截面抗弯承载力：

$$M_u = f_y A_s \left(h_0 - \frac{x}{2} \right) \qquad (2\text{-}1\text{-}62)$$

4)第二类 T 形截面。

$$x = \frac{f_y A_s - \alpha_1 f_c (b_f' - b) h_f'}{\alpha_1 f_c b} \qquad (2\text{-}1\text{-}63)$$

若 $x \leqslant \xi_b h_0$

$$M_u = \alpha_1 f_c b x \left(h_0 - \frac{x}{2} \right) + \alpha_1 f_c (b_f' - b) h_f' \left(h_0 - \frac{h_f'}{2} \right) \tag{2-1-64}$$

若 $x > \xi_b h_0$，取 $x = \xi_b h_0$，则有

$$M_u = \alpha_1 f_c b \xi_b h_0^2 \left(1 - \frac{\xi_b}{2} \right) + \alpha_1 f_c (b_f' - b) h_f' \left(h_0 - \frac{h_f'}{2} \right) \tag{2-1-65}$$

5）判断截面是否安全。

若 $\gamma_0 M \leqslant M_u$，则截面安全；

若 $\gamma_0 M \geqslant M_u$，则截面不安全。

【例 2-1-5】 已知一肋形楼盖的次梁，计算跨度 $l_0 = 6$ m，间距为 2.4 m，截面尺寸如图 2-1-47 所示。跨中最大正弯矩设计值 $M = \gamma_0 M = 90.55$ kN·m，混凝土强度等级为 C25，钢筋采用 HRB400 级，环境类别为一类，结构安全等级为二级，试计算该次梁所需的纵向受力钢筋面积 A_s。

【解】 （1）设计参数。

查附表 A5 可知：C25 混凝土，$f_c = 11.9$ N/mm²，$f_t = 1.27$ N/mm²；

由式（2-1-23）可知：$\alpha_1 = 1.0$；

查附表 A1 可知：$f_y = f_y' = 360$ N/mm²；

一类环境，$c = 20$ mm，取 $a_s = 35$ mm，$h_0 = 450 - 35 = 415$（mm）；

查表 2-1-7 可知：$\xi_b = 0.518$；

结构安全等级为二级，$\gamma_0 = 1.0$。

$\rho_{min} = 0.45 f_t / f_y = 0.45 \times 1.27 / 360 \times 100\% = 0.16\% < 0.2\%$，取 $\rho_{min} = 0.2\%$。

（2）确定翼缘计算宽度 b_f'。

由表 2-1-8 可知：

按次梁计算跨度考虑：$b_f' = l_0 / 3 = 6\ 000 / 3 = 2\ 000$（mm）；

按次梁净距 S_n 考虑：$b_f' = b + S_n = 200 + 2\ 200 = 2\ 400$（mm）；

按次梁翼缘高度 h_f' 考虑：当 $h_f' / h_0 = 70 / 415 = 0.169 > 0.1$ 时，翼缘不受此项限制。

翼缘计算宽度 b_f' 取三者中的较小者，故 $b_f' = 2\ 000$ mm。

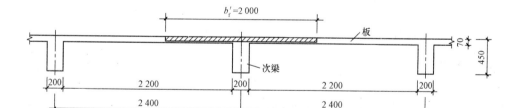

图 2-1-47　现浇肋形楼盖次梁截面

（3）判定 T 形截面类型。

$$\alpha_1 f_c b_f' h_f' \left(h_0 - \frac{h_f'}{2} \right) = 1.0 \times 11.9 \times 2\ 000 \times 70 \times \left(415 - \frac{70}{2} \right) = 633.08 \times 10^6 \text{（N·mm）} >$$

90.55 kN·m

故属于第一类 T 形截面。

(4)计算系数 α_s、ξ。

$$\alpha_s = \frac{\gamma_0 M}{\alpha_1 f_c b_f' h_0^2} = \frac{1.0 \times 90.55 \times 10^6}{1.0 \times 11.9 \times 2\,000 \times 415^2} = 0.022$$

$$\xi = 1 - \sqrt{1 - 2\alpha_s} = 1 - \sqrt{1 - 2 \times 0.022} = 0.022 < \xi_b = 0.518$$

(5)求受拉钢筋面积 A_s。

$$A_s = \frac{\alpha_1 f_c b_f' h_0 \xi}{f_y} = \frac{1.0 \times 11.9 \times 2\,000 \times 415 \times 0.022}{360} = 604 (\text{mm}^2)$$

选用 3Φ18，$A_s = 763$ mm^2。

(6)验算最小配筋率。

$$\rho = A_s / bh_0 = 763 / (200 \times 415) = 0.009\,2 = 0.92\% > \rho_{min} = 0.2\%$$

满足要求。

【例 2-1-6】 一根 T 形截面简支梁，截面尺寸 $b \times h = 250$ mm $\times 600$ mm，$b_f' = 500$ mm，$h_f' = 100$ mm，混凝土采用 C20，钢筋采用 HRB335，在梁的下部配有两排共 6Φ25 的受拉钢筋，环境类别为一类，结构安全等级为二级，该截面承受的设计弯矩为 350 kN·m，试校核该梁是否安全。

【解】 (1)设计参数。

查附表 A5 可知：混凝土 C20，$f_c = 9.6$ N/mm^2，

由式(2-1-23)可知：$\alpha_1 = 1.0$；

查附表 A1 可知：$f_y = 300$ N/mm^2，$A_s = 2\,945$ mm^2；

一类环境，$c = 25$ mm，取 $a_s = 65$ mm，$h_0 = 600 - 65 = 535$(mm)；

查表 2-1-7 可知：$\xi_b = 0.550$；

结构重要性系数：$\gamma_0 = 1.0$。

(2)判断截面类型。

$f_y A_s = 300 \times 2\,945 = 883.5$(kN) $> \alpha_1 f_c b_f' h_f' = 1.0 \times 9.6 \times 500 \times 100 = 480\,000$(N) $= 480$ kN

故该梁属于第二类 T 形截面。

(3)求 x 并判别。

$$x = \frac{f_y A_s - \alpha_1 f_c (b_f' - b) h_f'}{f_c b} = \frac{2\,945 \times 300 - 1.0 \times 9.6 \times (500 - 250) \times 100}{9.6 \times 250}$$

$$= 268 (\text{mm}) < \xi_b h_0 = 0.550 \times 540 = 297 (\text{mm})$$

所以，满足要求。

(4)求 M_u。

$$M_u = \alpha_1 f_c bx \left(h_0 - \frac{x}{2} \right) + \alpha_1 f_c (b_f' - b) h_f' \left(h_0 - \frac{h_f'}{2} \right)$$

$$= 1.0 \times 9.6 \times 250 \times 268 \times (535 - 268/2) + 1.0 \times 9.6 \times (500 - 250) \times 100 \times (535 - 100/2)$$

$$= 374.32 \times 10^6 (\text{N·m}) = 374.32 \text{ kN·m} > \gamma_0 M = 1.0 \times 350 = 350 (\text{kN·m})$$

所以，该截面是安全的。

1.3.12 斜截面设计

受弯构件在荷载作用下，各截面上除产生弯矩外，一般同时还有剪力。在受弯构件设计中，首先应使构件的截面具有足够的抗弯承载力，即必须进行正截面抗弯承载力计算，

此外，在剪力和弯矩共同作用的区段，有可能发生沿斜截面的破坏，故受弯构件还必须进行斜截面承载力计算。一般按计算和构造要求配置一定数量的箍筋或弯起钢筋。一般把箍筋和弯起(斜)钢筋统称为梁的腹筋，把配有纵向受力钢筋和腹筋的梁称为有腹筋梁，如图 2-1-48 所示；而把仅有纵向受力钢筋而不设腹筋的梁称为无腹筋梁。

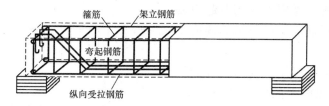

图 2-1-48　箍筋和弯起钢筋

1. 受弯构件斜截面的受力特点和破坏形态

(1)受弯构件斜截面的受力特点。试验研究分析，当梁上荷载较小时，裂缝尚未出现，钢筋和混凝土的应力、应变关系都处在弹性阶段，所以，把梁近似看作匀质弹性体，可用材料力学分析它的应力状态。在剪弯区段截面上任一点都有切应力和正应力存在，由材料力学方法分析可知，它们的共同作用将产生主拉应力和主压应力，从而可得无腹筋梁的主应力轨迹线，如图 2-1-49 所示。

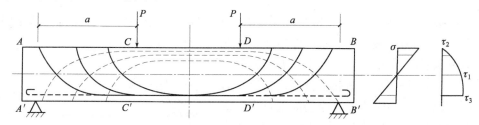

图 2-1-49　匀质弹性材料无腹筋梁的主应力轨迹线

从主应力轨迹线可看出，在剪弯区段(AC 段、DB 段)，梁腹部主拉应力方向是倾斜的，与梁轴线的交角约 45°，而在梁的下边缘主拉应力方向接近于水平。

混凝土的抗压强度较高，但抗拉强度较低，在梁的剪弯段中，当主拉应力超过混凝土的抗拉强度时，则出现斜裂缝。

对于钢筋混凝土梁，当荷载不大而梁处于弹性阶段时，梁内应力基本上和上述匀质弹性材料梁相似，但随着外荷载的增加，由于混凝土材料抵抗主拉应力的能力远较抵抗主压应力的能力差，所以，首先出现的就是截面主拉应力逐渐接近以至超过混凝土的抗拉强度，梁底出现裂缝并向上延伸，从而形成了大体与主拉应力轨迹垂直的弯剪斜裂缝，如图 2-1-50 所示。

这样，当垂直截面的抗弯强度得到保证时，梁最后有可能由于斜截面承载力不足而破坏。这种由于斜裂缝出现而导致钢筋混凝土梁的破坏，称为斜截面破坏。斜截面破坏是一种剪切破坏。

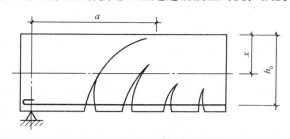

图 2-1-50　钢筋混凝土梁中弯剪斜裂缝

为了防止梁沿斜裂缝截面的剪切破坏，除应使梁具有一个合理的截面尺寸外，梁中还需设置与梁纵轴垂直的箍筋，也可采用与主拉应力方向平行的斜筋。斜筋常以梁正截面承载力所不需要的纵筋弯起而成（即弯起钢筋）。斜筋、箍筋与纵筋构成受弯构件的钢筋骨架。

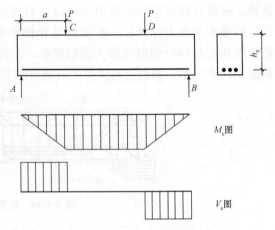

图 2-1-51　剪跨比示意图(在集中荷载作用下)

荷载作用下钢筋混凝土受弯构件的斜截面破坏与弯矩和剪力的组合情况有关，这种关系通常用剪跨比来表示。对于承受集中荷载的梁，集中荷载作用点到支点的距离 a，一般称为剪跨，如图 2-1-51 所示，剪跨 a 与截面有效高度 h_0 的比值。称为剪跨比，用 λ 表示。剪跨比 λ 可表示为

$$\lambda = \frac{a}{h_0} = \frac{Pa}{Ph_0} = \frac{M_c}{V_c h_0} \tag{2-1-66}$$

此处 M_c、V_c 分别为剪切破坏截面的弯矩与剪力。对于其他荷载作用情况，也可以用 $\lambda = \dfrac{M_c}{V_c h_0}$ 表示，此式又称为广义剪跨比。

（2）斜截面受剪破坏形态。试验研究表明，由于各种因素的影响，梁的斜裂缝的出现和发展以及梁沿斜截面破坏的形态有许多种，现将其主要者分述如下：

1）斜压破坏。斜压破坏多发生在剪力大而弯矩小的区段内。即当集中荷载十分接近支座、剪跨比 λ 值较小（$\lambda < 1$）时或者当腹筋配置过多，或者当梁腹板很薄（如 T 形或 I 形薄腹梁）时，梁腹部的混凝土往往因为主压应力过大而造成斜向压坏，如图 2-1-52（a）所示。斜压破坏的特点是随着荷载的增加，梁腹被一系列平行的斜裂缝分割成许多倾斜的受压柱体，这些柱体最后在弯矩和剪力的复合作用下被压碎，因此斜压破坏又称腹板压坏。破坏时箍筋往往并未屈服。

2）剪压破坏。对于有腹筋梁，剪压破坏是最常见的斜截面破坏形式。对于无腹筋梁，如剪跨比 $\lambda = 1 \sim 3$ 时，也会发生剪压破坏。

剪压破坏的特点是：若构件内剪力钢筋用量适当，当荷载增加到一定程度后，构件上陆续出现若干斜裂缝，其中延伸较长，扩展较宽的一条

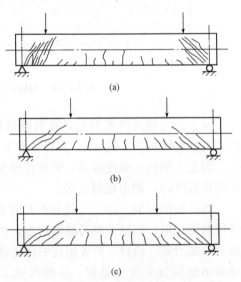

图 2-1-52　斜截面的剪切破坏形态
（a）斜压破坏；（b）剪压破坏；（c）斜接破坏

裂缝，称为临界斜裂缝。斜裂缝末端混凝土截面既受剪、又受压，称之为剪压区。荷载继续增加，斜裂缝向上伸展，直到与斜裂缝相交的箍筋达到屈服强度，同时剪压区的混凝土在切应力与压应力共同作用下达到复合受力时的极限强度而破坏，梁也失去了承载能力。其破坏特征如图 2-1-52（b）所示。试验结果表明，剪压破坏时荷载一般明显大于斜裂缝出现

时的荷载。

3)斜拉破坏。斜拉破坏多发生在无腹筋梁或腹筋配置较少的有腹筋梁，且剪跨比较大（λ>3）的情况。斜拉破坏的特点是斜裂缝一出现，就快形成临界斜裂缝，并迅速延伸到集中荷载作用点处，使梁斜向被拉断而破坏。其破坏特征如图 2-1-52(c)所示。这种破坏的脆性性质比剪压破坏更为明显，破坏来得突然，危险性较大应尽量避免。试验结果表明，斜拉破坏时的荷载一般仅稍高于裂缝出现时的荷载。

斜截面除了以上三种主要破坏形态外，在不同的条件下，还可能出现其他的破坏形态，如局部挤压破坏，纵筋的锚固破坏等。

对于上述几种不同的破坏形态，设计时可以采用不同的方法进行处理，以保证构件在正常工作情况下具有足够的抗剪安全度。

一般用限制截面最小尺寸的办法，防止梁发生斜压破坏；用满足箍筋最大间距等构造要求和限制箍筋最小配筋率的办法，防止梁发生斜拉破坏。剪压破坏是斜截面抗剪承载力计算公式建立的依据。

2. 影响受弯构件斜截面抗剪能力的主要因素

影响斜截面抗剪能力的主要因素是剪跨比、混凝土强度、纵向受拉钢筋配筋率和腹筋数量及强度等。

(1)剪跨比。当混凝土强度等级、截面尺寸及纵向钢筋配筋率均相同的情况下，剪跨比越大，梁的抗剪能力越小；反之亦然。λ>3 以后，剪跨比对抗剪能力的影响就很小了。

(2)混凝土强度。斜截面破坏是因混凝土达到极限强度而发生的，故混凝土的强度对梁的抗剪性能影响很大。混凝土的强度等级越高，梁的抗剪能力也越高，呈抛物线变化。

(3)纵向钢筋配筋率。纵筋的受剪产生了销栓力，可以制约斜裂缝的开展，阻止中性轴的上升，增大剪压区混凝土的抗剪能力。与斜裂缝相交的纵向钢筋本身还可以起到"销栓作用"，直接承受一部分剪力，因此，纵向钢筋的配筋率越大，梁的抗剪能力也越大。

(4)腹筋的强度和数量。腹筋的强度和数量对梁的抗剪有显著的影响。构件中箍筋数量一般用"配箍率"表示，即

$$\rho_{sv} = \frac{nA_{sv1}}{bs} \qquad (2\text{-}1\text{-}67)$$

式中　ρ_{sv}——配箍率；

n——同一截面内箍筋的肢数；

A_{sv1}——单肢箍筋截面面积；

b——截面宽度，对 T 形截面梁取 b 为肋宽；

s——沿梁轴线方向箍筋的间距。

在配有箍筋或弯起钢筋的梁中，在荷载较小，斜裂缝出现之前，腹筋的作用不明显，对斜裂缝出现的影响不大，它的受力性能和无腹筋梁相似，但是在斜裂缝出现以后，混凝土逐步退出工作。而与斜裂缝相交的箍筋、弯起钢筋的应力显著增大，箍筋直接承担大部分剪力，并且在其他方面也起重要作用。其作用具体表现如下：

1)箍筋(或弯起钢筋)可以直接承担部分剪力。

2)箍筋(或弯起钢筋)能限制斜裂缝的延伸和开展，增大剪压区的面积，提高剪压区的抗剪能力。

3)箍筋(或弯起钢筋)可以提高斜裂缝交界面上的集料咬合作用和摩阻作用，从而有效

地减少斜裂缝的开展宽度。

4)箍筋(或弯起钢筋)还可以延缓沿纵筋劈裂裂缝的展开,防止混凝土保护层的突然撕裂,提高纵筋的销栓作用。

3. 无腹筋梁的斜截面受剪性能

(1)斜裂缝形成后的应力状态。

当梁的主拉应力达到混凝土抗拉强度时,在剪弯区段将出现斜裂缝。出现斜裂缝后,引起剪弯区段的应力重分布,这时已不可能将梁视为均质弹性体,截面上的应力不能用一般的材料力学公式计算。

为了分析出现斜裂缝后的应力状态,可沿斜裂缝将梁切开,隔离体如图 2-1-53 所示,其中 CF 段称为剪压区。斜截面上的抵抗力由以下几部分组成:

1)斜裂缝顶部混凝土截面承担的剪力 V_c。

2)斜裂缝两侧混凝土发生相对位移和错动时产生的摩擦力 V_1,称为集料咬合作用,其垂直分力记为 V_a。

3)由于斜裂缝两侧的上下错动,从而使纵筋受到一定剪力,如销栓一样,将斜裂缝两侧的混凝土联系起来,称为钢筋销栓力 V_d。

4)纵向钢筋承担的拉力 T_s。

由于纵向钢筋下面的混凝土保护层厚度不大,在销栓力 V_d 的作用下可能产生沿纵向钢筋的劈裂裂缝,使"销栓作用"大大减弱。另外,随着斜裂缝的增大,集料咬合力 V_1 也逐渐减弱以至消失。因此,斜裂缝出现后,梁的抗剪能力主要是余留截面上混凝土承担的 V_c,其他抗力可以忽略。

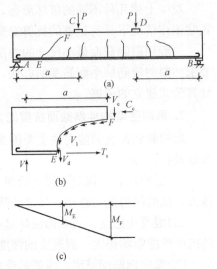

图 2-1-53　梁的斜裂缝及隔离体受力图

由力的平衡条件可得

$$V=V_c+V_a+V_d \approx V_c \qquad (2\text{-}1\text{-}68)$$

由于斜裂缝的出现,梁在剪弯段内的应力状态发生很大变化,主要表现在以下几个方面:

1)在斜裂缝出现前,剪力主要由梁全截面承担,开裂后则主要由剪压区承担,受剪面积的减小使剪应力和压应力明显增大。

2)与斜裂缝相交处的纵向钢筋应力,由于斜裂缝的出现而突然增大。因为该处的纵向钢筋拉力在斜裂缝出现前是由弯矩 M_E 决定的(图 2-1-53),而在斜裂缝出现后,根据力矩平衡的概念,纵向钢筋的拉力 T_s 则是由斜裂缝端点处截面 $b-b$ 的弯矩 M_F 所决定的,M_F 比 M_E 要大很多。

随着荷载的继续增加,靠近支座的一条斜裂缝很快发展延伸到加载点,形成临界斜裂缝。斜裂缝不断开展,使集料咬合作用和纵筋的销栓作用减小。此时,无腹筋梁如同拉杆-拱结构,纵向钢筋成为拱的拉杆(图 2-1-54)。最终,斜裂缝顶上混凝土在剪应力 τ 和正应力 σ_c 作用下,达到复合应力下混凝土的极限强度时,梁即沿斜截面发生破坏。

(2)无腹筋梁斜截面受剪承载力计算公式。

由于影响斜截面受剪承载力的因素很多,要全面考虑这些因素比较困难。目前,仍未

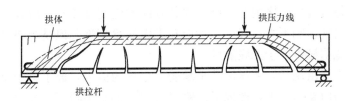

图 2-1-54　无腹筋梁的拉杆-拱体受力机制

圆满解决。《混凝土结构设计规范(2015 年版)》(GB 50010—2010)所给出的计算公式,是考虑了影响斜截面受剪承载力的主要因素,对大量的试验数据进行统计分析所得出的与试验结果较为符合的公式。

1)矩形、T 形和 I 形截面的一般受弯构件。这类受弯构件承受均布荷载作用,其斜截面的受剪承载力可按下式计算:

$$V \leqslant V_c = 0.7 f_t b h_0 \tag{2-1-69}$$

式中　V——构件斜截面上的最大剪力设计值;

　　　　f_t——混凝土轴心抗拉强度设计值;

　　　　b——矩形截面的宽度或 T 形截面和 I 形截面的腹板宽度;

　　　　h_0——截面的有效高度。

2)集中荷载作用下的矩形、T 形和 I 形截面独立梁。独立梁(不与楼板整体浇筑的梁)主要承受集中荷载,包括作用有多种荷载,且集中荷载在支座截面所产生的剪力值占总剪力值的 75% 以上的情况。其受剪承载力应按下列公式计算:

$$V \leqslant V_c = \frac{1.75}{\lambda + 1} f_t b h_0 \tag{2-1-70}$$

式中　λ——计算剪跨比。《混凝土结构设计规范(2015 年版)》(GB 50010—2010)为了计算
　　　　方便和偏于安全,采用计算剪跨比而不用广义剪跨比。当 $\lambda < 1.5$ 时,取 $\lambda = 1.5$;当 $\lambda > 3.0$ 时,取 $\lambda = 3.0$。

3)厚板类受弯构件。试验表明,截面高度对不配置箍筋和弯起钢筋的一般板类受弯构件的斜截面受剪承载力影响较为明显。因此,对于板类受弯构件,其斜截面受剪承载力应按下列公式计算:

$$V \leqslant V_c = 0.7 \beta_h f_t b h_0 \tag{2-1-71}$$

$$\beta_h = \left(\frac{800}{h_0}\right)^{1/4} \tag{2-1-72}$$

式中　β_h——截面高度影响系数,当 $h_0 < 800$ mm 时,取 $h_0 = 800$ mm;当 $h_0 > 2\,000$ mm 时,取 $h_0 = 2\,000$ mm。

板类受弯构件主要是指受均布荷载作用下的单向板和双向板需要按单向板计算的构件。

需要注意的是,无腹筋梁虽具有一定的斜截面受剪承载力,但承载力很低,而且无腹筋梁一旦出现斜裂缝,就会迅速发展成临界斜裂缝,呈脆性破坏。故在实际工程中,只允许在梁高 $h < 150$ mm 且 $V \leqslant V_c$ 的小梁中使用无腹筋梁;对于板,由于剪力通常比较小,可以不进行斜截面承载力验算,不必配置箍筋;在其他情况下的梁,即使 $V \leqslant V_c$,也必须按构造要求配置箍筋。

4. 有腹筋梁的斜截面受剪性能

(1)腹筋的作用。试验研究有腹筋梁的受力特点,与无腹筋梁对比发现,在作用荷载

较小的情况下，斜裂缝发生之前，混凝土在各方向的应变都很小，所以，腹筋的应力也很小，对斜裂缝的出现影响不大，其受力性能和无腹筋梁相近。但是当斜裂缝出现之后，有腹筋梁的受力性能明显不同于无腹筋梁。

无腹筋梁斜裂缝出现后，剪压区几乎承受了全部的剪力，成了整个梁的薄弱环节。而在有腹筋梁中，当斜裂缝出现，形成了一种"桁架-拱"的受力模型，如图 2-1-55 所示。箍筋和斜裂缝间的混凝土分别成为桁架的受拉腹杆和受压腹杆，梁底纵向受拉钢筋成为桁架中的受拉弦杆，剪压区混凝土则成为桁架的受压弦杆；当将纵向受力钢筋在梁的端部弯起时，弯起钢筋起着和箍筋相似的作用，可以提高梁斜截面的抗剪承载力(图 2-1-56)，共同把剪力传递到支座上。

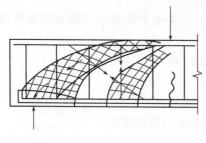

图 2-1-55 有腹筋梁的剪力传递

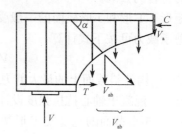

图 2-1-56 抗剪计算模式

与斜裂缝相交的箍筋及弯起钢筋，能通过以下几个方面提高斜截面的受剪承载力：

1)与斜裂缝相交的箍筋和弯起钢筋可以直接承担很大一部分剪力。

2)腹筋能阻止斜裂缝开展过宽，延缓斜裂缝向上延伸，从而提高了混凝土剪压区的受剪承载力。

3)箍筋可限制纵向钢筋的竖向位移，从而提高了纵筋的销栓作用。

4)腹筋能有效地减小斜裂缝的开展宽度，提高了斜截面上的集料咬合力。

因此，有腹筋梁斜截面的受剪承载力主要由以下几部分力构成：

1)剪压区混凝土承担的剪力。

2)纵筋的销栓力。

3)斜裂缝面上的集料咬合力，主要指集料咬合力的竖向分力。

4)腹筋本身承担的剪力。

有腹筋梁因为腹筋的作用，将使梁的斜截面承载力有较大提高。弯起钢筋几乎与斜裂缝正交，因而传力直接，但由于弯起钢筋是由纵筋弯起而成，一般直径较粗，根数较少，受力不均匀；箍筋虽不和斜裂缝正交，但分布均匀，因而，对斜裂缝宽度的抑制作用更为有效。

在工程设计中，因为抗震结构中不采用弯起钢筋抗剪，在配置腹筋时，一般优先配置一定数量的箍筋，必要时再加配适量的弯起钢筋，使箍筋与弯起钢筋共同承担剪力。

(2)有腹筋梁斜截面受剪承载力计算公式。对于梁的三种斜截面剪切破坏形态，在工程设计时都应设法避免。对于斜压破坏，通常采用限制截面尺寸的条件来防止；对于斜拉破坏，则用满足最小配箍率及构造要求来防止；剪压破坏，则通过受剪承载力计算来防止。《混凝土结构设计规范(2015 年版)》(GB 50010—2010)的基本计算公式就是根据剪切破坏形态的受力特征而建立的。

从临界斜裂缝左边的隔离体（图 2-1-57）可以看出，有腹筋梁发生剪压破坏时，斜截面的受剪承载力由混凝土剪压区的剪力、箍筋和弯起钢筋的抗力、纵向钢筋的拉力、纵向钢筋的"销栓力"、集料咬合力等组成，即

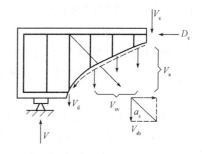

图 2-1-57 斜截面受剪承载力的组成

$$V_u = V_c + V_{sv} + V_{sb} + V_d + V_a \qquad (2\text{-}1\text{-}73)$$

式中　V_u——受弯构件斜截面受剪承载力；

　　　V_c——剪压区混凝土受剪承载力设计值，即无腹筋梁的受剪承载力；

　　　V_{sv}——与斜裂缝相交的箍筋受剪承载力设计值；

　　　V_{sb}——与斜裂缝相交的弯起钢筋受剪承载力设计值；

　　　V_d——纵向钢筋的"销栓力"；

　　　V_a——斜截面上混凝土集料咬合力的竖向分力。

由于影响斜截面受剪承载力的因素很多，迄今为止，钢筋混凝土梁受剪机理和计算的理论还没有圆满解决。为了简化计算并便于应用，《混凝土结构设计规范（2015 年版）》（GB 50010—2010）采用半理论半经验的方法建立受剪承载力计算公式，式中仅考虑主要因素，将式（2-1-73）简化为

$$V_u = V_c + V_{sv} + V_{sb} \qquad (2\text{-}1\text{-}74)$$

式（2-1-74）中 V_c 和 V_{sv} 密切相关，无法分开表达，故以 $V_{cs} = V_c + V_{sv}$ 来表达混凝土和箍筋总的受剪承载力，于是有

$$V_u = V_{cs} + V_{sb} \qquad (2\text{-}1\text{-}75)$$

《混凝土结构设计规范（2015 年版）》（GB 50010—2010）在理论研究和试验结果的基础上，结合工程实践经验给出了以下斜截面受剪承载力计算公式。

1）仅配箍筋的受弯构件。当仅配箍筋时，对矩形、T 形和 I 形截面的一般受弯构件，其受剪承载力计算公式为

$$V \leqslant V_{cs} = \alpha_{cv} f_t b h_0 + f_{yv} \frac{A_{sv}}{s} h_0 \qquad (2\text{-}1\text{-}76)$$

式中　f_t——混凝土轴心抗拉强度设计值；

　　　b——矩形截面的宽度或 T 形、I 形截面的腹板宽度；

　　　h_0——截面有效高度；

　　　A_{sv}——配置在同一截面内箍筋各肢的全部截面面积：$A_{sv} = n A_{sv1}$，其中，n 为同一截面箍筋肢数，A_{sv1} 为单肢箍筋的截面面积；

　　　s——箍筋间距；

　　　f_{yv}——箍筋抗拉强度设计值按附表 A1 取值，当数值大于 360 N/mm² 时，取 360 N/mm²；

　　　α_{cv}——斜截面上混凝土和箍筋的受剪承载力系数。

α_{cv} 按以下原则取值：对矩形、T 形及 I 形截面一般受弯构件，取 $\alpha_{cv} = 0.7$；对集中荷载作用下（包括作用多种荷载，其中，集中荷载对支座截面或节点边缘所产生的剪力占该截面总剪力值的 75％以上的情况）的独立梁，取

$$\alpha_{cv} = \frac{1.75}{\lambda + 1} \qquad (2\text{-}1\text{-}77)$$

式中 λ——计算截面的剪跨比，对于受弯构件 $\lambda = a/h_0$，当 $\lambda < 1.5$ 时，取 $\lambda = 1.5$；当 $\lambda > 3.0$ 时，取 $\lambda = 3.0$，a 为集中荷载作用点至支座截面或节点边缘的距离。

2)同时配置箍筋和弯起钢筋的受弯构件。当梁配置箍筋和弯起钢筋时，弯起钢筋所能承担的剪力为弯起钢筋的总拉力在垂直于梁轴方向的分力，按下式确定：

$$V_{sb} = 0.8 f_y A_{sb} \sin\alpha_s \tag{2-1-78}$$

式中 A_{sb}——同一弯起平面内的非预应力弯起钢筋的截面面积；

f_y——弯起钢筋的抗拉强度设计值，考虑到弯起钢筋在靠近斜裂缝顶部的剪压区时可能达不到屈服强度，乘以 0.8 的降低系数；

α_s——斜截面上弯起钢筋与构件纵向轴线的夹角，一般可取 $\alpha_s = 45°$，当梁截面高度大于 800 mm 时，可取 $\alpha_s = 60°$。

因此，对矩形、T 形和 I 形截面的一般受弯构件，当配有箍筋和弯起钢筋时，其斜截面的受剪承载力应按下列公式计算

$$V \leqslant V_u = V_{cs} + 0.8 f_y A_{sb} \sin\alpha_s \tag{2-1-79}$$

对于矩形、T 形及 I 形截面受弯构件，当符合式(2-1-80)的要求，以及集中荷载作用下的独立梁符合式(2-1-81)要求时，均可不进行斜截面受剪承载力计算，可仅按《混凝土结构设计规范(2015 年版)》(GB 50010—2010)的构造要求配置腹筋。

$$V \leqslant 0.7 f_t b h_0 \tag{2-1-80}$$

$$V \leqslant \frac{1.75}{\lambda + 1} f_t b h_0 \tag{2-1-81}$$

(3)斜截面受剪承载力计算公式的适用条件。

1)防止出现斜压破坏——最小截面尺寸的限制。试验表明，当箍筋量达到一定程度时，再增加箍筋，截面受剪承载力几乎不再增加。相反，若剪力很大，而截面尺寸过小，即使箍筋配置很多，也不能完全发挥作用，因为箍筋屈服前混凝土已被压碎而发生斜压破坏。所以，为了防止斜压破坏，必须限制截面最小尺寸。对矩形、T 形及 I 形截面受弯构件，其受剪截面应符合下列条件：

①当 $h_w/b \leqslant 4$ 时

$$V \leqslant 0.25 \beta_c f_c b h_0 \tag{2-1-82}$$

②当 $h_w/b \geqslant 6$ 时

$$V \leqslant 0.20 \beta_c f_c b h_0 \tag{2-1-83}$$

③当 $4 < h_w/b < 6$ 时，按直线内插法确定。

式中 V——构件斜截面上的最大剪力设计值；

b——矩形截面宽度，T 形和 I 形截面的腹板宽度；

β_c——混凝土强度影响系数，当混凝土强度等级不超过 C50 时，取 $\beta_c = 1.0$；当混凝土强度等级为 C80 时，取 $\beta_c = 0.8$；其间按直线内插法取用；

h_w——截面的腹板高度，矩形截面取有效高度 h_0，T 形截面取有效高度减去翼缘高度 $h_0 - h_f'$，I 形截面取腹板净高 $h - h_f' - h_f$，如图 2-1-58 所示。

实际上，截面最小尺寸条件也就是最大配箍率的条件。在设计中，如果不满足式(2-1-82)和式(2-1-83)的条件时，应加大构件截面尺寸或提高混凝土强度等级。对于 T 形或 I 形截面的简支受弯构件，当有实践经验时，式(2-1-83)中的系数可改用 0.30。

2)防止出现斜拉破坏——最小配箍率和箍筋最大间距的限制。对于配置腹筋的构件，

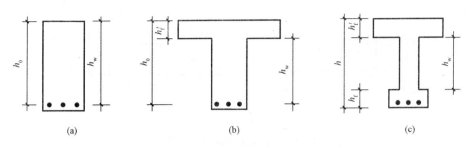

图 2-1-58 h_w 的取值示意图

(a)矩形截面；(b)T 形截面；(c)I 形截面

若箍筋配置量过大，梁可能会发生斜压破坏；但若箍筋配置量过小，一旦斜裂缝出现后，箍筋的应力很快达到屈服强度，甚至被拉断，不能有效地限制斜裂缝的发展而发生斜拉破坏。为了避免出现斜拉破坏，当 $V \geqslant 0.7 f_t b h_0$ 时，构件配箍率应满足

$$\rho_{sv} = \frac{A_{sv}}{bs} \geqslant \rho_{sv,min} = 0.24 \frac{f_t}{f_{yv}} \qquad (2\text{-}1\text{-}84)$$

梁斜截面承载力的大小，不仅与配箍率有关，而且与箍筋的间距及其直径粗细的程度有关。同样配箍率情况下，若其箍筋间距较大，有可能两根箍筋之间出现不与箍筋相交的斜裂缝，使箍筋无从发挥作用。另外，箍筋直径较细，也不能满足钢筋骨架的刚度要求，不便于支座安装。因此，《混凝土结构设计规范(2015 年版)》(GB 50010—2010)规定箍筋的直径和间距还应符合表 2-1-9 和表 2-1-10 的要求。

表 2-1-9 梁中箍筋最小直径

梁高 h/mm	箍筋直径 d/mm	梁高 h/mm	箍筋直径 d/mm
$h \leqslant 800$	6	$h > 800$	8

表 2-1-10 梁中箍筋最大间距　　　　　　　　　　　　mm

梁高 h/mm	$V > 0.7 f_t b h_0$	$V \leqslant 0.7 f_t b h_0$	梁高 h/mm	$V > 0.7 f_t b h_0$	$V \leqslant 0.7 f_t b h_0$
$150 < h \leqslant 300$	150	200	$500 < h \leqslant 800$	250	350
$300 < h \leqslant 500$	200	300	$h > 800$	300	400

5. 受弯构件斜截面承载能力的设计与校核

(1)计算截面的确定。在计算斜截面受剪承载力时，计算位置一般应按下列规定采用：

1)支座边缘处的斜截面，如图 2-1-59(a)所示的截面 1—1。

2)受拉区弯起钢筋弯起点处的斜截面，如图 2-1-59(a)所示的截面 2—2。

3)受拉区箍筋截面面积或间距改变处的斜截面，如图 2-1-59(a)所示的截面 3—3。

4)腹板宽度改变处的截面，如图 2-1-59(d)所示的截面 Ⅱ—Ⅱ。

由于上述截面都是斜截面承载力比较薄弱的地方，所以都应进行计算，并应取这些斜截面范围内的最大剪力，即斜截面起始端的剪力作为剪力设计值。

(2)受弯构件斜截面设计与承载力校核的一般步骤。在实际工程中，受弯构件斜截面承

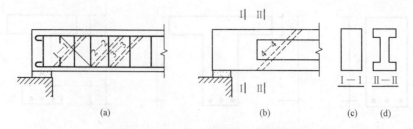

图 2-1-59 斜截面受剪承载力计算位置

载力计算通常有两类问题，即截面设计和承载力校核。

1)截面设计。已知剪力设计值 V（或荷载作用情况）、截面尺寸、混凝土强度等级、箍筋级别、纵向受力钢筋的级别和数量，要求确定腹筋的数量。

①校核截面尺寸是否满足要求。梁的截面尺寸应满足式(2-1-82)和式(2-1-83)的要求，以免发生斜压破坏；当不满足要求时，应加大截面尺寸或提高混凝土强度等级。

②确定是否需按计算配置腹筋。若剪力设计值满足式(2-1-80)或式(2-1-81)要求时，可直接按构造要求配置箍筋和弯起钢筋；否则，应在满足构造要求的前提下，按计算配置腹筋。

③确定腹筋数量。

a. 仅配箍筋。

对于一般受弯构件，按下式计算：

$$\frac{A_{sv}}{s} \geqslant \frac{V-0.7f_t bh_0}{f_{yv} h_0} \tag{2-1-85}$$

对于以集中荷载为主的独立梁，按下式计算：

$$\frac{A_{sv}}{s} \geqslant \frac{V-\dfrac{1.75}{\lambda+1}f_t bh_0}{f_{yv} h_0} \tag{2-1-86}$$

求出 A_{sv}/s 的值后，即可根据构造要求选定箍筋肢数 n 和直径 d，然后求出间距 s；或者根据构造要求选定箍筋肢数 n 和箍筋间距 s，然后确定 d。箍筋的间距和直径应满足构造要求。

验算最小配筋率要求。检验所求的箍筋数量是否满足式(2-1-84)，若不满足，则按 $\rho_{sv,min}$ 配置箍筋。

b. 既配箍筋又配弯起钢筋。当需要配置弯起钢筋与混凝土和箍筋共同承受剪力时，一般可先选定箍筋的直径和间距(直径和间距满足构造要求)，并按式(2-1-76)计算 V_{cs}，再按式(2-1-79)计算弯起钢筋的截面面积，即

$$A_{sb} \geqslant \frac{V-V_{cs}}{0.8f_y \sin\alpha_s} \tag{2-1-87}$$

也可先选定弯起钢筋的截面面积 A_{sb}（由跨中延伸至支座附近的弯起而得），由式(2-1-79)求出 V_{cs}，然后按只配箍筋的方法计算箍筋。

2)斜截面受剪承载力校核。已知构件的截面尺寸、箍筋数量和弯起钢筋的截面面积，要求校核斜截面所能承受的剪力设计值 V。

①验算配箍率。按式(2-1-84)计算截面配箍率，验算是否满足最小配筋率要求。

②验算截面尺寸。若 $\rho_{sv} \geqslant \rho_{sv,min}$，但截面尺寸不满足限制条件，也不满足要求。

③当截面配箍率和截面尺寸都满足的情况下，按式(2-1-86)或式(2-1-87)计算截面承载能力 V_u。

④斜截面安全性判断。计算截面所能承受的最大剪力 V_u，如果 $V_u > V_{u,max} = 0.25\beta_c f_c b h_0$ 时，取 $V_u = 0.25\beta_c f_c b h_0$。当实际荷载产生的剪力设计值 $V < V_u$ 时，则截面安全，否则截面不安全。

【例 2-1-7】 某钢筋混凝土矩形截面简支梁，两端支承在砖墙上，净跨距 $l_n = 3\,660$ mm，如图 2-1-60 所示；截面尺寸为 $b \times h = 200$ mm $\times 500$ mm。该梁承受均布荷载，其中，恒荷载标准值 $g_k = 25$ kN/m（包括自重），荷载分项系数 $\gamma_G = 1.2$，活荷载标准值 $q_k = 38$ kN/m，荷载分项系数 $\gamma_Q = 1.4$；混凝土强度等级为 C30，箍筋采用 HPB300 级钢筋。按正截面受弯承载力计算已选配 3Φ25 为纵向受力钢筋。试根据斜截面受剪承载力确定腹筋。

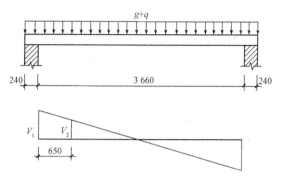

图 2-1-60　钢筋混凝土简支梁

【解】 查表得 $f_c = 14.3$ N/mm^2，$f_t = 1.43$ N/mm^2，$f_{yv} = f_y = 270$ N/mm^2，$\beta_c = 1.0$。取 $a_s = 40$ mm，$h_0 = 500 - 40 = 460$(mm)。

(1)确定计算截面，并计算剪力设计值。支座边缘处剪力最大，故应选择该截面进行抗剪计算。该截面的剪力设计值为

$$V_1 = \frac{1}{2}(\gamma_G g_k + \gamma_Q q_k)l_n = \frac{1}{2}(1.2 \times 25 + 1.4 \times 38) \times 3.66 = 152.26\text{(kN)}$$

(2)校核截面尺寸。

$h_w = h_0 = 460$ mm；$h_w/b = h_0/b = 460/200 = 2.3 < 4.0$，属于一般梁，$0.25\beta_c f_c b h_0 = 0.25 \times 1.0 \times 14.3 \times 200 \times 460 = 328.9\text{(kN)} > V_1 = 152.26$ kN，故截面尺寸满足要求。

(3)确定是否需按计算配置箍筋。

$0.7 f_t b h_0 = 0.7 \times 1.43 \times 200 \times 460 = 92.1\text{(kN)} < V_1 = 152.26$ kN，故需按计算配置箍筋。

(4)腹筋计算。配置腹筋有两种办法：一种是只配箍筋；另一种是同时配置箍筋和弯起钢筋。一般优先选配箍筋，下面分述两种方法的计算：

1)配箍筋。

$$\frac{A_{sv}}{s} \geqslant \frac{V - 0.7 f_t b h_0}{f_{yv} h_0} = \frac{152\,260 - 92\,100}{270 \times 460} = 0.484\text{(mm}^2/\text{mm)}$$

按构造要求，选用 Φ8 双肢箍筋（$A_{sv1} = 50.3$ mm^2），则箍筋间距为

$$s \leqslant \frac{A_{sv}}{0.484} = \frac{n A_{sv1}}{0.484} = \frac{2 \times 50.3}{0.484} = 207.9\text{(mm)}$$

查表 2-1-10 得 $s_{max} = 200$ mm，取 $s = 150$ mm。

2)既配箍筋又配弯起钢筋。

选用 1Φ25 纵筋作弯起钢筋，$A_{sb} = 491$ mm^2，则由式(2-1-78)得 $V_{sb} = 0.8 \times 360 \times 491 \times \sin45° = 99.98$(kN)，则

$$V_{cs} = V - V_{sb} = 152.26 - 99.98 = 52.28\text{(kN)} < 0.7 f_t b h_0 = 92.1 \text{ kN}$$

所以，直接按构造要求配置箍筋即可。选用双肢箍 $\phi 8@200$。

核算是否需要第二排弯起钢筋：

取 $s_1=200$ mm，弯起钢筋水平投影长度 $s_b=h-50=450$(mm)，则截面2—2(弯起钢筋弯起点处的截面)的剪力可由相似三角形关系求得

$$V_2=V_1\left(1-\frac{200+450}{0.5\times 3\,660}\right)=98.2(\text{kN})$$

$$V_{cs}=0.7f_tbh_0+f_{yv}\frac{nA_{svl}}{s}h_0=92.1\times 10^3+270\times\frac{2\times 50.3}{200}\times 460=154.6(\text{kN})$$

$V_2<V_{cs}$，故不需要第二排弯起钢筋。其配筋如图 2-1-61(b)所示。

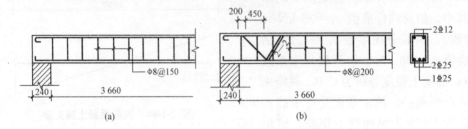

图 2-1-61　配筋图

【例 2-1-8】　某矩形截面简支梁，其跨度及荷载设计值如图 2-1-62 所示，梁的截面尺寸为 $b\times h=250$ mm$\times 600$ mm，混凝土强度等级为 C25，箍筋采用 HPB300 级，纵筋按两排考虑，计算所需箍筋数量。

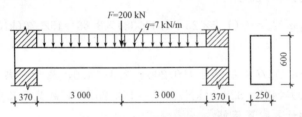

图 2-1-62　矩形截面简支梁图

【解】　根据题意，$f_t=1.27$ N/mm^2，$f_c=11.9$ N/mm^2，$\beta_c=1.0$；$a_s=60$ mm，$h_0=h-a_s=540$ mm；$f_{yv}=f_y=270$ N/mm^2；净跨度 $l_n=6$ m。

(1)剪力设计值计算。由均布荷载在支座边缘处产生的剪力设计值：

$$V_q=\frac{1}{2}ql_n=\frac{1}{2}\times 7\times 6=21(\text{kN})$$

由集中荷载在支座边缘处产生的剪力设计值：

$$V_F=\frac{1}{2}F=\frac{1}{2}\times 200=100(\text{kN})$$

则支座处总剪力设计值为 $V=V_q+V_F=121$ kN，由于该梁集中荷载对支座截面产生的剪力设计值占支座截面处总剪力值的百分比为 $100/121\times 100\%=82.6\%>75\%$，则该梁应按集中荷载作用下独立梁计算公式计算斜截面的受剪承载力。

(2)截面尺寸验算。

根据斜截面限制条件规定，因 $h_w/b=h_0/b=540/250=2.16<4$，则

$$0.25\beta_c f_c bh_0 = 0.25 \times 1.0 \times 11.9 \times 250 \times 540 = 401.63(\text{kN}) > V = 121 \text{ kN}$$

满足截面尺寸要求。

（3）验算是否需要按计算配置箍筋。

$\lambda = a/h_0 = 3\,000/540 = 5.56 > 3$，取 $\lambda = 3$，则

$$\frac{1.75}{\lambda+1}f_t bh_0 = \frac{1.75}{3+1} \times 1.27 \times 250 \times 540 = 75(\text{kN}) < V = 121 \text{ kN}$$

需按计算配置箍筋。

（4）箍筋用量计算。

$$\frac{nA_{sv1}}{s} \geqslant \frac{V - \dfrac{1.75}{\lambda+1}f_t bh_0}{f_{yv}h_0} = \frac{121 \times 10^3 - \dfrac{1.75}{3+1} \times 1.27 \times 250 \times 540}{270 \times 540} = 0.316$$

根据表 2-1-9 和表 2-1-10 规定，可假定箍筋为双肢 $\phi 8(A_{sv1} = 50.3 \text{ mm}^2)$，于是，箍筋间距为

$$s = \frac{nA_{sv1}}{0.316} = \frac{2 \times 50.3}{0.316} = 318(\text{mm})$$

取 $s = 250 \text{ mm} \leqslant s_{max} = 250 \text{ mm}$，符合构造要求。

（5）验算最小配箍率。

$$\rho_{sv} = \frac{nA_{sv1}}{bs} = \frac{2 \times 50.3}{250 \times 250} \times 100\% = 0.161\%$$

$$\rho_{sv,min} = 0.24 f_t/f_{yv} = 0.24 \times 1.27/270 = 0.113\% < \rho_{sv} = 0.161\%$$

故箍筋配筋率符合要求。

该梁箍筋可布置 $\phi 8@250$，沿梁长均匀布置。

【例 2-1-9】　某矩形截面简支梁，如图 2-1-63 所示，梁的截面尺寸 $b \times h = 200 \text{ mm} \times 400 \text{ mm}$，混凝土强度等级为 C20，箍筋采用 HPB300 级，$\phi 8@200$，试求：

（1）该梁所能承受的最大剪力设计值 V。

（2）若按斜截面抗剪承载力要求，该梁能承受多大的均布荷载 q？

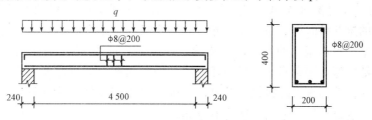

图 2-1-63　矩形截面简支梁

【解】　根据题意，取 $a_s = 45 \text{ mm}$，$h_0 = h - a_s = 355 \text{ mm}$；混凝土强度等级为 C20，$\beta_c = 1.0$，$f_t = 1.1 \text{ N/mm}^2$，$f_c = 9.6 \text{ N/mm}^2$，$\phi 8@200$，$f_{yv} = 270 \text{ N/mm}^2$，$A_{sv1} = 50.3 \text{ mm}^2$，$n = 2$，$s = 200 \text{ mm}$；该梁净跨度 $l_n = 4.5 \text{ m}$。

（1）验算配箍率是否满足要求。

$$\rho_{sv} = \frac{nA_{sv1}}{bs} \times 100\% = \frac{2 \times 50.3}{200 \times 200} \times 100\% = 0.25\%$$

$$\rho_{sv,min} = \frac{0.24 f_t}{f_{yv}} \times 100\% = \frac{0.24 \times 1.1}{270} \times 100\% = 0.10\% < \rho_{sv} = 0.25\%（满足要求）$$

（2）校核截面尺寸。

因 $h_w/b = h_0/b = 355/200 = 1.8 < 4$，则

$0.25\beta_c f_c b h_0 = 0.25 \times 1.0 \times 9.6 \times 200 \times 355 = 170.4(\text{kN})$

该梁拟定在均布荷载作用下，故可计算出混凝土和箍筋的抗剪力 V_{cs} 值为

$$V_{cs} = 0.7 f_t b h_0 + f_{yv}\frac{A_{sv}}{s}h_0$$

$$= 0.7 \times 1.1 \times 200 \times 355 + 270 \times \frac{2 \times 50.3}{200} \times 355$$

$$= 102.9(\text{kN}) < 170.4 \text{ kN}$$

梁截面尺寸符合要求，同时，可知该梁所能承担的最大剪力设计值为 $V = 102.9$ kN。

(3)计算该梁承受的均布荷载设计值。

由 $V = 1/2 q l_n$，可以计算出该梁所能承受的均布荷载设计值(包括梁自重)为

$$q = \frac{2V}{l_n} = \frac{2 \times 102.9}{4.5} = 45.73(\text{kN/m})$$

6. 斜截面受弯承载力的构造措施

钢筋混凝土受弯构件，在剪力和弯矩共同作用下产生的斜裂缝，除会引起斜截面的受剪破坏外，还会导致与其相交的纵向钢筋拉力增加，引起沿斜截面受弯承载力不足及锚固不足的破坏。因此，在设计中除保证梁的正截面受弯承载力和斜截面受剪承载力外，还应保证梁的斜截面受弯承载力。而斜截面受弯承载力一般不必计算，主要通过满足纵向钢筋的弯起、截断及锚固等构造措施共同保证。

(1)抵抗弯矩图。按构件实际配置的纵向钢筋所绘制的沿梁纵轴各正截面所能承受的弯矩图形称为抵抗弯矩图(M_u 图)，也称为材料图。抵抗弯矩图中 M_u 表示正截面受弯承载力设计值，是构件截面的抗力。

由荷载对梁的各个截面产生的弯矩设计值 M 所绘制的图形，称为弯矩图，即 M 图。

如图 2-1-64 所示为一均布荷载作用下的简支梁，跨度最大弯矩 $M_{max} = 1/8 q l^2$，其弯矩图为二次抛物线形。该梁根据 M_{max} 计算配置的纵向受拉钢筋为 2Φ20 和 2Φ25。若梁钢筋的总面积 A_s' 正好等于计算面积 A_s，则 M_{max} 图的外围水平线正好与 M 图上最大弯矩点相切。如果实际配置的全部纵向钢筋沿梁全长布置，即不切断也不弯起，且伸入支座有足够的锚固长度，则沿梁长各正截面的抵抗弯矩相等。如图 2-1-64 中 $abdc$ 所示为该梁的抵抗弯矩图。该矩形的抵抗弯矩图说明，该梁的任一正截面与斜截面的抗弯能力均可得以保证，且构造简单，只是钢筋强度未能得以充分利用，即除跨中截面外，其余截面的纵筋应力均没有达到其抗拉强度设计值。显然，这是不经济的。

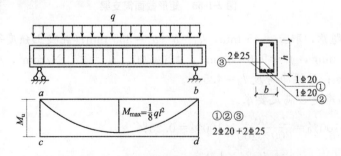

图 2-1-64　纵筋全部伸入支座时的抵抗弯矩图

在工程设计中，为了既能保证构件受弯承载力要求，又能经济使用钢材，对于跨度较小的构件，可以采用纵筋全部通长布置方式；对于大跨度的构件，可将一部分纵筋在受弯承载力不需要处切断或弯起用作受剪的弯起钢筋。

为了便于准确地确定纵向钢筋的切断和弯起的位置，应详细地绘制出梁各截面实际所需的抵抗弯矩图。抵抗弯矩图绘制的基本方法如下：

按一定的比例绘出梁的设计弯矩图（即 M 图），并设梁截面所配钢筋总截面面积为 A_s，每根钢筋截面面积为 A_{si}。则截面抵抗弯矩 M_u 及第 i 根钢筋的抵抗弯矩 M_{ui} 可分别表示为

$$M_u = A_s f_y \left(h_0 - \frac{f_y A_s}{2\alpha_1 f_c b} \right) \tag{2-1-88}$$

每根钢筋所能承担的 M_{ui} 可近似按该钢筋的面积（A_{si}）与总面积（A_s）的比，乘以 M_u 求得，即

$$M_{ui} = \frac{A_{si}}{A_s} M_u \tag{2-1-89}$$

式中　A_s——所有抵抗弯矩钢筋的截面面积之和；

　　　M_{ui}——第 i 根钢筋的抵抗弯矩；

　　　A_{si}——第 i 根钢筋的截面面积。

按与设计弯矩图相同的比例，将每根钢筋在各正截面上的抵抗弯矩绘在设计弯矩图上，便可得到抵抗弯矩图。

(2)纵向钢筋的弯起。

1)纵向钢筋弯起在抵抗弯矩图上的表示方法。如图 2-1-65 所示为某承受均布荷载的简支梁，配有 2Φ22＋2Φ20 的纵向钢筋。按式(2-1-82)近似计算出每根钢筋所能抵抗的弯矩，如图中的 1、2、3 各点，竖距 $m1$ 代表 1Φ22 纵筋所能抵抗的弯矩，竖距 12 代表另一根 1Φ22 纵筋所能抵抗的弯矩，竖距 23 和 $3n$ 分别表示其余两根 Φ20 的纵筋所能抵抗的弯矩（一般将拟弯起纵筋所能抵抗的弯矩划分在弯矩图下边）。

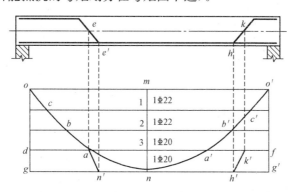

图 2-1-65　简支梁在均匀荷载作用下的抵抗弯矩图

如果要把 1Φ20 钢筋截断或弯起，过 3 点画水平线与设计弯矩图相交于 a、a' 点。n 点为最后 1Φ20 纵筋的"充分利用点"，a、a' 为该钢筋的"不需要点"即理论截断点。若欲根据 1Φ20 钢筋的"不需要点"决定该钢筋的弯起点位置，则可过 a 点作垂线与梁中和轴相交于点 e，根据钢筋的所需弯起的角度（一般为45°或60°）过 e 点作斜线与纵筋交于点 e'，点 e' 即为 1Φ20 纵筋的弯起点。过点 e' 作垂线与抵抗弯矩图交于点 n'，连接点 $n'a$，则折线 $odan'n$ 即为该纵筋在 e' 点弯起后的抵抗弯矩图。抵抗弯矩图中的斜线段 $n'a$ 是考虑纵筋 1Φ20 虽然从

e'点弯起，但在其未进入中和轴之前仍具有一定的拉力，且越靠近中和轴拉力越小，至 e 点时不再受拉，因而 $e'e$ 段钢筋越接近中和轴，其所抵抗的弯矩也越小。

若欲将 1Φ20 纵筋在 h 点按一定角度弯起，则可分别过点 h、点 k 作垂线，分别与抵抗弯矩图交于点 h'、点 k'，连接点 $h'k'$，则折线 $nh'k'fo'$ 即为 1Φ20 纵筋在弯起时的抵抗弯矩图，也可以用同样的方法绘制另一根 Φ20 纵筋弯起时的抵抗弯矩图。

需要注意的是，为了保证正截面受弯承载力的要求，不论纵筋在合理的范围内何处弯起，抵抗弯矩图必须将荷载作用下所产生的设计弯矩图包括在内；同时，考虑到施工操作方便，配筋构造也不宜过于复杂。抵抗弯矩图能包住设计弯矩图，则表明沿梁长各个截面的正截面受弯承载力是足够的。抵抗弯矩图越接近设计弯矩图，则说明设计越经济。

但是，使抵抗弯矩图能包住设计弯矩图只是保证了梁的正截面受弯承载力。实际上，纵向受力钢筋的弯起与截断还必须考虑梁的斜截面受弯承载力的要求。因此，纵向受力钢筋弯起点及截断点的确定是比较复杂的，施工时，钢筋弯起和截断位置必须严格按照施工图。

2）纵向受力钢筋的弯起位置。梁中纵向钢筋的弯起位置必须满足以下三个要求：

①满足斜截面受剪承载力的要求。弯起钢筋的弯终点到支座边或到前一排弯起钢筋弯起点之间的距离都不应大于箍筋的最大间距，其值见表 2-1-10 内 $V > 0.7f_tbh_0$ 一栏的规定。这一要求是为了使每根弯起钢筋都能与斜裂缝相交，以保证斜截面的受剪承载力。

②满足正截面受弯承载力的要求。纵向钢筋弯起后梁的抵抗弯矩图包住梁的设计弯矩图，即弯起钢筋与梁中和轴的交点不得位于按正截面承载力计算不需要该钢筋的截面以内。

③满足斜截面受弯承载力的要求。为了保证构件的正截面受弯承载力，弯起钢筋与梁轴线的交点必须位于该钢筋的理论截断点之外。同时，弯起钢筋的实际起弯点必须伸过其充分利用点一段距离 s，以保证纵向受力钢筋弯起后斜截面的受弯承载力。s 的精确计算很复杂。为简便起见，《混凝土结构设计规范（2015 年版）》（GB 50010—2010）规定，不论钢筋的弯起角度为多少，均统一取 $s \geqslant 0.5h_0$。

3）梁中纵向受力钢筋弯起时构造要求。

①梁的剪力较小及梁内所配置纵向钢筋少于三根时，可不布置弯起钢筋。

②在钢筋混凝土梁中，当设置弯起钢筋时，弯起钢筋在弯终点外应留有平行于轴线方向的锚固长度，以保证在斜截面处发挥其强度。《混凝土结构设计规范（2015 年版）》（GB 50010—2010）规定，当锚固长度位于受拉区时，其长度不小于 $20d$，位于受压区时不小于 $10d$（d 为弯起钢筋的直径）。光圆钢筋的末端应设弯钩，同时，弯折半径应不小于 $10d$（图 2-1-66）。

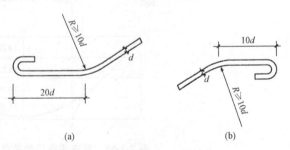

图 2-1-66　弯起钢筋的端部构造
(a)受拉区；(b)受压区

③梁底层钢筋中角部钢筋不应弯起，梁顶层钢筋中的角部钢筋不应弯下。弯起钢筋的弯起角度在板中为 30°，在梁中宜取 45°或 60°。

④弯起钢筋的间距是指前一排弯起钢筋起点至后一排弯起钢筋终点之间的水平距离，当弯起钢筋按计算设置时，该距离不应大于表 2-1-10 中 $V > 0.7f_tbh_0$ 规定的箍筋最大间距

$s_{\max}$，以避免在两排弯起钢筋之间出现不与弯起钢筋相交的斜裂缝，如图 2-1-67 所示。

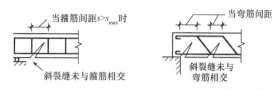

图 2-1-67　梁端斜裂缝

⑤当纵向受力钢筋不能在需要的地方弯起或弯起钢筋不足以承受剪力时，可单独为抗剪设置只承受剪力的弯起钢筋。此时，弯起钢筋应采用"鸭筋"形式，严禁采用锚固性能较差的"浮筋"(图 2-1-68)。"鸭筋"的构造与弯起钢筋基本相同。

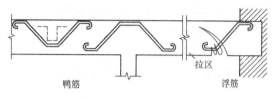

图 2-1-68　鸭筋与浮筋

(3)纵向受拉钢筋截断。梁的正、负纵向钢筋都是根据跨中或支座最大弯矩值计算配置的。从经济角度看，当截面弯矩减小时，纵向受力钢筋的数量也应随之减小，因此，可以在适当的位置将纵向钢筋截断。

1)梁跨中承受正弯矩的纵向受拉钢筋一般不宜在拉区截断。这是因为钢筋截断处钢筋截面面积骤减，混凝土内的拉力骤增，造成纵筋截断处过早地出现裂缝，且裂缝宽度增加较快，如果截断钢筋的锚固长度不足，则会导致粘结破坏，致使构件承载力下降。

因此，对于正弯矩区段内的纵向钢筋，通常采用弯向支座(用来抗剪或承受负弯矩)的方式来减少多余钢筋，或者一直伸进支座。

2)连续梁、外伸梁和框架梁梁支座承受弯矩的纵向弯拉钢筋，可根据弯矩图的变化把计算不需要的钢筋进行截断。从理论上讲，某一根纵筋可在其不需要点(称为理论断点)处截断，但事实上，当在理论断点处切断钢筋后，相应于该处的混凝土拉应力会突增，有可能在切断处过早地出现斜裂缝，而该处未切断的纵筋的强度是被充分利用的，斜裂缝的出现使斜裂缝顶端截面处承担的弯矩增大，未切断的纵筋应力就有可能超过某抗拉强度，造成梁的斜截面受弯破坏。因而，纵筋必须从理论断点以外延伸一定长度后再切断。

梁支座截面承担负弯矩的纵向钢筋若分批截断时，每批钢筋应延伸至按正截面受弯承载力计算不需要该钢筋的截面之外，延伸长度按以下规定采用：

1)当 $V \leqslant 0.7f_t bh_0$ 时，钢筋应延伸至按正截面受弯承载力计算不需要该钢筋截面以外不小于 $20d$ (d 为纵向钢筋直径)处截断，且从该钢筋强度充分利用截面伸出的长度不应小于 $1.2l_a$ (l_a 为受拉钢筋的锚固长度)，如图 2-1-69 所示。

2)当 $V > 0.7f_t bh_0$ 时，钢筋应延伸至按正截面受弯承载力计算不需要该钢筋截面以外不小于 h_0 且不小于 $20d$ 处截断，且从该钢筋强度充分利用截面伸出的长度不小于 $1.2l_a + h_0$，如图 2-1-70 所示。

3)若按上述规定确定的截断点仍位于负弯矩受拉区内，则钢筋应延伸至按正截面受弯承载力计算不需要该钢筋的截面以外不小于 $1.3h_0$ 且不小于 $20d$ 处截断，且从该钢筋强度充分利用截面伸出的延伸长度不应小于 $1.2l_a + 1.7h_0$。

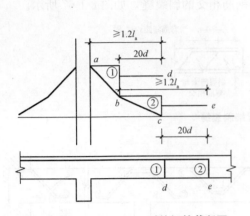

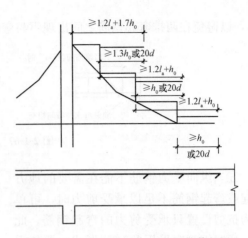

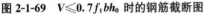

图 2-1-69 $V \leqslant 0.7 f_t b h_0$ 时的钢筋截断图　　　　**图 2-1-70 $V > 0.7 f_t b h_0$ 时的钢筋截断图**

(4)纵向受拉钢筋的锚固。在受力过程中，纵筋可能会产生滑移，甚至从混凝土中拔出而造成锚固破坏。为防止此类现象发生，将纵向受力钢筋伸过其受力截面一定长度，这个长度称为锚固长度。锚固长度的计算及要求参见本书 1.6.2 节内容。

当计算中充分利用纵向钢筋抗压时，其锚固长度不应小于受拉钢筋锚固长度的 70%。

纵向受力钢筋在支座内的锚固长度要求如下：

1)板端锚固长度。简支板或连续板简支端下部纵向受力钢筋伸入支座的锚固长度为 $l_{as} \geqslant 5d$（d 为受力钢筋直径）。当采用分离式配筋时，跨中受力钢筋应全部伸入支座。当连续板内温度、收缩应力较大时，伸入支座的锚固长度宜适当增加。

2)梁端锚固长度。在钢筋混凝土简支梁和连续梁简支端支座处，存在着横向压应力，这将使钢筋与混凝土之间的粘结力增大。因此，下部纵向受力钢筋伸入支座内的锚固长度 l_{as} 可比基本锚固长度 l_a 略小，如图 2-1-71 所示。

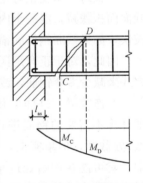

图 2-1-71 荷载作用下梁简支端纵向受力钢筋受力状态

l_{as} 与支座边截面的剪力有关。《混凝土结构设计规范（2015 年版）》（GB 50010—2010）规定，l_{as} 的数值不应小于表 2-1-11 的规定。伸入梁支座范围内锚固的纵向受力钢筋的数量不宜少于 2 根，但梁宽 $b < 100$ mm 的小梁可为 1 根。

表 2-1-11 简支支座的钢筋锚固长度 l_{as}

锚固条件		$V \leqslant 0.7 f_t b h_0$	$V > 0.7 f_t b h_0$
钢筋类型	光圆钢筋(带弯钩)		15d
	带肋钢筋	5d	12d
	带肋钢筋，C25 及以下混凝土，跨边有集中力作用		15d

注：1. d 为纵向受力钢筋直径。

2. 跨边有集中力作用，是指混凝土梁的简支支座跨边 1.5h 范围内有集中力作用，且其对支座截面所产生的剪力占总剪力值的 75% 以上。

如纵向受力钢筋伸入支座范围内的锚固长度不符合上述要求时，应采用在钢筋上加焊横向锚固钢筋、锚固钢板，或将钢筋端部焊接在梁端的预埋件上等有效锚固措施，如图 2-1-72 所示。

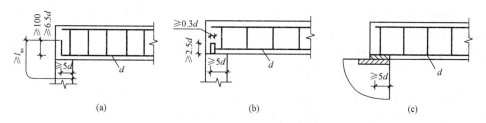

图 2-1-72　锚固长度不足时的措施
(a)纵向受力钢筋端部弯起锚固；(b)纵向受力钢筋端部加焊锚固钢板；
(c)纵向受力钢筋端部焊接在梁端预埋件上

对混凝土强度等级为 C25 及以下的简支梁和连续梁的简支端，当距支座边 1.5h 范围内作用有集中荷载，且 $V>0.7f_tbh_0$ 时，对带肋钢筋宜采取附加锚固措施，或取锚固长度 $l_{as} \geqslant 15d$。

支撑在砌体结构上的钢筋混凝土独立梁，在纵向受力钢筋的锚固长度 l_{as} 范围内应配置不少于 2 根箍筋，其直径不宜小于纵向受力钢筋最大直径的 1/4，间距不宜大于纵向受力钢筋最小直径的 10 倍，当采用机械锚固措施时，箍筋间距不宜大于纵向受力钢筋最小直径的 5 倍。

3)梁的中间支座的锚固长度。框架梁和连续梁的上部纵向钢筋应贯穿中间节点或中间支座范围，下部纵向钢筋在中间节点或中间支座处应满足下列锚固要求。

①当计算中不利用钢筋强度时，其伸入支座和节点的锚固长度应符合上述简支座 $V>0.7f_tbh_0$ 时的规定。

②当计算中充分利用钢筋受拉时，下部纵向钢筋应锚固在节点或支座内。当采用直线锚固形式时，如图 2-1-73(a)所示，钢筋锚固长度不应小于受拉钢筋锚固长度 l_a；采用 90°弯折锚固时，如图 2-1-73(b)所示，其弯折前水平投影的长度不应小于 $0.4l_a$，弯折后的垂直投影长度不应小于 15d；下部纵向钢筋也可贯穿节点或支座范围，并在节点或支座以外弯矩较小部位设置搭接接头，如图 2-1-73(c)所示。

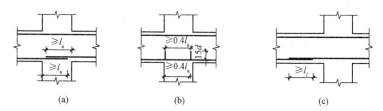

图 2-1-73　梁下部纵向钢筋在中间节点或中间支座范围的锚固与搭接
(a)节点中的直线锚固；(b)节点中弯折锚固；(c)节点或支座范围外的搭接

③当计算中充分利用钢筋抗压时，其伸入支座的锚固长度不应小于 $0.7l_a$。

(5)纵向钢筋的连接。当构件内钢筋长度不够时，宜在钢筋受力较小处进行钢筋的连接。钢筋的连接可分为绑扎搭接、机械连接或焊接。在同一根受力钢筋上宜少设接头，在结构的重要构件和关键传力部位，纵向受力钢筋不宜设置连接接头。

1)绑扎搭接接头

①对轴心受拉及小偏心受拉杆件的纵向受力钢筋不得采用绑扎搭接接头；当受拉钢筋直径 $d > 28$ mm 及受压钢筋直径 $d > 32$ mm 时，不宜采用绑扎搭接接头；需要进行疲劳验算的构件中的受拉钢筋，不得采用绑扎搭接接头。

②钢筋搭接位置应设置在受力较小处，且同一根钢筋上宜少设置连接。同一构件中相邻纵向受力钢筋的绑扎搭接接头宜相互错开。

③钢筋绑扎搭接接头的区段长度为 1.3 倍搭接长度，凡搭接接头的中点位于该连接区段长度内的搭接接头均属于同一连接区段，若图 2-1-74 所示的同一连接区段内的搭接接头钢筋为 2 根，当钢筋直径相同时，钢筋搭接接头面积百分率为 50%。

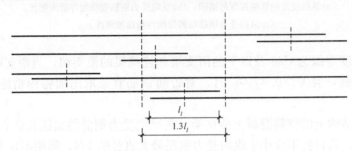

图 2-1-74 同一连接区段内的纵向受拉钢筋绑扎搭接接头

位于同一区段内受拉钢筋搭接接头面积百分率（即该区段内有搭接接头的纵向受力钢筋截面面积与全部纵向受力钢筋截面面积的比值）要求：对梁类、板类以及墙类构件，不宜大于 25%；对柱类构件，不宜大于 50%。当工程中确有必要增大受拉钢筋搭接接头面积百分率时，对梁类构件，应不大于 50%；对板类、墙类及柱类构件，可根据实际情况放宽。

纵向受拉钢筋绑扎搭接接头的搭接长度，应根据位于同一连接区段内的钢筋搭接接头面积百分率按下式计算，且在任何情况下不应小于 300 mm。

$$l_l = \zeta_l l_a \tag{2-1-90}$$

式中 l_l——纵向受拉钢筋的搭接长度；

l_a——纵向受拉钢筋的基本锚固长度；

ζ_l——纵向受拉钢筋搭接长度修正系数，按表 2-1-12 采用。当纵向搭接钢筋接头面积百分率为表 2-1-12 的中间值时，修正系数可按线性内插取值。

表 2-1-12 纵向受拉钢筋搭接长度修正系数 ζ_l

同一搭接范围内搭接钢筋面积百分率/%	≤25	50	100
ζ_l	1.2	1.4	1.6

④构件中的受压钢筋，当采用搭接连接时，其受压搭接长度不应小于纵向受拉钢筋搭接长度的 0.7 倍，且在任何情况下应不小于 200 mm。

⑤在纵向受力钢筋搭接长度范围内应加密配置箍筋，如图 2-1-75 所示，其直径不应小于搭接钢筋较大直径的 0.25 倍。当钢筋受拉时，箍筋间距不应大于搭接钢筋较小直径的 5 倍，且应不大于 100 mm；当钢筋受压时，箍筋间距不应大于搭接钢筋较小直径的 10 倍，且应不大于 200 mm。当受压钢筋直径 $d > 25$ mm 时，还应在搭接接头两个端面外 100 mm

范围内各设置 2 根箍筋。

2)机械连接或焊接接头。机械连接宜用于直径不小于 16 mm 的受力钢筋连接。采用机械方式进行钢筋连接时，接头位置宜相互错开，凡接头中点位于连接区段的长度 35d（d 为连接钢筋的直径）内均属于同一连接区段。在受力较大处，位于同一连接区段内的纵向受拉钢筋接头面积百分率不宜大于 50%。直接

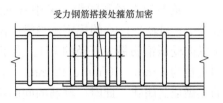

图 2-1-75 受力钢筋搭接处箍筋加密

承受动力荷载的结构构件中的机械连接接头，除应满足设计要求的抗疲劳性能外，位于同一连接区段内的纵向受拉钢筋接头面积百分率不应大于 50%。纵向受压钢筋的接头面积百分率可不受限制。装配式构件连接处的纵向受力钢筋焊接接头可不受以上限制。

另外，机械连接接头的混凝土保护层厚度应满足受力钢筋最小保护层的要求。连接件之间的横向净间距不宜小于 25 mm。

焊接宜用于直径不大于 28 mm 受力钢筋的连接。采用焊接连接时，焊接连接接头连接区段的长度为 35d（d 为纵向受力钢筋的较大直径，且应不小于 500 mm），其他有关规定基本同机械连接，但焊接接头不宜用于承受动力荷载疲劳作用的构件。此外，余热处理钢筋不宜焊接；细晶粒热轧带肋钢筋以及直径大于 28 mm 的带肋钢筋，其焊接应经试验确定。

(6)箍筋的构造要求。梁中的箍筋对抑制斜裂缝的开展、联系受拉区与受压区、传递剪力等有重要作用，因此，箍筋的构造要求应得到重视。

1)箍筋的布置。梁内箍筋宜采用 HRB400、HRBF400、HRB335 和 HPB300 等钢筋。对 $V < 0.7f_tbh_0\left(\text{或 }V < \dfrac{1.75}{\lambda+1}f_tbh_0\right)$ 按计算不需要配置箍筋的梁，当截面高度 $h > 300$ mm 时，应沿全梁设置箍筋；当截面高度 $h = 150 \sim 300$ mm 时，可仅在构件端部各 1/4 跨度范围内设置箍筋；但当在构件中部 1/2 跨度范围内有集中荷载作用时，则应沿梁全长设置箍筋；当截面高度 $h < 150$ mm 时，可不设箍筋。

梁支座处的箍筋应从梁边（或墙边）50 mm 处开始放置。

2)箍筋的形式和肢数。箍筋形式有封闭式和开口式两种（图 2-1-76），对 T 形截面梁，当不承受动荷载和扭矩时，在承受正弯矩的区段内可以采用开口式箍筋，除上述情况外，一般梁中均采用封闭式。箍筋的两个端头应做成 135°弯钩，弯钩端部平直段长度不应小于 5d（d 为箍筋直径）和 50 mm。

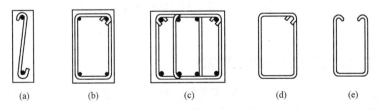

图 2-1-76 箍筋的肢数和形式

(a)单肢；(b)双肢；(c)四肢；(d)封闭；(e)开口

箍筋的肢数有单肢、双肢和四肢（图 2-1-76）。箍筋一般采用双肢箍筋，当梁宽 $b \geqslant 400$ mm，且一层内纵向受压钢筋多于 4 根时，宜采用四肢箍筋。当梁的截面宽度特别小时（$b < 150$ mm），也可采用单肢箍筋。

3)箍筋的直径和间距。梁中箍筋的直径和间距，在满足计算要求的同时，还应符合表 2-1-9 和表 2-1-10 的规定。当梁中配有计算需要的纵向受压钢筋时，箍筋直径还不应小于纵向受压钢筋最大直径的 1/4。为了便于加工，箍筋直径一般不宜大于 14 mm。箍筋的常用直径为 8 mm、10 mm、12 mm。另外，当梁中配有按计算所需要的纵向受压钢筋时，箍筋应做成封闭式。此时，箍筋的间距不应大于 15d(d 为纵向受压钢筋的最小直径)，且不应大于 400 mm；当一层内的纵向受压钢筋多于 5 根且直径大于 18 mm 时，箍筋间距不应大于 10d。

1.3.13 次梁的截面配筋及施工图设计

(1)次梁的设计要点。次梁的截面设计时，次梁的内力一般按塑性方法计算。由于现浇肋梁楼盖的板与次梁为整体连接，板可作次梁的上翼缘。正截面计算中，跨中正弯矩作用下按 T 形截面计算；支座附近的负弯矩区段，板处于受拉区，因此还应按矩形截面计算。斜截面计算抗剪腹筋时，当荷载和跨度较小时，一般只用箍筋抗剪；当荷载跨度较大时，可在支座附近设置弯起钢筋，以减少箍筋用量。

(2)次梁的构造要求。次梁的一般构造要求与普通受弯构件构造相同，次梁伸入墙内支承长度一般不应小于 240 mm。

当次梁各跨中及支座截面分别按最大弯矩确定配筋量后，沿梁长纵向钢筋的弯起与截断应按内力包络图确定，但对于相邻跨度相差不大于 20%，活荷载与恒荷载比值 $q/g \leqslant 3$ 时的次梁，可按图 2-1-77 所示布置钢筋。

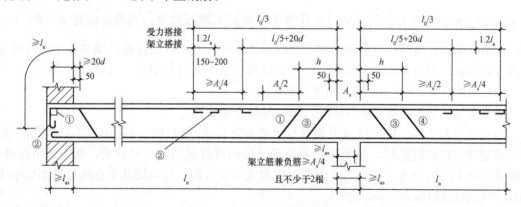

图 2-1-77　次梁的配筋构造要求

1.3.14 主梁的截面配筋及施工图设计

(1)主梁的设计要点。主梁内力一般按弹性方法计算。主梁主要承受次梁传来的集中荷载以及主梁自重。为简化计算可将主梁自重等效成集中荷载，作用点与次梁位置相同。在正截面计算中，主梁与次梁相似，跨中正弯矩作用下按 T 形截面计算；在支座附近负弯矩区段按矩形截面计算。在主梁支座处，主梁与次梁截面的上部纵筋相互交叉，如图 2-1-78 所示，主梁的纵筋位置须放在次梁的纵筋下面，则主梁的截面有效高度 h_0 有所减小，当主梁支座负弯矩钢筋为单层时 $h_0 = h - (50 \sim 60)$mm，当主梁支座负弯矩钢筋为两层时 $h_0 = h - (70 \sim 80)$mm。

（2）主梁的构造要求。主梁承受荷载较大，一般伸入墙内的长度不小于 370 mm，主梁的跨度一般在 5～8 m，梁高为跨度的 1/15～1/10。主梁一般按弹性方法计算内力，其纵向钢筋的弯起与截断应根据内力包络图，通过作材料图来布置。

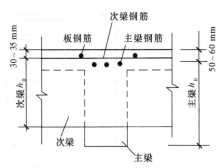

图 2-1-78　主梁支座截面纵筋位置

在次梁与主梁相交处，应设置附加横向钢筋（箍筋或吊筋），如图 2-1-79 所示，由于主梁承受次梁传来的集中荷载，其腹部可能出现斜裂缝。因此，设置附加横向钢筋以防止斜裂缝出现而引起局部破坏。附加钢筋应布置在长度为 $S=2h_1+3b$ 范围内，附加横向钢筋宜采用箍筋。

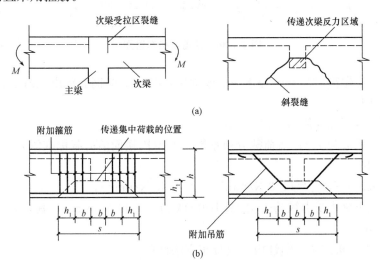

图 2-1-79　附加横向钢筋布置

附加箍筋及吊筋按下式计算：

$$A_{sv}=\frac{F}{f_{yv}\sin\alpha} \tag{2-1-91}$$

式中　F——次梁传来的集中力设计值；

　　　A_{sv}——承受集中荷载所需的附加横向钢筋总截面面积；当采用附加吊筋时，A_{sv} 应为左、右弯起段截面面积之和；

　　　α——附加横向钢筋与梁轴线间夹角。

1.4　项目化教学成果展示

【单向板肋梁楼盖设计例题】

（1）设计资料。某设计基准期为 50 年的多层工业建筑楼盖，采用整体式钢筋混凝土结构，柱截面拟定为 300 mm×300 mm，柱高为 4.5 mm，墙厚为 370 mm，楼盖梁格布置如图 2-1-80 所示。

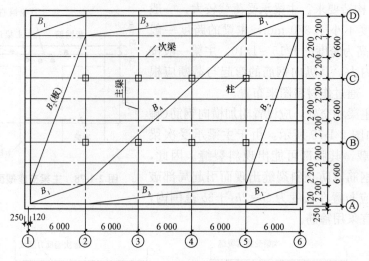

图 2-1-80　楼盖梁格布置图

1)楼面构造层做法：20 mm 厚水泥砂浆面层，80 mm 厚钢筋混凝土现浇板，20 mm 厚混合砂浆顶棚抹灰。

2)楼面活荷载：标准值为 6 kN/mm²。

3)恒载分项系数为 1.2；活荷载分项系数为 1.3(因楼面活荷载标准值大于 4 kN/mm²)。

4)材料选用。

①混凝土采用 C30($f_c=14.3$ N/mm²，$f_t=1.43$ N/mm²)；

②钢筋混凝土梁中受力纵筋采用 HRB400 级($f_y=360$ N/mm²)，其余采用 HPB300 级($f_y=270$ N/mm²)。

(2)板的计算。板按考虑塑性内力重分布方法计算。

板厚 $h\geqslant\dfrac{l}{30}=\dfrac{2\,200}{30}=73$(mm)，对工业建筑楼盖，要求 $h\geqslant70$ mm，故取其厚 $h=80$ mm。

次梁截面高度应满足 $h=\left(\dfrac{1}{18}\sim\dfrac{1}{12}\right)l=\left(\dfrac{1}{18}\sim\dfrac{1}{12}\right)\times6\,000=333\sim500$(mm)，考虑到楼面活荷载比较大，故取次梁截面高度 $h=450$ mm。梁宽 $b=\left(\dfrac{1}{3}\sim\dfrac{1}{2}\right)h=150\sim225$(mm)，取 $b=200$ mm。板的尺寸及支承情况如图 2-1-81(a)所示。

1)荷载计算。

20 mm 厚水泥砂浆面层 $0.02\times20=0.4$(kN/m²)

80 mm 厚钢筋混凝土现浇板 $0.08\times25=2.0$(kN/m²)

20 mm 厚混合砂浆顶棚抹灰 $0.02\times17=0.34$(kN/m²)

恒荷载标准值 $g=2.74$ kN/m²

恒荷载设计值 $g=1.2\times2.74=3.29$(kN/m²)

活荷载设计值 $q=1.3\times6.0=7.8$(kN/m²)

合计 $g+q=11.09$(kN/m²)

2)计算简图与板的计算跨度。

边跨 $l_n=2.2-0.12-\dfrac{0.2}{2}=1.98$(m)

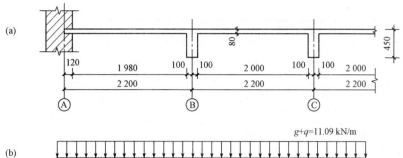

图 2-1-81 板的构造和计算简图

(a)板的构造；(b)板的计算简图

$$l_0 = l_n + \frac{a}{2} = 1.98 + \frac{0.12}{2} = 2.04(\text{m})$$

因 $l_n + \frac{h}{2} = 1.98 + \frac{0.08}{2} = 2.02(\text{m}) < 2.04$ m，故取 $l_0 = 2.02$ m。

中间跨 $l_0 = l_n = 2.2 - 0.2 = 2.0(\text{m})$

跨度差 $\frac{2.02-2.0}{2.0} = 1\% < 10\%$，可按等跨连续板计算内力。取 1 m 宽板带作为计算单元，计算简图如图 2-1-81(b)所示。

3)弯矩设计值计算。

连续板各截面弯矩计算结果见表 2-1-13。

表 2-1-13 连续板各截面弯矩计算

截面	边跨跨中	离端第二支座	离端第二跨跨中	中间支座
弯矩计算系数 α	$\dfrac{1}{11}$	$-\dfrac{1}{11}$	$\dfrac{1}{16}$	$-\dfrac{1}{14}$
$M = \alpha(g+q)l_0^2/(\text{kN} \cdot \text{m})$	$\dfrac{1}{11} \times 11.09 \times 2.02^2$ $=4.11$	$-\dfrac{1}{11} \times 11.09 \times 2.02^2$ $=-4.11$	$\dfrac{1}{16} \times 11.09 \times 2.02^2$ $=2.83$	$-\dfrac{1}{14} \times 11.09 \times 2.02^2$ $=-3.23$

4)承载力计算。

$b = 1\ 000$ mm，$h = 80$ mm，$h_0 = 80 - 20 = 60(\text{mm})$。钢筋采用 HPB300 级（$f_y = 270\ \text{N/mm}^2$），混凝土采用 C25（$f_c = 11.9\ \text{N/mm}^2$），$\alpha_1 = 1.0$。各截面配筋见表 2-1-14。

板的配筋如图 2-1-82 所示。

表 2-1-14 板的配筋计算

板带部位	边区板带(①~②、⑤~⑥轴线间)				中间区板带(②~⑤轴线间)			
板带部位截面	边跨跨中	离端第二支座	离端第二跨中中间跨跨中	中间支座	边跨跨中	离端第二支座	离端第二跨中中间跨跨中	中间支座
$M/(\text{kN} \cdot \text{m})$	4.11	-4.11	2.83	-3.23	4.11	-4.11	$2.83 \times 0.8 = 2.26$	-3.23×0.8 $=-2.58$

板带部位	边区板带(①～②、⑤～⑥轴线间)				中间区板带(②～⑤轴线间)			
$\alpha_s=\dfrac{M}{\alpha_1 f_c bh_0^2}$	0.096	0.096	0.066	0.075	0.096	0.096	0.053	0.060
γ_s	0.949	0.949	0.966	0.961	0.949	0.949	0.973	0.969
$A_s=\dfrac{M}{f_y \gamma_s h_0}$ /mm²	267	267	180	207	267	267	143	164
选配钢筋	Φ8@190	Φ8@190	Φ8@190	Φ8@190	Φ8@190	Φ8@190	Φ8@190	Φ8@190
实配钢筋面积/mm²	265	265	265	265	265	265	265	265

注：中间区板带(②～⑤轴线间)，其各内区格板的四周与梁整体连接，故中间跨跨中和中间支座考虑板的内拱作用，其计算弯矩折减20%。

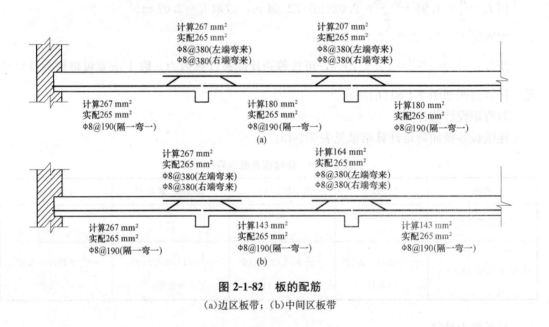

图 2-1-82　板的配筋
(a)边区板带；(b)中间区板带

(3)次梁计算。次梁按考虑塑性内力重分布方法计算。

主梁截面高度 $h=\left(\dfrac{1}{15}\sim\dfrac{1}{10}\right)l=\left(\dfrac{1}{15}\sim\dfrac{1}{10}\right)\times6\,600=(440\sim660)\,\text{mm}$，取主梁截面高度 $h=650\,\text{mm}$。梁宽 $b=\left(\dfrac{1}{3}\sim\dfrac{1}{2}\right)h=(217\sim325)\,\text{mm}$，取 $b=250\,\text{mm}$。次梁的尺寸及支承情况如图 2-1-83(a)所示。

1)荷载计算。

恒荷载设计值：

板传来恒荷载：$3.29\times2.2=7.24(\text{kN/m})$

次梁自重：$1.2\times25\times0.2\times(0.45-0.08)=2.22(\text{kN/m})$

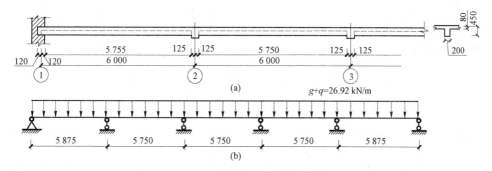

图 2-1-83 次梁的构造和计算简图

(a)构造；(b)计算简图

梁侧抹灰：$1.2 \times 17 \times 0.02 \times (0.45-0.08) \times 2 = 0.30 (kN/m)$

合计 $g = 9.76$ kN/m

活荷载设计值，由板传来 $q = 7.8 \times 2.2 = 17.16 (kN/m)$

总计 $g+q = 26.92 (kN/m)$

2)计算简图。

边跨 $l_n = 6.0 - 0.12 - \dfrac{0.25}{2} = 5.755 (m)$

$l_0 = l_n + \dfrac{a}{2} = 5.755 + \dfrac{0.24}{2} = 5.875 (m) < 1.025 l_n = 5.899$ m，取 $l_0 = 5.875$ m。

中间跨 $l_0 = l_n = 6.0 - 0.25 = 5.75 (m)$

跨度差 $\dfrac{5.875 - 5.75}{5.75} = 2.2\% < 10\%$，可按等跨连续梁进行内力计算，其计算简图

如图 2-32(b)所示。

3)弯矩设计值和剪力设计值。

次梁各截面弯矩、剪力设计值见表 2-1-15 和表 2-1-16。

表 2-1-15 次梁各截面弯矩计算

截面	边跨跨中	离端第二支座	离端第二跨跨中中间跨跨中	中间支座
弯矩计算系数 α	$\dfrac{1}{11}$	$-\dfrac{1}{11}$	$\dfrac{1}{16}$	$-\dfrac{1}{14}$
$M = \alpha(g+q)$ $l_0^2/(kN \cdot m)$	$\dfrac{1}{11} \times 26.92 \times$ $5.875^2 = 84.47$	$-\dfrac{1}{11} \times 26.92 \times$ $5.875^2 = -84.47$	$\dfrac{1}{16} \times 26.92 \times$ $5.750^2 = 55.63$	$-\dfrac{1}{14} \times 26.92 \times$ $5.750^2 = -63.57$

表 2-1-16 次梁各截面剪力计算

截面	端支座右侧	离端第二支座左侧	离端第二支座右侧	中间支座左侧、右侧
剪力计算系数 β	0.45	0.6	0.55	0.55
$V = \beta(g+q)l_n/kN$	$0.45 \times 26.92 \times 5.755$ $= 69.72$	$0.6 \times 26.92 \times 5.755$ $= 92.95$	$0.55 \times 26.92 \times 5.750$ $= 85.13$	$0.55 \times 26.92 \times 5.750$ $= 85.13$

4）承载力计算。

次梁正截面受弯承载力计算时，支座截面按矩形截面计算，跨中截面按 T 形截面计算，其翼缘计算宽度为

$$边跨\ b_f' = \frac{1}{3}l_0 = \frac{1}{3} \times 5\ 875 = 1\ 958(mm) < b + s_0 = 200 + 2\ 000 = 2\ 200(mm)$$

$$b + 12h_f' = 200 + 12 \times 80 = 1\ 160(mm)$$

$$离端第二跨、中间跨\ b_f' = \frac{1}{3}l_0 = \frac{1}{3} \times 5\ 750 = 1\ 917(mm)$$

梁高 $h = 450$ mm，翼缘厚度 $h_f' = 80$ mm。除离端第二支座纵向钢筋按两排布置$[h_0 = 450 - 65 = 385(mm)]$外，其余截面均按一排纵筋考虑，$h_0 = 450 - 40 = 410(mm)$。

纵向钢筋采用 HRB400 级（$f_y = 360$ N/mm^2），箍筋采用 HPB300 级（$f_y = 270$ N/mm^2），混凝土采用 C30（$f_c = 14.3$ N/mm^2，$f_t = 1.43$ N/mm^2），$\alpha_1 = 1.0$。经判断各跨中截面均属于第一类 T 形截面。

次梁正截面及斜截面承载力计算分别见表 2-1-17 和表 2-1-18。

表 2-1-17　次梁正截面承载力计算

截面	边跨跨中	离端第二支座	离端第二跨跨中 中间跨跨中	中间支座
$M/(kN \cdot m)$	84.47	−84.47	55.63	63.57
$\alpha_s = \dfrac{M}{\alpha_1 f_c b h_0^2}$	$\dfrac{84.47 \times 10^6}{1.0 \times 14.3 \times 1\ 160 \times 410^2}$ $=0.030$	$\dfrac{84.47 \times 10^6}{1.0 \times 14.3 \times 200 \times 385^2}$ $=0.199$	$\dfrac{55.63 \times 10^6}{1.0 \times 14.3 \times 1\ 160 \times 410^2}$ $=0.020$	$\dfrac{63.58 \times 10^6}{1.0 \times 14.3 \times 200 \times 410^2}$ $=0.132$
ξ	0.030	0.224	0.020	0.142
γ_s	0.985	0.888	0.990	0.929
$A_s = \dfrac{M}{f_y \gamma_s h_0}/mm^2$	$\dfrac{84.47 \times 10^6}{360 \times 0.985 \times 410} = 581$	$\dfrac{84.47 \times 10^6}{360 \times 0.888 \times 385}$ $=686$	$\dfrac{55.63 \times 10^6}{360 \times 0.990 \times 410}$ $=381$	$\dfrac{63.58 \times 10^6}{360 \times 0.929 \times 410}$ $=464$
选配钢筋	3Φ16	2Φ14+2Φ16	2Φ16	3Φ14
实配钢筋 面积/mm^2	603	710	402	461

表 2-1-18　次梁斜截面承载力计算

截面	端支座右侧	离端第二支座左侧	离端第二支座右侧	中间支座左侧、右侧
V/kN	69.72	92.96	85.13	85.13
$0.25\beta_c f_c b h_0/kN$	293.2>V	275.3>V	275.3>V	293.2>V
$0.7 f_t b h_0/kN$	82.1>V	77.1<V	77.1<V	82.1<V
选用箍筋	双肢 Φ8	双肢 Φ8	双肢 Φ8	双肢 Φ8
$A_{sv} = nA_{sv1}/mm^2$	101	101	101	101
$s = \dfrac{f_{yv} A_{sv} h_0}{V - 0.7 f_t b h_0}/mm$	按构造配箍	$\dfrac{270 \times 101 \times 385}{85\ 130 - 77\ 100} = 1\ 307$	$\dfrac{270 \times 101 \times 385}{85\ 140 - 77\ 100} = 1\ 306$	$\dfrac{270 \times 101 \times 410}{85\ 130 - 82\ 100} = 3\ 690$
实配箍筋间距/mm	200	200	200	200

次梁的配筋如图 2-1-84 所示。

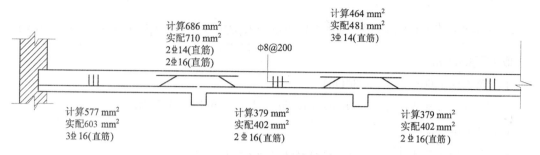

计算 686 mm²
实配 710 mm²
2⾳14(直筋)
2⾳16(直筋)

Φ8@200

计算 464 mm²
实配 481 mm²
3⾳14(直筋)

计算 577 mm²
实配 603 mm²
3⾳16(直筋)

计算 379 mm²
实配 402 mm²
2⾳16(直筋)

计算 379 mm²
实配 402 mm²
2⾳16(直筋)

图 2-1-84　次梁的配筋示意

（4）主梁计算。主梁按弹性理论方法计算。

1）截面尺寸及支座简化。

由于 $\left(\dfrac{EI}{l}\right)_{梁} \Big/ \left(\dfrac{EI}{l}\right)_{柱} = \left(\dfrac{E \times 250 \times 650^3}{12 \times 6\,600}\right) \Big/ \left(\dfrac{E \times 300 \times 300^3}{12 \times 4\,500}\right) = 5.78 > 4$，故可将主梁视为铰支于柱上的连续梁进行计算；两端支承于砖墙上亦可视为铰支。主梁的尺寸及计算简图如图 2-1-85 所示。

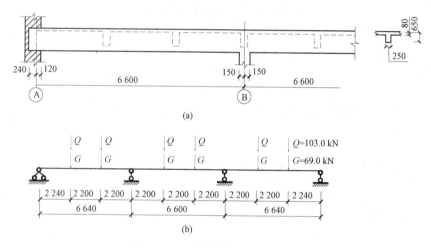

图 2-1-85　主梁的尺寸和计算简图
（a）构造；（b）计算简图

2）荷载。

恒荷载设计值：

次梁传来恒荷载：9.76×6.0＝58.56(kN)

主梁自重（折算为集中荷载）：1.2×25×0.25×(0.65－0.08)×2.2＝9.4(kN)

梁侧抹灰（折算为集中荷载）：1.2×17×0.02×(0.65－0.08)×2×2.2＝1.02(kN)

合计 G＝58.56＋9.4＋1.02＝69.0 kN

活荷载设计值由次梁传来 Q＝17.16×6.0＝103.0(kN)

总计 $G+Q$＝172.0 kN

3）主梁计算跨度的确定。

边跨 $l_n = 6.6 - 0.12 - \dfrac{0.3}{2} = 6.33(\text{m})$

$l_0 = l_n + \dfrac{a}{2} + \dfrac{b}{2} = 6.33 + \dfrac{0.36}{2} + \dfrac{0.3}{2} = 6.66(\text{m}) > 1.025 l_n + \dfrac{b}{2} = 1.025 \times 6.33 + \dfrac{0.3}{2} = 6.64(\text{m})$

取 $l_0 = 6.64$ m。

中间跨 $l_n = 6.60 - 0.3 = 6.30(\text{m})$

$l_0 = l_n + b = 6.30 + 0.3 = 6.60(\text{m}) < 1.05 l_n = 1.05 \times 6.30 = 6.62(\text{m})$

取 $l_0 = 6.60$ m。

平均跨度 $\dfrac{6.64 + 6.60}{2} = 6.62(\text{m})$（计算支座弯矩用）

跨度差 $\dfrac{6.64 - 6.60}{6.60} = 0.61\% < 10\%$，可按等跨连续梁计算内力，则主梁的计算简图如图 2-34(b)所示。

4)弯矩设计值。

主梁在不同荷载作用下的内力计算可采用等跨连续梁的内力系数表进行，其弯矩和剪力设计值的具体计算见表 2-1-19 和表 2-1-20。

表 2-1-19　主梁各截面弯矩计算

序号	荷载简图及弯矩图	边跨跨中 $\dfrac{K}{M_1}$	中间支座 $\dfrac{K}{M_B(M_C)}$	中间跨跨中 $\dfrac{K}{M_2}$
①		$\dfrac{0.244}{111.79}$	$\dfrac{-0.267}{-121.96}$	$\dfrac{0.067}{30.51}$
②		$\dfrac{0.289}{197.65}$	$\dfrac{-0.133}{90.69}$	$\dfrac{M_B}{-90.69}$
③		$\approx \dfrac{1}{3} M_B = -30.23$	$\dfrac{-0.133}{90.69}$	$\dfrac{0.200}{135.96}$
④		$\dfrac{0.229}{156.62}$	$\dfrac{-0.311(-0.089)}{-212.06(-60.69)}$	$\dfrac{0.170}{115.57}$
最不利内力组合	①+②	309.44	−212.65	−60.18
	①+③	81.56	−212.65	166.47
	①+④	268.1	−334.0(−182.65)	146.08

表 2-1-20　主梁各截面剪力计算

序号	荷载简图及弯矩图	端支座 $\dfrac{K}{V_A}$	中间支座 $\dfrac{K}{V_B^l(V_C^l)}$	$\dfrac{K}{V_B^{rl}(V_C^{rl})}$
0		$\dfrac{0.733}{50.58}$	$\dfrac{-1.267(-1.000)}{-87.42(-69.0)}$	$\dfrac{1.000(1.267)}{69.0(87.42)}$

序号	荷载简图及弯矩图	端支座	中间支座	
		$\dfrac{K}{V_A}$	$\dfrac{K}{V_B^l(V_C^l)}$	$\dfrac{K}{V_B^{rl}(V_C^{rl})}$
③	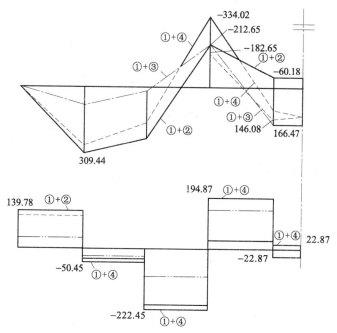	$\dfrac{0.866}{89.2}$	$\dfrac{-1.134}{116.8}$	0
④		$\dfrac{0.689}{70.97}$	$\dfrac{-1.311(-0.778)}{-135.03(-80.13)}$	$\dfrac{1.222(0.089)}{125.87(9.17)}$
最不利 内力组合	①+②	139.78	−204.22	69.0
	①+④	121.55	−222.45(−149.13)	194.87(96.59)
注：式中 K 为剪力系数。				

将以上最不利组合下的弯矩图和剪力图分别叠画在同一坐标图上，即可得到主梁的弯矩包络图及剪力包络图(图 2-1-86)。

图 2-1-86　主梁的弯矩包络图及剪力包络图

5)承载力计算。主梁正截面受弯承载力计算时，支座截面按矩形截面计算[因支座弯矩较大，取 $h_0=650-80=570(\text{mm})$，跨中截面按 T 形截面计算]，$h_f'=80\ \text{mm}$，$h_0=650-40=610(\text{mm})$，其翼缘计算宽度为 $b_f'=\dfrac{1}{3}l_0=\dfrac{1}{3}\times 6\ 600=2\ 200(\text{mm})<b+s_0=6\ 000\ \text{mm}$，故取 $b_f'=2\ 200\ \text{mm}$。

纵向钢筋采用 HRB400 级($f_y=360\ \text{N/mm}^2$)，箍筋采用 HPB300 级($f_y=270\ \text{N/mm}^2$)，混凝土采用 C30($f_c=14.3\ \text{N/mm}^2$，$f_t=1.43\ \text{N/mm}^2$)，$\alpha_1=1.0$。经判别各跨中截面均属于

第一类 T 形截面。主梁的正截面及斜截面承载力计算分别见表 2-1-21 和表 2-1-22。

$$b'_f = \frac{1}{3}l_0 = \frac{1}{3} \times 6\ 600 = 2\ 200 \text{(mm)} < b + s_0 = 6\ 000\ \text{mm}$$

表 2-1-21　主梁的正截面承载力计算

截面	边跨跨中	中间支座	中间跨跨中	
$M/(\text{kN}\cdot\text{m})$	309.44	-344.02	166.47	-60.18
$V_0\dfrac{b}{2}/(\text{kN}\cdot\text{m})$		$(69+103)\times\dfrac{0.3}{2}=25.8$		
$M-V_0\dfrac{b}{2}$ $/(\text{kN}\cdot\text{m})$		318.22		
$a_s=\dfrac{M}{a_1 f_c bh_0^2}$	$\dfrac{309.44\times10^6}{1.0\times14.3\times2\ 200\times610^2}$ $=0.026$	$\dfrac{318.22\times10^6}{1.0\times14.3\times250\times570^2}$ $=0.274$	$\dfrac{166.47\times10^6}{1.0\times14.3\times2\ 200\times610^2}$ $=0.014$	$\dfrac{60.18\times10^6}{1.0\times14.3\times250\times590^2}$ $=0.048$
ξ	0.026	0.328	0.014	0.049
γ_s	0.987	0.836	0.993	0.975
$A_s=\dfrac{M}{f_y\gamma_s h_0}/\text{mm}^2$	$\dfrac{309.44\times10^6}{360\times0.987\times610}$ $=1\ 428$	$\dfrac{318.22\times10^6}{360\times0.836\times570}$ $=1\ 855$	$\dfrac{166.47\times10^6}{360\times0.993\times610}$ $=763$	$\dfrac{60.18\times10^6}{360\times0.975\times590}$ $=291$
选配钢筋	2Φ25+2Φ22	2Φ22+4Φ18+2Φ25	2Φ16+2Φ18	2Φ22
实配钢筋/mm²	1 742	2 759	911	760

表 2-1-22　主梁的斜截面承载力计算

截面	支座 A	支座 B^l(左)	支座 B^r(右)
V/kN	139.78	222.45	194.87
$0.25\beta_c f_c bh_0/\text{kN}$	$545.19>V$	$509.44>V$	$509.44>V$
$0.7f_t bh_0/\text{kN}$	$152.65>V$	$142.64>V$	$142.64>V$
选用箍筋	双肢 Φ8	双肢 Φ8	双肢 Φ8
$A_{sv}=nA_{sv1}/\text{mm}^2$	101	101	101
$s=\dfrac{f_{yv}A_{sv}h_0}{V-0.7f_t bh_0}/\text{mm}$		195	298
实配箍筋间距/mm	250	250	250
$V_{cs}=0.7f_t bh_0+f_{yv}$ $\dfrac{A_{sv}}{s}h_0/\text{kN}$		$142.64+270\times\dfrac{101}{250}\times$ $570\times10^{-3}=204.82$	$142.64+270\times\dfrac{101}{250}\times$ $570\times10^{-3}=204.82$
$A_{sb}=\dfrac{V-V_{cs}}{0.8f_y\sin a}/\text{mm}^2$		$\dfrac{222\ 450-204\ 820}{0.8\times360\times\sin45°}=86$	$\dfrac{194\ 870-204\ 820}{0.8\times360\times\sin45°}<0$
选配弯起钢筋		2Φ25	2Φ18
实配弯起钢筋面积/mm²		982	509
注：弯起钢筋的弯起角度为 45°。			

6)主梁吊筋计算。

由次梁传至主梁的全部集中荷载：

$$G+Q=58.56+103.0=161.56(\text{kN})$$

吊筋采用 HRB400 级钢筋，弯起角度为 45°，则

$$A_s=\frac{G+Q}{2f_y\sin\alpha}=\frac{161.56\times10^3}{2\times360\times\sin45°}=317.3(\text{mm}^2)$$

选配 2φ16(4 027 mm²)，主梁的配筋如图 2-36 所示。

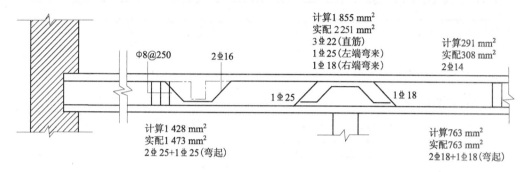

图 2-1-87　主梁的配筋

(5)梁板结构施工图。板、次梁配筋图和主梁配筋及材料图如图 2-1-88、图 2-1-89、图 2-1-90 所示。

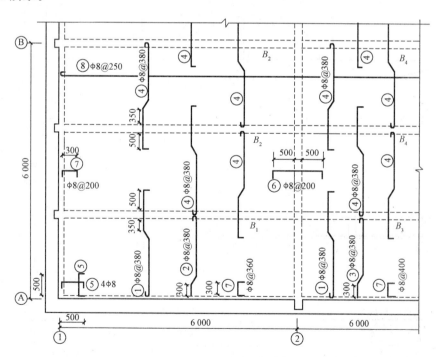

图 2-1-88　板配筋图

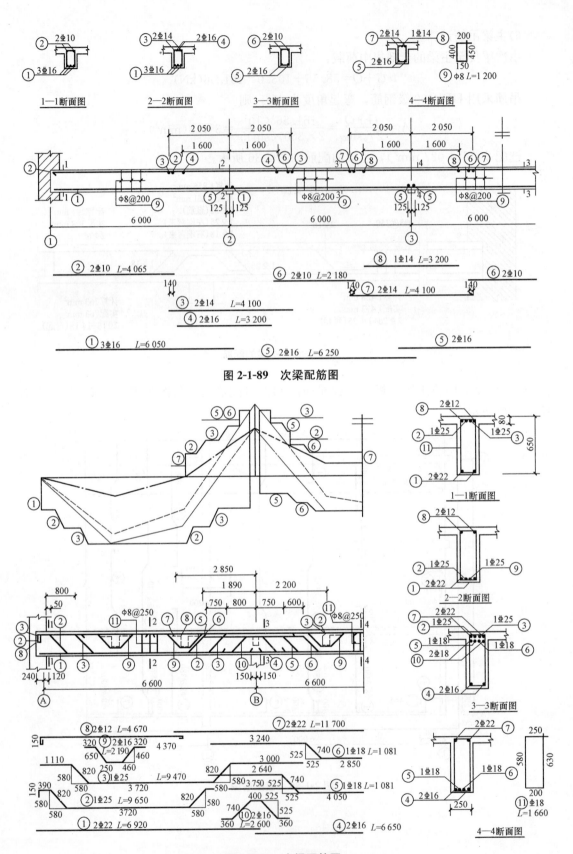

图 2-1-89　次梁配筋图

图 2-1-90　主梁配筋图

1.5 练习题

某多层工业厂房楼盖建筑轴线及柱网平面如图 2-1-91 所示，采用现浇钢筋混凝土肋形楼盖。外墙厚度为 370 mm，钢筋混凝土柱截面尺寸为 400 mm×400 mm，图示范围内不考虑楼梯间。

(1)楼面构造层做法：20 mm 水泥砂浆面层；20 mm 石灰砂浆抹底。

(2)楼面荷载：恒载包括梁、板及粉刷层的自重，钢筋混凝土堆积密度为 25 kN/m²，水泥砂浆堆积密度为 20 kN/m²，石灰砂浆堆积密度为 17 kN/m²，恒载分项系数为 1.2。楼面均布活荷载为 7 kN/m²，活荷载分项系数为 1.3(因楼面活荷载标准值大于 4 kN/m²)。

(3)材料。

混凝土：采用 C20；

钢筋：梁内受力纵筋为 HRB335 级钢筋，其余采用 HPB300 级钢筋。

试设计此楼盖的板、次梁和主梁，并绘制结构施工图。

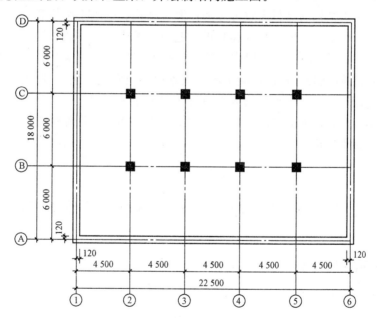

图 2-1-91 建筑轴线及柱网平面图

项目 2　单层工业厂房施工图设计

2.1　单层工业厂房认知

工业厂房由于生产性质、工艺流程、机械设备和产品的不同，按照层数可以分为单层工业产房、多层工业厂房和层数混合的厂房。单层厂房是最普遍采用的一种结构形式，主要用于冶金、机械、化工、纺织等工业厂房。这类厂房一般设有较重的机械和设备，产品较重且轮廓尺寸较大，大型设备可以直接安装在地面上，便于产品的加工和运输。单层厂房便于定型设计以及构配件的标准化、通用化、生产工业化、施工机械化。

单层厂房按承重结构的材料大致可分为：混合结构、混凝土结构和钢结构。承重结构的选择主要取决于厂房的跨度、高度和起重机起重量等因素。一般来说，无起重机或起重机起重量不超过 5 t、跨度在 15 m 以内、柱顶标高不超过 8 m 且无特殊工艺要求的小型厂房，可采用混合结构(砖柱、钢筋混凝土屋架或木屋架或轻钢屋架)。对于起重机起重量超过 250 t、跨度大于 36 m 的大型厂房或有特殊工艺要求的厂房，一般采用钢屋架、钢筋混凝土柱或全钢结构；其他大部分厂房均可采用混凝土结构，而且除特殊情况外，一般应采用装配式钢筋混凝土结构。

2.2　单层工业厂房的结构布置及选型

2.2.1　屋盖结构构件

1. 屋面板

在工业厂房中，常见的屋面板形式有预应力混凝土大型屋面板、预应力混凝土 F 型屋面板、预应力混凝土夹心保温屋面板、钢筋混凝土槽瓦、预应力混凝土空心板等。屋面板一般情况下是根据工程的具体情况，从工业厂房结构构件标准图集中选用。

预应力混凝土大型屋面板常适用于中、重型和振动较大、对屋面要求较高的厂房；预应力混凝土 F 型屋面板适用于中、轻型非保温厂房，不适用于对屋面刚度及防水要求高的厂房；预应力混凝土夹心保温屋面板适用于一般保温厂房，不适用于气候寒冷、冻融频繁地区和腐蚀性气体及温度大的厂房；钢筋混凝土槽瓦用于有檩体系，具有构造简单，施工方便，但是刚度较差的特点，仅适用于轻型厂房。

2. 檩条

目前应用较多的是钢筋混凝土和预应力混凝土檩条。钢筋混凝土檩条主要包括 L 形檩条和 T 形檩条，跨度一般在 4～6 m；预应力混凝土檩条也包括 L 形檩条和 T 形檩条两种，跨度均为 6 m。

3. 屋面梁与屋架

屋面梁和屋架是厂房结构的主要承重构件，类型较多。常用的混凝土屋架、屋面梁的形式、特点与适用条件见表 2-2-1。

表 2-2-1　钢筋混凝土屋架类型

序号	构件名称	形式	跨度/m	特点及适用条件
1	预应力混凝土单坡屋面梁		6 9	1. 自重较大 2. 适用于跨度不大、有较大振动或有腐蚀性介质的厂房 3. 屋面坡度 1/8～1/12
2	预应力混凝土双坡屋面架		12 15 18	
3	钢筋混凝土两铰拱屋架		9 12 15	1. 上弦为钢筋混凝土构件，下弦为角钢，顶节点刚接，自重较轻，构造简单，应防止下弦受压 2. 适用于跨度不大的中、轻型厂房 3. 屋面坡度：卷材防水 1/5、非卷材防水 1/4
4	钢筋混凝土三铰拱屋架		9 12 15	顶节点铰接，其他同上
5	预应力混凝土三铰拱屋架		9 12 15 18	上弦为先张法预应力混凝土构件，下弦为角钢，其他同上
6	钢筋混凝土组合式屋架		12 15 18	1. 上弦及受压腹杆为钢筋混凝土构件，下弦及受拉腹杆为角钢，自重较轻，刚度较差 2. 适用于中、轻型厂房 3. 屋面坡度 1/4
7	钢筋混凝土下撑式五角形屋架		12 15	1. 构造简单，自重较轻，但对房屋净空有影响 2. 适用于仓库和中、轻型厂房 3. 屋面坡度 1/7.5～1/10

序号	构件名称	形式	跨度/m	特点及适用条件
8	钢筋混凝土三角形屋架		9 12 15	1. 自重较大，屋架上设檩条或挂瓦板 2. 适用于跨度不大的中、轻型厂房 3. 屋面坡度 1/2～1/3
9	钢筋混凝土折线形屋架（卷材防水屋面）		15 18 21 24	1. 外形较合理，屋面坡度合适 2. 适用于卷材防水屋面的中型厂房 3. 屋面坡度 1/5～1/15
10	预应力混凝土折线形屋架（卷材防水屋面）		15 18 21 14 27 30	1. 外形较合理，屋面坡度合适，自重较轻 2. 适用于卷材防水屋面的中、重型厂房 3. 屋面坡度 1/5～1/15
11	预应力混凝土折线形屋架（非卷材防水屋面）		18 21 24	1. 外形较合理，屋面坡度合适，自重较轻 2. 适用于卷材防水屋面的中型厂房 3. 屋面坡度 1/4
12	预应力混凝土拱形屋架		18～36	1. 外形合理，自重轻，但屋架端部屋面坡度太陡 2. 适用于卷材防水屋面的中、重型厂房 3. 屋面坡度 1/3～1/30
13	预应力混凝土梯形屋架		18～30	1. 自重较大，刚度好 2. 适用于卷材防水的重型高温及采用井式或横向天窗的厂房 3. 屋面坡度 1/10～1/12

2.2.2　柱网布置及选型

柱是单层厂房的主要承重结构构件，常用的单层厂房排架柱的截面形式有单肢柱和双肢柱，如图 2-2-1 所示。

单肢柱的截面形式主要有矩形、工字形。矩形柱外形简单，施工方便，但不能充分发挥全部混凝土的作用(主要是受拉区混凝土不起作用)，故材料费、自重大，仅用于一般小型厂房或上柱，其截面高度≤500 mm。I 形柱比矩形柱受力合理，因其省去了受力较小部分混凝土而形成薄腹，这对柱的承载能力和刚度的影响很小。I 形柱的制作也不复杂，自重却较矩形柱轻，故广泛用于各类中型厂房，其截面高度为 600～1 200 mm，腹板≥100 mm，翼缘厚度≥120 mm。

双肢柱是进一步将 I 形柱的腹板挖空而形成的，故更省料，适用于重型厂房，其截面高度在 1 300 mm 以上。双肢柱的双肢主要承担轴力，腹杆受剪。平腹杆双肢柱的制作较为简单；斜腹杆双肢柱具有桁架的受力特点，故其承载能力较大。

柱截面尺寸不仅应满足结构承载力的要求，而且还应使柱具有足够的刚度，保证厂房在正常使用过程中不出现过大的变形，以免起重机运行时卡轨，使起重机轮与轨道磨损严重以及墙体开裂等。因此，柱的截面尺寸不应太小。

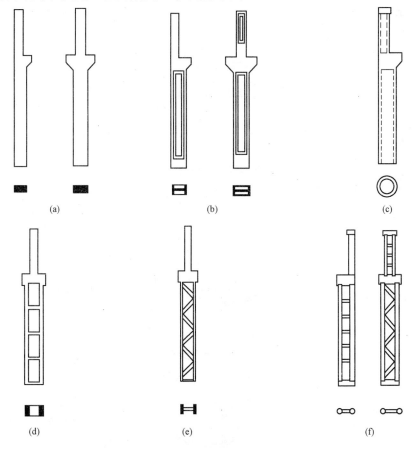

图 2-2-1　单肢柱和双肢柱
(a)矩形柱；(b)I 形柱；(c)单肢管柱；(d)平腹杆双肢柱；
(e)斜腹杆双肢柱；(f)双肢管柱

2.2.3　起重机梁布置及选型

　　起重机梁直接承受起重机的动力荷载，是单层厂房中的一种重要结构构件。起重机梁一般根据起重机的起重量、工作级别、台数、厂房的跨度和柱距等因素选用。各种类型的起重机梁的具体形式以及适用条件见表 2-2-2。

表 2-2-2　钢筋混凝土起重机梁类型

序号	构件名称		形式	适用条件
1	钢筋混凝土等截面起重机梁	厚腹		跨度：6 m 起重机吨位（kN）：30～750（轻级制） 30～300（中级制） 50～200（重级制）
		薄腹		跨度：4～6 m 起重机吨位（kN）：30～500（轻级制） 30～300（中级制） 50～200（重级制）
2	预应力混凝土等截面起重机梁	厚腹		跨度：6 m 起重机吨位（kN）：50～500（重级制）
		薄腹		跨度：6 m 起重机吨位（kN）：50～750（中级制） 50～500（重级制）
3	预应力混凝土折线式起重机梁			跨度：6 m 起重机吨位（kN）：100～1 200
4	轻型桁架式起重机梁			跨度：6 m 起重机吨位：≤50 kN

2.2.4　变形缝设置

变形缝包括伸缩缝、沉降缝和防震缝三种。

1. 伸缩缝

如果厂房长度和宽度过大，当气温变化时，在结构内部产生温度应力，严重的可使墙面、屋面和构件拉裂，影响正常使用。为减小厂房结构中的温度应力，可设置伸缩缝将厂房结构完全分成若干温度区段。伸缩缝应从基础顶面开始，将两个温度区段的上部结构完全分开，并留出一定宽度的缝隙，使上部结构在气温变化时，沿水平方向可以较自由地发生变形，不致引起房屋开裂。对于钢筋混凝土装配式排加结构，其伸缩缝的最大间距，露天时为 70 m，室内或土中时为 100 m。当屋面板上部无保温或隔热措施时，可按适当低于100 m 采用。

2. 沉降缝

在单层厂房中，一般不做沉降缝。如果厂房相邻两部分高差很大(10 m 以上)、两跨间起重机起重量相差悬殊、地基承载力或下卧层土质有巨大差别时，应设置沉降缝；当厂房出现各部分施工时间先后相差很大、土壤压缩程度不同等情况时，也应该设置沉降缝。沉降缝应将建筑物从基础到屋顶全部分开，当两边发生不同沉降时不致相互影响。沉降缝可兼作伸缩缝。

3. 防震缝

防震缝是为了减轻震害而采取的措施之一。当厂房平面、立面复杂、结构高度或刚度相差很大，以及在厂房侧边布置生活间、变电所、炉子间等附属房时，应设置防震缝将相邻部分分开，地震区的厂房伸缩缝和沉降缝均应符合防震缝的要求。防震缝的宽度及其做法见《建筑抗震设计规范(2016 年版)》(GB 50011—2010)。

2.2.5　围护结构布置

单层厂房的围护结构包括屋面板、墙体、抗风柱、圈梁、连系梁、过梁、基础梁等构件，其作用是承受风、积雪、雨水、地震作用以及地基不均匀沉降引起的内力。下面主要讨论抗风柱、圈梁、连系梁、过梁及基础梁的布置原则。

1. 抗风柱的布置

单层厂房的端墙(山墙)受风荷载的面积较大，一般须设置抗风柱将山墙分成几个区格，使墙面受到的风荷载，一部分(靠近纵向柱列的区格)直接传给纵向柱列；另一部分则经抗风柱下端直接传给基础和经抗风柱上端通过屋盖结构传给纵向柱列。

当厂房高度和跨度均不大(如柱顶在 8 m 以下，跨度不大于 12 m)时，可在山墙设置砖壁柱作为抗风柱；当高度和跨度均较大时，一般都采用钢筋混凝土抗风柱，设置在山墙内侧。在很高的厂房中，为减少抗风柱的截面尺寸，可加设水平抗风梁或钢抗风桁架，作为抗风柱的中间铰支点。如图 2-2-2(a)所示。

抗风柱一般与基础刚接，与屋架上弦连接，根据具体情况，也可与下弦连接或同时与上、下弦连接。抗风柱与屋架连接必须满足两个要求：一是在水平方向必须与屋架有可靠的连接，以保证有效地传递风荷载；二是在竖向脱开，并且允许两者之间有一定相对位移的可能性，以防厂房与抗风柱沉降不均匀时产生的不利影响。因此，抗风柱和屋架一般采用竖向可移动、水平向又有较大刚度的弹簧板连接，如图2-2-2(b)所示；如厂房沉降较大时，则宜采用通长圆孔的螺栓进行连接，如图2-2-2(c)所示。

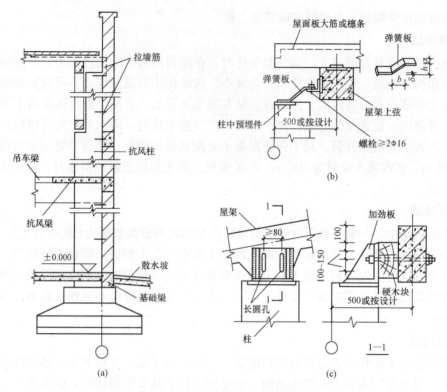

图 2-2-2 钢筋混凝土抗风柱构造
(a)加设水平抗风梁或钢抗风桁架；(b)抗风柱和屋架采用弹簧板连接；(c)采用通长圆孔的螺栓进行连接

2. 圈梁、连系梁、过梁和基础梁的布置

当用砖砌体作为厂房围护墙时，一般要设置圈梁、连系梁、过梁和基础梁。

圈梁是设置于墙体内并与柱子连接的现浇钢筋混凝土构件，其作用是将墙体同厂房排架、抗风柱箍在一起，以加强厂房的整体刚度，防止由于地基的不均匀沉降或较大振动荷载对厂房引起的不利影响。圈梁设在墙内，并与柱用钢筋拉接，不承受墙体自重，故柱上不必设置支承圈梁的牛腿。

圈梁的布置与墙体高度、对厂房的刚度要求及地基情况有关。对无桥式起重机的厂房，当檐口标高小于8m时，应在檐口附近布置一道圈梁；当檐高大于8m时，宜适当增设一道圈梁；对有桥式起重机的单层工业厂房，除在檐口或窗顶标高处设置现浇钢筋混凝土圈梁外，还应在起重机梁顶面标高处或其他适当位置增设一道，外墙高度大于15m时，还应当增设；对于有振动设备的厂房，沿墙高的圈梁间距不应超过4m。

圈梁应连续设置在墙体的同一平面上，并尽可能沿整个建筑物形成封闭状。当圈梁被门窗洞口截断时，应在洞口上部墙体内设置一道附加圈梁，其截面尺寸不应小于被截断的圈梁。

连系梁的作用是连系纵向柱列，以增强厂房的纵向刚度，并将风荷载传给纵向柱列，此外，连系梁还承受其上墙体的重力。连系梁通常是预制的，两端搁置在柱牛腿上，用螺栓连接或焊接。

过梁的作用是承托门窗洞口上部墙体的重力。在进行厂房结构布置时，应尽可能将圈梁、连系梁、过梁结合起来，使一个构件起到两种或三种构件的作用，以节约材料，简化施工。

在一般厂房中，通常用基础梁来承受围护墙体的重力，而不另做墙基础。基础梁底部距土层表面预留 100 mm 的空隙，使梁可随柱基础一起沉降。当基础梁下有冻胀性土时，应在梁下铺一层干砂、碎砖或矿渣等松散材料，并留 50～150 mm 的空隙，防止土壤冻胀时将梁顶裂。基础梁与柱一般可不连接，直接搁置在基础杯口上，如图 2-2-3(a)所示；当基础埋深较深时，则基础梁搁置在基顶的混凝土垫块上，如图 2-2-3(b)所示。施工时，基础梁支承处应坐浆。基础梁一般设置在室内地坪以下 50 mm 标高处，如图 2-2-3(c)所示。

当厂房不高、地基比较好、柱基础又埋得较浅时，也可不设基础梁，而做砖石或混凝土基础。

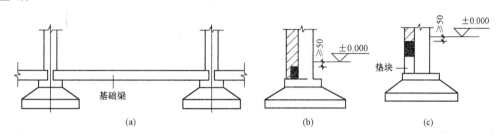

图 2-2-3 基础梁的布置

(a)基础梁搁置在基础杯口上；(b)基础梁搁置在基顶的混凝土垫块上；(c)基础梁设置在室内地坪以下 50 mm 标高处

2.2.6 支撑的布置

厂房支撑分为屋盖支撑和柱间支撑两类。就整体而言，支撑的主要作用是：保证结构构件的稳定与正常工作；增强厂房的整体稳定性和空间刚度；传递某些水平荷载(如纵向风荷载、起重机纵向水平荷载及水平地震作用等)到主要承重构件。此外，在施工安装阶段，应根据具体情况设置某些临时支撑以保证结构构件的稳定。

1. 屋盖支撑

(1)屋架之间的垂直支撑和水平系杆。屋架之间的垂直支撑和水平系杆的作用是保证屋架在安装和使用阶段的侧向稳定，增强厂房的整体刚度。设置在第一柱间的下弦受压水平系杆，除了能改善屋架下弦的侧向稳定外，当山墙抗风柱与屋架下弦连接时，还有支承抗风柱、传递山墙风荷载的作用。

当屋架的跨度 $l \leq 18$ m，且无天窗时，一般可不设置垂直支撑和水平系杆；当 $l > 18$ m 时，应在厂房端部及伸缩缝的第一或第二柱间设置一道($l \leq 30$ m)或两道($l > 30$ m)垂直支撑，并在下弦设置通长的水平系杆，如图 2-2-4 所示。当为梯形屋架时，因其端部高度较大，应增设端部垂直支撑与水平系杆。

当为屋面大梁时，因其高度较屋架小，一般可不设置垂直支撑与水平系杆，但应对梁在支座处进行倾覆验算。

(2)屋架之间的横向水平支撑。屋架之间的横向水平支撑通常设置在屋架的上弦或下弦。

屋架上弦横向水平支撑的作用是保证屋架上弦或屋面梁上翼缘的侧向稳定，增强屋盖

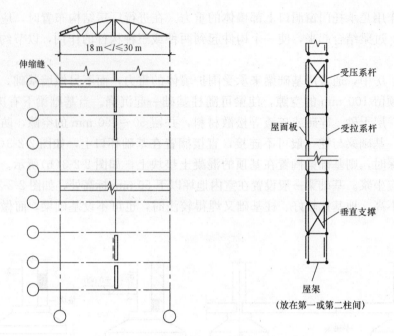

图 2-2-4　屋架之间的垂直支撑与水平系杆

的整体刚度，同时将由山墙抗风柱传来的纵向水平风荷载或纵向地震作用传递到纵向排架柱顶，如图 2-2-5 所示。

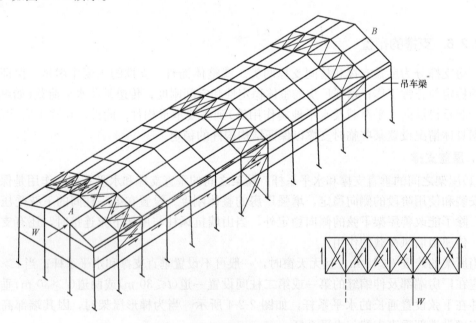

图 2-2-5　屋架上弦横向水平支撑作用示意

当为大型屋面板无檩体系屋盖时，若其构造具有足够的刚性（屋面板与屋架或屋面梁间至少保证在三个角点焊，板肋之间的拼缝用 C15～C20 细石混凝土灌实），且无天窗时，则可认为屋面板能起上弦横向水平支撑的作用而不需另设。

当为有檩体系屋面，或为大型屋面板而不能满足上述刚性构造要求或有天窗时，均应在伸缩缝区段两端的第一或第二柱间设置上弦横向水平支撑，如图 2-2-6(a)所示；当有天窗时，还应沿屋脊设置一道通长的钢筋混凝土受压水平系杆。

屋架下弦横向水平支撑的作用是将作用在屋架下弦的纵向水平荷载(风荷载、地震作用或有悬挂起重机时的启动、制动荷载)传递到纵向排架柱，保证屋架下弦的侧向稳定。

当屋架下弦设有悬挂起重机，或山墙抗风柱与屋架下弦连接，或厂房起重机起重量大、振动荷载大时，均应设置屋架下弦横向水平支撑，如图 2-2-6(b)所示。

(3)屋架之间的纵向水平支撑。屋架之间的纵向水平支撑常设置在屋架下弦的端部节间，并与下弦横向水平支撑组成封闭的支撑体系，如图 2-2-7 所示，以利增强厂房的整体性。

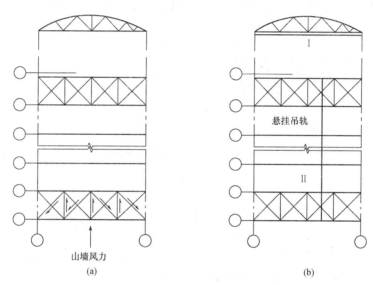

图 2-2-6　屋架之间的横向水平支撑

(a)上弦横向水平支撑；(b)下弦横向水平支撑

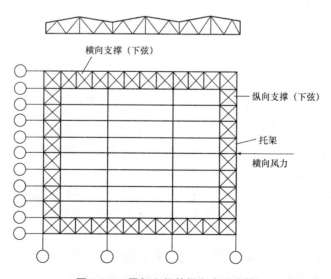

图 2-2-7　屋架之间的纵向水平支撑

屋架之间的纵向水平支撑的作用，使起重机启动、制动时产生的柱顶横向水平荷载分散传递到邻近的排架，提高厂房的空间作用与刚度；当厂房设有托架时，则需承担由中间屋架传来的横向风荷载，并保证托架上弦的侧向稳定，如图 2-2-8 所示。

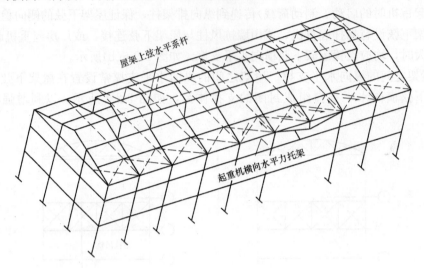

图 2-2-8　屋架之间纵向水平支撑的作用及布置示意图

当厂房设有托架或有 50 kN 以上的壁行起重机，或起重机吨位大（特别是重级工作制起重机）、振动荷载大时，均必须设置屋架之间的纵向水平支撑。

（4）天窗架间的支撑。为传递天窗端壁所承受的风荷载（或纵向地震作用），以保证天窗上弦的侧向稳定，在天窗两端的第一柱间应设置天窗架的上弦横向支撑和垂直支撑，如图 2-2-9 所示。天窗架支撑与屋架上弦支撑应尽可能布置在同一柱间，以加强两端屋架的整体作用。

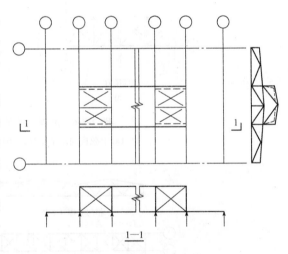

图 2-2-9　天窗架支撑

2. 柱间支撑

对于一般的工业厂房，柱间支撑分上部和下部两种。前者位于起重机梁上部，用以承受山墙的风荷载，后者位于起重机梁的下部，用以承受上部支撑传来的荷载和起重机梁传来的纵向制动荷载，并传至基础。柱间支撑还起到增强厂房的纵向刚度和稳定的作用。

柱间支撑应布置在厂房伸缩缝区段的中部，这样，当温度变化时，厂房可向两端自由伸缩，以减少温度应力。上柱的柱间支撑可设置在厂房两端的第一柱间，以便能直接传递山墙风力。

非地震区的单层厂房，凡属下列情况之一者，均应设置柱间支撑：

（1）设有悬臂式起重机，或设有≥30 kN 的悬挂式起重机。

（2）设有起重量≥100 kN 的起重机。

(3)厂房跨度≥18 m，或柱高≥8 m。

(4)厂房纵向列柱的总数在7根以下。

(5)露天起重机栈桥的柱列。

柱间支撑一般采用钢结构，杆件截面尺寸应经承载力和稳定验算。柱间支撑宜用35°～55°的杆件交叉形式。在特殊情况下，可采用其他形式（如人字形、八字形、斜柱式等）。

2.2.7 基础选型

柱基类型的选择，主要取决于其上部结构荷载的性质、大小以及工程地质条件。柱下单独基础是单层厂房最常用的形式。这种基础有阶形和锥形两种如图 2-2-10(a)和图 2-2-10(b)所示，由于它们与预制柱的连接部分做成杯口，故统称为杯形基础。当柱下基础与设备基础或地坑冲突，以及地质条件差等原因需要深埋时，为不使预制柱过长，且能与其他柱长一致，可做成如图 2-2-10(c)所示的高杯口基础，它由杯口、短柱以及阶形或锥形底板组成。短柱是指杯以下的基础上阶部分（即图中 I—I 截面到 Ⅱ—Ⅱ 截面之间的一段）。但当上部结构的荷载很大，或地基承载力低时，采用独立的杯形基础，因所需底面积过大，致使相邻基础很接近；或者由于地质构造复杂，为防止柱基的不均匀沉降，则可采用条形基础。当地基的持力层很深、上部结构的荷载很大，且对地基的变形限制较严时，可考虑采用桩基础。

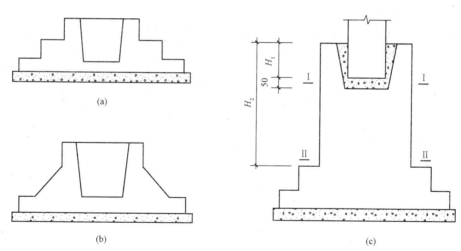

图 2-2-10 柱下单独基础的形式

(a)阶形基础；(b)锥形基础；(c)高杯口基础

2.3 排架结构内力分析

单层工业厂房排架结构实际上是空间结构，为了方便，可简化为平面结构计算。在跨度方向横向平面排架之间以及各个纵向平面排架之间是互不影响、独立工作的。但由于横向平面排架承受厂房的主要荷载，纵向平面排架一般可不必计算，因此，本任务仅介绍横向平面排架的计算。

2.3.1 排架的计算简图

1. 基本假定

为了简化计算，根据实践经验和构造特点，对不考虑空间工作的平面排架，作如下假定：

（1）基础顶面与柱下端固结。

（2）排架横梁（屋架或屋面梁）与柱上端铰接。

（3）排架横梁（屋架或屋面梁）为刚性连杆，没有轴向变形。

2. 计算单元与计算简图

由于作用在厂房排架上的各种荷载，除起重机荷载外，其他荷载如结构自重、雪荷载、风荷载等沿厂房纵向都是均匀分布的，横向排架的间距一般也都相等，且通常又不考虑排架间的相互影响（空间作用），故每一横向排架（两端的除外）所承担的荷载及受力情况完全相同，计算时，可通过任意相邻横向排架柱距的中心线，截取一部分厂房作为计算单元，如图 2-2-11(a)中的阴影线部分。除起重机荷载是移动的集中活荷载以外，其他作用于这一单元内的荷载，完全由该平面排架承担。这一单元就是平面排架的负荷范围，或称荷载从属面积。

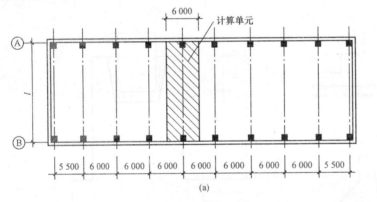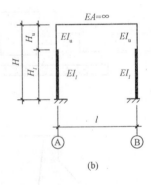

图 2-2-11　排架的计算单元与计算简图

2.3.2 排架的荷载计算

作用在单层厂房一榀排架上的荷载可以分为永久荷载和活荷载两种。

1. 永久荷载

永久荷载一般包括屋盖、起重机梁和柱的自重，以及支承于柱上的围护结构的自重等，其值可根据结构构件的设计尺寸与材料单位体积的自重计算确定。若为标准构件，其自重可直接由标准图集上查得。对常用材料和构件的自重可查《建筑结构荷载规范》(GB 50009—2012)进行计算。

当采用屋架时，屋面恒荷载的作用点通过屋架上弦与下弦中心线的交点作用于柱顶，如图 2-2-12 所示。屋盖自重 G_1 以集中荷载的形式通过屋架支点作用于柱顶。作用点一般位于厂房纵向定位轴线内侧 150 mm 处，对上柱的几何轴线产生偏心距 e_1。柱自重分为上柱重 G_4 与下柱重 G_5，分别沿上、下柱中心线作用，其数值可通过柱的截面尺寸及高度计算。

起重机梁及轨道自重 G_3 沿起重机梁中心线作用于牛腿顶面，一般起重机梁中心线到柱外边缘（边柱）或柱中心线（中柱）的距离为 750 mm。支撑与柱牛腿上的围护结构自重 G_2 沿墙梁中心线作用于柱牛腿顶面。

2. 屋面活荷载

屋面活荷载包括雪荷载、屋面均布活荷载与积灰荷载等，其标准值均可从《建筑结构荷载规范》(GB 50009—2012)中查得。考虑到不可能在屋面积雪很深时进行屋面施工，故规定雪荷载与屋面均布活荷载不同时考虑，设计时，取其中较大值。当有积灰荷载时，应与雪荷载或不上人的屋面均布活荷载两者中的较大值同时考虑。

屋面水平投影面上的雪荷载标准值 S_k(kN/m²)，可按下式计算：

$$S_k = \mu_r S_0 \tag{2-2-1}$$

式中 μ_r——屋面积雪分布系数，是考虑到屋面形状与空旷平坦地面的不同而引用的修正系数，可查《建筑结构荷载规范》(GB 50009—2012)；

S_0——基本雪压(kN/m²)，按《建筑结构荷载规范》(GB 50009—2012)给出的 50 年一遇的雪压采用，或按当地设计资料采用。

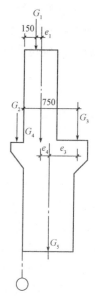

图 2-2-12　排架上的荷载

3. 起重机荷载

起重机按承重骨架的形式分为单梁式和桥式两种。工业厂房中一般采用桥式起重机。桥式起重机由大车（桥架）和小车组成。大车在起重机梁的轨道上沿厂房纵向行驶，小车在大车的轨道上沿厂房横向运行。起重机荷载通过大车两端行驶的四个轮子作用在起重机梁上，再由起重机梁传给排架柱，如图 2-2-13 所示，故应先计算每一个轮子所传递的起重机荷载，再根据轮子在起重机梁上的位置计算由起重机梁传给柱子的起重机荷载。

(1)起重机竖向荷载。起重机竖向荷载是指起重机（大车与小车）自重与起吊重物经由起重机梁传给柱子的竖向压力。当起重机起吊重量达额定的最大值 Q_{max}，而小车行驶到大车桥一端的极限位置时，则起重机轮作用在该边起重机轨道上的压力达到最大值，称为"最大轮压"P_{max}；此时，作用在另一边轨道上的轮压则为"最小轮压"P_{min}，如图 2-2-14 所示。P_{max} 与 P_{min} 的标准值可根据起重机的规格（起重机类型、起重量、跨度及工作制等）自起重机产品样本中查得。

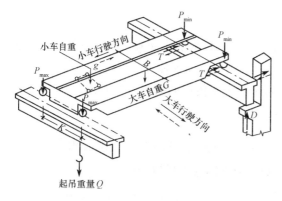

图 2-2-13　起重机荷载示意图

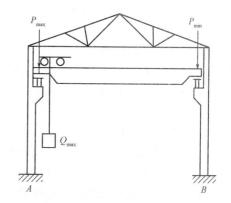

图 2-2-14　起重机的最大轮压与最小轮压

起重机每个轮子的 P_{max} 与 P_{min} 值均确定后，即可根据起重机梁（按简支梁考虑）的支座反向力影响线及起重机轮子的最不利位置，计算出由起重机梁传给柱子的起重机最大竖向荷载 D_{max} 与起重机最小竖向荷载 D_{min}，如图 2-2-15 所示。

$$\frac{D_{max}}{D_{min}} = \frac{P_{max}}{P_{min}} \times \sum y_i \qquad (2-2-2)$$

式中 $\sum y_i = y_1 + y_2 + y_3 + y_4$ ——相应于起重机轮压处于最不利位置时，支座反力影响线的竖向坐标值之和，可根据起重机的宽度 B 及轮距 K 计算。

考虑到多台起重机同时工作并都达到最不利荷载位置的组合概率很小，《建筑结构荷载规范》(GB 50009—2012)规定：计算排架考虑多台起重机竖向荷载时，对单层起重机的单跨厂房的每个排架，参与组合的起重机台数不宜多于 2 台；对单层起重机的多跨厂房的每个排架，不宜多于 4 台。

（2）起重机水平荷载。起重机水平荷载有横向水平荷载和纵向水平荷载两种。

起重机横向水平荷载主要是指小车制动或启动时所产生的惯性力，应等分于桥架的两端，分别由轨道上的车轮平均传至轨道，其方向与轨道垂直，并考虑正、反两个方向的刹车情况，作用在起重机梁的顶与柱连接处，如图 2-2-16 所示。

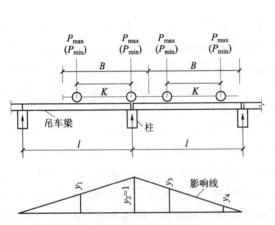

图 2-2-15 起重机梁的支座反力影响线及起重机轮子的最不利位置

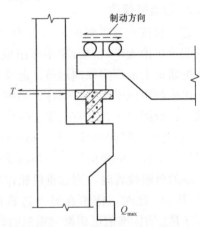

图 2-2-16 起重机的横向水平作用

根据《建筑结构荷载规范》(GB 50009—2012)规定，起重机横向水平荷载标准值，应取横行小车重量 Q_1 与额定起重量 Q 之和的百分数，并乘以重力加速度。

起重机横向水平荷载平均分配于各轮，则每个轮子所传递的横向水平力为

$$T = \frac{\alpha(Q_1 + Q)}{n} \qquad (2-2-3)$$

式中 α ——横向制动力系数，对软钩起重机取 12%（当 $Q \leqslant 100$ kN 时）、10%（当 $Q = 160 \sim 500$ kN 时）、8%（当 $Q \geqslant 750$ kN 时）；对硬钩起重机取 20%；

n ——每台起重机两端的总轮数。

起重机每个轮子的 T 值确定后，即可用计算起重机竖向荷载的同样方法，计算作用于柱上的起重机最大横向水平荷载 T_{max}，只是此时的作用方向不同，如图 2-2-17 所示。

$$T_{\max} = T \times \sum y_i \qquad (2\text{-}2\text{-}4)$$

此 $T_{\max}$ 值同时作用于起重机两边的柱上，方向相同。

起重机纵向水平荷载是指大车制动或启动时所产生的惯性力，其作用点位于刹车轮与轨道的接触点，其方向与轨道方向一致，由厂房的纵向排架承担。

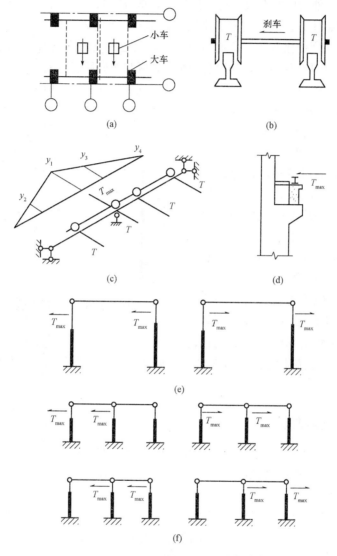

图 2-2-17　起重机横向水平荷载的计算

起重机纵向水平荷载标准值，应按作用在一边轨道上所有刹车轮的最大轮压之和的 10% 采用。每个轮子所传递的起重机纵向水平荷载 T_l 可按下式计算：

$$T_l = 0.1P_{\max} \qquad (2\text{-}2\text{-}5)$$

因为一般四轮起重机每侧的制动轮数为 1，故 T_l 即为每台起重机的纵向制动力。

《建筑结构荷载规范》(GB 50009—2012)规定，考虑多台起重机水平荷载时，对单跨或多跨厂房的每个排架，参与组合的起重机台数不应多于 2 台。

4. 风荷载

根据《建筑结构荷载规范》(GB 50009—2012)规定，当计算主要承重结构时，垂直作用于建筑物表面上的风荷载标准值 w_k(kN/m²)，应按下式计算：

$$w_k = \beta_z \mu_s \mu_z w_0 \qquad (2\text{-}2\text{-}6)$$

式中　β_z——高度 z 处的风振系数，对单层厂房，取 $\beta_z = 1$；

μ_s——风荷载体型系数，决定于建筑物的体型，见附表 A17；

μ_z——风压高度变化系数，离地面越高，则风速、风压值越大，见附表 A18；

w_0——基本风压(kN/m²)，与建筑物所在地区与所处环境有关，应按《建筑结构荷载规范》(GB 50009—2012)给出的 50 年一遇的风压采用，但不得小于 0.3 kN/m²。

作用于厂房排架柱上的风荷载包括由墙面传来的均布风荷载 q 及由屋面传来的集中风荷载 F_w，如图 2-2-18 所示。对垂直作用于屋面的风荷载，仅考虑其水平分力，计算时，风压高度变化系数 μ_z 值，可按屋盖的平均标高或檐口标高取用；当有天窗时，作用于天窗架上的风压高度变化系数 μ_z 值，可按天窗檐口标高采用。计算作用于柱身的均布风荷载 q 是一个变量。但为简化计算，可近似地假定为沿厂房高度不变的均布值，并偏于安全地按柱顶标高处的 μ_z 进行计算。

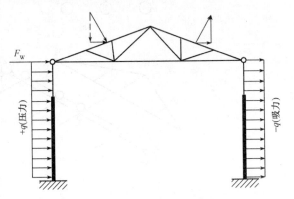

图 2-2-18　排架风荷载计算简图

此外，应注意到风荷载方向的不确定性，所以计算时要考虑左风、右风作用，但左风、右风不同时考虑。

2.3.3　排架的内力分析

内力分析就是求出各种荷载作用下，排架柱控制截面的内力，然后对各种荷载作用下的内力进行组合，选择柱控制截面取最不利内力组合，作为柱及基础的设计依据。通常的方法是先求出单项荷载作用下排架柱各个截面的内力图，再把单项计算结果加以综合，通过内力组合的方法确定几个关键性控制截面的最不利内力，才能按照这些内力对排架柱进行设计。下面先讨论单个变截面柱在任意荷载作用下的内力计算。

1. 单阶变截面柱在任意荷载下的内力计算方法

单阶一次超静定柱为柱顶端不动铰支、柱下端固定端的单阶变截面柱，如图 2-2-19 所示。这是一个用力法求解变截面构件的问题。以图 2-2-19 所示变截面柱为例，在变截面作用有力偶 M 时，设柱顶反力为 R，取基本体系如图 2-2-19(b)所示，由力法方程可得

$$R\delta - \Delta_P = 0 \qquad (2\text{-}2\text{-}7)$$

由上式可得

$$R = \Delta_P / \delta \qquad (2\text{-}2\text{-}8)$$

式中　R——柱顶不动铰支座处的反力；

δ——悬臂柱柱顶作用有单位水平力时，柱顶的水平侧移；

Δ_P——柱上作用有 $M = 1$ 时，柱顶的水平侧移。

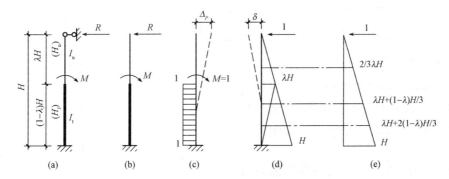

图 2-2-19 单阶变截面柱的内力计算

若上下柱高度 H_u、H_l 与全柱高 H 的关系分别为 $H_u = \lambda H$，$H_l = (1-\lambda)H$；上、下截面惯性矩 I_u、I_l 的关系为 $I_u = nI_l$，则由图 2-2-19(c)、2-2-19(d)、2-2-19(e)，根据结构力学中的图乘法可以求得

$$\delta = \frac{1}{3/[1+\lambda^3(1/n-1)]} \times \frac{H^3}{EI_l} = \frac{H^3}{C_0 \, EI_l} \tag{2-2-9}$$

$$\Delta_P = (1-\lambda^2)\frac{H^2}{2 \, EI_l} \tag{2-2-10}$$

式中 $C_0 = 3/[1+\lambda^3(1/n-1)]$——单阶变截面柱柱顶位移系数。

将式(2-2-9)、式(2-2-10)代入式(2-2-8)，即求得

$$R = \frac{\Delta_P}{\delta} = \frac{3}{2} \times \frac{1-\lambda^2}{1+\lambda^3(1/n-1)} \times \frac{M}{H} = C_3\frac{M}{H} \tag{2-2-11}$$

式中，$C_3 = 3/2 \times (1-\lambda^2)/[1+\lambda^3(1/n-1)]$ 为单阶变截面柱在下柱柱顶有力偶 M 时的柱顶反力系数。单阶变截面柱在各种荷载作用下的柱顶反力系数 C_0，C_1，…可查阅有关设计手册或本书附图 B1 至附图 B8。

根据 R 值，就可得到相应的内力图。

2. 等高排架在柱顶水平集中力作用下的内力计算方法

这是一个用剪力分配法对排架结构求解的问题。以图 2-2-20 所示等高排架在柱顶水平力 F 作用下的受力分析为例。按基本假定，该排架受力后各柱顶水平侧移 Δ_i 相等；柱顶剪力 V_i 可由下列联立方程求出：

$$\Delta_a = \Delta_b = \Delta_c = \Delta \tag{2-2-12}$$

$$F = V_a + V_b + V_c \tag{2-2-13}$$

由 δ_i 的物理意义，可得下列物理条件：

$$V_i = \Delta_i/\delta_i \qquad (i=a、b、c) \tag{2-2-14}$$

代入式(2-2-13)，即

$$F = (\sum 1/\delta_i)\Delta，\text{或} \Delta = F/(\sum 1/\delta_i) \qquad (i=a、b、c) \tag{2-2-15}$$

将式(2-2-15)代入式(2-2-14)，可得

$$V_i(1/\delta_i)/[\sum (1/\delta_i)]F \qquad (i=a、b、c) \tag{2-2-16}$$

在求得 V_i 后，就可得到相应的内力图。下面对式(2-2-16)的物理意义作以下说明：

$(1)\delta_i$ 为第 i 柱的柔度，$(1/\delta_i)$ 为第 i 柱的抗剪刚度，$\eta_i = (1/\delta_i)/[\sum(1/\delta_i)]$ 为第 i 柱的剪力分配系数，$\sum \eta_i = 1$。

（2）当排架结构柱顶作用有水平集中力 F 时，各柱的柱顶剪力按其抗剪刚度与各柱抗剪刚度总和的比例关系进行分配，故称剪力分配法。

3. 等高排架在任意荷载作用下的内力计算方法

这是一种将前述两种计算方法加以综合考虑对排架结构求解的问题。

当对称排架所受的荷载也对称时（屋盖恒荷载），排架结构顶端无侧移，排架柱可简化为前述第 1 种情况，如图 2-2-21 所示，进行内力计算。

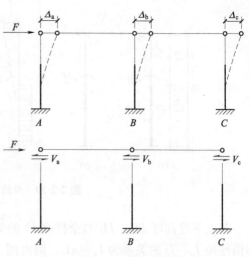

图 2-2-20　等高排架在柱顶集中力作用下的内力计算方法

当对称排架所受的荷载非对称时（如排架柱上作用有风荷载、起重机竖向荷载、起重机横向水平荷载等），排架顶端有水平侧移。但不论在何种荷载作用下，排架结构的内力计算都可分解为两步进行：

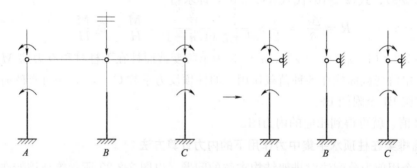

图 2-2-21　对称排架对称荷载作用

（1）先在排架柱顶部附加一个不动铰支座以阻止其水平侧移，用前述第 1 种方法求出支座反力 R，如图 2-2-22(b) 所示，同时即可得到相应排架柱的内力图。

（2）撤除附加不动铰支座，并将 R 以反方向作用于排架柱，如图 2-1-22(c) 所示，以期恢复到原来的结构体系情况。这时，可用前述第 2 种方法求得整个排架结构在 R 作用下的内力图。

叠加上述两步求得的内力图，就能得到排架结构的实际内力图。

4. 不等高排架内力计算方法

图 2-2-23(a) 为常见的两跨不等高排架结构内力的计算简图。由于它在任意荷载作用下，高低列柱的柱顶水平侧移不等，用前述的剪力分配法就不适宜了，它更适合于用力法求解。

以图 2-2-23(b) 所求高跨作用有水平集中力 F 为例，求解得到各横梁内力 x_1 和 x_2 后，

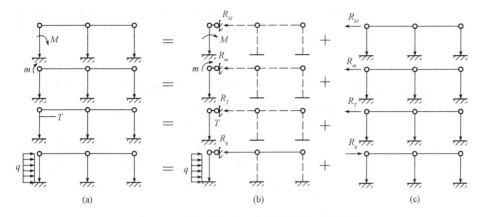

图 2-2-22　等高排架在任意荷载作用下的计算

即可按静定悬臂柱求得排架各柱的弯矩 M 图、剪力 V 图及轴力 N 图。

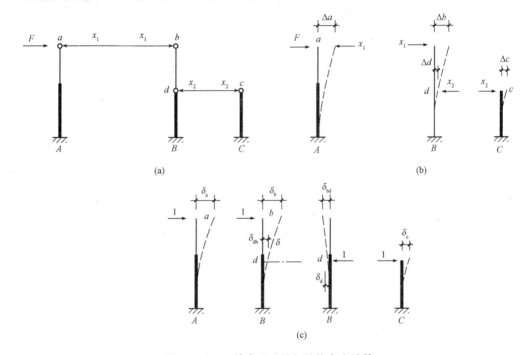

图 2-2-23　不等高两跨排架结构内力计算

2.3.4　受压构件简介(截面形式、尺寸及材料要求)

钢筋混凝土受压构件是以承受轴向压力为主的构件,匀质受压构件按照纵向压力作用线是否通过构件截面形心,可以分为轴心受压构件和偏心受压构件两类。当纵向压力作用线与构件截面形心轴重合时,将这类构件称为轴心受压构件,如图 2-2-24(a)、(b)所示。当纵向压力作用线与构件截面形心轴不重合或者在构件截面上同时作用压力、剪力或弯矩时,称这类构件为偏心受压构件,如图 2-2-24(c)、(d)所示。在实际结构中,由于实际构件及所处环境与理想力学计算模型之间的差异(如材料分布不均匀、施工制作的误差、摩擦及其他非主要因素的影响等），并不存在严格意义上的轴心受压构件。许多构件，如桁架受压腹杆、以恒载为主的多层多跨房屋的底层中间柱等构件，受弯矩小，可近似看作轴心受压构件。

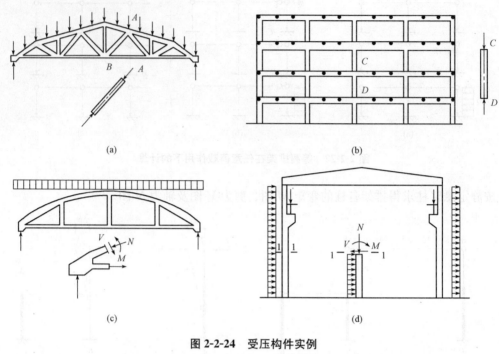

图 2-2-24　受压构件实例
(a)屋架的受压腹杆；(b)等跨柱网的内柱；
(c)拱的压杆；(d)单层厂房柱

钢筋混凝土受压构件是由两种材料组成，混凝土是非匀质材料，钢筋可不对称布置，但为了方便，不考虑混凝土的不匀质性及钢筋不对称布置的影响，近似地用轴向压力的作用点与构件正截面形心的相对位置来划分受压构件的类型。另外，偏心受压构件有单向受压构件与双向受压构件两种。实际结构中绝大多数为单向受压构件，因此，本任务主要介绍单向钢筋混凝土受压构件的设计计算方法。

（1）受压构件的截面形式及尺寸。钢筋混凝土轴心受压构件的截面一般为矩形、方形、多边形或圆形。偏心受压构件一般采用矩形截面。对于截面尺寸较大，特别是预制构件，为了节约混凝土和减轻构件的自重，常采用 I 字形截面，电线杆及一些大的墩柱等也常采用空心环形截面。

为了防止受压构件由于长细比过大而使其承载能力降低过多，一般对矩形截面受压构件的长细比控制在 $l_0/h \leqslant 25$ 及 $l_0/b \leqslant 30$ 的范围内（l_0 为构件的计算长度，b 为矩形截面短边边长，h 为长边边长），圆形截面受压构件的长细比控制在 $l_0/d \leqslant 25$ 范围内（d 为圆形截面的直径）。另外，考虑到施工条件及工艺，受压构件的截面尺寸不宜小于 250 mm×250 mm，对于 I 形截面，翼缘厚度不宜小于 120 mm，腹板厚度不宜小于 100 mm，抗震区腹板宜再加厚些。并且构件截面尺寸宜采用整数，当尺寸小于等于 800 mm 时，宜取 50 mm 的整倍数；当尺寸大于 800 mm 时，宜取 100 mm 的整倍数。

（2）受压构件的材料强度要求。混凝土强度等级直接影响受压构件的承载能力。为了减小构件的截面尺寸，节省钢材，降低自重，提高承受外荷载能力，宜采用较高强度等级的混凝土，一般建议采用 C30～C40 级。对于高层建筑的底层柱，可采用 C50 或以上等级的混凝土。

纵向受力普通钢筋宜采用 HRB400、HRB500、HRBF400、HRBF500、HRB335、RRB400、HPB300 级钢筋，不宜采用高强度钢筋，这是由于它与混凝土共同受压时，不能充分发挥其高强度的作用。箍筋宜采用 HRB400、HRBF400、HRB335、HPB300、HRB500、HRBF500 钢筋。

(3)配筋要求。受压构件中的配筋配置应在构造上满足要求。

1)纵向钢筋。纵向受力钢筋的直径应不小于 12 mm，一般应在 12～32 mm 范围内选用。一般应采用较粗的钢筋以形成劲性较好的骨架，以减少钢筋在施工时可能产生的纵向弯曲。

纵向钢筋的根数不得小于 4 根。在圆柱形受压构件中，纵向钢筋应沿周边均匀布置，根数不宜少于 8 根，且不应少于 6 根。偏心受压构件，则应放在弯矩作用方向的两个侧边上，较粗的钢筋应放在角上，且当截面高度 $h \geqslant 600$ mm 时，应在侧面设置直径 $\geqslant 10$ mm 的纵向构造钢筋，并相应设置附加箍筋或拉筋。

柱中纵向钢筋的净间距不应小于 50 mm，且不宜大于 300 mm；对水平浇筑的预制柱，纵向钢筋的最小净间距可按梁的有关规定选用，但不应小于 30 mm 和 $1.5d$(d 为钢筋的最大直径)；在偏心受压柱中，垂直于弯矩作用平面的侧面上的纵向受力钢筋以及轴心受压柱中各边的纵向受力钢筋，净间距不应大于 300 mm。轴向受压构件、偏心受压构件截面上受压纵向钢筋的配筋率不能太大，也不能太小。配筋率太小，则构件接近素混凝土柱，纵向钢筋起不到防止构件脆性破坏的缓冲作用；配筋率太大，混凝土和钢筋之间发生应力重分布时，容易使混凝土在粘结力作用下拉裂。所以受压构件最小配筋率为 0.6%，一侧的纵向钢筋最小配筋率为 0.2%。同时，全部的纵向钢筋的配筋率不宜超过 5%，通常纵向钢筋配筋率为 0.6%～2%。

纵筋的连接接头宜设置在受力较小处，同一根钢筋宜少设接头。钢筋的接头既可采用机械连接接头，也可采用焊接接头和搭接接头。对于直径大于 28 mm 的受拉钢筋和直径大于 32 mm 的受压钢筋，不宜采用绑扎的搭接接头。柱内纵向钢筋的保护层厚度，应采用相应的规范要求。

2)箍筋。受压构件中，为了防止纵向钢筋受压弯曲，保持纵向钢筋的正确位置，箍筋应做成封闭式。箍筋间距不应大于 $15d$(d 为纵筋最小直径)，且不应大于 400 mm 及构件横截面的短边尺寸。箍筋直径不应小于 $d/4$(d 为纵向钢筋的最大直径)，且不应小于 6 mm。

当全部纵向受力钢筋的配筋率超过 3% 时，箍筋直径不应小于 8 mm，其间距不应大于 $10d$(d 为纵向受力钢筋最小直径)，且不应大于 200 mm；箍筋末端应做成 135°弯钩且弯钩末端平直段长度不应小于箍筋直径的 10 倍。

在纵筋搭接长度范围内，箍筋的直径不宜小于搭接钢筋直径的 0.25 倍；箍筋间距应加密，当搭接钢筋为受拉时，其箍筋间距不应大于 $5d$，且不应大于 100 mm；当搭接钢筋为受压时，箍筋间距不应大于 $10d$(d 为搭接钢筋中的较小的直径)，且不应大于 200 mm。当搭接受压钢筋直径大于 25 mm 时，应在搭接接头两个端面外 100 mm 范围内各设两根箍筋。

当柱截面短边尺寸大于 400 mm，且各边纵向钢筋多于 3 根时，或当柱截面短边尺寸不大于 400 mm，各边纵向钢筋多于 4 根时，应设置复合箍筋，其常用形式如图 2-2-25（a）所示，复合箍筋的直径和间距要求均与设置箍筋相同；对于截面形状较复杂的柱，箍筋不可采用有内折角的形式如图 2-2-25（b）所示，以免产生向外的拉力，使折角处混凝土保护层崩脱。设置复合箍筋时，应使纵向钢筋至少每隔一根放置于箍筋弯折处。圆柱中的箍筋，搭接长度不应小于规范对受拉钢筋搭接长度的要求，且末端应做成 135°弯钩，弯钩末端平直段长度不应小于箍筋直径的 5 倍。

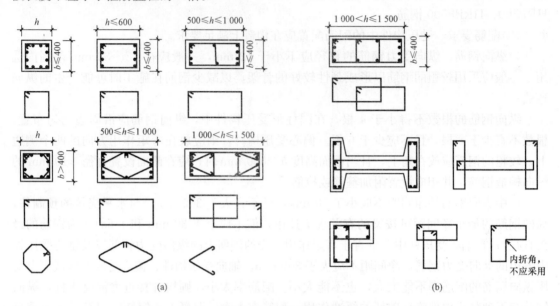

图 2-2-25　柱内箍筋形式

（a）方形柱和矩形柱的箍筋；（b）I 形柱和 L 形柱的箍筋

2.3.5　轴心受压构件截面设计

钢筋混凝土轴心受压（柱）构件按照箍筋的作用及配置方式的不同可分为两种类型：一种是配有纵向钢筋和普通箍筋的柱，称为普通箍筋柱[图 2-2-26（a）]；另一种是配有纵筋和螺旋式或焊接环式箍筋的柱，称为螺旋箍筋柱[图 2-2-26（b）]。

1. 普通箍筋柱正截面受压承载力计算

普通箍筋柱是最常见的轴心受压构件。其中纵向钢筋是主受力钢筋，和混凝土一起共同承受荷载。它能够提高正截面的承载能力，增大柱的抗变形能力，减少混凝土徐变，在出现偶然偏心时避免产生脆性破坏。箍筋是辅助钢筋，它与纵向钢筋一起组成劲性骨架，减小纵向钢筋的自由长度，保证受力后不被压缩。

（1）破坏形态。普通钢筋混凝土箍筋柱根据其破坏形态分为短柱和长柱。长柱、短柱形式下，钢筋混凝土柱的受力及破坏模式有很大区别。

1）短柱。钢筋混凝土短柱的破坏，表现在材料被压碎而丧失承载能力。当荷载较小时，混凝土和钢筋都处于弹性阶段，柱子压缩变形的增加与荷载的增加成正比，纵筋和混凝土的压应力的增加与荷载的增加成正比。随着压力的增大，钢筋和混凝土的应变也不断增加，混凝土逐渐进入弹塑性、塑性变形阶段，其变形增加速度逐渐大于荷载的增加速度。此时，钢筋和混凝土的应力发生重新分布，钢筋应力增大越来越快，而混凝土应力增大变慢。在

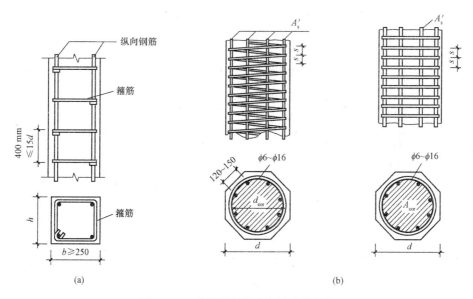

图 2-2-26 普通箍筋柱及螺旋式箍筋柱

长期荷载作用下，由于混凝土的徐变和收缩使混凝土应力降低而钢筋应力进一步增大。特别是当配筋率较低时，这种现象尤为明显。当压力达到破坏荷载的 90% 左右时，达到极限应变，柱四周开始出现纵向裂缝，混凝土保护层开始剥落，箍筋间的纵筋向外凸，发生压屈，构件因混凝土被压碎而破坏(图 2-2-27)。

大量试验结果表明，素混凝土构件破坏时的压应变值约为 $1.5 \times 10^{-3} \sim 2 \times 10^{-3}$，而钢筋混凝土短柱破坏时，应变在 $2.5 \times 10^{-3} \sim 3.5 \times 10^{-3}$，一般中等强度的钢筋在应变达到 2×10^{-3} 时都能达到抗压屈服强度。也就是说在混凝土达到屈服以前钢筋的压应力已经到屈服强度，钢筋在屈服强度下与混凝土共同受力，如果继续增加荷载，就会使混凝土达到屈服造成构件的破坏。如果采用的钢筋强度等级过高，在混凝土被压碎时，钢筋可能还未达到屈服强度，则会造成钢筋材料的浪费。计算时，一般以压应变达到 2×10^{-3} 为控制条件，认为此时混凝土达到了棱柱体抗压强度 f_c，相应的纵筋应力值 $\sigma' = E_s \varepsilon'_s \approx 200 \times 10^3 \times 2 \times 10^{-3} \approx 400 \ \text{N/mm}^2$。对于 HPB300 级、HRB335 级、HRB400 级、和 RRB400 级热轧钢筋能达到屈服强度。而对于屈服强度或条件屈服强度大于 $400 \ \text{N/mm}^2$ 的钢筋，在设计中 f'_y 时只能取 $400 \ \text{N/mm}^2$。

2)长柱。对于细长比较大的钢筋混凝土长柱的破坏则是一种"失稳破坏"。在轴心压力作用下，长柱不但发生压缩变形，而且会产生由于各种偶然因素引起的附加弯矩，产生侧向挠度，随着荷载的增大，附加弯矩和侧向挠度不断增大。柱的凹向一侧压应力较大，凸向一侧较小。附加弯矩使偏心距进一步增大，同时偏心距的增大又促使附加弯矩的增加，二者互相促进，很快使截面靠近柱的凹向一侧的部分压应力超过材料抗压强度而破坏。破坏时，先在凹侧出现纵向裂缝，随后混凝土被压碎，纵筋被压屈向外凸出，混凝土保护层脱落；凸侧混凝土由受压变为受拉，出现垂直于纵轴方向的横向裂缝(图 2-2-28)。

试验表明，长柱的承载能力要小于相同截面、材料和配筋的短柱的承载能力。《混凝土结构设计规范(2015 年版)》(GB 50010—2010)采用稳定系数 φ 来表示长柱承载能力的降低程度，等于相同条件下长柱和短柱的承载能力之比，即

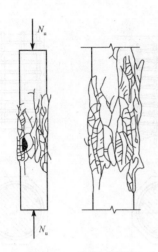

图 2-2-27　短柱的破坏

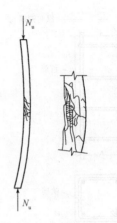

图 2-2-28　长柱的破坏

$$\varphi = \frac{N_u^l}{N_u^s} \qquad (2\text{-}1\text{-}17)$$

式中　N_u^l，N_u^s——分别为长柱和短柱的承载能力。稳定系数主要与柱子的长细比 l_0/b 有关，《混凝土结构设计规范（2015 年版）》（GB 50010—2010）规定值按表 2-2-3 取用。

表 2-2-3　钢筋混凝土轴心受压构件的稳定系数

l_0/b	≤8	10	12	14	16	18	20	22	24	26	28
l_0/d	≤7	8.5	10.5	12	14	15.5	17	19	21	22.5	24
l_0/i	≤28	35	42	48	55	62	69	76	83	90	97
φ	1.00	0.98	0.95	0.92	0.87	0.81	0.75	0.70	0.65	0.60	0.56
l_0/b	30	32	34	36	38	40	42	44	46	48	50
l_0/d	26	28	29.5	31	33	34.5	36.5	38	40	41.5	43
l_0/i	104	111	118	125	132	139	146	153	160	167	174
φ	0.52	0.48	0.44	0.40	0.36	0.32	0.29	0.26	0.23	0.21	0.19

注：表中 l_0 为构件计算长度；b 为矩形截面短边尺寸；d 为圆形截面直径；i 为截面最小回转半径。

受压构件的计算长度 l_0 的取值，与构件两端的支承条件及有无侧移等因素有关。按照材料力学的推导，在理想情况下的 l_0 值为

当两端为铰支座时，$l_0 = l$（l 为构件的实际长度）；

当两端为固定端时，$l_0 = 0.5l$；

当一段为固定端，一端为铰支座时，$l_0 = 0.7l$。

在实际工程中，构件所处的情况比较复杂，可按《混凝土结构设计规范（2015 年版）》（GB 50010—2010）的要求确定。

（2）轴心受压普通箍筋柱正截面受压承载力计算。《混凝土结构设计规范（2015 年版）》（GB 50010—2010）规定轴心受压构件承载力计算公式为

$$N \leqslant N_u = 0.9\varphi(f_c A + f_y' A_s') \qquad (2\text{-}2\text{-}18)$$

式中　　N——为轴心压力设计值；

　　　　N_u——为轴向压力承载力设计值；

　　　　φ——钢筋混凝土轴心受压构件的稳定系数；

　　　　f_c——混凝土的轴心抗压强度设计值；

　　　　A——构件截面面积，当纵向钢筋配筋率大于3%时，A应改为$A-A'_s$；

　　　　f'_y——纵向钢筋抗压强度设计值；

　　　　A'_s——纵向受压钢筋的截面面积；

　　　　ρ'——纵向钢筋的配筋率，$\rho'=A'_s/A$。

【例2-2-1】 钢筋混凝土框架柱的截面尺寸为400 mm×400 mm，承受轴向压力设计值$N=2\,500$ kN，柱的计算长度$l_0=5.0$ m，混凝土强度等级为C30，钢筋采用HRB335级。要求确定纵筋数量A'_s。

【解】 根据选用材料，查表可知：$f_c=14.3$ N/mm²；$f'_y=300$ N/mm²。$l_0/b=5\,000/400=12.5$，查表2-2-3并用内插法求得$\varphi=0.942\,5$。

按式(2-2-18)求A'_s：

$$A'_s=\frac{1}{f'_y}\left(\frac{N}{0.9\varphi}-f_cA\right)=\frac{1}{300}\times\left(\frac{2\,500\times10^3}{0.9\times0.942\,5}-14.3\times400\times400\right)=2\,197\,(\text{mm}^2)$$

配筋率$\rho'=\dfrac{A'_s}{A}=\dfrac{2\,197}{400\times400}=0.013\,7>\rho'_{\min}=0.6\%$且$\rho'<3\%$。

选用4根直径20 mm和4根直径18 mm的HRB335级钢筋。

$$A'_s=1\,256+1\,017=2\,273\,(\text{mm}^2)$$

直径为20 mm的钢筋布置在截面四角，直径为18 mm的钢筋布置在截面四边中部。

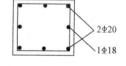

截面一侧配筋率$\rho'=\dfrac{314.2\times2+254.5}{400\times400}=0.005\,5>0.2\%$，满足要求。如图2-2-29所示为配筋截面图。

图2-2-29　配筋截面图

【例2-2-2】 根据建筑的要求，某现浇柱截面尺寸定为250 mm×250 mm。由两端支撑情况决定其计算高度$l_0=2.8$ m；柱内配有4根直径为22 mm的HRB400级钢筋（$A'_s=1\,520$ mm²）作为纵筋；构件混凝土强度等级为C40。柱的轴向力设计值$N=950$ kN。求截面是否安全。

【解】 根据规定，计算现浇混凝土轴心受压及偏心受压构件时，如截面的长边或直径小于300 mm，则混凝土的强度设计值应乘以系数0.8。当构件质量(如混凝土成型、截面和轴线尺寸等)确有保证时，可不受此限。

查表得材料的设计强度为：$f_c=19.1$ N/mm²，$f'_y=360$ N/mm²。

由$l_0/b=2\,800/250=11.2$，查表2-2-3并用内插法求得$\varphi=0.962$。

由式(2-2-18)得

$$\frac{0.9\varphi(0.8f_cA+f'_yA'_s)}{N}=0.9\times0.962\times(0.8\times19.1\times250\times250+360\times1\,520)/950\times10^3$$

$$=1.37>1.0$$

故截面是安全的。

2. 螺旋式箍筋柱正截面受压承载力计算

螺旋箍筋柱主要是在箍筋配置上与普通柱有所区别。当轴心荷载设计值较大，截面尺寸又不能增大时，即使提高混凝土强度等级和增加钢筋用量仍不能满足要求时，可考虑采用螺旋式箍筋(或焊接环式箍筋)柱，以此提高柱的承载力。

(1)破坏形态。在轴心压力作用下，箍筋柱的破坏是由于垂直裂缝开展后，纵筋屈服混凝土截面横向膨胀使混凝土的压应变达到极限而发生的。由于螺旋式箍筋呈圆周形，当间距较密时，它对混凝土有一个约束的作用，在混凝土保护层开裂后，它会有效地限制混凝土核心部分的横向变形，使核心混凝土在三向压应力作用下工作，从而提高了柱的承载能力。因此，这种箍筋通常称为间接钢筋。当间接钢筋中产生的拉应力，随着荷载的增大而不断增大，直到间接钢筋屈服，不能再继续增大对核心混凝土横向变形的约束作用时，混凝土才被压坏而导致柱子破坏。

(2)轴心受压螺旋式箍筋柱正截面受压承载力计算。螺旋箍筋柱的核心混凝土在轴心压力和四周径向压应力 σ_r 的作用下，抗压强度从单向受压的 f_c 提高到 f_{cc}，f_{cc} 的值可由下式确定：

$$f_{cc} = f_c + 4.1\sigma_r \tag{2-2-19}$$

式中　f_{cc}——处于三向压应力作用下核心混凝土的抗压强度；

　　　σ_r——间接钢筋应力达到屈服强度时，柱内核心混凝土受到的径向压应力，其值可由下式计算：

$$\sigma_r = \frac{2f_y A_{ss1}}{s d_{cor}} = \frac{2f_y A_{ss1} \pi d_{cor}}{4 \cdot \frac{\pi d_{cor}^2}{4} s} = \frac{f_y A_{ss0}}{2A_{cor}} \tag{2-2-20}$$

式中　f_y——间接钢筋抗拉强度设计值；

　　　s——沿构件轴线方向间接钢筋的间距；

　　　d_{cor}——混凝土核心截面的直径，取为间接钢筋内表面之间的距离；

　　　A_{ss1}——单根间接钢筋的截面面积；

　　　A_{ss0}——间接钢筋的换算截面面积，$A_{ss0} = \dfrac{\pi d_{cor} A_{ss1}}{s}$。

根据螺旋箍筋柱截面受力图式，由平衡条件可得到螺旋箍筋柱的承载力计算公式：

$$N \leqslant N_u = f_{cc} A_{cor} + f_y' A_s' = (f_c + 4\sigma_r) A_{cor} + f_y' A_s' = f_c A_{cor} + f_y' A_s' + 2f_y A_{ss0} \tag{2-2-21}$$

考虑到可靠度的调整系数 0.9 以及高强度混凝土的特性，《混凝土结构设计规范(2015年版)》(GB 50010—2010)规定采用下式计算式：

$$N_u = 0.9(f_c A_{cor} + f_y' A_s' + 2\alpha f_y A_{ss0}) \tag{2-2-22}$$

式中　α——对混凝土约束的折减系数，当混凝土强度等级小于等于 C50 时，取 1.0；当混凝土强度等级为 C80 时，取 0.85，其间按直线内插法确定。

为了保证螺旋式箍筋柱的保护层不致过早剥落，要求螺旋式箍筋柱的承载力不能超出普通箍筋柱太多。因此，《混凝土结构设计规范(2015 年版)》(GB 50010—2010)规定配有螺旋式箍筋的柱，其承载力还应满足下列要求：

$$N \leqslant N_u = 1.5[0.9\varphi(f_c A + f_y' A_s')] \tag{2-2-23}$$

同时，为了保证螺旋式箍筋在柱中对核心混凝土的约束作用，《混凝土结构设计规范(2015 年版)》(GB 50010—2010)还规定，当遇到下列任意一种情况时，不应记入螺旋式箍筋的作用，而应该按普通箍筋柱的公式计算：

1)当 $l_0/d > 12$ 时；

2)当按式(2-2-22)计算得到的承载力比按式(2-2-18)计算得的承载力小时；

3）当间接钢筋的换算截面面积 A_{ss0} 小于纵向钢筋的全部截面面积的 25% 时。

（3）构造要求。配有纵向钢筋和螺旋式箍筋柱中，纵向钢筋至少要用6根，通常为6~8根沿圆周等距离配置；如计算中考虑螺旋式箍筋的作用，则螺旋式箍筋的间距不应大于 $80\ \mathrm{mm}$ 及 $d_{cor}/5$（d_{cor} 为按螺旋式箍筋内表面确定的核心截面直径），且不宜小于 $40\ \mathrm{mm}$；螺旋式箍筋的直径应符合普通箍筋柱中箍筋的要求。

【例 2-2-3】 圆形截面轴心受压构件直径 $d=400\ \mathrm{mm}$，计算长度 $l_0=2.75\ \mathrm{m}$。混凝土强度等级为C40，纵向钢筋采用 HRB400 级钢筋，箍筋采用 HRB335 级钢筋，轴心压力组合设计值 $N_d=2\ 600\ \mathrm{kN}$。截面配筋如图 2-2-30 所示，I 类环境条件，安全等级为二级，试按螺旋箍筋柱考虑间接钢筋影响进行设计和截面复核。

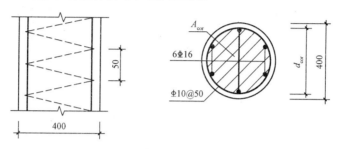

图 2-2-30　配筋图(尺寸单位：mm)

【解】 根据题意，需要按螺旋箍筋柱进行设计。

查表得材料的设计强度为：C40：$f_c=19.1\ \mathrm{N/mm^2}$，HRB335：$f_{yv}=300\ \mathrm{N/mm^2}$，HRB400：$f_y'=360\ \mathrm{N/mm^2}$。对混凝土约束系数取 $\alpha=1.0$，结构重要性系数 $\gamma_0=1.0$，轴心压力计算值 $N=\gamma_0 N_d=2\ 600\ \mathrm{kN}$。长细比 $\lambda=l_0/d=2\ 750/400=6.88<12$，满足间接钢筋影响按螺旋箍筋柱设计的条件。

初选螺旋箍筋间距 $s=50$（s 取 50，满足考虑间接钢筋作用时，箍筋间距不应大于 $80\ \mathrm{mm}$ 及 $d_{cor}/5$，且不小于 $40\mathrm{mm}$ 的要求），主筋采用 6$\underline{\Phi}$16（HRB400 级钢筋 $A_s'=1\ 206\ \mathrm{mm^2}$，配筋率 $\rho'=\dfrac{1\ 206}{12\ 564}=0.96\%>0.5\%$），纵向钢筋的混凝土保护层厚度取 $c=30\ \mathrm{mm}$，螺旋箍筋钢筋取直径 10 mm（HRB335 级钢筋 $A_{ss1}=78.5\ \mathrm{mm^2}$）。

核心面积直径 $d_{cor}=d-2c-2\times10=400-2\times30-2\times10=320(\mathrm{mm})$

柱截面面积 $A=\dfrac{\pi d^2}{4}=\dfrac{\pi\times(400)^2}{4}=125\ 664(\mathrm{mm^2})$

核心面积 $A_{cor}=\dfrac{\pi(d_{cor})^2}{4}=\dfrac{3.14\times(320)^2}{4}=80\ 425(\mathrm{mm})$

$A_{ss0}=\dfrac{\pi d_{cor}A_{ss1}}{s}=\dfrac{\pi\times320\times78.5}{50}=1\ 579(\mathrm{mm^2})>A_s'\times25\%=1\ 206\times25\%=301.5(\mathrm{mm^2})$

$N_u=0.9(f_c A_{cor}+f_y'A_s'+2\alpha f_{yv}A_{ss0})$

$\quad=0.9\times(19.1\times80\ 425+360\times1\ 206+2\times1\times300\times1\ 579)$

$\quad=2\ 626(\mathrm{kN})$

$N_u>N=2\ 600\ \mathrm{kN}$

$N_u'=0.9\varphi(f_c A+f_y'A_s)$

$\quad=0.9\times1\times(19.1\times125\ 664+360\times1\ 206)$

$$=2\ 551(kN)$$

$N_u > N'_u$，符合考虑间接钢筋的影响条件。

检查混凝土保护层是否会剥落得

$$1.5N'_u = 1.5 \times 2\ 551 = 3\ 825.5(kN) > N_u$$

故混凝土保护层不会剥落。

2.3.6 偏心受压构件正截面破坏形态

偏心受压构件从破坏原因、破坏性质以及决定构件承载力的影响因素，归纳分为正截面大偏心受压和小偏心受压两种破坏形态。

1. 大偏心受压破坏(受拉破坏)

当轴向压力的相对偏心距较大，且在偏心另一侧的纵向钢筋配置适量时，发生大偏心受压破坏。此时，在荷载作用下，轴向压力作用一侧截面受压，另一侧截面受拉。荷载加大时，首先在受拉区产生横向裂缝，随着荷载继续增大，受拉区横裂缝不断开展和延伸，主裂缝逐渐明显，纵向受拉钢筋的应力增大并达到屈服强度，进入流幅阶段，随着横向裂缝迅速向受压区延伸，使受压区面积迅速减少，受压区出现纵向裂缝混凝土被压碎，构件随即破坏。破坏时，除非受压区高度太小，一般情况下受压区纵筋能达到屈服强度。这种破坏形态在破坏之前有明显的预兆，属于延性破坏，如图 2-2-31 所示。

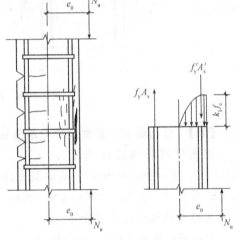

图 2-2-31　大偏心受压破坏

2. 小偏心受压破坏(受压破坏)

当轴向压力的相对偏心距较小，或者相对偏心距不太小，但是在轴向压力的另一侧纵向钢筋配置过多时，发生小偏心受压破坏。这时构件截面可能大部分受压、小部分受拉，也可能截面全部受压。

(1)截面大部分受压、小部分受拉。此时，受拉区可能出现横向裂缝，但裂缝发展不显著，无明显主裂缝。临近破坏时，混凝土受压区边缘出现纵向裂缝，继续加载后受压区混凝土被压碎，构件破坏。破坏时，受压区纵向钢筋的应力达到受压屈服强度，但受拉区纵向钢筋的应力达不到受拉屈服强度，如图 2-2-32(a)所示。

(2)截面全部受压。此时，没有横向裂缝出现，随着荷载的增大，在轴向压力作用一侧，混凝土边缘先出现纵向裂缝，然后被压碎，构件随即破坏。破坏时，受压钢筋的应力达到其屈服强度，而另一侧的纵向钢筋，开始承受压应力，但其值仍达不到受压屈服强度，如图 2-1-32(b)所示。

总之，小偏心受压破坏都是由于混凝土首先被压碎而产生的，破坏时，在离轴向压力作用点较远一侧纵向钢筋的应力无论是受拉或是受压都未达到其屈服强度。这种破坏形态在破坏前没有明显预兆，属于脆性破坏。

3. 两种偏心受压破坏的界限

大、小偏心受压构件破坏形态的根本区别就在于纵向钢筋在破坏时是否达到屈服。这

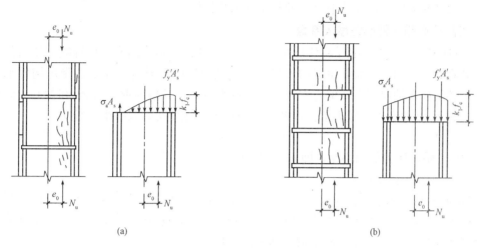

图 2-2-32 小偏心受压破坏

(a)部分截面受压;(b)全截面受压

和受弯构件的适筋破坏与超筋破坏的两种情况完全一致。因此,两种偏心受压破坏形态的界限与受弯构件的适筋与超筋两种破坏形态的界限也必然相同;即在破坏时纵向受拉钢筋应力达到屈服强度;同时受压区混凝土也达到其极限压应变值,此时其相对受压区高度称为界限相对受压区高度 ξ_b,取 x_b/h_0,ξ_b 值按表 2-1-7 取用。

当满足下列条件时,为大偏心受压破坏:

$$\xi \leqslant \xi_b \ \text{或} \ x \leqslant x_b \tag{2-2-24}$$

当满足下列条件时,则为小偏心受压破坏:

$$\xi > \xi_b \ \text{或} \ x > x_b \tag{2-2-25}$$

2.3.7 偏心受压构件的破坏类型

1. 材料破坏和失稳破坏

偏心受压柱按照长细比的不同,一般分为短柱、长柱和细长柱三类。在截面尺寸、材料、配筋、支承条件和偏心距等都相同的条件下,这三类柱的破坏特征分别如下:

(1)短柱。当长细比较小,$l_0/h \leqslant 8$ 时,在纵向压力作用下,柱子产生的纵向弯曲很小,在加载过程中,偏心距基本保持不变,破坏荷载曲线表现为一条直线,直到柱子达到材料的极限强度而破坏。

(2)长柱。当长细比较大,$8 < l_0/h \leqslant 30$ 时,在纵向压力作用下,柱子产生的纵向弯曲已不能忽视,随着荷载的增大,纵向弯曲产生的侧向挠度使其实际偏心距逐渐增大,长柱的破坏曲线不再为一条直线,而变成了一条曲线;但长柱的破坏也是由于达到材料的极限强度而破坏。就破坏特性而言,长柱和短柱都是由于钢筋或混凝土的强度达到极限而破坏的,所以属于"材料破坏"类型。

(3)细长柱。当长细比很大,$l_0/h > 30$ 时,在较低的荷载下,其受力性能与上述长柱相似,但当荷载超过其临界荷载后,截面中应力比材料强度值低得多,导致构件失稳而发生破坏。此时,柱子的承载力已大为降低。短柱、长柱和细长柱的承载力各不相同,若其值分别为 N_{u1}、N_{u2}、N_{u3},则 $N_{u3} < N_{u2} < N_{u1}$。细长柱的这种破坏属于"失稳破坏"类型。因

此，从节约材料考虑，在设计中应尽量避免采用细长柱。

2. 附加偏心距和偏心距增大系数

(1)附加偏心距。考虑到工程实际中有可能存在各种不确定因素，如混凝土质量的不均匀性、配筋的不对称性、荷载位置的不确定性以及施工的差异等，在偏心受压构件承载力计算中，必须计入轴向压力在偏心方向的附加偏心距 e_a。其值应取 20 mm 和偏心方向截面最大尺寸的 1/30 两者中的较大值。因此，轴向压力的计算初始偏心距 e_i 应为

$$e_i = e_0 + e_a \tag{2-2-26}$$

式中 e_0——轴心压力的偏心距，即 $e_0 = M/N$；

e_a——附加偏心距。

(2)偏心距增大系数。由于长柱在偏心压力作用下，将产生纵向弯曲 f 而使偏心距 e_i 增大，受压承载力降低。因此，在计算偏心受压长柱时，应考虑长柱在弯矩作用平面内产生侧向挠度 f 的影响，将初始偏心距增大到 ηe_i，即

$$e_i + f = \left(1 + \frac{f}{e_i}\right)e_i = \eta e_i \tag{2-2-27}$$

$$\eta = 1 + \frac{f}{e_i} \tag{2-2-28}$$

式中 η——轴向力偏心距增大系数。

根据试验实测结果和理论分析，《混凝土结构设计规范》(2015 年版)(GB 50010—2010)给出了偏心距增大系数 η 的计算公式：

$$\eta = 1 + \frac{1}{1\,500\,\dfrac{e_i}{h_0}}\left(\frac{l_0}{h}\right)^2 \zeta_c \tag{2-2-29}$$

式中 ζ_c——受压构件的截面曲率修正系数，当 $\xi_c > 1.0$ 时，取 $\zeta_c = 1.0$。

其余符号同前。

当偏心受压构件的长细比 $l_0/h \leqslant 5$(或 $l_0/i \leqslant 17.5$)时，可不考虑纵向弯曲对偏心距的影响，取 $\eta = 1.0$。

2.3.8　矩形截面偏心受压构件正截面的承载力

1. 基本假定

钢筋混凝土偏心受压构件正截面的承载力的计算和受弯构件相同，采用如下基本假定：

(1)平截面假定，即构件正截面在变形之后仍保持平面。

(2)截面受拉区混凝土不参加工作。

(3)截面受压区混凝土的应力图形采用等效矩形，其受压强度取为 $\alpha_1 f_c$，矩形应力图形的受压区计算高度 x 与由平截面假定所确定的实际中性轴高度 x_n 的比值同样取 β_1。α_1 与 β_1 的值可按表 2-2-4 查用。

(4)当截面受压区高度满足 $x \geqslant 2a'_s$ 条件时，受压钢筋能够达到受压强度设计值 f'_y。

(5)钢筋的应力-应变关系为

$$\sigma_s = E_s \varepsilon_s \leqslant f_y \tag{2-2-30}$$

表 2-2-4　混凝土受压区等效矩形应力图系数

混凝土强度等级	≤C50	C55	C60	C65	C70	C75	C80
α_1	1.0	0.99	0.98	0.97	0.96	0.95	0.94
β_1	0.8	0.79	0.78	0.77	0.76	0.73	0.74

2. 矩形截面偏心受压构件大、小偏心的初始判别

由于偏心受压构件存在大偏心和小偏心两种不同的破坏形态，使得大、小偏心受压构件的应力计算图形各不相同，所以在计算前，必须判别其破坏形态。一般情况，可按下列方法作初步的判别：

当 $\eta e_i \geqslant 0.3 h_0$ 时，可先按大偏心受压进行计算；

当 $\eta e_i < 0.3 h_0$ 时，可按小偏心受压进行计算。

但区分大、小偏心受压破坏形态的界限仍为式(2-2-24)、(2-2-25)所示的条件，这里给出的方法是在开始进行设计时 ξ 值尚为未知数时的一种初始判别。有时虽然符合了 $\eta e_i \geqslant 0.3 h_0$ 条件，计算结果有可能属于 $\xi \leqslant \xi_b$ 的小偏心受压情况。

3. 大偏心受压构件承载力计算

(1)基本计算公式。截面应力计算图形如图 2-2-33 所示。平衡方程式为

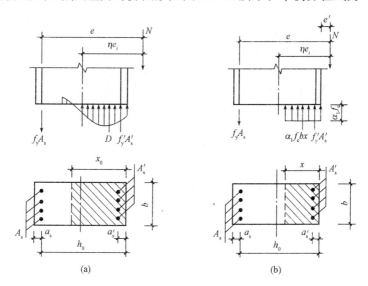

图 2-2-33　大偏心受压截面应力计算

(a)实际应力分布；(b)计算图式

$$\sum N = 0 \qquad N \leqslant \alpha_1 f_c bx + f'_y A'_s - f_y A_s \qquad (2\text{-}2\text{-}31)$$

$$\sum M_{As} = 0 \qquad Ne \leqslant \alpha_1 f_c bx \left(h_0 - \frac{x}{2} \right) + f'_y A'_s (h_0 - a'_s) \qquad (2\text{-}2\text{-}32)$$

$$e = \eta e_i + \frac{h}{2} - a_s \qquad (2\text{-}2\text{-}33)$$

式中　α_1——系数，见表 2-2-4；

e_i——初始偏心距，见式(2-2-26)。

(2)公式的适用条件。

1)为了保证受拉钢筋 A_s 达到屈服(大偏心受压),应满足

$$\xi \leqslant \xi_b \text{ 或 } x \leqslant x_b \qquad (2\text{-}2\text{-}34)$$

2)为了保证构件破坏时受压钢筋 A'_s 达到屈服,应满足

$$x \geqslant 2a'_s \qquad (2\text{-}2\text{-}35)$$

当 $x < 2a'_s$ 时,可近似取 $x = 2a'_s$,并对轴向受压钢筋 A'_s 的合力点取矩,得

$$Ne' = f_y A_s(h_0 - a'_s) \qquad (2\text{-}2\text{-}36)$$

式中 e'——轴向力 N 作用点至纵向受压钢筋 A'_s 合力点的距离,其值为

$$e' = \eta_i - \frac{h}{2} + a'_s \qquad (2\text{-}2\text{-}37)$$

4. 小偏心受压构件承载力计算

(1)基本计算公式。截面应力计算图形如图 2-2-33 所示。

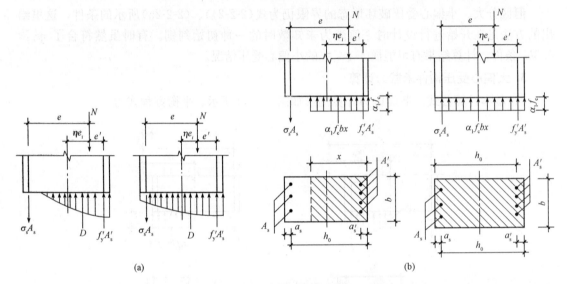

图 2-2-34 小偏心受压构件截面应力计算图式

(a)实际应力分布;(b)计算图式

平衡方程式为

$$\sum N = 0 \qquad N \leqslant \alpha_1 f_c bx + f'_y A'_s - \sigma_s A_s \qquad (2\text{-}2\text{-}38)$$

$$\sum M_{As} = 0 \qquad Ne \leqslant \alpha_1 f_c bx \left(h_0 - \frac{x}{2}\right) + f'_y A'_s(h_0 - a'_s) \qquad (2\text{-}2\text{-}39)$$

式中 σ_s——纵筋 A_s 的应力值,可近似按下式计算,并要求满足 $-f'_y \leqslant \sigma_s < f_y$。

$$\sigma_s = \frac{\xi - \beta_1}{\xi_b - \beta_1} f_y \qquad (2\text{-}2\text{-}40)$$

β_1——系数,由表 2-2-5 确定。

$$e = \eta_i + \frac{h}{2} - a_s \qquad (2\text{-}2\text{-}41)$$

(2)公式的适用条件。

1)$\xi > \xi_b$,或 $x > x_b$;

2)$x \leqslant h$,当 $x > h$ 时,取 $x = h$。

2.3.9 矩形截面对称配筋偏心受压构件承载力

截面两侧受力纵筋配置完全相同的偏心受压构件，称为对称配筋。对称配筋不但设计简便而且施工也方便，因此，在工程中得到广泛应用。当偏心受压构件在使用过程，可能受到数值相近而方向相反的弯矩作用时，或对称设计与不对称配筋设计所需的纵向钢筋总量变化不多时，有时，为了避免安装可能出现反向错误，预制装配式偏心受压构件均宜采用对称配筋。

1. 对称配筋的截面配筋设计

截面配筋设计过程，一般已知截面内力设计值、截面尺寸、计算长度、钢筋及混凝土强度等级等参数。要求计算纵筋截面面积 A_s、A_s'。

(1)大小偏心受压的判别。假定截面属于大偏心受压，则因 $A_s = A_s'$，$f_y = f_y'$，由式(2-2-31)可得

$$N = \alpha_1 f_c b x \tag{2-2-42}$$

$$x = \frac{N}{\alpha_1 f_c b} \tag{2-2-43}$$

$$\xi = \frac{x}{h_0} = \frac{N}{\alpha_1 f_c b h_0} \tag{2-2-44}$$

在设计配筋时，对于对称配筋的截面可以直接用 x 来判别大小偏心受压：

当 $x \leqslant x_b$ 或 $\xi \leqslant \xi_b$ 时，属于大偏心受压；

当 $x > x_b$ 或 $\xi > \xi_b$ 时，属于小偏心受压。

(2)大偏心受压对称配筋设计公式。

$$N \leqslant \alpha_1 f_c b x \tag{2-2-45}$$

$$Ne \leqslant \alpha_1 f_c b x \left(h_0 - \frac{x}{2} \right) + f_y' A_s' (h_0 - a_s') \tag{2-2-46}$$

公式适用条件：

1)$x \leqslant x_b$ 或 $\xi \leqslant \xi_b$；

2)$x \geqslant 2a_s'$。

当计算所得 $x < 2a_s'$ 时，可近似取 $x = 2a_s'$，按式(2-2-36)计算。

(3)小偏心受压对称配筋设计公式。

由式(2-2-38)及式(2-2-40)可得

$$N \leqslant \alpha_1 f_c b x + \left(1 - \frac{\xi - \beta_1}{\xi_b - \beta_1} \right) f_y A_s \tag{2-2-47}$$

$$Ne \leqslant \alpha_1 f_c b x \left(h_0 - \frac{x}{2} \right) + f_y' A_s' (h_0 - a_s') \tag{2-2-48}$$

如按以上两式计算，需解 x 的三次方程式，计算太复杂，根据《混凝土结构设计规范(2015 年版)》(GB 50010—2010)规定可近似按下式计算：

$$A_s' = \frac{Ne - \alpha_1 f_c b x \left(h_0 - \frac{x}{2} \right)}{f_y' (h_0 - a_s')} \tag{2-2-49}$$

式中

$$x = \xi h_0$$

$$\xi = \frac{N - \xi_b \alpha_1 f_c b h_0^2}{\dfrac{Ne - 0.43\alpha_1 f_c b h_0^2}{(\beta_1 - \xi_b)(h_0 - a'_s)} + \alpha_1 f_c b h_0} + \xi_b \qquad (2\text{-}2\text{-}50)$$

公式适用条件：

(1) $x > x_b$ 或 $\xi > \xi_b$；

(2) $x \leqslant h$；若 $x > h$，取 $x = h$。

【例 2-2-4】 已知某柱截面尺寸为 $b \times h = 300 \text{ mm} \times 500 \text{ mm}$，$l_0/h < 5$，轴向力设计值 $N = 700 \text{ kN}$，$M = 230 \text{ kN} \cdot \text{m}$，混凝土为 C40，纵向钢筋为 HRB400 级钢筋，箍筋采用 HRB335 级，若采用对称配筋，计算所需纵向钢筋面积 A_s 及 A'_s。

【解】 根据题意，按照对称配筋进行设计。查表得

C40：$f_c = 19.1 \text{ N/mm}^2$；HRB335：$f_{yv} = 300 \text{ N/mm}^2$；HRB400：$f'_y = 360 \text{ N/mm}^2$。

对混凝土的约束系数取 $\alpha_1 = 1.0$。

(1) 判别大小偏心受压。初选纵筋直径 20 mm 单排配筋，箍筋 10 mm，保护层厚度 30 mm。

$$a_s = 30 + 8 + 16/2 = 46 \text{(mm)}$$

$$h_0 = 500 - 30 - 8 - 16/2 = 454 \text{(mm)}, \quad e_0 = \frac{M}{Ne} = \frac{230 \times 10^6}{700 \times 10^3} = 328.6 \text{(mm)}$$

$$e_a = h/30 = 16.7 \text{ mm} < 20 \text{ mm} \text{ 取 } e_a = 20 \text{ mm}$$

$e_i = e_0 + e_a = 328.6 + 20 = 348.6 \text{(mm)}$，因 $l_0/h < 5$，则 $\eta = 1.0$

$ne_i = 1.0 \times 348.6 = 348.6 > 0.3 h_0 = 0.3 \times 450 = 135$，为大偏心受压构件。

$$\xi = \frac{N}{\alpha_1 f_c b h_0} = \frac{700 \times 10^3}{1 \times 19.1 \times 300 \times 454} = 0.269 < \xi_b = 0.55，为大偏心受压构件。$$

(2) 计算 A_s 和 A'_s。

$$e = \eta e_i + \frac{h}{2} - a_s = 1.0 \times 348.6 + \frac{500}{2} - 46 = 552.6 \text{(mm)}$$

$$A'_s = \frac{Ne - \alpha_1 f_c b h_0^2 \xi (1 - 0.5\xi)}{f'_y (h_0 - a'_s)}$$

$$= \frac{700 \times 10^3 \times 552.6 - 1.0 \times 19.1 \times 300 \times 454^2 \times 0.269 \times (1 - 0.5 \times 0.269)}{360 \times (454 - 46)} = 760.9 \text{(mm}^2)$$

$$A'_s = A_s = 760.9 \text{ mm}^2$$

(3) 选配钢筋：A'_s、A_s 均选用 4⟠16，实配面积 $A'_s = A_s = 804 \text{ mm}^2$

(4) 配筋见图 2-2-35。

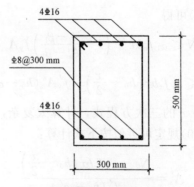

图 2-2-35 配筋图

2. 对称配筋的截面复核

截面复核过程，一般已知构件的轴向压力设计值、偏心距、截面尺寸、计算长度、钢筋及混凝土强度等级等参数，要求确定其是否安全。

(1)大偏心受压对称配筋截面复核。当 $\eta e_i \geqslant 0.3h_0$ 时，可先按大偏心受压计算。依据截面应力计算图形，对轴向压力的作用点取矩，由平衡条件可得

$$a_1 f_c bx\left(e-h_0+\frac{x}{2}\right)-f_y A_s e+f'_y A'_s e'=0 \tag{2-2-51}$$

由上式计算出 x，当 $2a'_s \leqslant x \leqslant x_b$ 时，可按大偏心受压的公式(2-2-45)求出承载力。如果 $N_u \geqslant N$，即为安全，否则，为不安全。当 $x > x_b$ 时，应按小偏心受压重新复核。

(2)小偏心受压对称配筋截面复核。当 $\eta e_i < 0.3h_0$ 或虽然 $\eta e_i \geqslant 0.3h_0$，但 $x > x_b$ 时，都应按小偏心进行截面复核。依据截面应力计算图形，对轴向压力的作用点取矩，由平衡条件可得

$$a_1 f_c bx\left(\frac{x}{2}-e'-a'_s\right)-f'_y A'_s e'+\sigma_s A_s e=0 \tag{2-2-52}$$

式中

$$e'=\frac{h}{2}-\eta e_i-a'_s \tag{2-2-53}$$

σ_s 可按式(2-2-40)求得，x 值由式(2-2-52)求得，如果 $x \leqslant (1.6-\xi_b)h_0$，则 $\sigma_s \geqslant f_y$，N_u 由式(2-2-38)计算可得，如果 $x > (1.6-\xi_b)h_0$，则 $\sigma_s < f_y$，如果 $N_u \geqslant N$，即为安全，否则，为不安全。

【例 2-2-5】 某矩形截面偏心受压柱，截面尺寸 $b \times h = 300\ \text{mm} \times 500\ \text{mm}$，$a=a'_s=45\text{mm}$，混凝土强度等级为 C40($f_c = 19.1\ \text{N/mm}^2$)，纵向钢选用 HRB400($f_y = 360\ \text{N/mm}^2$)，对称配筋截面每侧 $3\Phi22$ ($A'_s=A_s=1\ 140\ \text{mm}^2$)，柱的计算长度为 $l_0 = 2.5\ \text{m}$，$e_0\ 600\ \text{mm}$，试求该柱的轴向压力设计承载能力。

【解】 根据题意，本题按已知配筋计算设计承载能力。

(1)计算有关参数。

$h_0 = h - a_s = 500 - 45 = 455(\text{mm})$

$e_a = h/30 = 500/30 = 16.7(\text{mm}) < 20\ \text{mm}$，故取 $e_a = 20\ \text{mm}$

$e_i = e_0 + e_a = 600 + 20 = 620(\text{mm})$

$l_0/h = 2\ 500/500 = 5 < 5$，则 $\eta = 1.0$

(2)判别大小偏心构件。

利用式(2-2-34)及式(2-2-38)得

$$e = \eta e_i + \frac{h}{2} - a_s = 1.0 \times 620 + \frac{500}{2} - 45 = 825(\text{mm})$$

$$e' = \eta e_i - \frac{h}{2} - a_s = 1.0 \times 620 + \frac{500}{2} + 45 = 415(\text{mm})$$

代入式(2-2-52)，再由 $\xi = x/h_0$ 得

$593\ 126\ 625\xi^2 + 964\ 645\ 500\xi - 964\ 645\ 500 = 0$

解得 $\xi = 0.16 < \xi_b = 0.55$，属于大偏心受压构件。

(3)求承载力。

将 $\xi = 0.16$ 代入公式(2-2-46)可得

$N_u = a_1 f_c b h_0 \xi = 414.3\ \text{kN}$

2.3.10 偏心受压构件正截面承载力 N_u 与 M_u 的关系

偏心受压构件达到承载能力极限状态时，截面所能承受的轴力与弯矩是密切相关的。也就是构件在不同的轴力与弯矩组合下达到承载能力极限状态。采用对称配筋的偏心受压构件描述它们的关系。

1. 大偏心受压破坏的 N_u 与 M_u 的关系曲线

N_u 与 M_u 间存在二次函数关系，如图 2-2-36 中的曲线 bc 表示，b 点相应于界限破坏，c 点在横轴上，当 $N_u=0$ 时，相应于受弯构件的正截面受弯破坏。bc 表示大偏心受压破坏的关系曲线，曲线表明，N_u 随着 M_u 的增大而增大，随着 M_u 的减小而减小，在界限破坏时 M_u 达到最大值。

2. 小偏心受压破坏的 N_u 与 M_u 的关系曲线

图 2-2-36 中曲线 ab 表明，N_u 随着 M_u 的增大而减小，a 点在纵轴上，$M_u=0$，此时 N_u 达到最大值。

3. N_u 与 M_u 关系曲线的意义、特点和用途

（1）N_u 与 M_u 关系曲线的意义。曲线上任一点的坐标表示构件的正截面承载力的一个组合，若与某一组合内力设计值相对应的点位于曲线内侧，表明在内力组合

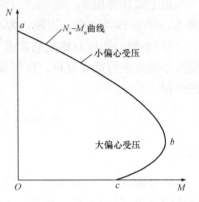

图 2-2-36　N_u 与 M_u 关系曲线

作用下，截面尚未达到承载能力极限状态；若位于曲线的外侧，则表明截面已超过承载能力极限状态，是不安全的。

（2）N_u 与 M_u 关系曲线的特点。

分析图 2-2-37 的变化曲线可知：

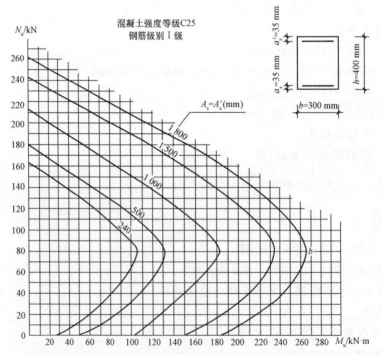

图 2-2-37　对称配筋偏压构件的 N_u 与 M_u 关系曲线

1)当 $M_u=0$ 时，N_u 达到最大值，但当 $N_u=0$ 时，M_u 并未达到最大值，而是在界限破坏时，M_u 达到最大值。

2)大偏心破坏时，随着 M_u 的增大 N_u 相应增大，随着 M_u 的减小 N_u 相应减小。

3)小偏心破坏时，随着 M_u 的增大 N_u 相应减小，随着 M_u 的减小 N_u 反而增大，两者变化呈相反趋势。

4)对称配筋偏压构件，如截面、材料相同，仅配筋量不同，则界限破坏时的 N_u 是相同的，在 N_u 与 M_u 的关系曲线上，表现为界限破坏的 b 点在同一水平线上。

(3)N_u 与 M_u 关系曲线的用途。

1)根据不同的截面尺寸、材料强度和配筋数量等的相关关系，绘制 N_u 与 M_u 关系曲线，设计时，就可从曲线图中查到所需的纵筋的面积或验算所得截面的 N_u 与 M_u 值。

2)利用 N_u 与 M_u 关系曲线，帮助设计人员迅速找到起到控制作用的各种内力组合，从而减轻设计工作量。

2.3.11 偏心受压构件斜截面受剪承载力

在实际工程中，如框架柱、双柱的肢杆等，承受轴向力、弯矩和剪力的共同作用，设计时除按偏心受压构件计算其正截面承载力外，当横向剪力较大时，还应计算斜截面受剪承载力。当轴向力对构件斜截面受剪承载力起有利作用，它会延迟裂缝的出现，增大斜裂缝末端剪压区高度，从而提高受压区混凝土所承担的剪力和集料咬合力。轴向力对混凝土受剪承载力的有利作用是有限的，当轴压比 N/f_cbh_0 达到 $0.3\sim0.5$ 时，受剪承载力最大，如果轴压比继续增大，受剪承载力会降低。

1. 截面限制条件和箍筋最小配箍率

对于偏心受压构件的截面限制条件和箍筋最小配筋率，仍采用受弯构件完全相同。

2. 偏心受压构件斜截面受剪承载力计算

对矩形、T形和I形的钢筋混凝土偏心受压构件斜截面受剪承载力应按下式计算：

$$V \leqslant \frac{1.75}{\lambda+1}f_tbh_0 + f_{yv}\frac{A_{sv}}{s}h_0 + 0.07N \tag{2-2-54}$$

式中　N——与剪力设计值相应的轴向压力设计值；当 $N>0.3f_cA$ 时，取 $N=0.3f_cA$，A 为构件的截面面积。

偏心受压构件的计算截面剪跨比 λ 应按下列规定取用：

(1)对各类结构的框架柱，宜取 $\lambda=M/(Vh_0)$，当 $\lambda<1$，取 $\lambda=1$；当 $\lambda>3$，取 $\lambda=3$。

(2)对其他偏心构件，当承受均布荷载时，取 $\lambda=1.5$；当主要承受集中荷载时，取 $\lambda=a/h_0$；a 为集中荷载至支座或节点边缘的距离。当 $\lambda<1.5$，取 $\lambda=1.5$；当 $\lambda>3$，取 $\lambda=3$。

当偏心受压构件的计算截面上的剪力较小，符合以下条件：

$$V \leqslant \frac{1.75}{\lambda+1}f_tbh_0 + 0.07N \tag{2-2-55}$$

此时，可不进行斜截面受剪承载力计算，而按《混凝土结构设计规范（2015 年版）》（GB 50500—2010）规的构造要求配置箍筋。

2.3.12 排架柱的设计

单层工业厂房排架柱有各种类型，如矩形柱、I形柱、双肢柱等。矩形截面柱的配筋计算已在前面讲述。双肢柱的设计可参阅有关资料。本情境仅介绍有关单层工业厂房排架柱的计算长度及预制柱在运输、吊装时的验算、牛腿与预埋件设计等内容。

在对柱进行受压承载力计算或验算时，柱的偏心距增大系数计算公式见式(2-2-29)

单层工业厂房铰接排架柱的计算长度 l_0 是按弹性稳定理论分析确定的，见表 2-2-5。表中对有起重机厂房的计算长度，是假定柱顶为不动铰支承确定的。

表 2-2-5 采用刚性屋盖的单层工业厂房柱和露天起重机栈桥柱的计算长度 l_0

项次	柱的类型		排架方向	垂直排架方向	
				有柱间支撑	无柱间支撑
1	无起重机厂房柱	单跨	$1.5H$	$1.0H$	$1.2H$
		两跨及多跨	$1.25H$	$1.0H$	$1.2H$
2	有起重机厂房柱	上柱	$2.0H_u$	$1.25H_u$	$1.5H_u$
		下柱	$1.0H_l$	$0.8H_l$	$1.0H_l$
3	露天起重机栈桥柱		$2.0H_l$	$1.0H_l$	—

注：1. H 为从基础顶面算起的全高；H_l 为从基础顶面至装配式起重机梁底面或现浇式起重机梁顶面的柱下部高度；H_u 为从装配式起重机梁底面或从现浇式起重机梁顶面算起的柱上部高度。

2. 表中有起重机厂房的柱的计算长度，当计算中不考虑起重机荷载时，下柱可按无起重机厂房采用；但上柱的计算长度仍按有起重机厂房采用。

3. 表中有起重机房屋排架柱的上柱在排架方向的计算长度，适用于 $H_u/H_l \geqslant 0.3$ 的情况，当 $H_u/H_l < 0.3$ 时，宜采用 $2.5H_u$。

2.3.13　牛腿的设计

单层工业厂房排架柱一般都带有短悬臂(俗称"牛腿")，以支承起重机梁、屋架及连系梁等；并设有预埋件，以便与这些构件进行连接，如图 2-2-38 所示。

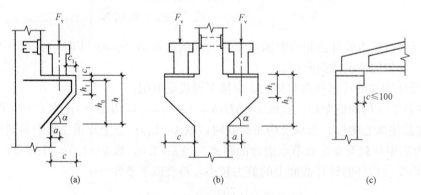

图 2-2-38　厂房柱上常见的几种牛腿形式

1. 牛腿的受力特点、破坏形态与计算简图

所谓"牛腿"是指其上荷载 F_v 的作用点至下柱边缘的距离 $a \leqslant h_0$(h_0 为短悬臂与下柱交接处垂直截面的有效高度)的短悬臂，其受力性能与一般的悬梁臂不同，是一个"变截面深梁"。从图 2-2-38 所示的实验结果可以看出，在牛腿上部，主拉应力的方向基本上与牛腿的上表面平行，而且分布也比较均匀。主压应力则主要集中在从加载点到牛腿下部转角点的连线附近。

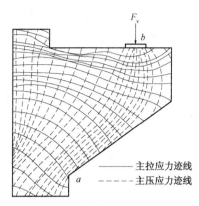

图 2-2-39　牛腿主应力轨迹线

试验表明，在起重机的垂直与水平荷载作用下，随 a/h_0 值的不同，牛腿有各种破坏形式，如图 2-2-39 所示。

常用牛腿 $a=0.1\sim0.75h_0$，为斜压破坏。其特征是：首先在牛腿上表面与上柱交接处出现垂直裂缝，但它始终开展很小，对牛腿的受力性能影响不大。约在极限荷载的 $40\%\sim60\%$ 时，在加载板内侧附近出现斜裂缝①，如图 2-2-40(b) 所示，并不断发展。当加载到 $70\%\sim80\%$ 的极限荷载里裂缝①的外侧附近出现大量短小斜裂缝。当这些短小斜裂缝相互贯通时，混凝土剥落崩出，表明斜向主压应力已达混凝土的轴心抗压强度 f_c，牛腿即破坏。也有少数牛腿在斜裂缝①发展到相当稳定后，突然从加载板内侧出现一条通长斜裂缝②，如图 2-2-40(c)，然后就很快沿此斜裂缝破坏。破坏时，牛腿上部的纵向水平钢筋，像桁架的拉杆一样，从加载点到固定端的整个长度上，其应力近于均匀分布，并达到钢筋的设计强度 f_y。

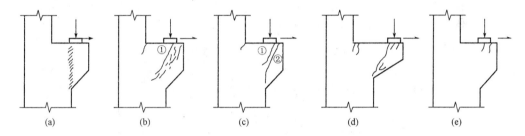

图 2-2-40　牛腿的各种破坏形态

(a)剪切破坏($a/h<0.1$)；(b)、(c)斜压破坏($a/h=0.1\sim0.75$)；(d)弯压破坏($a/h>0.75$)；(e)局压破坏

根据上述破坏形态，牛腿可以简化成一个以纵向钢筋为拉杆，混凝土斜撑为压杆的三角形桁架(图 2-2-41)，这就是牛腿的计算简图。

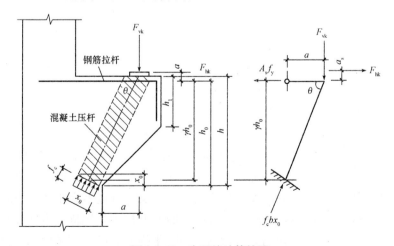

图 2-2-41　牛腿的计算简图

2. 牛腿尺寸的确定

牛腿的宽度与柱宽相同。牛腿的高度 h 是按抗裂要求确定的。因牛腿往往负载很大，设计时，宜使其在使用荷载作用下不出现裂缝。根据试验研究，影响第一条牛腿斜裂缝出现的主要参数是剪跨比 a/h_0 及水平荷载 F_{hk} 与垂直荷载 F_{vk} 的比值，根据试验回归分析，可得以下计算公式：

$$F_{vk} \leqslant \beta \left(1-0.5\frac{F_{hk}}{F_{vk}}\right)\frac{f_{tk}bh_0}{0.5+a/h_0} \tag{2-2-56}$$

式中　F_{vk}——作用于牛腿顶部按荷载效应标准组合计算的竖向力值；

F_{hk}——作用于牛腿顶部按荷载效应标准组合计算的水平拉力值；

β——裂缝控制系数，对支承起重机梁的牛腿，取 $\beta=0.65$；

a——竖向力作用点至下柱边缘的水平距离，应考虑安装偏差 20 mm，当考虑 20 mm 安装偏差后的竖向力作用点仍位于下柱截面以内时，取 $a=0$；

h_0——牛腿与下柱交接处垂直截面的有效高度，取 $h_0=h_1-a_s+\cot\alpha$，当 $\alpha>45°$ 时，取 $\alpha=45°$；c 为下柱边缘到牛腿外边缘的水平长度。

牛腿的挑出长度 c 按支承条件确定，一般应使起重机梁外侧留有不少于 70 mm 的距离，否则，会影响牛腿的局部承压能力，并易使牛腿外边缘的混凝土剥落。

牛腿底面的倾角 α 不应大于 $45°$。倾角 α 过大，会使折角处产生过大的应力集中。当牛腿的挑出长度 $c\leqslant100$ mm 时，也可不做斜面。

牛腿的外边缘高度 h_1，不应小于 $h/3$，且不应小于 200 mm。

当 h_1、a 确定后，即可初定牛腿的总高度 h，并按式（2-2-56）进行验算，当满足公式要求及控制牛腿上部水平钢筋的最小配筋率并按构造配置箍筋后，可不再进行受剪承载力计算。

在竖向力标准值 F_{vk} 的作用下，为防止牛腿产生局压破坏，牛腿支承面上的局部压应力不应超过 $0.75f_c$，否则应采取必要的措施（如加置垫板以扩大承压面积，或提高混凝土强度等级，或设置钢筋网等）。

3. 牛腿的配筋计算

牛腿的纵向受力钢筋由承受竖向力所需的受拉钢筋和承受水平拉力所需的水平锚筋组成，钢筋的总截面面积 A_s 应按下列公式计算：

$$A_s \geqslant \frac{F_v a}{0.85f_y h_0}+1.2\frac{F_h}{f_y} \tag{2-2-57}$$

此处，当 $a<0.3h_0$，取 $a=0.3h_0$。

式中　F_v——作用在牛腿顶部的竖向力设计值；

F_h——作用在牛腿顶部的水平拉力设计值。

4. 牛腿的构造要求

（1）牛腿顶面纵向受力钢筋。沿牛腿顶面配置的纵向受力钢筋宜采用 HRB400 级钢筋或 HRB500 级钢筋。承受竖向力所需的纵向受力钢筋的配筋率 $\rho=A_s/(bh_0)$ 不应小于 0.2% 及 $0.45f_t/f_y$，也不宜大于 0.6%，钢筋数量不宜少于 4 根，直径不宜小于 12 mm，并沿牛腿外边缘向下伸入下柱内 150 mm 后截断，另一端伸入上柱进行锚固，并满足受拉钢筋锚固长度 l_a 的要求，当上柱尺寸不足时，可按图 2-2-42 中构造确定[当牛腿位于上柱柱顶时，可参考《混凝土结构设计规范（2015 年版）》（GB 50010—2010）第 9.3.12 条]。

（2）箍筋。牛腿应设置水平箍筋。水平箍筋应采用直径为 $6\sim12$ mm 的钢筋，在牛腿高度范围内均匀布置，间距为 $100\sim150$ mm，且在上部 $2h_0/3$ 范围内的水平箍筋的总截面面积不应小于承受竖向力的纵向受拉钢筋截面面积 A_s 的 $1/2$。

（3）弯起钢筋。当牛腿的剪跨比 $a/h_0\geqslant0.3$ 时，宜设置弯起钢筋。弯起钢筋宜采用 HRB400 级钢筋或 HRB500 级钢筋，并宜配置在牛腿上部 $l/6\sim l/2$ 之间主拉应力较集中的区域，以保证能充分发挥其作用。弯起钢筋的截面面积 A_{sb} 不宜小于承受竖向力纵向受拉钢筋截面面积 A_s 的 $1/2$，直径不宜小于 12 mm，根数不宜少于 2 根，纵向受拉钢筋不得兼作弯起钢筋。

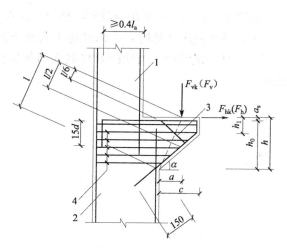

图 2-2-42　牛腿的外形及钢筋配置

2.3.14　吊装验算

单层工业厂房预制柱在运输、吊装时的受力状态与其在使用阶段不同，而且这时混凝土的强度还有可能未达到设计强度，故柱有可能在吊装时出现裂缝，因而还需进行施工阶段的裂缝宽度验算。验算的原则是要求柱在吊装时的荷载效应标准组合下的最大裂缝宽度 ω_{max} 不大于 0.2 mm。

吊装时柱的混凝土强度等级一般按设计强度等级的 70% 考虑，当吊装验算要求高于设计强度等级的 70% 方可吊装时，应在设计图上注明。

一般宜采用翻身、单点绑扎起点，吊点设在变阶处（图 2-2-43）。因此，应按图 2-2-43 中的 1—1、2—2、3—3 三个截面进行强度及裂缝宽度的验算。

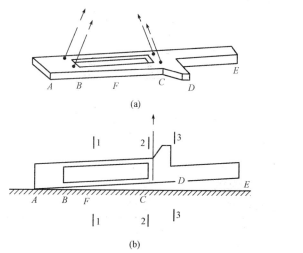

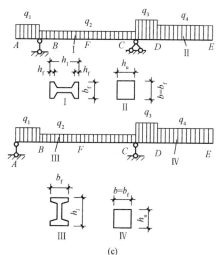

图 2-2-43　柱的吊装

（a）平吊；（b）翻转 90° 起吊；（c）计算简图

验算时，柱的自重采用荷载的标准值，并乘以动力系数 1.5。

进行截面强度验算时，考虑到施工荷载下的受力状态系临时性质，故建筑物的安全等级可降低一级使用。当变阶处柱截面吊装验算的钢筋不够时，可在该局部区段加配短钢筋。

项目3 多层框架结构施工图设计

3.1 钢筋混凝土多层框架结构简介

框架结构是由梁、柱、节点及基础组成的结构形式，横梁和立柱通过节点连成一体，形成承重结构，将荷载传至基础。整个房屋全部采用这种结构形式的称为框架结构，如图 2-3-1 所示。框架可以是等跨度或不等跨的，也可以是层高相同或不完全相同的，如图 2-3-1(b)所示。

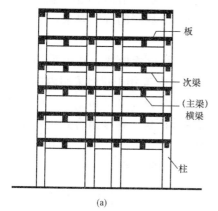
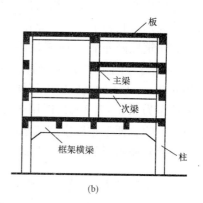

图 2-3-1 框架结构

按施工方法的不同，框架可分为整体式框架、装配式框架和装配整体式框架三种。

整体式框架也称为全现浇框架，其优点是整体性好，建筑布置灵活，有利于抗震，其缺点是施工相对复杂，模板耗费多，工期长。随着施工新工艺的不断出现，全现浇框架应用已越来越广泛。

装配式框架的构件全部为预制，在施工现场进行吊装和连接。其优点是节约模板，缩短工期，有利于施工机械化。但预埋件多，用钢量大，节点处理要求高，整体性差，在地震区不宜采用。

装配整体式框架是将预制梁、柱和板现场安装就位后，在构件连接处浇捣混凝土，使之形成整体。其优点是省去了预埋件，减少了用钢量，整体性比装配式提高，其缺点是节点施工复杂。

框架结构的优点是建筑平面布置灵活，能获得大空间，也可根据需要做成小房间，建筑立面容易处理，结构自重较轻，计算理论比较成熟，在一定高度范围内造价较低。

当房屋高度超过一定的范围时，框架结构侧向刚度较小，水平荷载作用下侧移较大。从受力合理和控制造价的角度，我国《高层建筑混凝土结构技术规程》(JGJ 3—2010)规定，地震区现浇钢筋混凝土框架当设防烈度为6度、7度、8度(0.20 g)和8(0.30 g)度时，其高度一般分别不超过60 m、50 m、40 m和35 m。

钢筋混凝土框架结构广泛应用于电子、轻工、食品、化工等多层厂房和住宅、办公、商业、旅馆等民用建筑。这种结构体系的优点是建筑平面布置灵活，能够获得较大的使用空间，可以适应不同的房屋造型。

3.2 结构布置

多层框架结构布置的任务是设计和选择建筑物的平面、剖面、立面、基础和变形缝的位置。在结构布置时，既要满足建筑物的使用要求，又要使结构布置合理，并有利于建筑工业化。

3.2.1 柱网尺寸、层高、总高

框架结构房屋的柱网尺寸和层高，应根据生产工艺，建筑、结构和施工条件等各方面因素进行综合考虑后确定。当采用预制构件时，还应符合模数制的统一要求，柱网尺寸应力求简单规则，有利于施工工业化。

工业建筑柱网布置一般采用内廊式或跨度组合式两种布置形式，柱距采用6 m，如图2-3-2所示。当生产工艺要求有较好的生产环境和防止工艺互相干扰时采用内廊式，跨度常采用6.0 m、6.6 m、6.9 m三种，中间走廊跨度常为2.4 m、2.7 m、3.0 m三种，开间方向柱距为3.6～7.2 m；适用于电子、仪表、电器业等厂房。跨度组合式主要用于生产要求有大空间、便于布置生产流水线的厂房，跨度常采用6.0 m、7.5 m、9.0 m、12.0 m四种。随着轻质材料的发展，内廊式有被跨度组合式所代替的趋势。

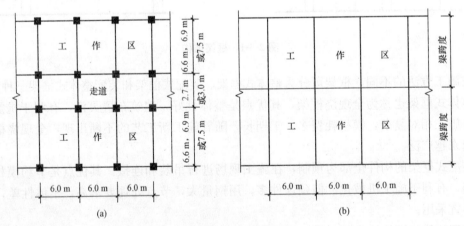

图 2-3-2 柱网布置

(a)内廊式；(b)跨度组合式

工业厂房的层高及层数与生产工艺、运输设备、产品性质、地质条件和荷载性质等因素有关，重工业厂房一般2～3层，轻工业厂房多为4～8层，层高常采用3.9 m、4.2 m、4.5 m、4.8 m、5.4 m、6.0 m等。

民用建筑类型较多，如住宅、办公楼、医院、宾馆等，柱网和层高一般以300 mm为模数。柱距通常在 $4\sim 7\ \mathrm{m}$ 之间，层高采用 $3.0\ \mathrm{m}$、$3.6\ \mathrm{m}$、$3.9\ \mathrm{m}$、$4.2\ \mathrm{m}$ 等。

3.2.2 平面布置

多层框架的结构平面形状和刚度应均匀对称，楼、电梯间应布置合理，尽量减少结构的复杂受力和扭转受力，在进行结构布置时，应考虑以下几点：

(1)建筑物平面布置尽量简单，L/B 宜小于 6。

(2)平面长度 L 不宜过长，L/B 宜小于 6。

(3)地震区应尽可能采用对抗震有利的结构形式。

按照承重方式的不同，框架结构可分为横向承重、纵向承重和混合承重三种形式，如图 2-3-3(a)、(b)和图 2-3-3(c)所示。

横向承重布置是主梁沿房屋横向布置，板和连系梁纵向布置。主梁横向布置，有利于提高横向刚度。纵向由于房屋端部受风面积小，纵向跨度数较多，水平风荷载所产生的框架内力常忽略不计。

纵向承重布置是主梁沿房屋纵向布置，板和连系梁横向布置。其优点是房屋采光、通风好，有利于楼层净高的有效利用，房间布置上比较灵活，但横向刚度较差，一般不宜采用。

纵横向混合承重布置是在房屋的纵、横两个方向布置主梁来承受楼面荷载。其特点是纵、横向刚度较好，房间布置比较灵活，尤其适用于生产工艺比较复杂，板荷载较大，开洞多的多层工业厂房。

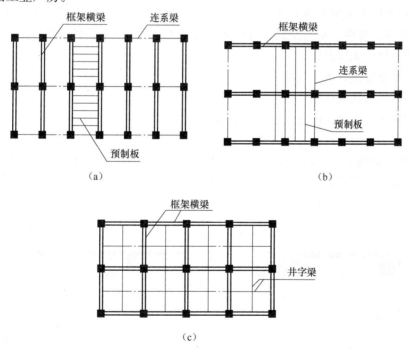

图 2-3-3 框架结构布置

(a)横向承重；(b)纵向承重；(c)混合承重

3.2.3 变形缝的设置

变形缝包括伸缩缝、沉降缝，地震区还应考虑抗震缝。

1. 伸缩缝

伸缩缝仅将基础顶面以上的结构分开，其目的是为了避免由于温度变化和混凝土收缩而使房屋产生裂缝。伸缩缝的设置主要与施工方法和房屋长度有关。当结构未采取可靠措施时，伸缩缝最大间距应满足表 2-3-1 的规定。

表 2-3-1　框架结构伸缩缝最大间距　　　　　　　　　　　　　　　　　　　m

施工方法	室内或土中	露天
现浇框架	55	35
装配式框架	75	50

如果距离较长，不设伸缩缝时，需采取以下措施：

(1)受温度影响比较大的部分，如顶层、底层山墙和内纵墙端开间，提高配筋率。

(2)施工中留后浇带。每隔 40 m 留 700～1 000 mm 的混凝土后浇带，钢筋搭接长度为 35d，以保证在施工过程中混凝土可以自由收缩，因为早期收缩占收缩的 70%～80%，从而减少了收缩应力。后浇带一般采用高强度混凝土填充，浇筑宜在主体混凝土浇筑后两个月进行，至少不低于一个月。

伸缩缝宽度一般为 20～40 mm。

2. 沉降缝

沉降缝将基础至屋顶全部分开，其目的是为了避免因房屋过大的不均匀沉降而导致基础、地面、墙体、楼面、屋面拉裂。当有下列情况之一时应考虑设置沉降缝：

(1)地质条件变化较大处。

(2)地基基础处理方法不同处。

(3)房屋平面形状变化的凹角处。

(4)房屋高度、质量、刚度有较大变化处。

(5)新建部分与原有建筑的结合处。

在既需设伸缩缝又需设沉降缝时，应二缝合一，以使整个房屋的缝数减少，缝宽一般不小于 50 mm，当房屋高度超过 10 m 时，缝宽应不小于 70 mm。沉降缝可利用挑梁或搁置预制板、预制梁的方法做成，如图 2-3-4 所示。

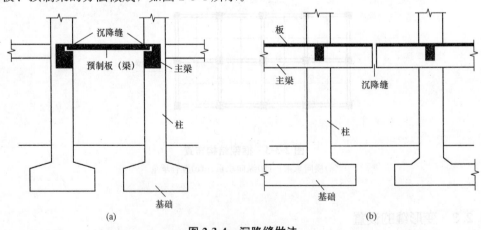

图 2-3-4　沉降缝做法

(a)设预制板；(b)设挑梁(板)

3. 抗震缝

国内外的许多震害表明，多层建筑在造型复杂，质量和刚度分布差异显著，地质条件变化较大时，在地震作用下，由于结构各部位产生的变化不协调，导致结构一些部位破坏。在这种情况下，设置抗震缝，将基础顶面以上的结构断开，把房屋分成若干独立的单元体，使其在地震作用下互不影响，一般下列情况宜设抗震缝：

(1)平面形状复杂而无加强措施。

(2)房屋有较大错层。

(3)各部分结构的刚度或荷载相差悬殊。

当需要同时设置伸缩缝、沉降缝和抗震缝时，应三缝合一。抗震缝宽度详见《建筑抗震设计规范(2016年版)》(GB 50011—2010)。

3.3　框架梁、柱截面尺寸及计算简图

3.3.1　梁柱截面选择

1. 截面形状

对于主要承受竖向荷载的框架横梁，在全现浇框架中，其截面形式主要是T形；在装配式框架中，其截面形状可做成矩形、T形、梯形、花篮形；在装配整体式框架中，框架主梁多设挑檐，用作搁置预制板形成花篮梁。各种截面形式如图2-3-5所示。

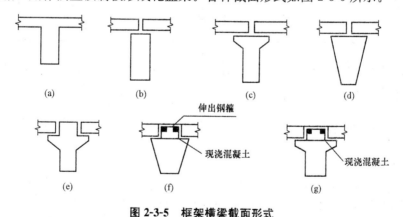

图 2-3-5　框架横梁截面形式

(a)T形；(b)矩形；(c)T形；(d)梯形；(e)、(f)、(g)花篮形

对于不承受楼面竖向荷载的连系梁，其截面常采用T形、L形、倒Π形、矩形、倒T形等。采用带挑出翼缘的连系梁，有利于楼面预制板的排列和竖向管道的穿过，倒Π形截面适用于屋面兼作排水用。

柱子的截面一般采有正方形或矩形，也可以做成圆形或正多边形。

2. 截面尺寸

框架梁、柱截面尺寸应当根据构件承载力、刚度、延性等方面要求确定，设计时通常参照以往经验初步选定截面尺寸，再进行承载力计算和变形验算检查所选尺寸是否满足要求。

(1)梁截面尺寸。框架梁的截面高度可根据梁的跨度、约束条件及荷载大小进行选择，一般取梁高 $h=(1/8\sim1/12)l$，其中 l 为梁的跨度。为防止梁发生剪切破坏，梁高 h 不宜大于 1/4 净跨。框架梁的截面宽度取 $b=(1/2\sim1/3)h$，且不宜小于 200 mm。

为了降低楼层高度或便于管道铺设，也可将框架设计成宽度较大的扁梁，扁梁的截面高度可取 $h=(1/15\sim1/18)l$ 进行估算。

选择梁的截面尺寸还应符合规定的模数要求，一般梁的截面宽度和高度取 50 mm 的倍数。

(2)柱截面尺寸。柱截面尺寸可取 $h=(1/15\sim1/20)H$，H 为层高；柱截面宽度可取 $b=(1\sim2/3)h$，并按下述方法进行初步估算：

1)框架柱承受竖向荷载为主时，可先按负荷面积估算出柱轴力，再按轴心受压柱验算。考虑到弯矩影响，适当将柱轴力乘以 1.2~1.4 的放大系数。

2)对于有抗震设防要求的框架结构，为保证有足够的延性，需要限制柱的轴压比，柱截面面积应满足下式要求：

$$A \geqslant \frac{N}{\lambda f_c}$$

式中　A——柱的全截面面积；

　　　N——柱轴向压力设计值；

　　　λ——柱轴压比限值，见表 2-3-2。

表 2-3-2　柱轴压比限值 λ

类别	抗震等级			
	一	二	三	四
框架结构	0.65	0.75	0.85	0.90

3)框架柱截面高度不宜小于 400 mm，宽度不宜小于 350 mm，为避免发生剪切破坏，柱净高与截面长边之比宜大于 4。

3.3.2　框架计算简图

1. 计算单元

在一般工程设计中，通常是将结构简化为一系列平面框架进行内力分析和侧移计算。即在各榀框架中选取若干榀有代表性的框架进行计算，不考虑空间工作影响，按平面框架分析，计算单元宽度相邻开间各一半，如图 2-3-6(a)、(b)所示。

2. 计算简图

在计算简图中，框架的杆件一般用其截面形心轴线表示，杆件之间的连接用节点表示。对于现浇整体式框架各节点视为刚结点；杆件的长度用节点间的距离表示；对于变截面杆件应以该杆最小截面的形心轴线表示；认为框架柱在基础顶面处为固接，如图 2-3-7 所示。框架计算简图通常有以下几种处理方法：

(1)框架跨度取柱轴线间距。当框架的上下层柱截面不同时，一般取顶层柱的形心线为柱的轴线。但必须注意的是，按此计算简图算出的内力是计算简图轴线上的内力，下柱配筋计算时，应将其转化为下柱截面形心处的内力。

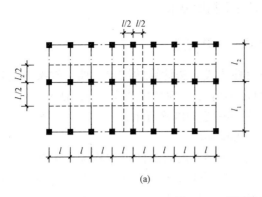

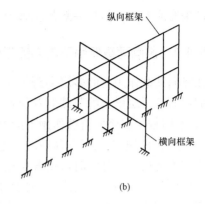

图 2-3-6　平面框架计算单元

(2)框架层高。楼层取层高,对于底层偏安全地取基础顶面到底层楼面间的距离,当基础顶面标高不能确定时,可近似取底层的层高加1.0 m。

(3)为简化起见,当各跨跨度相差不超过10%时,可简化成具有平均跨度的等跨框架;对于斜梁或折线横梁;当其倾斜度不超过 1/8 时,也简化为水平横梁;当基础顶面标高相差小于1.0 m 时,底柱可按平均高度计算;当个别横梁高差小于 1.0 m 时,也按同标高处理。

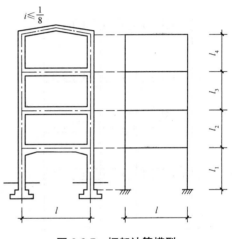

图 2-3-7　框架计算模型

(4)各杆件的线刚度。梁、柱的线刚度分别为 $i_b = EI_b/l$ 和 $i_c = EI_c/H$,此处 I_b、I_c 分别为梁、柱的截面惯性矩;l、H 为梁的跨度和柱高。柱的 I_c 按实际截面计算;而梁的 I_b 应根据梁与板的连接方式而定

1)对于现浇整体式框架梁:中框架梁 $I_b = 2.0I_0$,边框架梁 $I_b = 1.5I_0$。

2)对于装配整体式框架梁:中框架梁 $I_b = 1.5I_0$,边框架梁 $I_b = 1.2I_0$(其中 I_0 为按矩形截面计算的惯性矩)。

(5)当框架梁为带斜腋的变截面梁时,若 $h_b'/h_b < 1.6$ 时,可不考虑斜腋的影响,按等截面梁进行内力计算(h_b' 为梁端带腋截面的高度,h_b 为跨中截面高度)。

3. 荷载的简化

(1)水平风荷载可简化成作用于框架节点处的集中荷载,并合并于迎风一侧。

(2)作用于框架上的次要荷载可以简化为与主要荷载相同的荷载形式。

3.4　内力分析及侧移验算

多层多跨框架结构的内力和侧移计算,目前多采用电算求解,然而手算仍然是结构设计人员的基本功。内力分析时,一般采用近似计算方法,虽然近似计算方法有假设条件,

计算结果有所差异，但是一般都能满足工程设计的精度要求。

3.4.1　竖向荷载作用下内力的近似计算——分层法

在竖向荷载作用下的多层多跨框架，用位移法或力法计算的结果表明，框架的侧移是极小的，而且每层梁上的荷载对其他各层梁的影响很小。为简化计算，分层法假定：

（1）忽略框架在竖向荷载作用下的侧移和侧移引起的侧移弯矩。

（2）忽略每层梁上的竖向荷载对其他各层梁的影响。

根据上述假定，计算时可将各层梁及其上、下层柱所组成的框架作为一个独立的计算单元分层计算，如图2-3-8所示。计算单元中各层梁跨度及层高与原结构相同，分层计算所得的梁弯矩即为其最终弯矩；而每一柱的弯矩由上、下两层计算所得的弯矩值叠加得到。

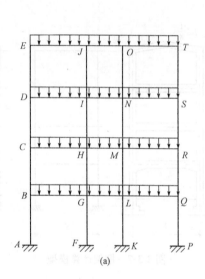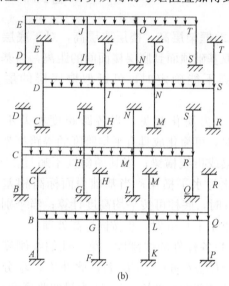

(a)　　　　　　　　　　　　　(b)

图 2-3-8　多层框架分层法计算单元

采用分层法计算内力时，假定上、下柱的远端是固定的，但实际上是弹性支承，有转角产生。为了减少计算简图中假定上、下柱远端为固定端所带来的误差，除底层柱以外，其他各层柱的线刚度乘以折减系数0.9，并取它的传递系数为1/3，底层柱不折减，传递系数取1/2。

由于分层法是近似计算法，框架节点处的最终弯矩之和常不等于零，若需进一步修正，可对节点不平衡力矩再进行一次分配（只分不传）。

分层法计算时，不考虑活荷载的最不利布置，一般按满布考虑；当活荷载较大时，为考虑计算误差，可将满布荷载计算得到的梁跨中弯矩乘以放大系数1.1~1.2。

分层法适用于节点梁柱线刚度比 $\sum i_b / \sum i_c \geqslant 3$，结构和荷载沿高度变化不大的规则框架。

3.4.2　框架在水平荷载作用下内力的近似计算——反弯点法和D值法

1. 反弯点法

多层框架在风荷载或其他水平荷载的作用下，可以简化为作用于框架节点的水平集中力。因无节间荷载，各杆的弯矩图都是斜直线，每个杆都有一个弯矩为零的点称为反弯点，如图 2-3-9 所示。水平荷载的作用，可简化为框架受节点水平力的作用，如求出各柱反弯点处的剪力及反弯点的位置，即可得到框架柱端内力，这种方法称为反弯点法。

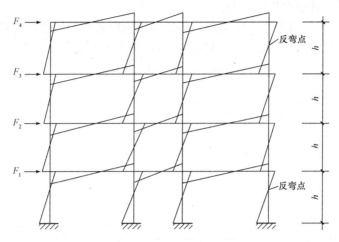

图 2-3-9　多层框架反弯点法示意图

(1)基本假定。为了简化计算，作如下假定：

1)在进行各柱间的剪力分配时，认为各柱上、下端都不发生角位移，即梁与柱的线刚度之比为无限大，同层柱端的侧移相等。

2)在确定各柱的反弯点位置时，认为除底层柱以外的其余各层柱受力后上、下两端的转角相等。

3)梁端弯矩可由节点平衡条件，根据梁的线刚度求出。

(2)反弯点高度。反弯点高度指反弯点处至该层柱下端的距离。对于上层柱，由于假定楼层柱的上、下端转角相等，如图 2-3-10(a)所示，$\theta_G = \theta_H$，所以反弯点在柱的中点位置。对于底层柱，上端具有一定的转角，如图 2-3-10(b)所示，上端为 θ，柱底端转角为零，反弯点偏离柱中央而上移，可取底层柱反弯点在距下端 $0.6h$ 处。

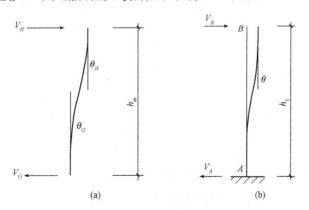

图 2-3-10　柱反弯点高度确定
(a)上层柱；(b)底层柱

(3)柱的抗侧移刚度。抗侧移刚度表示柱上、下端产生单位相对侧向位移时，在柱顶需施加的水平剪力，根据假定(1)1)可知各柱端转角为零，由力学方法可知，柱的抗侧移刚度为 $V=\dfrac{12i_c}{h^2}\delta$，其中，$i_c$ 为柱的线刚度；h 为柱的高度。$\dfrac{12i_c}{h^2}$ 称为柱的抗侧移刚度，表示在柱顶引起单位侧移时，柱中产生的剪力。

(4)同层各柱剪力。以图 2-3-11 为例，将框架沿顶层各柱的反弯点处切开，设各柱剪力分别为 V_{41}、V_{42}，V_{43}，V_{44}，如图 2-3-11(a)所示，由力的平衡条件，得

$$V_4=V_{41}+V_{42}+V_{43}+V_{44}$$

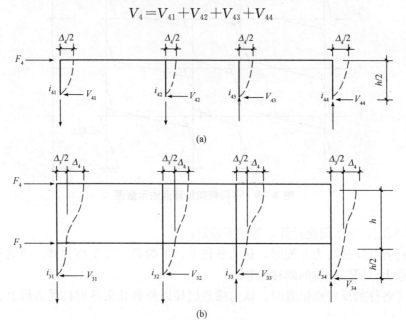

图 2-3-11　反弯点法求水平荷载作用下的剪力

式中　V_4——第四层所有各柱剪力的代数和，称为层间剪力，根据与外荷载的平衡条件求得。设从第 i 层各柱反弯点处切开，取上部为隔离体，则有

$$V_i = \sum_{j=i}^{n} F_j \qquad (n \text{ 为框架的层数})$$

由于同层各柱侧移相等，均为 Δ_4，有

$$V_{41}=\frac{12i_{41}}{h^2}\cdot\Delta_4 \qquad V_{42}=\frac{12i_{42}}{h^2}\cdot\Delta_4 \qquad V_{43}=\frac{12i_{43}}{h^2}\cdot\Delta_4 \qquad V_{44}=\frac{12i_{44}}{h^2}\cdot\Delta_4$$

由平衡方程得

$$\Delta_4 = \frac{V_4}{\dfrac{12i_{41}}{h^2}+\dfrac{12i_{42}}{h^2}+\dfrac{12i_{43}}{h^2}+\dfrac{12i_{44}}{h^2}} = \frac{V_4}{\sum \dfrac{12i_{4j}}{h^2}}$$

式中　$\sum 12i_{4j}/h^2$——第四层各柱抗侧移刚度总和。

将 Δ_4 代入上式，即可得出各柱分配的剪力。

同理，求第三层各柱剪力时，只需取第三层各柱的反弯点以上部分作为隔离体即可，如图 2-3-11(b)所示。这种求各柱剪力的方法称为剪力分配法。

一般地，对于第 i 层，根据取隔离体的方法得到层间剪力 V_i，假定第 i 层共有 m 根柱，则第 i 层第 k 柱应分担的剪力为

$$V_{ik} = \frac{\dfrac{12i_{ik}}{h_{ik}^2}}{\displaystyle\sum_{j=1}^{m} \dfrac{12i_{ij}}{h_{ij}^2}} V_i \qquad (2\text{-}3\text{-}1)$$

令

$$\eta_{ik} = \frac{\dfrac{12i_{ik}}{h_{ik}^2}}{\displaystyle\sum_{j=1}^{m} \dfrac{12i_{ij}}{h_{ij}^2}}$$

式中　η_{ik}——第 i 层第 k 柱的剪力分配系数，$\sum \eta_{ik} = 0$；当同层各柱高度相同时，剪力分配系数又等于柱的线刚度与同层各柱线刚度总和的比值。

(5)柱端及梁端弯矩。根据剪力分配法可知，各柱的剪力按抗侧移刚度的比值分配。

1)柱端弯矩。

底层柱：上端：$M_{1i上} = V_{1i}0.4h_1$，下端：$M_{1i下} = V_{1i}0.6h_1$；

其余各层柱：$M_{ik上} = M_{ik下} = V_{ik}0.5h_i$。

2)梁端弯矩。根据节点平衡条件，可以求出梁端弯矩。由图 2-3-12 可得

边柱节点：$M_b = M_{c1} + M_{c2}$

中柱节点：$M_{b1} = \dfrac{i_{b1}}{i_{b1} + i_{b2}}(M_{c1} + M_{c2})$

$$M_{b2} = \frac{i_{b2}}{i_{b1} + i_{b2}}(M_{c1} + M_{c2})$$

式中　M_{c1}，M_{c2}——节点上、下柱端弯矩；

　　M_{b1}，M_{b2}——节点左、右梁端弯矩；

　　i_{b1}，i_{b2}——节点左、右梁的线刚度。

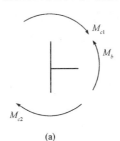
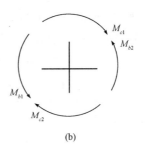

(a)　　　　　　　　　　(b)

图 2-3-12　框架的节点弯矩

2. D 值法(改进反弯点法)

水平荷载作用下内力的计算采用弯点法时，认为剪力仅与各柱间的线刚度比有关，各柱的反弯点位置是个定值。实际上，柱的抗侧移刚度不但与柱本身的线刚度和层高有关，而且还与梁的线刚度有关；柱的反变点高度不应是定值，而应随柱与梁间的线刚度比，柱所在楼层的位置，上、下层梁间的线刚度比以及上、下层层高的不同而不同，还与房屋的总层数等因素有关。日本武藤清教授 1963 年提出了对框架柱的抗侧移刚度和反弯点高度进行修正的方法，称为"改进反弯点法"或"D 值法"。

(1)柱抗侧移刚度 D 值修正。现以图 2-3-13 所示框架中柱 AB 来研究。框架受力变形

后，柱 AB 的上下端节点达到了新的位置 $A'B'$，在水平方向的相对位移为 Δu，柱的弦转角 $\varphi = \Delta_u / h$，柱的上下端都产生转角 θ。

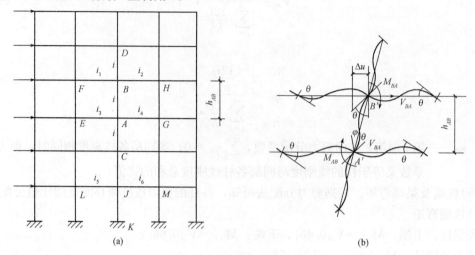

图 2-3-13　框架及其变形图

为简化计算，假定柱 AB 两端及其相邻的各杆远端的转角均为 θ；柱 AB 及与其相邻的上下柱线刚度均为 i_c。

柱的抗侧移刚度设为 D，根据变形与杆端剪力之间的关系得

$$V_{AB} = \frac{12i_c \Delta_u}{h_{AB}^2} - \frac{12i_c \theta}{h_{AB}} = \frac{12i_c}{h_{AB}^2}\left(1 - \frac{h\theta}{\Delta u}\right)\Delta_u = \frac{12i_c}{h_{AB}^2}\left(1 - \frac{\theta}{\varphi}\right)\Delta_u$$

$$D = \frac{V_{AB}}{\Delta_u} = \alpha_c \cdot \frac{12i_c}{h_{AB}^2}$$

式中　α_c——节点转动影响系数或称两端固定时柱的抗侧移刚度（$12i_c/h^2$）的修正系数，它考虑了梁柱线刚度比值对柱抗侧移刚度的影响，反映了节点转动引起柱抗侧移刚度的降低，而节点转动又取决于梁柱的约束程度，当梁的线刚度很大时，α_c 取 1，$\alpha_c \leqslant 1$。α_c 的计算式见表 2-3-3。

表 2-3-3　节点转动影响系数 α_c

楼层	简图		$\bar{k}$	α_c
一般层			$\bar{k} = \dfrac{i_1 + i_2 + i_3 + i_4}{2i_c}$	$\alpha_c = \dfrac{\bar{k}}{2 + \bar{k}}$
底层			$\bar{k} = \dfrac{i_1 + i_2}{i_c}$	$\alpha_c = \dfrac{0.5 + \bar{k}}{2 + \bar{k}}$
注：边柱情况下，式中 i_1、i_3 为零。				

（2）柱的反弯点高度修正。反弯点位置与该柱上、下端转角的大小有关。若上、下端的转角相同，反弯点就在柱高的中央；若两端转角不同，则反弯点偏于转角大的一端。考虑其影响，对反弯点高度应进行修正。

各层柱反弯点高度可由下式计算：

$$\overline{y}=yh=(y_0+y_1+y_2+y_3)h$$

式中　$\overline{y}$——反弯点高度，即反弯点到柱下端的距离；

　　　h——柱高；

　　　y——反弯点高度比，表示反弯点高度与柱高的比值；

　　　y_0——标准反弯点高度比；

　　　y_1——考虑梁线刚度不同的修正；

　　　y_2，y_3——考虑上下层层高变化的修正。

1）标准反弯点高度比 y_0。标准反弯点主要是考虑楼层位置和梁柱线刚度比的影响，与层数 m，该柱所在层数 n，梁柱线刚度比 $\overline{k}$ 和水平荷载作用形式有关，它表示各层梁线刚度相同、各层柱线刚度及层高相同的规则框架的反弯点高度比，其取值可由附表 A19 查得。

2）上、下横梁线刚度不同时的修正值 y_1。若柱上、下横梁的线刚度不同，反弯位置相对于标准反弯点将发生移动，用 y_1 加以修正。y_1 值可由附表 A20 查出。

3）层高变化时的修正值 y_2 和 y_3。当柱所在楼层上、下楼层层高发生变化时，反弯点位置也随之变化。若上层较高时，反弯点将上移 y_2h；若下层较高时，反弯点将从标准反弯点下移 y_3h，y_2、y_3 可由附表 A21 查出。对顶层不考虑 y_2，底层不考虑 y_3。

求得各层柱的抗侧移刚度 D 和反弯点位置 yh 后，框架在水平荷载作用下的内力计算与反弯点法完全相同。

3.4.3 水平荷载作用下侧移的计算

框架结构设计时，不仅要保证承载力，还需保证结构的侧移满足要求。引起侧移的主要原因是水平荷载作用，在水平荷载作用下，框架的侧移有两种，一种是梁柱弯曲变形引起的层间相对侧移，具有越往下越大的特点，框架侧移曲线与悬臂梁的剪切变形曲线相似，称为"剪切型"变形，如图 2-3-14 所示；另一种是由框架柱轴力引起的，框架的变形越靠上越大，与悬臂梁的弯曲变形类似，故称为"弯曲型"变形，如图 2-3-15 所示。

对于一般多层框架，其侧移主要是由总体"剪切型"变形引起的。对于房屋高度大于 50 m 或高宽比 $H/B>4$ 的框架结构，则要考虑第二种变形。本情境只介绍第一种变形的近似计算方法。

1. 用 D 值法计算框架的侧移

用 D 值法计算水平荷载作用下的框架内力时，计算出第 i 层任意柱抗侧移刚度 D_i 及同层各柱的抗侧移刚度之和 $\sum D_{ik}$，按抗侧移刚度的定义，可得层间相对侧移 Δu_i 为

$$\Delta u_i=\frac{V_i}{\sum D_{ik}}\frac{\sum\limits_{j=1}^{n}F_j}{\sum D_{ik}}$$

框架顶层总侧移值 Δu 为各层相对侧移之和，即 $\Delta u = \sum\limits_{j=1}^{m} \Delta u_j$。

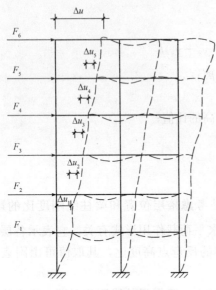

图 2-3-14　框架总体剪切变形

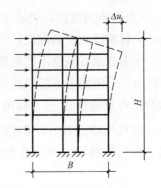

图 2-3-15　框架总体弯曲变形

2. 侧移限值

框架侧移验算时，对上述求得的侧移值，在风荷载标准值作用下，满足以下要求：

(1)顶点侧移。

轻质隔墙 $\Delta u \leqslant H/550$

砌体填充墙 $\Delta u \leqslant H/650$

(2)层间侧移。

轻质隔墙 $\Delta u_j \leqslant h_j/450$

砌体填充墙 $\Delta u_j \leqslant h_j/550$

式中　H——房屋总高；

　　　h_j——第 j 层层高。

3.5　内力组合及截面设计

框架结构在荷载作用下的内力确定后，在进行框架梁柱截面配筋设计之前，必须求出构件各控制截面的最不利内力，以此作为梁、柱配筋的依据。对于每一个控制截面，要分别考虑各种荷载最不利的作用状态的可能性，从几种组合中选取最不利组合，求出最不利内力。

3.5.1　荷载效应组合

作用在框架结构的各种荷载在同时达到各自最大值的可能性很小，在计算各种荷载引起的结构最不利内力组合时，可将某些荷载适当降低，乘以小于 1 的组合系数。

1. 组合规则

当进行框架梁、柱的正常使用极限状态验算时，应考虑荷载效应的标准组合和荷载效应的准永久组合。有关荷载组合规则与计算的内容详见本书第一篇中项目3"3.3 极限状态实用设计表达式"。

2. 竖向活荷载最不利布置

竖向恒载是永久性荷载，不会发生变化，在各层按实际情况计算。竖向活荷载是可变荷载，有许多布置方式，应考虑各种最不利情况，取最不利内力进行设计。手算时采用下面简化计算法。

(1)满布活荷载法。竖向活荷载较小时，如民用建筑楼面活荷载为 $1.5 \sim 2.0 \text{ kN/m}^2$，它所产生的内力比较小，可以不考虑活荷载的最不利布置，而按各层各跨满布活荷载计算内力，与恒载直接组合，计算结果跨中弯矩偏低，为保证安全将求得的跨中弯矩乘以 $1.1 \sim 1.2$ 的提高系数。

(2)活荷载分跨布置。当活荷载不是太大，如活荷载设计值与恒荷载设计值之比不大于3时，可采用分跨布置法。

对图 2-3-16 所示的四跨框架，只需要考虑四种布置，并且由于对称性，还可减少布置类型，为减少误差，活荷载一般不折减。

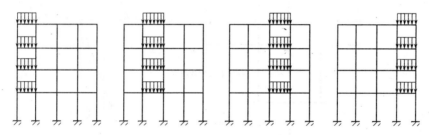

图 2-3-16　活荷载分跨布置图

3. 风荷载方向

框架结构承受的水平荷载(风荷载或地震作用)有向左和向右两个方向，在对称结构中，二者择一即可。

3.5.2　控制截面及最不利内力

控制截面是指内力绝对值最大的截面，但是不同的内力，不一定在同一截面达到最大值，一个构件可能同时有几个控制截面。

1. 框架梁

梁的内力主要是弯矩和剪力。框架梁的控制截面是支座截面和跨中截面，支座截面产生最大剪力和最大负弯矩，在水平荷载作用下还可能出现正弯矩；跨中截面产生最大正弯矩，有时也可能出现负弯矩。

由于在进行内力分析时是以柱轴线处考虑的，实际梁支座截面的最不利位置在柱边缘处，在进行截面配筋计算时，应根据梁轴线处的弯矩和剪力算出柱边缘的弯矩和剪力，如图 2-3-17 所示，即

$$M_b = M - V \cdot \frac{b}{2}$$

$$V_b = V - (g+q) \cdot \frac{b}{2}$$

式中　M_b，V_b——柱边梁截面的弯矩和剪力；

　　　M，V——柱轴线处梁截面的弯矩和剪力；

　　　b——柱宽；

　　　g，q——作用于梁上的竖向分布恒荷载和活载。

2. 框架柱

柱的内力包括弯矩、轴力和剪力。由弯矩图可知，弯矩最大值在柱的两端，剪力和轴力在同一层中无变化或变化很小，因此柱的控制截面是柱的上下端，在梁轴线处柱的内力也应换算为梁边柱端截面的内力，如图 2-3-17 所示。

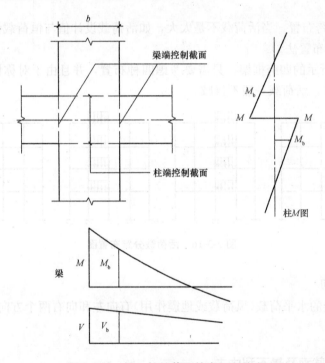

图 2-3-17　梁、柱端截面的弯矩和剪力

柱是偏心受压构件，可能出现大偏心受压破坏，也可能出现小偏心受压破坏。在大偏心受压情况下，M 越大 N 越小越不利；在小偏心受压情况下，N 越大越不利。对柱要组合几种不利内力，从中选取最不利内力值作为配筋依据。由于框架柱一般采用对称配筋，组合时要选择绝对值最大的弯矩，柱的最不利内力可归纳成以下四种：

(1) $|M|_{max}$ 及相应的 N、V。

(2) N_{max} 及相应的 M、V。

(3) N_{min} 及相应的 M、V。

(4) $|M|$ 比较大(不是绝对最大)，但 N 比较小或比较大(不是绝对最小或最大)。绝对最大或最小的内力不一定就是最不利的，对大偏心受压构件，若 $|M|$ 不是最大，而 N 较

小，则 $e_0 = M/N$ 最大，截面配筋可能最多；对小偏心受压构件，e_0 越小截面配筋越多。

3.5.3 框架梁弯矩调幅

在竖向荷载作用下框架梁端负弯矩较大，配筋较多，以至于钢筋较密，施工困难。框架中允许梁端出现塑性铰，在梁中可考虑塑性内力重分布，通常是降低支座弯矩。对于现浇框架，支座弯矩的调幅系数取 0.8～0.9。对于装配整体式框架，由于钢筋焊接及接缝不密实等原因，受力后可能产生节点变形，造成梁端弯矩降低和跨中弯矩增加，调幅系数允许低一些，取 0.7～0.8。

支座弯矩的降低必然引起跨中弯矩的增加，但荷载组合求出的跨中最大正弯矩和支座最大负弯矩不是在同一组荷载作用下出现的，支座负弯矩调幅后，在相应荷载组合下，跨中弯矩虽然增大，但也不会超过跨中最不利弯矩，故支座负弯矩经调幅降低后，跨中最不利正弯矩可不调整。

3.5.4 框架梁及柱的截面配筋计算

1. 框架梁设计

梁的配筋计算包括正截面抗弯和斜截面抗剪计算，一般按受弯构件进行。纵向受拉钢筋应满足配筋率及裂缝宽度的要求。纵筋的弯起和截断位置，应符合构造要求。通常当均布活荷载 q 与均布恒荷载 g 的比值 $q/g \leqslant 3$ 或考虑塑性内力重分布对支座弯矩进行调幅时，可参照梁板结构中次梁钢筋的弯起和切断位置进行。

2. 框架柱设计

框架柱属偏心受压构件，一般采用对称配筋，在中间轴线上的框架柱，按单向偏心受压考虑，边柱按双向偏心受压考虑，框架平面外应按轴心受压构件验算。

3.6 构造要求

3.6.1 框架梁

1. 梁纵向钢筋的构造要求

梁纵向受拉钢筋的数量除按计算确定外，还必须考虑温度、收缩应力所需要的钢筋数量，以防止梁发生脆性破坏和控制裂缝宽度。纵向受拉钢筋的最小配筋百分率 ρ_{min}（%）不应小于 0.2 和 $45 f_t/f_y$ 二者的较大值。同时为防止超筋梁，当不考虑受压钢筋时，纵向受拉钢筋的最大配筋率不应超过 $\rho_{max} = \xi_b \alpha_1 f_c/f_y$。

沿梁全长顶面和底面应至少各配置两根纵向钢筋，钢筋的直径不应小于 12 mm。框架梁的纵向钢筋不应与箍筋、拉筋及预埋件等焊接。

2. 梁箍筋的构造要求

应沿框架梁全长设置箍筋。箍筋的直径、间距及配筋率等要求与一般梁的相同，可参见本篇项目 1 中的相关内容。

3.6.2 框架柱

1. 柱纵向钢筋的构造要求

框架结构受到的水平荷载可能来自正、反两个方向，故柱的纵向钢筋宜采用对称配筋。

为了改善框架柱的延性，使柱的屈服弯矩大于其开裂弯矩，保证柱屈服时具有较大的变形能力，要求柱全部纵向钢筋的配筋率不应小于0.6%，且柱截面每一侧纵向钢筋配筋率不应小于0.2%。当混凝土强度等级大于C60时，柱全部纵向钢筋的配筋率不应小于0.7%；当采用HRB400、RRB400级钢筋时，柱全部纵向钢筋的配筋率不应小于0.5%。同时，柱全部纵向钢筋的配筋率不宜大于5%，不应大于6%。

柱纵向钢筋的间距不应大于350 mm，净距不应小于50 mm。柱的纵向钢筋不应与箍筋、拉筋及预埋件等焊接。

2. 柱箍筋的构造要求

柱内箍筋形式常用的有普通箍筋和复合箍筋两种，如图2-3-18(a)、(b)所示，当柱每边纵筋多于3根时，应设置复合箍筋。复合箍筋的周边箍筋应为封闭式，内部箍筋可为矩形封闭箍筋或拉筋。当柱为圆形截面或柱承受的轴向压力较大而其截面尺寸受到限制时，可采用螺旋箍、复合螺旋箍或连续复合螺旋箍，如图2-3-18(c)、(d)和图2-3-18(e)所示。

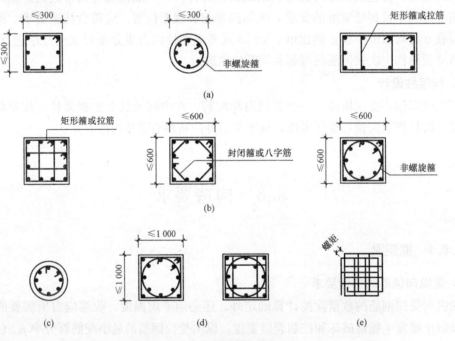

图2-3-18 柱箍筋形式示例

(a)普通箍；(b)复合箍；(c)螺旋箍；(d)复合螺旋箍；(e)连续复合螺旋箍

柱箍筋间距不应大于400 mm，且不应大于构件截面的短边尺寸和最小纵向受力钢筋直径的15倍；箍筋直径不应小于最大纵向钢筋直径的1/4，且不应小于6 mm。当柱中全部纵向受力钢筋的配筋率超过3%时，箍筋直径不应小于8 mm，间距不应大于最小纵向钢筋直径的10倍，且不应大于200 mm。箍筋末端应做成135°弯钩且弯钩末端平直段长度不应小于10倍箍筋直径。

柱内纵向钢筋采用搭接时，搭接长度范围内箍筋直径不应小于搭接钢筋较大直径的 0.25 倍；在纵向受拉钢筋搭接长度范围内的箍筋间距不应大于搭接钢筋较小直径的 5 倍，且不应大于 100 mm。

在纵向受压钢筋搭接长度范围内的箍筋间距不应大于搭接钢筋直径的 10 倍，且不应大于 200 mm。当受压钢筋直径大于 25 mm 时，还应在搭接接头端面外 100 mm 的范围内各设两道箍筋。

3.6.3　梁柱节点

1. 现浇梁柱节点

梁柱节点处于剪压复合受力状态，为保证节点具有足够的受剪承载力，防止节点发生剪切脆性破坏，必须在节点内配置足够数量的水平箍筋。节点内的箍筋除应符合上述框架柱箍筋的构造要求外，其箍筋间距不宜大于 250 mm；对四边有梁与之相连的节点，可仅沿节点周边设置矩形箍筋。

2. 装配整体式梁柱节点

装配整体式框架的节点设计是这种结构设计的关键环节。设计时应保证节点的整体性；应进行施工阶段和使用阶段的承载力计算；在保证结构整体受力性能的前提下，连接形式力求简单，传力直接，受力明确；应安装方便，误差易于调整，并且安装后能较早承受荷载，以便于上部结构的继续施工。

3.6.4　钢筋连接和锚固

关于纵向受力钢筋锚固和连接的基本问题，本节仅对框架梁、柱的纵向钢筋在框架节点区的锚固和搭接问题作简要说明。

框架梁、柱的纵向钢筋在框架节点区的锚固和搭接如图 2-3-19 所示，应符合以下要求：

(1) 顶层中节点柱纵向钢筋和边节点柱内侧纵向钢筋应伸至柱顶；当从梁底边计算的直线锚固长度不小于 l_a 时，可不必水平弯折，否则应向柱内或梁、板内水平弯折，当充分利用柱纵向钢筋的抗拉强度时，其锚固段弯折前的竖向投影长度不应小于 $0.5l_a$，弯折后的水平投影长度不应小于 12 倍的柱纵向钢筋直径。

(2) 顶层端节点处，在梁宽范围以内的柱外侧纵向钢筋可与梁上部纵向钢筋搭接，搭接长度不应小于 $0.5l_a$；在梁宽范围以外的柱外侧纵向钢筋可伸入现浇板内，其伸入长度与伸入梁内的相同。当柱外侧纵向钢筋的配筋率大于 1.2% 时，伸入梁内的柱纵向钢筋宜分批截断，其截断点之间的距离不宜小于 20 倍的柱纵向钢筋直径。

(3) 梁上部纵向钢筋伸入端节点的锚固长度，直线锚固时不应小于 l_a，且伸过柱中心线的长度不宜小于 5 倍的梁纵向钢筋直径；当柱截面尺寸不足时，梁上部纵向钢筋应伸至节点对边并向下弯折，锚固段弯折前的水平投影长度不应小于 $0.4l_a$，弯折后的竖直投影长度应取 15 倍的梁纵向钢筋直径。

(4) 当计算中不利用梁下部纵向钢筋的强度时，其伸入节点内的锚固长度应取不小于 12 倍的梁纵向钢筋直径。当计算中充分利用梁下部钢筋的抗拉强度时，梁下部纵向钢筋可采用直线方式或向上 90° 弯折方式锚固于节点内，直线锚固时的锚固长度不应小于 l_a；弯折锚固时，锚固段的水平投影长度不应小于 $0.4l_a$，竖直投影长度应取 15 倍的梁纵向钢筋直径。

另外，梁支座截面上部纵向受拉钢筋应向跨中延伸至$(1/4\sim1/3)l_n$（l_n 为梁的净跨）处，并与跨中的架立筋（不少于 $2\Phi12$）搭接，搭接长度可取 150 mm，如图 2-3-19 所示。

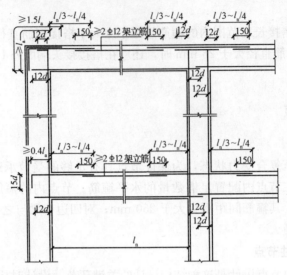

图 2-3-19　框架梁、柱纵向钢筋在节点区的锚固要求

项目 4　砌体结构施工图设计

4.1　砌体结构构件的承载力计算

4.1.1　无筋砌体受压构件

1. 受压构件的受力状态

在实际工程中，无筋砌体大多被用作受压构件。受压砌体可以分为轴心受压和偏心受压两种情况。试验表明，当构件的高厚比 β 不大于3（将 $\beta \leqslant 3$ 的柱划分为短柱）时，砌体破坏时材料强度可以得到充分发挥，不会因整体失去稳定影响其抗压承载力。砌体受压短柱的承载力将随构件偏心距 e 的增大而降低。

砌体受压长柱（$\beta > 3$ 的柱）在承受轴心压力时，由于砌体材料的不均匀性及施工误差等原因使轴心受压构件产生附加弯矩和侧向挠曲变形。在砌体结构中，水平灰缝数量多，削弱了砌体的整体性，可能产生纵向弯曲破坏。当构件高厚比再增大时，还可能产生失稳破坏。

2. 受压构件承载力计算

《砌体结构设计规范》（GB 50003—2011）在试验研究的基础上，确定把轴向力的偏心距和构件的高厚比对受压构件承载力的影响采用同一系数 φ 来考虑。此时，轴心受压构件可视为偏心受压构件的特例（即偏心距 $e=0$ 的偏心受压构件）。因此，对无筋砌体轴心受压、偏心受压构件的承载力均按下式计算：

$$N \leqslant \varphi f A \tag{2-4-1}$$

式中　N——构件承受的轴向力设计值；

　　　φ——高厚比 β 和轴向力的偏心距 e 对受压构件承载力的影响系数，可按表 2-4-1～表 2-4-3 查取；

　　　f——砌体抗压强度设计值，按表 1-2-1～表 1-2-7 取用，注意是否需按规定乘以调整系数 γ_a；

　　　A——构件的截面面积。

在确定影响系数 φ 时，构件的偏心距 e 和高厚比 β 分别按下列公式计算：

$$e = \frac{M}{N} \tag{2-4-2}$$

对矩形截面

$$\beta = \gamma_\beta \frac{H_0}{h} \tag{2-4-3a}$$

对 T 形截面

$$\beta = \gamma_\beta \frac{H_0}{h_T} \tag{2-4-3b}$$

式中　M——截面承受的弯矩设计值；

　　　N——截面承受的轴向力设计值；

　　　H_0——受压构件的计算高度，按表 2-4-4 的规定取用；

　　　h——墙厚或矩形柱的截面边长。对偏心受压构件，h 取偏心方向的截面边长；对轴心受压构件，h 取对应于 H_0 的截面边长，当两个方向的 H_0 相同时，取截面短边边长；

　　　h_T——T 形截面的折算厚度，$h_T = 3.5i = 3.5\sqrt{\dfrac{I}{A}}$（$i$ 和 I 分别为构件截面的回转半径和截面的惯性矩）；

　　　γ_β——不同砌体材料构件的高度比修正系数，按表 2-4-5 取用。

表 2-4-1　影响系数 φ（砂浆强度等级 $\geqslant$M5）

β	$\dfrac{e}{h}$ 或 $\dfrac{e}{h_T}$												
	0	0.025	0.05	0.075	0.1	0.125	0.15	0.175	0.2	0.225	0.25	0.275	0.30
$\leqslant 3$	1	0.99	0.97	0.94	0.89	0.84	0.79	0.73	0.68	0.62	0.57	0.52	0.48
4	0.98	0.95	0.90	0.85	0.80	0.74	0.69	0.64	0.58	0.53	0.49	0.45	0.41
6	0.95	0.91	0.86	0.81	0.75	0.69	0.64	0.59	0.54	0.49	0.45	0.42	0.38
8	0.91	0.86	0.81	0.76	0.70	0.64	0.59	0.54	0.50	0.46	0.42	0.39	0.36
10	0.87	0.82	0.76	0.71	0.65	0.60	0.55	0.50	0.46	0.42	0.39	0.36	0.33
12	0.82	0.77	0.71	0.66	0.60	0.55	0.51	0.47	0.43	0.39	0.36	0.33	0.31
14	0.77	0.72	0.66	0.61	0.56	0.51	0.47	0.43	0.40	0.36	0.34	0.31	0.29
16	0.72	0.67	0.61	0.56	0.52	0.47	0.44	0.40	0.37	0.34	0.31	0.29	0.27
18	0.67	0.62	0.57	0.52	0.48	0.44	0.40	0.37	0.34	0.31	0.29	0.27	0.25
20	0.62	0.57	0.53	0.48	0.44	0.40	0.37	0.34	0.32	0.29	0.27	0.25	0.23
22	0.58	0.53	0.49	0.45	0.41	0.38	0.35	0.32	0.30	0.27	0.25	0.24	0.22
24	0.54	0.49	0.45	0.41	0.38	0.35	0.32	0.30	0.28	0.26	0.24	0.22	0.21
26	0.50	0.46	0.42	0.38	0.35	0.33	0.30	0.28	0.26	0.24	0.22	0.21	0.19
28	0.46	0.42	0.39	0.36	0.33	0.30	0.28	0.26	0.24	0.22	0.21	0.19	0.18
30	0.42	0.39	0.36	0.33	0.31	0.28	0.26	0.24	0.22	0.21	0.20	0.18	0.17

表 2-4-2　影响系数（砂浆强度等级 $\geqslant$M2.5）

β	$\dfrac{e}{h}$ 或 $\dfrac{e}{h_T}$												
	0	0.025	0.05	0.075	0.1	0.125	0.15	0.175	0.2	0.225	0.25	0.275	0.30
$\leqslant 3$	1	0.99	0.97	0.94	0.89	0.84	0.79	0.73	0.68	0.62	0.57	0.52	0.48
4	0.97	0.94	0.89	0.84	0.78	0.73	0.67	0.62	0.57	0.52	0.48	0.44	0.40
6	0.93	0.89	0.84	0.78	0.73	0.67	0.62	0.57	0.52	0.48	0.44	0.40	0.37
8	0.89	0.84	0.78	0.72	0.67	0.62	0.57	0.52	0.48	0.44	0.40	0.37	0.34
10	0.83	0.78	0.72	0.67	0.61	0.56	0.52	0.47	0.43	0.40	0.37	0.34	0.31

β	$\dfrac{e}{h}$ 或 $\dfrac{e}{h_T}$												
	0	0.025	0.05	0.075	0.1	0.125	0.15	0.175	0.2	0.225	0.25	0.275	0.30
12	0.78	0.72	0.67	0.61	0.56	0.52	0.47	0.43	0.40	0.37	0.34	0.31	0.29
14	0.72	0.66	0.61	0.56	0.51	0.47	0.43	0.40	0.36	0.34	0.31	0.29	0.27
16	0.66	0.61	0.56	0.51	0.47	0.43	0.40	0.36	0.34	0.31	0.29	0.26	0.25
18	0.61	0.56	0.51	0.47	0.43	0.40	0.36	0.33	0.31	0.29	0.26	0.24	0.23
20	0.56	0.51	0.47	0.43	0.39	0.36	0.33	0.31	0.28	0.26	0.24	0.23	0.21
22	0.51	0.47	0.43	0.39	0.36	0.33	0.31	0.28	0.26	0.24	0.23	0.21	0.20
24	0.46	0.43	0.39	0.36	0.33	0.31	0.28	0.26	0.24	0.23	0.21	0.20	0.18
26	0.42	0.39	0.36	0.33	0.31	0.28	0.26	0.24	0.22	0.21	0.20	0.18	0.17
28	0.39	0.36	0.33	0.30	0.28	0.26	0.24	0.22	0.21	0.20	0.18	0.17	0.16
30	0.36	0.33	0.30	0.28	0.26	0.24	0.22	0.21	0.20	0.18	0.17	0.16	0.15

表 2-4-3　影响系数(砂浆强度 0)

β	$\dfrac{e}{h}$ 或 $\dfrac{e}{h_T}$												
	0	0.025	0.05	0.075	0.1	0.125	0.15	0.175	0.2	0.225	0.25	0.275	0.30
$\leqslant 3$	1	0.99	0.97	0.94	0.89	0.84	0.79	0.73	0.68	0.62	0.57	0.52	0.48
4	0.87	0.82	0.77	0.71	0.66	0.60	0.55	0.51	0.46	0.43	0.39	0.36	0.33
6	0.76	0.70	0.65	0.59	0.54	0.50	0.46	0.42	0.39	0.36	0.33	0.30	0.28
8	0.63	0.58	0.54	0.49	0.45	0.41	0.38	0.35	0.32	0.30	0.28	0.25	0.24
10	0.53	0.48	0.44	0.41	0.37	0.34	0.32	0.29	0.27	0.25	0.23	0.22	0.20
12	0.44	0.40	0.37	0.34	0.31	0.29	0.27	0.25	0.23	0.21	0.20	0.19	0.17
14	0.36	0.33	0.31	0.28	0.26	0.24	0.23	0.21	0.20	0.18	0.17	0.16	0.15
16	0.30	0.28	0.26	0.24	0.22	0.21	0.19	0.18	0.17	0.16	0.15	0.14	0.13
18	0.26	0.24	0.22	0.21	0.19	0.18	0.17	0.16	0.15	0.14	0.13	0.12	0.12
20	0.22	0.20	0.19	0.18	0.17	0.16	0.15	0.14	0.13	0.12	0.12	0.11	0.10
22	0.19	0.18	0.16	0.15	0.14	0.14	0.13	0.12	0.12	0.11	0.10	0.10	0.09
24	0.16	0.15	0.14	0.13	0.13	0.12	0.11	0.11	0.10	0.10	0.09	0.09	0.08
26	0.14	0.13	0.13	0.12	0.11	0.11	0.10	0.10	0.09	0.09	0.08	0.08	0.07
28	0.12	0.12	0.11	0.11	0.10	0.10	0.09	0.09	0.08	0.08	0.08	0.07	0.07
30	0.11	0.10	0.10	0.09	0.09	0.09	0.08	0.08	0.07	0.07	0.07	0.07	0.06

表 2-4-4 受压构件的计算高度 H_0

房屋类别			柱		带壁柱墙或周边拉接的墙		
			排架方向	垂直排架方向	$s>2H$	$2H \geqslant s>H$	$s \leqslant H$
有起重机的单层房屋	变截面柱上段	弹性方案	$2.5H_u$	$1.25H_u$	$2.5H_u$		
		刚性、刚弹性方案	$2.0H_u$	$1.25H_u$	$2.0H_u$		
	变截面柱下段		$1.0H_l$	$0.8H_l$	$1.0H_l$		
无起重机的单层和多层房屋	单跨	弹性方案	$1.5H$	$1.0H$	$1.5H$		
		刚弹性方案	$1.2H$	$1.0H$	$1.2H$		
	多跨	弹性方案	$1.25H$	$1.0H$	$1.25H$		
		刚弹性方案	$1.1H$	$1.0H$	$1.1H$		
	刚性方案		$1.0H$	$1.0H$	$1.0H$	$0.4s+0.2H$	$0.6s$

注:1. 表中 H_u 为变截面柱的上段高度,H_l 为变截面柱的下段高度。

2. 对于上端为自由端的构件,$H_0 \approx 2H$。

3. 独立砖柱,当无柱间支撑时,柱在垂直排架方向的 H_0 应按表中数值乘以 1.25 后取用。

4. s 为房屋横墙间距。

5. 非承重墙的计算高度应根据周边支承或拉接条件确定。

表 2-4-5 高厚比修正系数

砌体材料类别	γ_β
烧结普通砖、烧结多孔砖	1.0
混凝土普通砖、混凝土多孔砖、混凝土及轻集料混凝土砌块	1.1
蒸压灰砂普通砖、蒸压粉煤灰普通砖、细料石	1.2
粗料石、毛石	1.5

高厚比 β 和轴向力的偏心距 e 对受压构件承载力的影响系数 φ 也可按下列公式计算:

当为轴心受压($e=0$),且 $\beta>3$ 时

$$\varphi = \varphi_0 = \frac{1}{1+\alpha\beta^2} \tag{2-4-4a}$$

当为偏心受压,且 $\beta \leqslant 3$ 时

$$\varphi = \frac{1}{1+12\left(\dfrac{e}{h}\right)^2} \tag{2-4-4b}$$

当为偏心受压,且 $\beta>3$ 时

$$\varphi = \frac{1}{1+12\left[\dfrac{e}{h}+\sqrt{\dfrac{1}{12}\left(\dfrac{1}{\varphi_0}-1\right)}\right]^2} \tag{2-4-4c}$$

式中　φ——轴心受压构件的稳定系数,$\beta \leqslant 3$ 时,$\varphi=1.0$;

α——与砂浆强度等级有关的系数,当砂浆强度等级大于等于 M5 时,$\alpha=0.0015$;当砂浆强度等级为 M2.5 时,$\alpha=0.002$;当验算施工中的砌体,即砂浆强度为零时,$\alpha=0.009$。

其余符号与查表求 φ 时的用法相同。当为 T 形截面时，用 h_T 代替公式中的 h 即可。

3. 受压构件承载力计算要求

(1)对于偏心受压矩形柱，当轴向力偏心方向的截面边长大于另一方向的截面边长时，除了按偏心受压进行承载力验算外，还应对较小边长方向按轴心受压进行验算。即

由 $\beta_1=\dfrac{H_0}{h}$ 以及 $\dfrac{e}{h}$ 求出 φ_1，应满足 $N\leqslant\varphi_1 fA$；

由 $\beta_2=\dfrac{H_0}{b}$，按轴心受压求出 φ_2，应满足 $N\leqslant\varphi_2 fA$。

(2)轴向力偏心距 e 的限值。对于偏心受压构件，当偏心距 e 过大时，受拉边会出现水平裂缝，使承受压力的有效截面面积减小，构件刚度降低，构件的承载能力显著降低。因此，《砌体结构设计规范》(GB 50003—2011)规定应用公式(2-4-1)时轴向力的偏心距应满足

$$e\leqslant 0.6y \tag{2-4-5}$$

式中　y——截面重心到轴向力所在偏心方向截面边缘的距离，取值如图 2-4-1 所示。

当偏心距超过限值时，应采取措施减小偏心距 e，如采用缺角垫块、修改截面尺寸、改变结构布置等方法调整偏心距。当偏心距仍不能满足要求时，可采用组合砖砌体构件或采用钢筋混凝土柱。

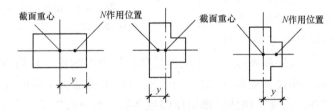

图 2-4-1　偏心方向截面边缘距离取值示意图

【**例 2-4-1**】　一轴心受压砖柱，两端铰接，柱计算高度 $H_0=H=3.2$ m，截面尺寸为 370 mm×490 mm，柱顶荷载引起的轴向压力标准值 $N_k=145$ kN(其中永久荷载标准值引起的压力为 105 kN)，采用 MU10 烧结普通砖及 M5 混合砂浆砌筑，砌体施工质量控制等级为 B 级，试验算该柱的受压承载力。

【**解**】　砖柱的密度取 19 kN/m³，砖柱自重标准值为

$$G_k=0.37\times 0.49\times 19\times 3.2=11.02(kN)$$

柱底截面的压力最大。当按可变荷载效应控制的组合计算时，柱底轴向压力设计值为

$$N=1.2\times(105+11.02)+1.4\times 40=195.2(kN)$$

当按永久荷载效应控制的组合计算时，柱底轴向压力设计值为

$$N=1.35\times(105+11.02)+1.4\times 0.7\times 40=195.8(kN)>195.2\ kN$$

取 $N=195.8$ kN。

由 $\beta=\gamma_\beta\dfrac{H_0}{h}=1.0\times\dfrac{3200}{370}=8.65$，M5 砂浆 $\alpha=0.0015$，得

$$\varphi=\dfrac{1}{1+\alpha\beta^2}=\dfrac{1}{1+0.0015\times 8.65^2}=0.899$$

由于截面面积 $A=0.37\times 0.49=0.1813(m^2)<0.3\ m^2$，故应考虑砌体强度设计值的调

整系数 γ_a。

$$\gamma_a = 0.7 + A = 0.7 + 0.181\ 3 = 0.881\ 3$$

查表 1-2-1,砌体抗压强度设计值为 $f = 1.50\ \text{MPa}$,则柱底截面的承载力为

$$\varphi \gamma_a f A = 0.899 \times 0.881\ 3 \times 1.50 \times 0.181\ 3 \times 10^6 = 215.5 \times 10^6\,(\text{N}) = 215.5\,(\text{kN}) > 197.7\ \text{kN}$$

该柱承载力满足要求。

4.1.2 砌体局部受压

当竖向压力作用于砌体的局部面积上时,称为砌体局部受压。如柱子支承于基础顶面,大梁支承于砖墙上等。在承受压力的作用下,先作用于砌体局部,然后再应力扩散,在局部承载力不满足要求的情况下,砌体就会产生破坏。砌体的局部受压分为局部均匀受压和局部非均匀受压,如图 2-4-2 所示。

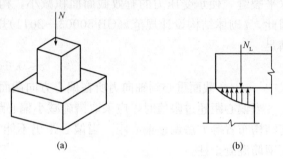

图 2-4-2　砌体的局部受压
(a)局部均匀受压;(b)局部非均匀受压

1. 砌体局部均匀受压

砌体局部均匀受压就是在局部受压面上,压应力为均匀分布。如轴心受压砖柱对毛石基础顶面的作用是局部均匀受压。

(1)砌体局部抗压强度提高系数。由于砌体局部抗压强度的提高与周围未直接接受力的砌体面积有关,《砌体结构设计规范》(GB 50003—2011)用局部抗压强度提高系数 γ 来反映砌体局部抗压强度的提高程度。砌体局部抗压强度提高系数 γ 按下式计算:

$$\gamma = 1 + 0.35\sqrt{\frac{A_0}{A_l} - 1} \tag{2-4-6}$$

式中　A_0——影响砌体局部抗压强度的计算面积;

　　　A_l——局部受压面积。

从式(2-4-6)可以看出,砌体局部抗压强度提高系数随着 A_0/A_l 的增大而提高,当 $A_0 = A_l$ 时,$\gamma = 1.0$,即砌体为一般受压。当 A_0/A_l 过大,局部受压会使砌体发生突然的劈裂破坏。砌体局部抗压强度的计算面积 A_0(图 2-4-3),按下列规定采用:

1)对图 2-4-3(a)所示的情况:$A_0 = (a + c + h)h$。

2)对图 2-4-3(b)所示的情况:$A_0 = (b + 2h)h$。

3)对图 2-4-3(c)所示的情况:$A_0 = (a + h)h + (b + h_1 - h)h_1$。

4)对图 2-4-3(d)所示的情况:$A_0 = (a + h)h$。

注意:对上述 1)~4)的各种情况,当括号中的计算结果大于构件实际的截面尺寸时,应按构件的实际截面尺寸计算。

《砌体结构设计规范》(GB 50003—2011)为防止 $\dfrac{A_0}{A_l}$ 大于某一限值时会出现危险的劈裂破坏,规定对按式(2-4-6)计算的 γ 值,还应符合下列规定:

1)对图 2-4-3(a)所示的情况,$\gamma \leqslant 2.5$。

2)对图 2-4-3(b)所示的情况,$\gamma \leqslant 2.0$。

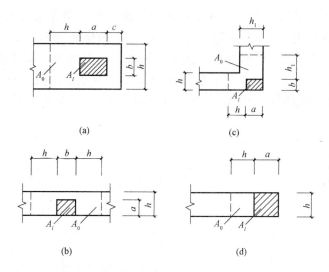

图 2-4-3　影响砌体局部抗压强度的计算面积

(a)中心受压；(b)中/侧部受压；(c)角部受压；(d)端部受压

3)对图 2-4-3(c)所示的情况，$\gamma \leqslant 1.5$。

4)对图 2-4-3(d)所示的情况，$\gamma \leqslant 1.25$。

5)对灌孔的混凝土砌块砌体，在符合 1)、2)的情况下还应符合 $\gamma \leqslant 1.5$；未灌孔混凝土砌块砌体，$\gamma = 1.0$。

6)对多孔砖砌体孔洞难以灌实时，应按 $\gamma = 1.0$ 取用；当设置混凝土垫块时，按垫块下的砌体局部受压计算。

(2)砌体局部均匀受压时承载力计算。《砌体结构设计规范》(GB 50003—2011)规定，砌体截面受局部均匀压力作用时，其承载力应满足下列公式要求：

$$N_l \leqslant \gamma f A_l \tag{2-4-7}$$

式中　N_l——局部受压面积上的轴向压力设计值；

　　　A_l——局部受压面积；

　　　f——砌体的抗压强度设计值，当 $A_l < 0.3 \ \mathrm{m}^2$ 时，可不考虑强度调整系数 γ_a 的影响。

2. 梁端支承处砌体的局部受压

(1)受压特点。梁端支承处砌体局部受压时，由于梁端产生翘曲变形，使梁端下砌体的局部压应力呈不均匀分布。《砌体结构设计规范》(GB 50003—2011)用梁端底面压应力图形完整系数 η 考虑其影响；同时，梁端的有效支承长度 a_0 有可能小于实际支承长度 a，如图 2-4-4 所示。若梁的跨度较小，梁高较大，则梁端翘曲就越小，因而有效支承长度 a_0 就越接近实际支承长度 a。《砌体结构设计规范》(GB 50003—2011)考虑试验结果并结合工程实际情况，结出了梁端有效支承长度 a_0 的简化计算公式为

$$a_0 = 10\sqrt{\frac{h_c}{f}} \tag{2-4-8}$$

式中　a_0——梁端有效支承长度(mm)，当 $a_0 > a$ 时，应取 $a_0 = a$(a 为梁端实际支承长度，mm)；

　　　h_c——梁的截面高度(mm)；

　　　f——砌体的抗压强度设计值(MPa)。

在通常情况下，梁端下砌体局部受压面积上除了承受梁传来的支承力 N_l 外，还会有上部砌体传来的压力 N_0。而实际工程中，由于梁的挠曲变形，造成梁端下砌体在梁端支承压力 N_l 作用下产生压缩变形，随着压缩变形逐渐增大，使梁顶部可能与砌体局部脱开，如图 2-4-5 所示。此时，上部砌体的平均压应力 σ_0 会部分或全部改为由梁上砌体通过内拱作用传给梁端周围的砌体，从而使局部受压面积上承受的上部砌体传来的压力减小。

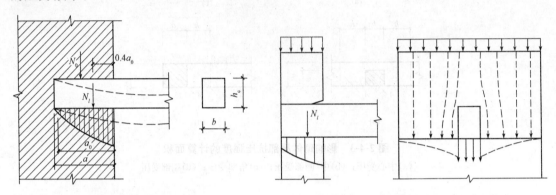

图 2-4-4 梁端支承处砌体局部受压   图 2-4-5 梁端上部砌体的内拱作用

(2)梁端支承处砌体局部受压承载力计算。梁端支承处砌体的局部受压承载力按下列公式计算：

$$\psi N_0 + N_l \leqslant \eta \gamma f A_l \leqslant \psi N_0 + N_l \leqslant \eta \gamma f A_l \tag{2-4-9}$$

$$\psi = 1.5 - 0.5\frac{A_0}{A_l} \tag{2-4-10}$$

式中　ψ——上部荷载的折减系数，当 $\frac{A_0}{A_l} > 3$ 或 $\frac{A_0}{A_l} = 3$ 时，取 $\psi = 0$；

　　　N_0——局部受压面积内上部轴向力设计值，$N_0 = \sigma_0 A_l$；

　　　N_l——梁端支承压力设计值；

　　　η——梁端底面压应力图形的完整系数，一般可取 0.7，对于过梁和墙梁可取 1.0；

　　　A_l——底部受压面积，$A_l = a_0 b$，b 为梁宽。

3. 梁端下设有刚性垫块的砌体局部受压

当梁端下砌体局部受压承载力不能满足要求时，可以在梁端下设置混凝土预制刚性垫块或现浇刚性垫块。梁端下设置预制刚性垫块时，由于垫块水平面积比梁端支承面积大，使经垫块传至砌体的局部压应力减小。但是，垫块下砌体的压应力比垫块以外砌体的压应力大，同时，由于垫块的应力扩散作用，梁端支承压力 N_l 的作用位置在垫块上、下表面有所不同，使垫块下的砌体又具有偏心受压的受力特点。

刚性垫块应满足以下要求：垫块的高度 t_b 不应小于 180 mm，自梁边算起的垫块挑出长度不应大于垫块的高度 t_b；在带壁柱墙的壁柱内设置刚性垫块时，其计算面积应取壁柱范围内的面积，不应计入翼缘部分，同时壁柱上垫块伸入翼墙内的长度不应小于 120 mm，如图 2-4-6 所示。梁端处的现浇刚性垫块一般与梁同时浇筑成整体，其底面与梁底持平，垫块的厚度可取与梁截面高度相同，也可小于梁截面高度如图 2-4-7 所示。

设置刚性垫块时，垫块下砌体局部受压承载力应按下式计算：

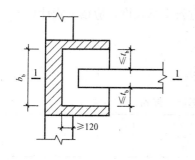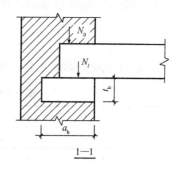

图 2-4-6　梁端下设置预制刚性垫块时的局部受压

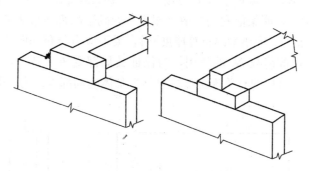

图 2-4-7　梁端现浇筑成整体的垫块

$$N_0 + N_l \leqslant \varphi \gamma_1 f A_b \tag{2-4-11}$$

式中　N_0——垫块面积 A_b 内上轴向力设计值，$N_0 = \sigma_0 A_b$；

　　　　A_b——垫块面积，$A_b = a_b b_b$；

　　　　a_b——垫块伸入墙内的长度（mm）；

　　　　b_b——垫块的宽度（mm）；

　　　　φ——垫块上 N_0 及 N_l 合力的影响系数，可查表 2-4-1 按 $\beta <$ 3 或 $\beta = 3$ 时确定，查表时用 a_b 代替表中的 h 即可；

　　　　γ_1——垫块外砌体面积的有利影响系数，$\gamma_1 = 0.8\gamma$，但不小于 1.0；

　　　　γ——砌体局部抗压强度提高系数，按式（2-4-6）计算，但计算时应以 A_b 代替 A_1。

式（2-4-11）中，影响系数 φ 也可按下式计算：

$$\varphi = \cfrac{1}{1 + 12\left(\cfrac{e}{a_b}\right)^2} \tag{2-4-12}$$

参照图 2-4-8，N_0 及 N_l 合力对垫块形心的偏心距 e 按下式计算：

$$e = \cfrac{N_l\left(\cfrac{a_b}{2} - 0.4a_0\right)}{N_0 + N_l} \tag{2-4-13}$$

从上式可以看出，垫块上 N_l 作用点到墙内边缘的距离取为

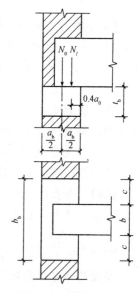

图 2-4-8　垫块上压力的作用位置

$0.4a_0$，a_0 为梁端设置刚性垫块时，垫块表面梁端有效支承长度，应按下式计算：

$$a_0 = \delta_1 \sqrt{\frac{h_c}{f}} \tag{2-4-14}$$

式中　δ_1——刚性垫块的影响系数，按表 2-4-6 取用。

表 2-4-6　刚性垫块的影响系数 δ_1

$\dfrac{\sigma_0}{f}$	0	0.2	0.4	0.6	0.8
δ_1	5.4	5.7	6.0	6.9	7.8

4. 梁端下设有垫梁时，垫梁下砌体的局部受压

当在楼(层)盖支承处的墙体上设有与楼(层)盖梁整体浇筑、互相连接的圈梁，或在楼(层)盖梁下设有圈梁时，圈梁能起到扩散梁端支承处砌体局部压应力的作用，称为"垫梁"。当垫梁的长度大于 πh_0（h_0 为垫梁的折算厚度）时，梁下应力分布如图 2-4-9 所示。垫梁承受上部荷载 N_0 和集中局部荷载 N_l 的作用，为保证其局部受压承载力，应按照《砌体结构设计规范》(GB 50003—2011)的有关规定进行垫梁下砌体的局部承载力验算。

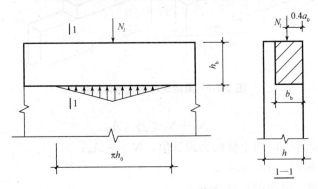

图 2-4-9　垫梁局部受压

【例 2-4-2】　在 1 500 mm×240 mm 的窗间墙中部支承一钢筋混凝土大梁，如图 2-4-10 所示，大梁传来的支承反力 $N_l = 70$ kN，窗间墙范围内上层墙体传来的荷载设计值 $N_u = 180$ kN，砖墙采用 MU10 烧结多孔砖和 M5 混合砂浆砌筑。梁的截面尺寸为 200 mm× 500 mm，支承长度为 240 mm，试验算梁端支承处砌体局部受压承载力是否满足要求。

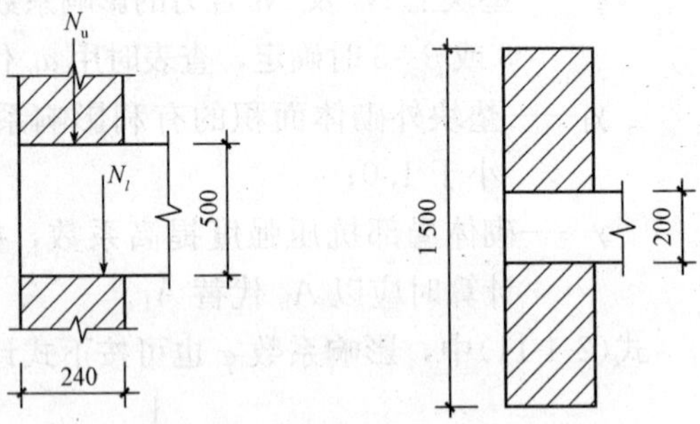

图 2-4-10　梁端下砌体局部受压图

【解】　查表得：$f = 1.5$ MPa。

梁端有效支承长度

$$a_0 = 10\sqrt{\frac{h_c}{f}} = 10 \times \sqrt{\frac{500}{1.5}} = 182.6 \text{(mm)} < 240 \text{ mm}，\text{取 } a_0 = 182.6 \text{ mm}。$$

梁端局部受压面积

$$A_l = a_0 b = 182.6 \times 200 = 36\ 520 \text{(mm)}$$

影响砌体局部抗压强度的计算面积

$$A_0 = (b+2h)h = (200+2\times240)\times240 = 163\,200\,(\text{mm}^2)$$

由于 $\dfrac{A_0}{A_l} = \dfrac{163\,200}{36\,520} = 4.47 > 3$，不需考虑上部荷载影响，取 $\psi=0$。

砌体局部抗压强度提高系数

$$\gamma = 1 + 0.35\sqrt{\dfrac{A_0}{A_l}-1} = 1 + 0.35\times\sqrt{4.47-1} = 1.65 > \gamma_{\max} = 1.5$$

取 $\gamma=1.5$，$\eta=0.7$，按公式计算得

$$\eta\gamma f A_l = 0.7\times1.5\times1.5\times36\,520 = 57.52\times10^3\,(\text{N}) = 57.52\,(\text{kN}) < \psi N_0 + N_l = 70\,\text{kN}$$

故该空间墙梁端下砌体局部受压承载力不满足要求。

4.1.3　砌体轴心受拉、受弯和受剪构件

1. 轴心受拉构件

砌体的抗拉能力很低，工程上很少采用砌体作轴心受拉构件。一般只在容积较小的圆形水池或筒仓中应用。这些结构在液体或松散物料的侧压力作用下，筒壁内产生环向拉力，如图 2-4-11 所示。

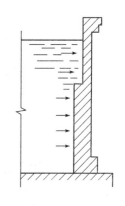

砌体轴心受拉构件的承载力按下式计算：

$$N_t \leqslant f_t A \tag{2-4-15}$$

式中　N_t——轴心拉力设计值；

　　　f_t——砌体的轴心抗拉强度设计值，应按表 1-2-9 取用；

　　　A——构件的截面面积。

2. 受弯构件

在弯矩作用下砌体可能沿齿缝截面或沿通缝截面，因弯曲受拉而破坏，砌体受弯构件在支座处还有较大的剪力。砖砌平拱过梁和挡土墙均属受弯构件。对于这些受弯构件，应进行受弯承载力和受剪承载力计算。

图 2-4-11　砌体圆形水池壁受拉示意图

(1)受弯承载力计算。根据材料力学原理，受弯构件的受弯承载力应按下式计算：

$$M \leqslant f_{tm} W \tag{2-4-16}$$

式中　M——弯矩设计值；

　　　f_{tm}——砌体弯曲抗拉强度设计值，应根据砌体发生破坏的形态按表 2-1-9 选取相应的强度指标；

　　　W——截面抵抗矩。

(2)受剪承载力计算。根据材料力学原理，受弯构件的受剪承载力应按下式计算：

$$V \leqslant f_v b z \tag{2-4-17}$$

$$z = \dfrac{I}{s} \tag{2-4-18}$$

式中　V——剪力设计值；

　　　f_v——砌体的抗剪强度设计值，应按表 1-2-9 取用；

　　　z——内力臂，当截面为矩形时，取 $z=\dfrac{2}{3}h$；

b——截面宽度；

I——截面惯性矩；

S——截面面积矩；

h——截面高度。

3. 受剪构件

在实际工程中，对于承受水平作用的低矮剪力墙，在墙体平面内受剪，如图 2-4-12(a) 所示；对于无拉杆的拱形构造物的支座截面处，由于拱的推力使支座受剪，如图 2-4-12(b) 所示。实际结构的受剪伴随着轴向压力的作用，进行砌体抗剪计算时，应考虑竖向压力的影响。

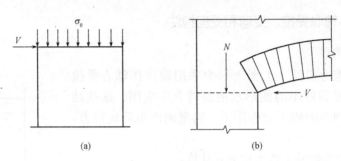

图 2-4-12 砌体构件的剪压复合受力

(a)水平力受剪；(b)拱形受剪

受剪构件承载力按下式计算：

$$V \leqslant (f_v + \alpha \mu \sigma_0)A \tag{2-4-19}$$

式中 V——剪力设计值；

A——构件水平截面面积，当有孔洞时，取净截面面积；

f_v——砌体抗剪强度设计值，按表 1-2-8 取用；

α——修正系数，当 $\gamma_G = 1.2$ 时，砖(含多孔砖)砌体取 0.60，混凝土砌块砌体取 0.64，$\mu = 0.26 - 0.082\dfrac{\sigma_0}{f}$；当 $\gamma_G = 1.35$ 时，砖(含多孔砖)砌体取 0.64，混凝土砌块砌体取 0.66，$\mu = 0.23 - 0.065\dfrac{\sigma_0}{f}$，其中 f 为砌体抗压强度设计值；

σ_0——永久荷载设计值产生的水平截面平均压应力；

$\dfrac{\sigma_0}{f}$——轴压比，且不大于 0.8。

【例 2-4-3】 一砖砌圆形水池如图 2-4-13 所示，水压力作用在池壁高 1 m 范围内产生的最大拉力设计值 $N = 45$ kN，池壁厚度为 350 mm，用 MU10 烧结普通砖及 M7.5 水泥砂浆砌筑，砌体施工质量控制等级为 B 级，试验算池壁的受拉承载力。

【解】 该水池池壁为轴心受拉构件，查表得砌体轴心抗拉强度设计值为 0.16 MPa，由于采用水泥砂浆砌筑，应考虑砌体强度调整系数 $\gamma_a = 0.8$。

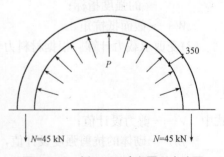

图 2-4-13 例 2-4-3 砖砌圆形水池图

$$f_t = 0.8 \times 0.16 = 0.128 (\text{MPa})$$
$$A = 350 \times 1\,000 = 350\,000 (\text{mm}^2)$$

由公式得

$$f_t A = 0.128 \times 350\,000 = 44\,800(\text{N}) = 44.80 \text{ kN} < N = 45 \text{ kN}$$

该水池池壁不满足承载力要求，应采用加大厚度或提高砂浆强度等级的方法。

4.1.4 配筋砌体

当无筋砌体受压构件的抗压承载力不足时，可以采用配筋砌体来提高砌体结构的承载力。受压构件的配筋砌体分为网状配筋砖砌体、组合砖砌体、砖砌体与钢筋混凝土构造柱组成的组合砖墙、配筋砌块砌体。

1. 网状配筋砖砌体

网状配筋砖砌体是在砖砌体的水平灰缝内按一定要求放置方格钢筋网片和连弯钢筋网，以达到提高砌体受压承载力的目的。

（1）网状配筋砖砌体的受力特点。网状配筋砖砌体的受压破坏也分为三个阶段。

第一阶段：随着荷载的逐步增加，单块砖受弯、受剪出现第一批裂缝，由于灰缝中有钢筋网，提高了砌体的抗弯强度，达到极限荷载60%～75%时才出现单砖开裂现象。

第二阶段：随着荷载的加大，裂缝在钢筋网片之间的砖块内发展，由于受到横向钢筋网的约束，裂缝发展缓慢，不能形成连续裂缝。

第三个阶段：压力达到极限时，砌体中的砖严重开裂，由于钢筋网片约束了砌体的横向变形，间接提高了砌体的抗压强度，因此，网状配筋砖砌体的抗压承载力明显高于无筋砌体。

（2）网状配筋砖砌体的构造要求。设计过程中除了验算网状配筋砖砌体的承载力外，应符合下列构造要求：

1）钢筋的体积配筋率不应小于0.1%，并不应大于1%。因为配筋率过小，钢筋网片的作用太小；而配筋率过大，钢筋的强度不能充分发挥作用。

2）采用方格钢筋网片时，由于存在着两个方向钢筋相叠的现象，若直径过粗，会使灰缝过厚，但过细的钢筋则由于锈蚀使耐久性降低。所以，钢筋的直径宜用3～4 mm，当采用连弯钢筋网片时，由于无钢筋相叠的问题，钢筋直径可以适当加大，但也不应大于8mm。

3）钢筋网片中钢筋的间距，不应大于120 mm，并不应小于30 mm，这主要是考虑钢筋过疏对砌体的约束作用太弱，而钢筋过密，砂浆难以密实。

4）钢筋网的竖向间距，不应大于五皮砖，并不应大于400 mm。此外，还应注意，对于连弯钢筋网片，需在相邻两皮水平灰缝中分别布置弯曲方向互相垂直的连弯钢筋网，才能等同于一片方格钢筋网片的作用。

5）网状配筋砖砌体所用的砂浆强度等级不应低于M7.5，钢筋网片处水平灰缝的厚度应保证钢筋上下至少各有2 mm的砂浆层。另外，为了检查砌体中钢筋是否漏放，每一网片中的钢筋应有一根露在砌体外面5 mm。

（3）网状配筋砖砌体的规范要求。由于网状配筋砖砌体是靠钢筋网片的约束作用而提高砌体承载力的，都会削弱偏心距过大，构件截面应力不均匀，或高厚比过大的砌体受到纵向弯曲的影响，都会削弱钢筋网片的作用。因此，《砌体结构设计规范》（GB 50003—2011）

规定，在下列情况下不宜采用于网状配筋砖砌体：

1）偏心距 e 超过截面核心范围，如对矩形截面，即为 $e/h>0.17$；

2）偏心距虽未超出截面核心范围，但构件的高厚比 $\beta>16$ 的砌体。

2. 组合砖砌体

当无筋砌体受压构件的截面尺寸受到限制或设计不经济，或轴向力偏心距过大（$e>0.6y$）时，可采用钢筋混凝土或钢筋砂浆面层组成的组合砖砌体，如图 2-4-14 所示。

（1）受力特点。由于混凝土面层或砂浆面层以及面层内配置的钢筋均直接参与受压工作，所以构件的受压承载力比无筋砌体有明显提高，而且能显著提高构件的抗弯能力和延性。

在组合砖砌体构件中，由于砖砌体的受压变形能力较大，当构件达到极限载力

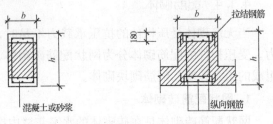

图 2-4-14 组合砖砌体构件截面

时，砖砌体的强度未能充分利用。对于钢筋砂浆面层的组合砖砌体，由于砂浆的极限应变小于钢筋的受压屈服应变，破坏时钢筋的强度也未能充分利用。

（2）构造要求。

1）面层混凝土强度等级宜采用 C20，面层水泥砂浆强度等级不宜低于 M10，砌筑砂浆强度等级不宜低于 M7.5。

2）竖向受力钢筋的混凝土保护层厚度，不应小于表 2-4-7 的规定。对采用水泥砂浆面层的砖柱，保护层厚度可减小 5 mm，竖向受力钢筋距砖砌表面的距离不应小于 5 mm。

表 2-4-7 组合砖砌体构件钢筋的保护层厚度 mm

构件类别	室内正常环境	露天或室内潮湿环境
墙	15	25
柱	25	35

3）砂浆面层的厚度可采用 30～45 mm。当面层厚度大于 45 mm，宜改用混凝土面层。

4）竖向受力钢筋宜采用 HPB300 级钢筋。对于混凝土面层，可采用 HRB335 级钢筋。受压钢筋一侧的配筋率，对砂浆面层不宜小于 0.1%，对混凝土面层不宜小于 0.2%。受拉钢筋的配筋率不应小于 0.1%。竖向受力钢筋的直径不应小于 8 mm，钢筋的净距不应小于 30 mm。

5）箍筋的直径不宜小于 4mm 及 0.2 倍的受压钢筋直径，并不宜大于 6mm。箍筋的间距不应大于 20 倍受压钢筋的直径，即 500mm，也不应大于 120mm。

6）当组合砖砌体构件一侧的竖向受力钢筋多于 4 根时，应设置附加箍筋或拉结钢筋。

7）对于截面长短边相差较大的构件，应采用穿通墙体的拉结钢筋作为箍筋，同时设置水平分布钢筋，水平分布钢筋的竖向间距及拉结钢筋的水平间距，均不应大于 500 mm，如图 2-4-15 所示。

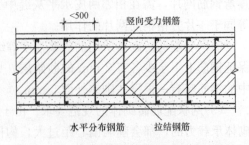

图 2-4-15 混凝土在砂浆面层组合填充构造

8)组合砖砌体构件的顶部、底部及牛腿部位，必须设置钢筋混凝土垫块，竖向受力钢筋伸入垫块的长度应满足锚固要求。

4.2 混合结构房屋的墙体设计

4.2.1 房屋的结构布置

混合结构房屋通常是指用砌体材料作为竖向承重构件(墙、柱)，而用钢筋混凝土、木材或钢材作为水平承重构件(楼、屋盖)的房屋。它具有施工简便、节省钢材、造价较低等特点，因此广泛应用于一般工业与民用建筑中。墙体是混合结构的主要构件，同时墙体对建筑物又起围护和隔断作用。主要起围护和分隔作用且只承受自重的墙体称为"自承重墙"；在承受自重的同时，还承受楼(层)盖传来荷载的墙体，称为"承重墙"。混合结构房屋设计就是解决墙体的设计问题。其主要包括承重墙体的布置、房屋的静力计算方案的确定、墙体高厚比验算、墙柱内力计算及其截面承载力验算。

通常把沿房屋短向布置的墙称为横墙，沿房屋长向布置的墙称为纵墙。混合结构房屋中承重墙体的布置，决定着房屋平面的划分、荷载传递的路线、墙体的稳定性和房屋空间刚度以及结构方案的经济合理性。因此，确定承重墙体的结构布置方案是十分重要的设计环节。一般混合结构房屋的承重墙体布置有纵墙承重体系、横墙承重体系、纵横墙承重体系和内框架承重体系四种方案。

1. 纵墙承重体系

纵墙承重体系的布置有两种方式。一种是屋面板直接搁置在纵向承重墙上，如图 2-4-16(a)所示；另一种方式是屋面板搁置在大梁(或屋架)上，板的荷载通过大梁(或屋架)传给纵墙，如图 2-4-16(b)所示。纵墙承重方案的优点是房屋的空间布置灵活，横墙间距可以增大，但由于横墙数量少，房屋的横向刚度较差。

纵墙承重体系房屋荷载由屋面荷载依次传给屋面板、屋架(屋面梁)、纵墙、基础，最后传至地基。

2. 横墙承重体系

将屋盖板搁置在横墙上，形成的结构承重体系称为横墙承重体系，如图 2-4-16(c)所示。该方案适用于房屋开间较小、进深较大的情况，如住宅、宿舍、医院病房、旅馆等建筑物。由于横墙间距小，所以房屋的横向刚度大；纵墙作为非承重墙，在其上开设门窗洞口较灵活。

横墙承重体系房屋荷载由屋面荷载依次传给屋面板、横墙、基础，最后传至地基。

3. 纵横墙承重体系

纵横墙承重体系是根据房屋开间进深要求的不同，使纵、横墙都承重的布置方案，如图 2-4-16(d)、(e)所示。这种方案的特点是房间布置较灵活，房间空间刚度较好。可作为教学楼、实验楼、办公楼等的布置方案。

纵横墙承重体系房屋的荷载由屋面荷载传给梁板结构，梁板结构将荷载分别同时传递给纵墙和横墙，然后由纵墙和横墙分别传递给它们的基础，最后传至地基。

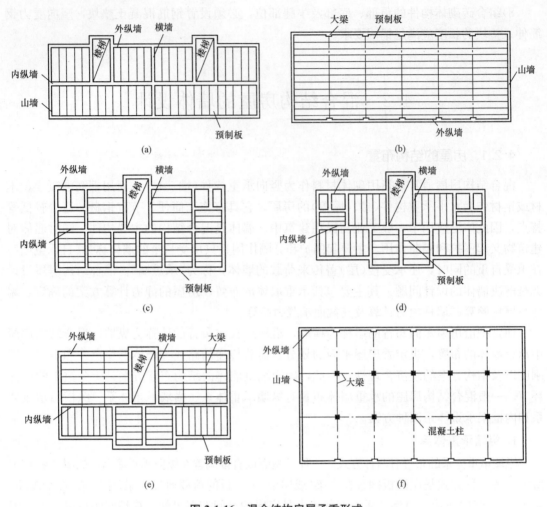

图 2-1-16 混合结构房屋承重形式

(a)、(b)纵墙或横墙承重；(c)横墙承重；(d)、(e)纵横墙承重；(f)内框架承重

4. 内框架承重体系

内框架砌体结构是指房屋内部由钢筋混凝土柱和楼(屋)盖梁组成内框架，外部由砌体墙、柱承重的混合承重体系，如图 2-4-16(f)所示。这种布置方案房屋内部使用空间大，平面布置灵活，但房屋空间刚度较差，不利于结构抗震。

内框架承重体系房屋的荷载由屋面荷载依次传递给屋面板、梁，梁将荷载依次传递给外墙和混凝土柱、外墙和柱的基础，最后传至地基。

4.2.2 房屋的静力计算方法

混合结构房屋是由纵墙、横墙、屋盖或(或楼盖)、基础等构件相互连系组成的力体系。在外荷载作用下，不仅直接承受荷载的构件起着抵抗荷载的作用，还与其他构件一起不同程度地参与工作。一方面承受着作用在房屋上的各种竖向荷载，包括楼(屋)盖传来的荷载等；在竖向荷载作用下，墙体主要受压；另一方面，还承受屋面传来的水平风荷载或水平地震作用，在水平荷载作用下墙体受弯，房屋产生位移。

然而，一般混合结构房屋是由纵墙、横墙和楼、屋盖组成的空间受力体系。当纵墙受水平荷载作用时，整个结构体系处于空间工作状态，纵墙、横墙、楼(屋)盖协同工作，共同抵抗由水平荷载引起的水平位移。静力主要计算有刚性、弹性和刚弹性方案。

1. 刚性方案

当房屋的横墙间距较小，楼(屋)盖的水平刚度较大时，房屋的空间刚度大，在荷载作用下，房屋的水平位移很小，可忽略不计。计算时，把楼(屋)盖当作墙体的不动铰支承，墙、柱按上端有不动铰支承，下端嵌固于基础顶面的竖向构件计算。按这种方法进行静力计算的方案称为刚性方案。单层刚性方案房屋墙、柱的计算简图如图 2-4-17(a)所示。

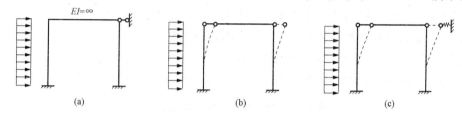

图 2-4-17　单层房屋的计算简图
(a)刚性方案；(b)弹性方案；(c)刚弹性方案

2. 弹性方案

当房屋的横墙间距较大，楼(屋)盖的水平刚度较小时，房屋的空间刚度小。在荷载作用下，房屋的水平位移接近无山墙房屋(平面受力体系)的水平位移。把楼(屋)盖作为联系两侧纵墙的连杆，按平面排架进行墙体的内力计算，这种静力计算的方案称为弹性方案。单层弹性方案房屋的墙、柱计算简图如图 2-4-17(b)所示。

3. 刚弹性方案

房屋的空间刚度介于刚性方案和弹性方案房屋之间，荷载作用下房屋的水平位移比弹性方案房屋的小，但又不能忽略不计。计算时，把楼(屋)盖当作墙、柱的弹性支承，按墙、柱顶弹性支承的平面排架计算内力。单层刚弹性方案房屋的墙柱计算简图如图 2-4-17(c)所示。

4. 规范规定

为便于进行设计，《砌体结构设计规范》(GB 50003—2011)规定，可根据屋盖或楼盖的类别和横墙间距，按表 2-4-8 确定房屋的静力计算方案。

表 2-4-8　房屋的静力计算方案

	屋盖或楼盖类别	刚性方案	刚弹性方案	弹性方案
1	整体式、装配整体式和装配式无檩体系钢筋混凝土屋盖或钢筋混凝土楼盖	$s<32$	$32{\leqslant}s{\leqslant}72$	$s>72$
2	装配式有檩体系钢筋混凝土屋盖、轻钢屋盖和有密铺望板的木屋盖或木楼盖	$s<20$	$20{\leqslant}s{\leqslant}48$	$s>48$
3	瓦材屋面的木屋盖和轻钢屋盖	$s<16$	$16{\leqslant}s{\leqslant}36$	$s>36$

注：1. 表中，s 为房屋横墙间距，其长度单位为 m。
　　2. 当屋盖、楼盖类别不同或横墙间距不同时，可按《砌体结构设计规范》(GB 50003—2011)的相关规定确定房屋静力计算方案。
　　3. 对无山墙或伸缩缝处无横墙的房屋，应按弹性方案考虑。

从表 2-4-8 中可以看出，一般混合结构的住宅、宿舍、办公楼、医院、旅馆等多层砌体房屋属于刚性方案房屋。由于弹性方案房屋的空间刚度小，水平荷载作用下房屋的水平位移大，一般不宜用于多层房屋。

4.2.3　墙、柱高厚比验算

混合结构房屋的墙、柱主要用作受压构件。除满足承载力、稳定性和刚度的要求外，还应进行墙、柱的高厚比验算，这是保证砌体房屋在施工和使用过程中稳定性和刚度的重要构造措施。

高厚比 β 是指墙、柱的计算高度 H_0 与墙厚或柱截面边长 h 的比值。墙、柱的高厚比越大，即构件越高，其稳定性也越差。《砌体结构设计规范》(GB 50003—2011)采用允许高厚比 $[\beta]$ 来限制墙、柱的高厚比。它是根据实践经验和现阶段的材料质量及施工技术水平综合确定的。《砌体结构设计规范》(GB 50003—2011)规定的墙、柱允许高厚比 $[\beta]$ 值见表 2-4-9。

表 2-4-9　墙、柱的允许高厚比 $[\beta]$ 值

砌体类别	砂浆强度等级	墙	柱
无筋砌体	M2.5	22	15
	M5.0 或 Mb5.0、Ms5.0	24	16
	≥M7.5 或 Mb7.5、Ms7.5	26	17
配筋砌块砌体	—	30	21

注：1. 毛石墙、柱的允许高厚比应按表中数值降低 20%。

　　2. 带有混凝土或砂浆面层的组合砖砌体构件的允许高厚比，可按表中数值提高 20%，但不得大于 28。

　　3. 验算施工阶段砂浆尚未硬化的新砌砌体构件高厚比时，允许高厚比对墙取 14，对柱取 11。

1. 矩形截面墙、柱高厚比验算

矩形截面墙、柱的高厚比应按下式验算：

$$\beta = \frac{H_0}{h} \leqslant \mu_1 \mu_2 [\beta] \tag{2-4-20}$$

式中　$[\beta]$——墙、柱的允许高厚比，应按表 2-4-9 采用；

　　　　H_0——墙柱的计算高度，按表 2-4-4 取用；

　　　　h——墙厚或矩形柱与 H_0 相对应的截面边长；

　　　　μ_1——自承重墙允许高厚比的修正系数，对厚度 $h \leqslant 240$ mm 的自承重墙，按下列规定取用：当 $h = 240$ mm 时，$\mu_1 = 1.2$；当 $h = 90$ mm 时，$\mu_1 = 1.5$；当 90 mm $< h <$ 240 mm 时，μ_1 可按内插法取值；

　　　　μ_2——有门窗洞口墙允许高厚比的修正系数，按下式计算：

$$\mu_2 = 1 - 0.4 \frac{b_s}{s} \tag{2-4-21}$$

式中　s——相邻窗间墙、壁柱或构造柱之间的距离；

　　　　b_s——在宽度 s 范围内的门窗洞口总宽度，如图 2-4-18 所示。

当按式(2-4-21)算得的 μ_2 值小于 0.7 时，应取 0.7。当洞口高度等于或小于墙高的 1/5

时，可取 $\mu_2=1.0$。

在查表计算过程，构件实际高度 H，应按下列规定采用：

（1）对于房屋底层墙、柱，H 为楼板顶面到墙柱下端支点的距离。下端支点的位置，可取在基础顶面处。当基础埋置较深且有刚性地坪时，可取室外地面下 500 mm 处。

（2）对房屋其余楼层，H 为楼板或其他水平支点间的距离。

（3）对于无壁柱的坡屋面房屋山墙，H 可取层高加山墙尖高度的 1/2；对于带壁柱的山墙，可取山墙壁柱处的高度。

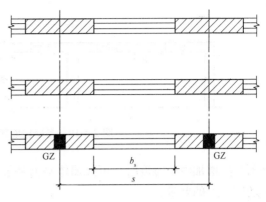

图 2-4-18　门窗洞口宽度示意图

《砌体结构设计规范》（GB 50003—2011）还规定，当与墙连接的相邻两横墙间的距离 $s\leqslant\mu_1\mu_2[\beta]h$ 时，墙的高度可不受高厚比的限制。对于变截面，柱的高厚比可按上、下截面分别验算，验算上柱的高厚比时，墙、柱的允许高厚比可按表 2-4-9 的数值乘以 1.3 后采用。

2. 带壁柱墙的高厚比验算

对于带壁柱墙，除应保证整片墙的刚度和稳定性外，还应保证壁柱间墙体的局部稳定性。因此，带壁柱墙的高厚比验算包括整片墙和壁柱间两项内容。

（1）整片墙的高厚比验算。进行整片墙的高厚比验算时，视壁柱为墙体的一部分，整片墙的计算截面为 T 形，将 T 形截面按惯性矩和面积相等的原则换算成矩形截面，换算后墙体的折算厚度为 $h_T=3.5i$。此时，整片墙的高厚比按下式验算：

$$\beta=\frac{H_0}{h_T}\leqslant\mu_1\mu_2[\beta] \tag{2-4-22}$$

式中　H_0——带壁柱墙的计算高度，此时 s 取该墙两端拉结墙的间距如图 2-4-19 所示，按表 2-4-4 查取；

h_T——带壁柱墙截面的折算厚度，$h_T=3.5i$；

i——带壁柱墙截面的回转半径，$i=\sqrt{\dfrac{I}{A}}$；

A——带壁柱墙计算截面的面积；

I——带壁柱墙计算截面的惯性矩。

在确定带壁柱墙的计算截面时，其翼缘宽度 b_f 应按下列规定采用：

1）多层房屋，当有门窗洞口时，可取窗间墙宽度；当无门窗洞口时，每侧翼墙宽度可取壁柱高度（层高）的 1/3，但不应大于相邻壁柱间的距离。

2）单层房屋，可取壁柱宽加 2/3 墙高，但不大于窗间墙的宽度和相邻壁柱间的距离。

3）计算带壁柱墙的条形基础时，可取相邻壁柱间的距离。

（2）壁柱间墙的高厚比验算。壁柱间墙的高厚比在验算采用式（2-4-20）。计算时，壁柱间墙以壁柱作为墙体的侧向支承点。计算高度 H_0 时，按刚性方案查表 2-4-4。此时，s 取相邻壁柱间的距离，如图 2-4-19 所示，H 为壁柱间墙上下支承点的距离。

设有钢筋混凝土圈梁的带壁柱墙，当圈梁 $b/s\geqslant1/30$ 时，可把圈梁当作壁柱间墙的不动支承点，墙高取为基础顶面（或楼面）到圈梁底面的高度。若圈梁的宽度不足，而实际条件

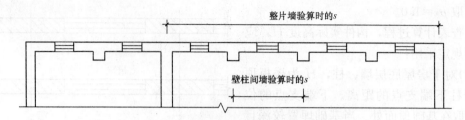

图 2-4-19　带壁柱墙高度比验算时 s 的取法

又不允许增加圈梁宽度时，可按墙体平面外等刚度的原则增加圈梁高度，以满足壁柱间墙不动铰支点的要求。

3. 带构造柱墙的高厚比验算

在墙中设置钢筋混凝土构造柱后，墙体的刚度和稳定性均有所提高。在验算高厚比时，应考虑构造柱的有利影响。

（1）整片墙的高厚比验算。对带构造柱墙，当构造柱截面宽度不小于墙厚时，如图 2-4-20 所示，整片墙的高厚比按下式验算：

$$\beta = \frac{H_0}{h} \leqslant \mu_1 \mu_2 \mu_c [\beta] \tag{2-4-23}$$

式中　μ_c——带构造柱墙允许高厚比的提高系数，可按下式计算：

$$\mu_c = 1 + \gamma \frac{b_c}{l} \tag{2-4-24}$$

式中　γ——系数，对细料石、半细料石砌体，$\gamma = 0$；对混凝土砌块、粗料石、毛料石及毛石砌体，$\gamma = 1.0$；其他砌体，$\gamma = 1.5$；

b_c——构造柱沿墙长方向的宽度；

l——构造柱的间距。

当 $b_c/l > 1.25$ 时，取 $b_c/l = 0.25$；当 $b_c/l < 0.05$ 时，取 $b_c/l = 0$。

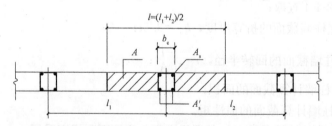

图 2-4-20　砖砌体和构造柱组合墙截面

在确定整片墙的计算高度 H_0 时，应按该墙两端拉结墙的间距 s 查表 2-4-2 选用。需要注意的是，由于施工中多采用先砌墙后浇筑构造柱的顺序，因此，考虑构造柱有利作用的高厚比验算不适于施工阶段。

（2）构造柱间墙的高厚比验算。构造柱间墙与壁柱间墙的工作性能类似，因此验算方法也相同。此时，仍视构造柱为柱间墙的不动铰支点，只需用构造柱间距 s 代替壁柱间距即可。

【例 2-4-4】 某教学楼底层局部平面如图 2-4-21 所示。采用钢筋混凝土空心板楼面，除自承重隔墙厚 120 mm 外，其余墙体厚均为 240 mm。采用 MU10 烧结多孔砖及 M5 混合砂浆砌筑，底层层高 4.0 m，隔墙高为 3.6 m，试验算纵墙和自承重隔墙的高厚比是否满足要求。

【解】 房屋横墙的最大间距 $s＝18$ m，查表 2-4-8 为刚性方案房屋。采用 M5 砂浆，由表 2-4-9 得 $[\beta]＝24$。

(1)纵墙高厚比验算。由于内、外纵墙厚度相同，而内纵墙比外纵墙开洞少，当外纵墙满足高厚比要求时，内纵墙高厚比必定满足，故仅需验算外纵墙的高厚比。

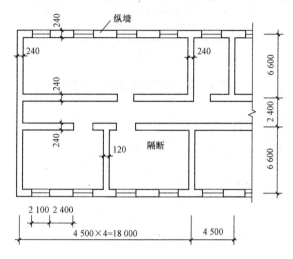

图 2-4-21 某教学楼底层局部平面图

$H＝4＋0.5＝4.5$(m)(底层墙高算至室外地面下 500 mm 处)

由 $s＝18$ m $＞2H＝2×4.5＝9$(m)

$H_0＝1.0$，$H＝4.5$ m，$h＝240$ mm，为承重墙，取 $\mu_1＝1.0$。

窗间墙距离为 $s＝4.5$ m，窗洞宽 $b_s＝2.1$ m。

$$\mu_2＝1-0.4\frac{b_s}{s}＝1-0.4×\frac{2.1}{4.5}＝0.81$$

外纵墙高厚比为

$$\beta＝\frac{H_0}{h}＝\frac{4\ 500}{240}＝18.75＜\mu_1\mu_2[\beta]＝1×0.81×24＝19.4$$

满足要求。

(2)自承重隔墙的高厚比验算。因自承重隔墙上端砌筑时，一般用斜放立砖顶住大梁，故应按上端为不动铰支承考虑，两侧与纵墙拉结不好保证，按两侧无拉结考虑。

取 $H_0＝H＝3.6$ m，自承重墙 $\mu_1＝1.44$，$\mu_2＝1.0$。

隔墙高厚比 $\beta＝\dfrac{H_0}{h}＝\dfrac{3\ 600}{120}＝30＜\mu_1\mu_2[\beta]＝1.44×1×24＝34.56$

满足要求。

【例 2-4-5】 某工业厂房外纵墙如图 2-4-22 所示，砖柱截面尺寸为 490 mm×490 mm，已知厂房长 24 m，为刚弹性方案房屋，纵墙高度 $H＝5.1$ m(算至基础顶面)，采用 M5.0 混合砂浆砌筑。试验算外纵墙的高厚比。

【解】 计算带壁柱墙整片墙的高厚比时，取窗间墙截面如图 2-4-22 所示。

(1)带壁柱墙截面几何特征。

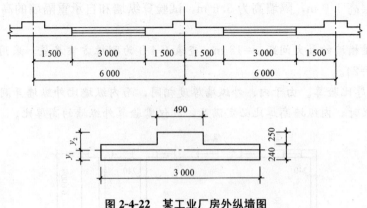

图 2-4-22　某工业厂房外纵墙图

$$A = 240 \times 3\ 000 + 250 \times 490 = 842\ 500 (\text{mm}^2)$$

$$y_1 = \frac{240 \times 3\ 000 \times \frac{240}{2} + 250 \times 490 \times \left(\frac{250}{2} + 240\right)}{842\ 500} = 155.6 (\text{mm})$$

$$y_2 = 490 - y_1 = 490 - 155.6 = 334.4 (\text{mm})$$

$$I = \frac{3\ 000}{12} \times 240^3 + 240 \times 3\ 000 \times \left(155.6 - \frac{240}{2}\right)^2 + \frac{490}{12} \times 250^3 + 250 \times 490 \times$$

$$\left(334.4 - \frac{250}{2}\right)^2 = 10\ 377.9 \times 10^6 (\text{mm}^4)$$

$$h_{\text{T}} = 3.5 \sqrt{\frac{I}{A}} = 3.5 \sqrt{\frac{10\ 377.9 \times 10^6}{842\ 500}} = 388.5 (\text{mm})$$

(2)整片墙的高厚比验算。

由刚弹性方案房屋查表 2-4-4 得

$$H_0 = 1.2H = 1.2 \times 5.1 = 6.12 (\text{m})$$

采用 M5 砂浆，由表 2-4-9 查得 $[\beta] = 24$，承重墙 $\mu_1 = 1.0$。

$$\mu_2 = 1 - 0.4 \frac{b_s}{s} = 1 - 0.4 \times \frac{3\ 000}{6\ 000} = 0.8$$

$$\beta = \frac{H_0}{h_{\text{T}}} = \frac{6\ 120}{388.5} = 15.8 < \mu_1\mu_2[\beta] = 1.0 \times 0.8 \times 24 = 19.2，故满足要求。$$

(3)壁柱间墙的高厚比验算。

由 $2H = 10.2\ \text{m} > s = 6.0\ \text{m} > H = 5.1\ \text{m}$，由表 2-4-4 得

$$H_0 = 0.4s + 0.2H = 0.4 \times 6 + 0.2 \times 5.1 = 3.42 (\text{m})$$

$$\beta = \frac{H_0}{h} = \frac{3420}{240} = 14.25 < \mu_1\mu_2[\beta] = 1.0 \times 0.8 \times 24 = 19.2，故满足要求。$$

4.2.4　刚性方案房屋的墙体计算

1. 单层刚性方案房屋

(1)计算单元和计算简图。计算单层房屋承重纵墙时，一般选择有代表性的一个区段或荷载较大及截面较弱的部位作为计算单元。对有门窗洞口的外纵墙，取一个开间为计算单元，如图 2-4-23(a)所示。对无门窗洞口且承受均布荷载的纵墙，取 1m 长的墙体为计算单

元。由于单层房屋的屋盖刚度较大，横墙间距较密，纵横顶端的水平位移很小，可忽略不计。内力计算时，把计算单元内的结构简化为一个无侧移的平面排架，如图 2-4-23（c）所示。

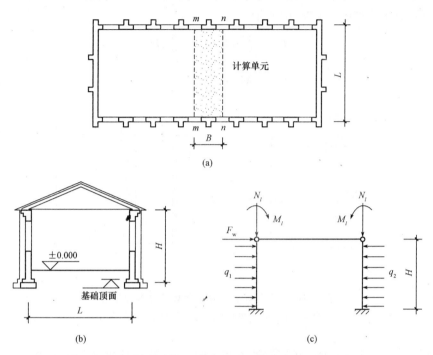

(a)

(b)   (c)

图 2-4-23　单层刚性方案房屋纵墙的计算单元和计算简图
(a)纵墙计算单元；(b)房屋剖面图；(c)纵墙计算简图

（2）纵墙（柱）的内力计算。

1）竖向荷载作用下的内力计算。单层房屋墙体所承受的竖向荷载主要包括屋盖构件自重、屋面活荷载或雪荷载，它们以集中力 N_l 的形式通过屋架和屋面梁作用于墙（柱）顶。对屋架，N_l 的作用点一般距墙体定位轴线 150 mm，如图 2-4-24（a）所示；对屋面梁，N_l 距墙体内边缘的距离为 $0.4a_0$，如图 2-4-24（b）所示，a_0 为梁端有效支承长度。因此，作用于墙顶的屋面荷载通常由轴向力和弯矩组成。

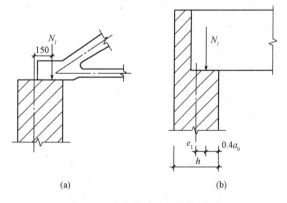

(a)   (b)

图 2-4-24　单层房屋屋面荷载的作用位置

根据结构力学分析，计算简图中的每侧纵墙可作为上端不动铰支承，下端固定的竖向构件计算。在屋盖荷载作用下，每侧墙、柱内力可按一次超静定结构进行计算，其计算图式如图 2-4-25（a）所示。

$$R_A = -R_B = \frac{3M_l}{2H}$$

$$M_A = M_l, \quad M_B = -\frac{M_l}{2}$$

2)风荷载作用下的内力计算。风荷载作用于屋面和墙面，作用于屋面的风荷载可简化为作用于墙(柱)顶的集中力F_W，由屋盖传给山墙再传给基础，计算时不予考虑；作用于迎(背)风墙面的风荷载简化为沿高度均匀分布的线荷载$q_1(q_2)$，可按结构力学的方法进行内力分析，其计算图式如图2-4-25(b)所示。

$$R_A = \frac{3}{8}qH, \quad R_B = \frac{5}{8}qH$$

$$M_B = \frac{1}{8}qH^2$$

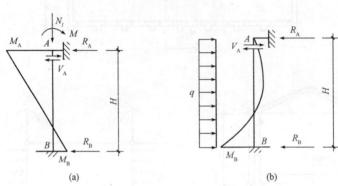

图2-4-25 单层刚性方案房屋墙、柱内力分析

(a)竖向荷载作用下的内力；(b)风荷载作用下的内力

（3）截面承载力计算。对于单层刚性方案房屋，墙(柱)的控制截面可取墙(柱)顶截面和墙(柱)底截面(基础顶面)，并按偏心受构件计算承载力。墙顶截面还需验算梁端支承处的局部受压承载力。

单层刚性方案房屋采用横墙承重时，可将屋盖视为横墙的不动铰支座，其计算方法与承重纵墙类似。

2. 多层刚性方案房屋

(1)承重纵墙的计算。

1)计算单元和计算简图。多层房屋计算单元的选取与单层房屋相同。当墙上无门窗洞口且承受板传来的均布荷载时，可取1 m长纵墙作计算单元，如图2-4-26所示。

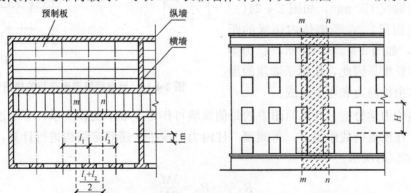

图2-4-26 多层刚性方案房屋承重纵墙的计算单元

在竖向荷载作用下，纵墙的计算简图为每层墙高范围两端铰支的竖向构件。对于底层墙体，由于轴向压力很大，而按墙与基础刚接所引起的弯矩相对较小，为简化计算，近似按底层墙与基础为铰支考虑，如图 2-4-27(b)所示。当纵墙为外墙时，在规定的条件下还应考虑风荷载的作用。在水平风荷载作用下，纵墙的计算简图为支承于各层楼(屋)盖及基础顶面的竖向连续梁，如图 2-4-27(c)所示。

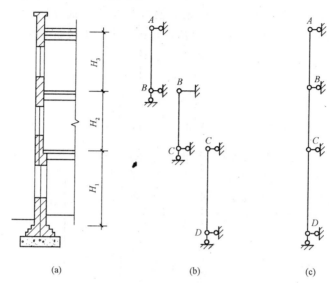

图 2-4-27　多层刚性方案房屋承重纵墙的计算简图

2)竖向荷载作用下的内力计算 N_l。在计算单元内，每层墙体承受的竖向荷载有上层墙传来的竖向压力 N_u，本层墙顶楼盖梁(板)传来的支承压力 N_l，本层墙体自重 N_G，当上、下层墙厚相同时，N_u 及 N_G 均作用于墙体的中心线上，N_l 对计算层墙体有偏心距墙内侧 $0.4a_0$。a_0 按式(2-4-8)计算，N_l 对计算层墙体有偏心距 e_1，纵墙竖向荷载作用位置及计算简图如图 2-4-28 所示。

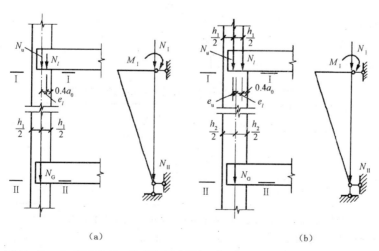

图 2-4-28　纵墙竖向荷载作用位置及计算简图

此时，墙顶 I—I 截面的内力为

$$N_I = N_u + N_l \tag{2-4-25}$$

$$M_I = N_l e_l \tag{2-4-26}$$

墙底 II—II 截面的内力为

$$N_{II} = N_I + N_G = N_u + N_l + N_G \tag{2-4-27}$$

$$M_{II} = 0(\text{铰支点弯矩为零}) \tag{2-4-28}$$

当上、下层墙厚不同时，上层墙体传来的轴向力 N_u 对下面计算层墙体有偏心距 e_u，N_l 对计算层墙体有偏心距 e_l，如图 2-4-28(b)所示，此时 I—I 截面的内力为

$$N_I = N_u + N_l \tag{2-4-29}$$

$$M_I = N_l e - N_u e_u \tag{2-4-30}$$

II—II 截面的内力分别按式(2-4-27)、式(2-4-28)计算。

式中 e_l——N_l 对计算层墙体截面形心轴的偏心距，无壁柱墙取 $e_l = \dfrac{h}{2} - 0.4a_0$（$h$ 为墙厚）；

e_u——N_u 对计算层墙体截面形心轴的偏心距，取上、下层墙体形心轴之间的距离。

3)水平风荷载作用下的内力计算。在水平风荷载作用下，墙体被视作竖向连续梁，如图 2-4-29 所示。为简化计算，纵墙的支座弯矩及跨中弯矩可按下式计算：

$$M = \pm \frac{qH^2}{12} \tag{2-4-31}$$

式中 q——计算单元内沿墙高的均布风荷载设计值；

H——每层墙体的高度。

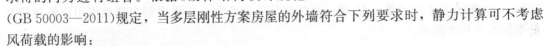

图 2-4-29 风荷载作用下纵墙的弯矩图

设计时，应把按风荷载计算的内力与竖向荷载求得的内力进行组合。根据《砌体结构设计规范》(GB 50003—2011)规定，当多层刚性方案房屋的外墙符合下列要求时，静力计算可不考虑风荷载的影响：

①洞口水平截面面积不超过全截面面积的 2/3；

②层高和总高不超过表 2-4-10 的规定；

③屋面自重不小于 0.8 kN/m²。

表 2-4-10 外墙不考虑风荷载影响时的最大高度

基本风压值 /(kN·m⁻²)	层高/m	总高/m	基本风压值 /(kN·m⁻²)	层高/m	总高/m
0.4	4.0	28	0.6	4.0	18
0.5	4.0	24	0.7	3.5	18

注：对于多层砌块房屋 190 mm 厚的外墙，当层高不大于 2.8 m，总高不大于 19.6 m，基本风压不大于 0.7 kN/m² 时，可不考虑风荷载的影响。

4)控制截面与承载力验算。当不需考虑风荷载影响时，若墙厚、材料强度等级均不变，承重纵墙的控制截面位于底层墙的墙顶 I—I 截面和墙底（基础顶面）II—II 截面；若墙厚

或材料强度等级有变化时，除底层墙的墙顶和基础顶面是控制截面外，墙厚或材料强度等级变化层的墙顶和墙底也是控制截面。

Ⅰ—Ⅰ截面位于墙顶部大梁底面，承受大梁传来的支座反力，此截面弯矩最大，应按偏心受压构件验算承载力，并验算梁端下砌体的局部受压承载力。截面Ⅱ—Ⅱ位于墙底面，此截面 $M=0$，但轴向力 N 相对最大，应按轴心受压构件验算承载力。

(2)承重横墙的计算。刚性方案房屋中，横墙一般承受楼(屋)盖荷载传来的均匀荷载，计算时，通常取 1 m 长墙体作为计算单元，承受其两侧板传来的荷载和墙体自重，每层横墙视为两端铰支的竖向构件，构件高度为层高，计算简图如图 2-4-30 所示。顶层若为坡屋顶，则顶层层高算至山墙尖高的 1/2，而底层应算至基础顶面或室外地面以下500 mm 处。

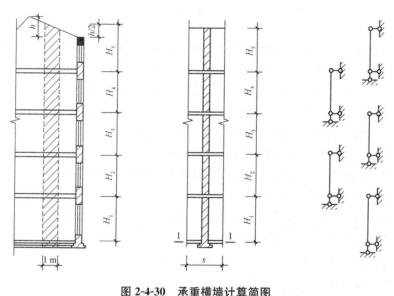

图 2-4-30　承重横墙计算简图

对于一般的住宅、宿舍、教学楼、办公楼等活荷载较小的民用建筑，当横墙两侧的开间相差不是很大时，可不考虑楼(屋)盖荷载产生的偏心影响，按横墙为轴心受压构件计算。横墙的控制截面是基础顶面及墙厚或材料强度等级改变层的墙底截面。

4.3　砌本结构中的过梁、圈梁及挑梁

4.3.1　过梁

1. 过梁的类型及构造

过梁是设在门窗洞口上方的横梁。它的作用是承受门窗洞口上方的墙重及楼(屋)盖传来的荷载。常见的过梁有砖砌平拱过梁、钢筋砖过梁等砖砌过梁及钢筋混凝土过梁，如图 2-4-31 所示。

砖砌平拱过梁是将砖竖立侧砌而成。过梁宽度与墙厚相同，竖立砌筑部分的高度不小

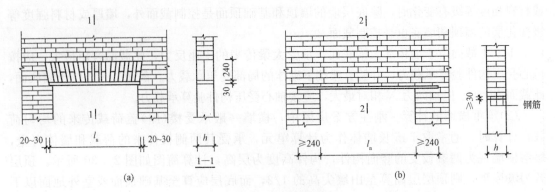

图 2-4-31 砖砌过梁

(a)砖砌平拱过梁；(b)钢筋砖过梁

于 240 mm，过梁计算高度范围的砂浆强度等级不宜低于 M5，过梁跨度不应超过 1.2 m。

钢筋砖过梁是在过梁底面设置 30 mm 厚 1∶3 水泥砂浆层，砂浆层内设置过梁受拉钢筋，钢筋直径不小于 5 mm，间距不大于 120 mm，钢筋伸入洞边砌体内的长度不小于 240 mm 且端部做直钩。砂浆层以上砌体的砌筑方法与普通砌体相同，在过梁计算高度范围内砂浆强度等级不低于 M5。钢筋砖过梁的跨度不应超过 1.5 m。

砖砌过梁造价低，但其跨度受到限制且对变形很敏感。对于有较大振动荷载或可能产生地基不均匀沉降的房屋，或跨度较大、荷载较大的情况，应采用钢筋混凝土过梁。

2. 过梁上的荷载

过梁承受荷载包括墙体和过梁本身自重、过梁上部的梁板传来的荷载两个部分。试验表明，过梁上的砌体达到一定高度后，墙体形成的"内拱"产生卸荷作用，把过梁上的一部分墙重及梁板荷载直接传给支座，从而减少了直接作用于过梁上的荷载。为简化计算及安全考虑，过梁上的墙体和梁板荷载应按表 2-4-11 的规定采用。

表 2-4-11 过梁上的荷载取值

名称	简图	砌体种类	荷载取值
墙体荷载	注：h_w 为过梁上墙体高度	砖砌体	$h_w < \dfrac{l_n}{3}$　应按墙体的均布自重采用
			$h_w \geq \dfrac{l_n}{3}$　应按高度为 $\dfrac{l_n}{3}$ 的墙体的均布自重采用
		砌块砌体	$h_w < \dfrac{l_n}{2}$　应按墙体的均布自重采用
			$h_w \geq \dfrac{l_n}{2}$　应按高度为 $\dfrac{l_n}{2}$ 的墙体的均布自重采用

名称	简图	砌体种类	荷载取值	
梁板荷载	 注：h_w为梁、板下墙体高度	砖砌体、 砌块砌体	$h_w < l_n$	应计入梁、板传来的荷载
			$h_w < l_n$	可不考虑梁、板荷载

注：1. 墙体荷载的取值与梁、板的位置无关。

2. l_n 为过梁的净跨。

3. 砖砌过梁的计算

砖砌过梁在荷载作用下，上部受压，下部受拉，随着荷载的增加既可能引起过梁跨中正截面的受弯承载力不足而破坏，也可能在支座附近因受剪承载力不足沿灰缝产生阶梯形裂缝导致破坏。因此，应对砖砌过梁进行受弯、受剪承载力验算。此外，对砖砌平拱过梁，还应进行房屋端部窗间墙支座水平受剪承载力验算。

过梁的内力按简支梁计算，计算跨度取过梁的净跨，即洞口宽度 l_n，过梁宽度的 b 取与墙厚相同。过梁截面计算高度 h 的取值：当不考虑梁板荷载时，取过梁底面以上的墙体高度，但不超过 $l_n/3$；当考虑梁板荷载时，取过梁底面到梁板底面的墙体高度。

(1)砖砌平拱过梁的计算。对砖砌平拱过梁，其受弯承载力应按下式计算：

$$M \leqslant f_{tm}W \tag{2-4-32}$$

受剪承载力应按下式计算：

$$V \leqslant f_v bz \tag{2-4-33}$$

式中　　M——过梁承受的弯矩设计值；

　　　　V——过梁承受的剪力设计值；

　　　　f_{tm}——砌体沿齿缝截面的弯曲抗拉强度设计值，应按表 1-2-9 采用；

　　　　f_v——砌体抗剪强度设计值，应按表 1-2-9 采用；

　　　　b——过梁的截面宽度，即墙厚；

　　　　W——过梁截面的弹性抵抗矩，$W = \dfrac{1}{6}bh^2$；

　　　　z——内力臂，$z = \dfrac{2}{3}h$；

　　　　h——过梁截面的计算高度。

(2)钢筋砖过梁的计算。钢筋砖过梁的跨中正截面承载力应按下式计算：

$$M \leqslant 0.85 h_0 f_y A_s \qquad (2\text{-}4\text{-}34)$$

式中 h_0——过梁截面的有效高度，$h_0 = h - a_s$；

       a_s——受拉钢筋重心到过梁底面的距离，一般取 $15\sim20\text{mm}$；

       f_y——受拉钢筋的抗拉强度设计值；

       A_s——受拉钢筋的截面面积。

钢筋砖过梁支座的受剪承载力计算与砖砌平拱过梁相同。

4. 钢筋混凝土过梁的计算

钢筋混凝土过梁的荷载取值方法与砖砌过梁相同，其截面设计与一般钢筋混凝土简支梁相同。过梁端部在墙中的支承长度不小于 240mm，其他配筋构造要求同一般钢筋混凝土梁。

4.3.2 圈梁

1. 圈梁的受力特点

圈梁是沿砌体房屋外墙四周、内纵墙以及主要内横墙设置的连续封闭的钢筋混凝土梁。圈梁的主要作用是：提高房屋的空间刚度和整体性，防止或减少由于地基不均匀沉降或较大振动荷载对房屋墙体产生的不利影响，有效阻止墙体的开裂，提高房屋的抗震性能。此外，跨过门窗洞口的窗梁，可兼作过梁。圈梁还可在验算壁柱间墙高厚比时作为墙的不动铰支承，提高其稳定性。

2. 圈梁的设置要求

圈梁的布置通常根据房屋类型、层数、所受振动荷载及地基情况等条件来决定圈梁的设置位置和数量。

(1)砖砌体的单层房屋，檐口标高为 $5\sim8$ m 时，应在檐口标高处设置圈梁一道；檐口标高大于 8 m 时，应增加设置数量。

(2)砌块及料石砌体的单层房屋，檐口标高为 $4\sim5$ m 时，应在檐口标高处设置圈梁一道；檐口标高大于 5 m 时，应增加设置数量。

(3)住宅、办公楼等多层砌体民用房屋且层数为 $3\sim4$ 层时，应在底层和檐口标高处各设置圈梁一道。当层数超过 4 层时，除应在底层和檐口标高处各设置圈梁一道外，至少应在所有纵、横墙上隔层设置。

(4)对于有起重机或较大振动设备的单层工业厂房，当未采取有效的隔振措施时，除在檐口或窗顶标高处设置现浇钢筋混凝土圈梁外，还应增加设置数量。多层砌体工业房屋，应每层设置现浇混凝土圈梁。

(5)设置墙梁的多层砌体房屋应在托梁、墙梁顶面和檐口标高处设置现浇钢筋混凝土圈梁。

(6)建筑在软弱地基或不均匀地基上的多层砌体房屋，宜在基础和顶层处各设置一道圈梁，其他各层可隔层设置，必要时也可层层设置。实践表明，为防止地基不均匀沉降对房屋的不利影响，在基础顶面及檐口处设置圈梁最为有效。当房屋中部的沉降较两端大时，位于基础顶面的圈梁作用较大；当房屋两端沉降较中部大时，位于檐口处的圈梁作用较大。

3. 圈梁的构造要求

(1)圈梁宜连续设计在同一水平面上，并形成封闭状；当圈梁被门窗洞口截断时，应在洞口上部增设相同截面的附加圈梁。附加圈梁与圈梁的搭接长度不应小于其中到中垂直间距的 2 倍,且不得小于 1 m,如图 2-4-32 所示。

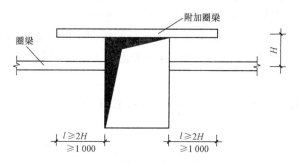

图 2-4-32　圈梁被门窗洞口截断时的构造

(2)纵、横墙交接处的圈梁应有可靠的连接。连接处的配筋构造如图 2-4-33 所示。刚弹性、弹性方案房屋,圈梁应与屋架、大梁等构件可靠连接。

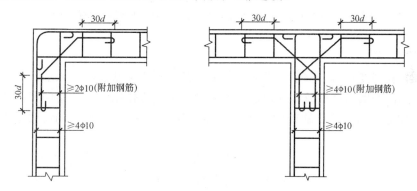

图 2-4-33　圈梁在转角处的连接构造

(3)钢筋混凝土圈梁的宽度宜与墙厚相同,当墙厚 $h \geqslant 240$ mm 时,其宽度不宜小于 $2h/3$。圈梁高度不应小于 120 mm,纵向钢筋不应少于 4φ10,绑扎接头的搭接长度按受拉钢筋考虑,箍筋间距不应大于 300 mm。

(4)圈梁兼作过梁时,过梁部分的钢筋应按计算用量另行增配。

4.3.3　挑梁

挑梁是指一端嵌固在砌体墙内,另一端悬挑出墙外的钢筋混凝土悬挑件。在混合结构房屋中,由于使用功能和建筑艺术的要求,挑梁多用作房屋的阳台、雨篷、悬挑外廊和悬挑楼梯中。

1. 挑梁的受力特点

挑梁在外伸端的荷载作用下,悬挑根部处梁下砌体产生压缩变形,梁上界面产生水平裂缝与上部砌体脱开。继续增加荷载,在挑梁入墙部分的尾部梁底也产生水平裂缝,并有与下部砌体脱开、梁尾翘起的趋势。随着荷载的不断增加,挑梁可能出现以下三种破坏形态:

(1)在外挑部分荷载作用下,挑梁根部的抗弯或抗剪承载力不足而导致挑梁自身破坏,如图 2-4-34(a)所示。

(2)当挑梁入墙部分长度不足,上部墙体对它的嵌固作用不足以抵抗外挑部分荷载引起的倾覆力矩,挑梁会发生倾覆破坏,如图 2-4-34(b)所示。

(3)在外挑部分荷载作用下,挑梁的入墙部分的尾部梁底逐渐与砌体分离,使挑梁入墙部分砌体的有效受压面积减小,在悬挑部分根部处梁下砌体局部受压破坏,如图 2-4-34(c)所示。

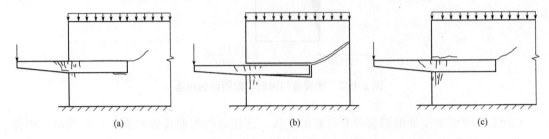

图 2-4-34　挑梁的破坏形态
(a)挑梁受弯或受剪破坏;(b)挑梁倾覆破坏;(c)挑梁下砌体局部受压破坏

2. 挑梁的计算

(1)挑梁的抗倾覆验算。试验表明,在挑梁达到倾覆极限状态时,入墙部分的尾部上部 45°扩散角范围内的墙体自重及楼(屋)盖自重能发挥抗倾覆作用。当挑梁倾覆破坏时,挑梁的倾覆点(挑梁倾覆时绕该点旋转)不在墙边,而在距墙边 x_0 处。挑梁的抗倾覆验算应按下式条件:

$$M_{ov} \leqslant M_r \tag{2-4-35}$$

$$M_r = 0.8Gr(l_2 - x_0) \tag{2-4-36}$$

式中　M_{ov}——挑梁悬挑端的荷载设计值对计算倾覆点产生的倾覆力矩;

　　　　M_r——挑梁的抗倾覆力矩设计值;

　　　　G_r——挑梁的抗倾覆荷载为挑梁尾端上部扩散角的阴影范围(其水平长度为 l_3)内本层的砌体与楼面恒荷载标准值之和。对无洞口砌体,当 $l_3 \leqslant l_1$ 时,按图 2-4-35(a)计算,当 $l_3 > l_1$ 时,按图 2-4-35(b)计算;对于有洞口砌体,则根据洞口的位置按图 2-4-35(c)或图 2-4-35(d)计算(l_1 为挑梁埋入内的长度);

　　　　l_2——G_r 作用点至墙外边缘的距离;

　　　　x_0——计算倾覆点至墙外边缘的距离。

挑梁计算倾覆点至墙外边缘的距离 x_0,可按下列规定采用:

1)当 $l_1 \geqslant 2.2h_b$ 时,$x_0 = 0.3h_b$ 且 $x_0 \leqslant 0.13l_1$。

2)当 $l_1 < 2.2h_b$ 时,$x_0 = 0.13l_1$。

此处,l_1 为挑梁埋入墙体中的长度(mm),h_b 为挑梁的截面高度(mm)。

当挑梁下有混凝构造柱或垫梁时,计算倾覆点到墙外边缘的距离可取 $0.5x_0$。

(2)挑梁下砌体的局部受压承载力验算。

挑梁下砌体局部受压承载力可按下式验算:

$$N_l \leqslant \eta \gamma f A_l \tag{2-4-37}$$

式中　N_l——挑梁下的支承压力,可取 $N_l = 2R$,R 为挑梁的倾覆荷载设计值;

　　　　η——梁端底面压应力图形的完整系数,可取 $\eta = 0.7$;

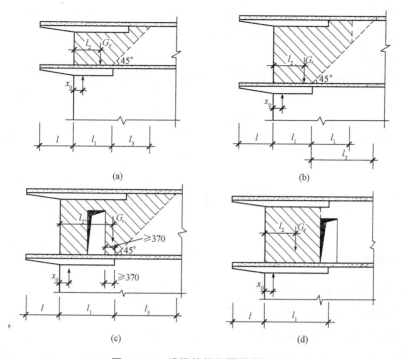

图 2-4-35　挑梁的抗倾覆荷载示意图

(a)$l_3 \leqslant l_1$；(b) $l_3 > l_1$；(c)洞在 l_1 之内；(d)洞在 l_2 之外

γ——砌体局部抗压强度提高系数，当挑梁支承在一字墙上时[图 2-4-36(a)]，可取 1.25；当挑梁支承在丁字墙时[图 2-4-36(b)]，可取 1.5；

A_l——挑梁下砌体局部受压面积，可取 $A_l = 1.2bh_b$，b 为挑梁的截面宽度。

当挑梁下砌体局部受压承载力不满足要求时，可设置垫块，也可在悬挑根部处设置钢筋混凝土构造柱。

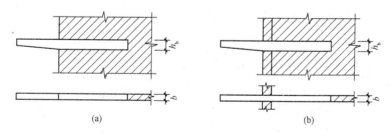

图 2-4-36　挑梁下砌体局部受压

(a)挑梁支承在一字墙上；(b)挑梁支承在丁字墙上

(3)挑梁截面承载力计算。取挑梁最大弯矩和剪力设计值 M_{max} 和 V_{max}，按一般钢筋混凝土梁计算正截面受弯承载力 M_{max} 和斜截面受剪承载力 V_{max}，M_{max}、V_{max} 的取值为

$$M_{max} = M_{0v}$$
$$V_{max} = V_0$$

式中　V_0——挑梁在墙外边缘处截面产生的剪力设计值。

3. 挑梁的构造要求

挑梁的构造除应符合《混凝土结构设计规范(2015 年版)》(GB 50010—2010)的要求外，还应满足下列要求：

(1)纵向受力钢筋至少应有 1/2 的钢筋面积伸入梁尾端，且不少于 2φ12。其余钢筋伸入支座的长度不应小于 $2l_1/3$。

(2)挑梁埋入砌体的长度 l_1 与挑梁挑出长度 l 之比宜大于 1.2；当挑梁上无砌体时，l_1 与 l 之比宜大于 2。

4.4 砌体结构的构造措施

4.4.1 一般构造要求

砌体结构房屋除进行墙、柱的承载力计算和高厚比验算外，为了保证房屋有足够的耐久性和良好的整体工作性能，还必须满足以下构造要求。

1. 砌体材料和截面尺寸的构造要求

(1)五层及五层以下房屋的墙，以及受震动或层高大于 6 m 的墙、柱所用材料的最低强度等级，应符合下列要求：

1)砖采用 MU10。

2)砌块采用 MU7.5。

3)石材采用 MU30。

4)砂浆采用 M5。

对于安全等级为一级或设计使用年限大于 50 年的房屋，墙、柱所用材料的最低强度等级应比上述最低等级至少提高一级。

(2)地面以下或防潮层以下的砌体，潮湿房间的墙，所用材料的最低强度等级应符合表2-4-12 的要求。

表 2-4-12　地面以下或防潮层以下的砌体、潮湿房间所用材料的最低强度等级

基土的潮湿程度	烧结普通砖	混凝土普通砖、蒸压普通砖	混凝土砌块	石材	水泥砂浆
稍潮湿	MU15	MU20	MU7.5	MU30	M5
很潮湿	MU20	MU20	MU10	MU30	M7.5
含水饱和	MU20	MU25	MU15	MU40	M10

注：1. 在冻胀地区，地面以下或防潮层以下的砌体，不宜采用多孔砖，如采用时，其孔洞应用不低于 M10 的水泥砂浆预先灌实。当采用混凝土空心砌块时，其孔洞应采用强度等级不低于 Cb20 的混凝土预先灌实。

　　2. 对安全等级为一级或设计使用年限大于 50 年的房屋，表中材料强度等级应至少提高一级。

(3)承重的独立砖柱截面尺寸不应小于 240 mm×370 mm，毛石墙的厚度不宜小于 350 mm，毛料石柱较小边长不宜小于 400 mm。当有振动荷载时，墙、柱不宜采用毛石砌体。

(4)在砌体中留槽洞及埋设管道时，应遵守下列规定：

1)不应在截面长边小于 500 mm 的承重墙体、独立柱内埋设管线。

2)不宜在墙体中穿行暗线或预留、开凿沟槽，无法避免时应采取必要的措施或按削弱后的截面验算墙体的承载力。对于受力较小或未灌孔的砌块砌体，允许在墙体的竖向孔洞中设置管线。

2. 墙、柱与其他构件的连接构造

(1)对于跨度大于 6 m 的屋架、4.8 m 的砖砌体、4.2 m 的砌块砌体和料石砌体、3.9 m 的毛石砌体的梁，应在支承处砌体上设置混凝土或钢筋混凝土垫块。当墙中设有圈梁时，垫块与圈梁宜浇成整体。

(2)对砖墙厚为 240 mm，跨度大于 6 m，对厚为 180 mm，跨度大于 4.8 m 的梁；及砌体为砌块和料石的，跨度大于 4.8 m 的梁，其支承处宜加设壁柱或采取其他加强措施，如加设构造柱等。

(3)预制钢筋混凝土板的支承长度，在墙上不宜小于 100 mm；在钢筋混凝土圈梁上、不宜小于 80 mm；当利用板端伸出钢筋拉结和混凝土灌缝时，其支承长度可为 40 mm，但板端缝宽不小于 80 mm，灌缝混凝土不宜低于 C20；预制钢筋混凝土梁在墙上的支承长度不宜小于 240 mm。

(4)支承在墙、柱上的起重机梁、屋架以及支承在砖砌体上跨度大于 9 m 和支承在砌块、料石砌体上跨度大于 7.2 m 的预制梁的端部，应采用锚固件与墙、柱上的垫块锚固。

(5)在纵横墙交接处，应错缝搭砌。对不能同时砌筑而又必须留置的临时间断处，应砌成斜槎，斜槎长度不宜小于其高度的 2/3。在非抗震设防及抗震设防烈度为 6 度、7 度地区的临时间断处，当留斜槎有困难时，可留直槎，但直槎必须做成凹槎，此时应在墙体内加设拉结钢筋，每 120 mm 的墙厚内不得小于 1φ6 且每层不小于 2 根，沿墙高的间距不得超过 500 mm，埋入长度从留槎处算起，每边均不小于 500 mm，其末端应做成 90°直钩。

(6)填充墙、隔墙应分别采取措施与周边构件可靠连接，山墙处的壁柱宜砌至山墙顶部，屋面构件应与山墙可靠拉结。

3. 砌块砌体的其他构造

(1)砌块砌体应分皮错缝搭砌，上、下皮搭砌长度不得小于 90 mm。当搭砌长度不满足上述要求时，应在水平灰缝内设置不少于 2φ4 的焊接钢筋网片(横向钢筋的间距不宜大于 200 mm)，网片每端均应超过该垂直缝，其长度不得小于 300 mm。

(2)砌块墙与后砌隔墙交接处，应沿墙高每 400 mm 在水平灰缝内设置不少于 2φ4、横筋的间距不大于 200 mm 的焊接钢筋网片，如图 2-4-37 所示。

(3)混凝土砌块房屋，宜将纵横墙交接处，距墙中心线每边不小于 300 mm 范围内的孔洞，采用不低于 Cb20 灌孔混凝土灌实，灌实高度应为墙身全高。

(4)对于搁栅、檩条和钢筋混凝土楼板的支承面下，高度不应小于 200 mm 的砌体；对于屋架、梁等构件的支承面下，高度

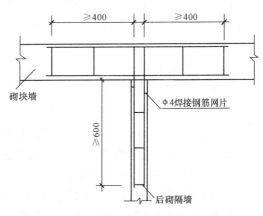

图 2-4-37　砌块墙与后砌隔墙交接处钢筋网片

不应小于 600 mm、长度不应小于 600 mm 的砌体；对于挑梁支承面下，距墙中心线每边不应小于 300 mm、高度不应小于 600 mm 的砌体，如未设圈梁或混凝土垫块，应采用不低于 Cb20 灌孔混凝土将孔洞灌实。

4.4.2 墙体的布置及构造柱的设置要求

1. 墙体的布置

墙体在砌体结构房屋中，起着承重、隔断和围护的作用。墙体布置得是否合理，直接影响到房屋的刚度、整体性以及墙体的承载能力。在满足使用要求的前提下，砌体结构房屋的墙体布置宜考虑以下因素：

(1)明确承重体系，合理选择墙体的结构布置方案。在墙体布置时，应根据建筑物的使用情况，合理布置承重墙，尽可能使楼盖荷载向间距较小、洞口较少的墙体传递，并使传力路线明确，最大限度地发挥墙体的承载能力。由于房屋横向尺寸较小，墙体布置时采用横墙承重或纵横墙承重的方案有利于提高房屋的横向刚度。

(2)尽可能采用刚性静力分析方案。刚性方案房屋的空间刚度大，墙体弯矩小。当房屋的楼、屋盖形式确定后，横墙的间距除了满足刚性方案的要求外，纵、横墙的连接、墙体与楼屋盖的连接应能保证房屋的空间工作和整体性；在满足使用要求的前提下，横墙应尽可能对齐贯通，内纵墙应尽可能拉通。

(3)在软弱地基上的房屋要控制长高比，力求体型简单，高差小。在软弱地基上，当房屋的长高比较大时，纵墙刚度小，调整不均匀沉降的能力较弱，易产生较严重的裂缝。因此，在软弱地基上的砌体结构房屋，其长高比一般宜控制在 2.5 以内，其高差不宜超过一层，并力求体型简单。对于难以满足要求的房屋，宜用沉降缝将其划分为若干个体型简单的单元。

(4)避免墙体承受过大的偏心荷载或过大的弯矩。在支承楼屋盖大梁(或屋架)的部位，梁端支承压力由偏心引起的弯矩较大时，可能导致轴向力的偏心距超过限值要求。既可通过加设壁柱，增大墙体形心到边缘的距离来解决，也可加设缺角垫块以减少偏心距。

(5)墙体开洞时，各层洞口宜上下对齐，使墙体的传力更直接。砌体结构房屋开设门窗洞口的位置，除了满足使用要求外，还应使墙体的荷载传递路线明确、合理。所以，在布置门窗洞口时，宜尽可能使各层的洞口上、下对齐，使墙体的传力更直接。否则，由于洞口不对齐，使墙体的传力路线曲折，导致下层洞口的边的墙体产生应力集中，降低了墙体的承载能力。

2. 构造柱的设置要求

地震时，在多层砌体房屋的墙体中，某些房屋构造比较薄弱以及易于应力集中的部位，其震害比较严重。因此，通常在这些部位按抗震设计要求设置钢筋混凝土构造柱，其主要目的在于加强房屋结构的整体性，提高墙体抵抗地震剪力的能力，增强房屋抵抗变形的能力。构造柱与圈梁形成的约束体系可以有效地减轻震害。

(1)多层砖房构造柱的设置部位。

1)构造柱的设置部位，一般情况下应符合表 2-4-13 的要求。

2)外廊式和单面走廊式的房屋，应根据房屋增加一层的层数，按表 2-4-13 的要求设置构造柱，而且单面走廊两侧的纵墙均应按外墙处理。

表 2-4-13　多层砖砌体房屋构造柱设置要求

6 度	7 度	8 度	9 度	设置部位	
房屋层数					
≤五	≤四	≤三		楼、电梯间四角，楼梯斜梯段上下端对应的墙体处； 外墙四角和对应转角； 错层部位横墙与外纵墙交接处； 大房间内外墙交接处； 较大洞口两侧	隔 12 m 或单元横墙与外纵墙交接处； 楼梯间对应的另一侧内横墙与外纵墙交接处
六	五	四	二		隔开间横墙(轴线)与外墙交接处； 山墙与内纵墙交接处
七	六、七	五、六	三、四		内墙(轴线)与外墙交接处； 内墙的局部较小墙垛处； 内纵墙与横墙(轴线)交接处

注：1. 较大洞口，内墙指不小于 2.1 m 的洞口；外墙在内、外墙交接处已设置构造柱时应允许适当放宽，但洞侧墙体应加强。

2. 当按下述 2)～5)条规定确定的层数超出表 2-4-13 的范围，构造柱设置要求不应低于表中相应烈度的最高要求且宜适当提高。

3)横墙较少的房屋，应根据房屋增加一层的层数，按表 2-4-13 的要求设置构造柱；当横墙较少的房屋为外廊式或单面走廊式时，应按上述第 2)条要求设置构造柱，但抗震设防烈度 6 度不超过四层、7 度不超过三层和 8 度不超过两层时，应按增加两层后的层数对待。

4)各层横墙很少的房屋，应按增加两层的层数设置构造柱。

5)采用蒸压灰砂普通砖和蒸压粉煤灰普通砖的砌体房屋，当砌体的抗剪强度仅达到普通黏土砖砌体的 70％时(普通砂浆砌筑)，应根据增加一层的层数按上述 1)～4)条的要求设置构造柱；但抗震设防烈度 6 度不超过四层、7 度不超过三层和 8 度不超过两层时，应按增加两层的层数对待。

6)有错层的多层房屋，在错层部位应设置墙，其与其他墙交接处应设置构造柱；在错层部位的错层楼板位置应设置现浇钢筋混凝土圈梁；当房屋层数不低于四层时，底部 1/4 楼层处错层部位墙中部的构造柱间距不宜大于 2 m。

(2)多层砖砌体房屋的构造柱应符合下列构造要求：

1)构造柱最小截面可采用 180 mm×240 mm(墙厚 190 mm 时为 180 mm×190 mm)，纵向钢筋宜采用 4Φ12，箍筋直径可采用 6mm，间距不宜大于 250mm，且在柱上、下端适当加密，6、7 度时超过六层、8 度时超过五层和 9 度时，构造柱纵向钢筋宜采用 4Φ14，箍筋间距不应大于 200 mm；房屋四角的构造柱可适当加大截面及配筋。

2)构造柱与墙连接处应砌成马牙槎，如图 2-4-38 所示，并应沿墙高每隔 500 mm 设 2Φ6 水平钢筋和 ϕ4 分布短筋平面内点焊组成的拉结网片或 ϕ4 点焊钢筋网片，每边伸入墙内不宜小于 1 m。6、7 度时底部 1/3 楼层，8 度时底部 1/2 楼层，9 度时全部楼层，上述拉结钢筋网片应沿墙体水平通长设置。

3)构造柱与圈梁连接处，构造柱的纵筋应在圈梁纵筋内侧穿过，并保证构造柱纵筋上下贯通。

4)构造柱可不单独设置基础，但应伸入室外地面以下 500 mm，或与埋深小于 500 mm 的基础圈梁相连。

5）房屋高度和层数接近表 2-4-14 的限值时，纵、横墙内构造柱间距还应符合下列要求：

①横墙内的构造柱间距不宜大于层高的两倍；下部 1/3 楼层的构造柱间距适当减小。

②当外纵墙开间大于 3.9 m 时，应另设加强措施。内纵墙的构造柱间距不宜大于4.2 m。

表 2-4-14　房屋的总高度和层数限值　　　　　　　　　　　　　　　　　　　m

房屋类别		最小墙厚度/mm	烈度和设计基本地震加速度												
			6		7				8				9	
			0.05g		0.10g		0.15g		0.20g		0.30g		0.40g	
			高度	层数	高度	层数	高度	层数	高度	层数	高度	层数	高度	层数
多层砌体房屋	普通砖	240	21	7	21	7	21	7	18	6	15	5	12	4
	多孔砖	240	21	7	21	7	18	6	18	6	15	5	9	3
	多孔砖	190	21	7	18	6	15	5	15	5	12	4	—	—
	混凝土砌块	190	21	7	21	7	18	6	18	6	15	5	9	3
底部框架-抗震墙砌体房屋	普通砖多孔砖	240	22	7	22	7	19	6	16	5	—	—	—	—
	多孔砖	190	22	7	19	6	16	5	13	4	—	—	—	—
	混凝土砌块	190	22	7	22	7	19	6	16	5	—	—	—	—

注：1. 房屋的总高度指室外地面到主要屋面板板顶或檐口的高度，半地下室从地下室室内地面算起。全地下室和嵌固条件好的半地下室应允许从室外地面算起；对带阁楼的坡屋面应算到山尖墙的 1/2 高度处。

　　2. 室内外高差大于 0.6 m 时，房屋总高度应允许比表中数据适当增加，但增加量不应多于 1 m。

　　3. 乙类的多层砌体房屋应仍按本地区设防烈度查表，但层数应减少一层且总高度应降低 3 m；不应采用底部框架-抗震墙砌体房屋。

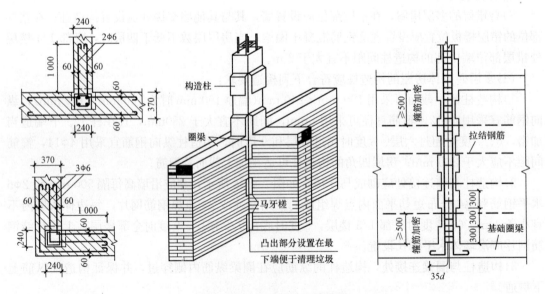

图 2-4-38　构造柱的构造设置

4.4.3 防止墙体开裂的主要措施

1. 墙体的裂缝分析

墙体的裂缝常由于荷载作用、温度变化、砌体收缩和地基不均匀沉降等原因，墙体截面承载力不足而引起的。如墙体受压引起的裂缝多数出现在梁端下部墙体中以及受力较大的窗间墙等部位，如图 2-4-39 所示，裂缝一般是竖向分布且数量较多。一旦出现这种裂缝需及时采取措施对墙体进行加固，否则裂缝的发展可能会导致房屋的倒塌。

（1）温度裂缝。由温度变化引起的墙体裂缝一般出现在采用钢筋混凝土屋盖的房屋顶层墙体中。由于混凝土的线膨胀系数约为砌体线膨胀系数的两倍，在屋顶温度升高后，屋面板受热膨胀与砌体产生变形差，导致顶层墙体开裂。这类裂缝的主要形式有顶层窗口处的八字形裂缝以及檐口下或顶层圈梁下外墙的水平裂缝和包角裂缝，如图 2-4-40 所示。

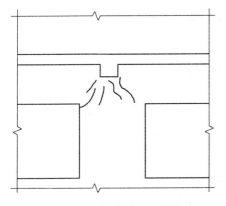

图 2-4-39 墙体的受力裂缝

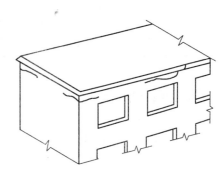

图 2-4-40 温度变化引起的水平裂缝和包角裂缝

（2）收缩裂缝。当房屋较长时，砌体收缩而引起与钢筋混凝土楼（屋）盖的变形差也会导致墙体开裂。这类裂缝往往是竖向分布，位于房屋中部，如图 2-4-41 所示，有时出现于顶层的竖缝，尤其是混凝土砌块的干缩较大，而其抗剪强度较低，故砌块砌体往往开裂严重。

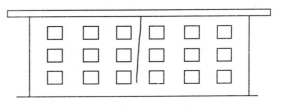

图 2-4-41 砌体收缩引起的竖向裂缝

（3）不均匀沉降。由地基不均匀沉降引起的墙体裂缝往往出现在地基压缩性差异较大的地方。当房屋中部沉降较大时，易在房屋底部窗洞口处出现八字形裂缝，如图 2-4-42（a）所示；当房屋两端沉降较大时，易在房屋两端底部窗洞处出现倒八字形裂缝，如图 2-4-42（b）所示；而房屋高度或荷载变化较大的错层处，易出现倾斜于沉降较大一侧的斜向裂缝，如图 2-4-42（c）所示。

2. 防止墙体开裂的主要措施

（1）防止因温差和砌体干缩引起的墙体竖向裂缝的措施。当房屋较长时，应在温度和收缩变形较大、砌体产生裂缝可能性最大的部位设置伸缩缝。伸缩缝的宽度宜取 30～70 mm，伸缩缝间距不宜超过表 2-4-15 的规定。

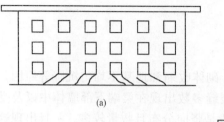
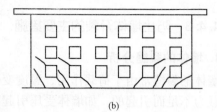
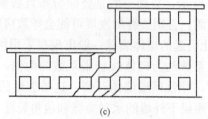

图 2-4-42 地基不均匀沉降引起的墙体裂缝

(a)正八字形裂缝；(b)倒正八字形裂缝；(c)斜向裂缝

表 2-4-15 砌体房屋伸缩缝的最大间距   m

屋盖或楼盖类别		间距
整体式或装配整体式钢筋混凝土结构	有保温层或隔热层的屋盖、楼盖	50
	无保温层或隔热层的屋盖	40
装配式无檩体系钢筋混凝土结构	有保温层或隔热层的屋盖、楼盖	60
	无保温层或隔热层的屋盖	50
装配式有檩体系钢筋混凝土结构	有保温层或隔热层的屋盖	75
	无保温层或隔热层的屋盖	60
瓦材屋盖、木屋盖或楼盖、轻钢屋盖		100

注：1. 对烧结普通砖、烧结多孔砖、配筋砌块砌体房屋取表中数值；对石砌体、蒸压灰砂普通砖、蒸压粉煤灰普通砖和混凝土砌块、混凝土普通砖和混凝土多孔砖房屋取表中数值乘以 0.8 的系数。当墙体有可靠外保温措施时，其间距可取表中数值。

    2. 在钢筋混凝土屋面上挂瓦的屋盖应按钢筋混凝土屋盖采用。

    3. 层高大于 5 m 的烧结普通砖、烧结多孔砖、配筋砌块砌体结构单层房屋，其伸缩缝间距可按表中数值乘以 1.3。

    4. 温差较大且变化频繁地区和严寒地区不采暖的房屋及构筑物墙体的伸缩缝的最大间距，应按表中数值予以适当减小。

    5. 墙体的伸缩缝应与结构的其他变形缝相重合，缝宽度应满足各种变形缝的变形要求；在进行立面处理时，必须保证缝隙的变形作用。

(2)为防止或减轻房屋顶层墙体的裂缝，可根据情况采取下列措施：

1)屋面应设置保温层、隔热层。

2)屋面保温(隔热)层或层面刚性面层及砂浆找平层应设置分隔缝，分隔缝间距不宜大于 6 m 并与女儿墙隔开，其缝宽不小于 30 mm。

3)采用装配式有檩体系钢筋混凝土屋盖和瓦材屋盖。

4)顶层屋面板下设置钢筋混凝土圈梁，并沿内、外墙拉通，房屋两端圈梁下的墙体内宜设置水平钢筋。

5)顶层及女儿墙砂浆强度等级不低于 M7.5(Mb7.5、Ms7.5)。

6)顶层墙体有门窗洞口时，在过梁上的水平灰缝内设置 2～3 道焊接钢筋网片或 2ϕ6 钢筋，并应伸入过梁两端墙内不小于 600 mm。

7)女儿墙应设置构造柱，构造柱间距不宜大于 4 m，构造柱应伸至女儿墙顶并与现浇钢筋混凝土压顶整浇在一起。

8)对顶层墙体施加竖向预应力。

(3)为防止或减轻房屋底层墙体的裂缝，可根据情况采取下列措施：

1)增大基础圈梁的刚度。

2)在底层的窗台下墙体灰缝内设置 3 道焊接钢筋网片或 2ϕ6 钢筋，并伸入两边窗间墙内不小于 600 mm。

(4)防止地基不均匀沉降裂缝的措施。防止地基不均匀沉降引起墙体开裂，在房屋中设置沉降缝，可有效减小由地基不均匀沉降引起的裂缝。沉降缝把墙和基础全部断开，分成若干个整体刚度较好的独立结构单元，使各单元能独立沉降，避免墙体开裂。一般，在建筑物的下列部位宜设置沉降缝：

1)形状复杂的建筑平面的转折部位。

2)房屋高度或荷载差异较大的交界部位。

3)长高比过大房屋的适当部位。

4)地基土的压缩性有显著差异处。

5)建筑物上部结构或基础类型不同的交界处。

6)分期建造房屋的交界处。

砌体结构设计时，建筑体型力求简单，合理布置墙体和圈梁，正确选择地基，也是防止地基，不均匀沉降、避免墙体开裂的重要手段。

第三篇　技能拓展

项目 1　预应力混凝土基本知识

1.1　预应力混凝土基本概念

钢筋混凝土受拉及受弯等构件，由于混凝土本身的抗拉强度及极限拉应变值都很小（混凝土的抗拉强度约为抗压强度 1/10，极限拉应变约为极限压应变的 1/12），其极限拉应变约为 $(0.1\sim0.15)\times10^{-3}$，所以在使用荷载作用下，通常是带裂缝工作的。因而，对使用上不允许出现裂缝的构件，受拉钢筋的应力仅为 $20\sim30\ \text{N/mm}^2$，不能充分利用其强度。对于允许开裂的构件，当裂缝宽度限制在 $0.2\sim0.3\ \text{mm}$ 时，受拉钢筋的应力也只能在 $250\ \text{N/mm}^2$ 左右。所以，如果采用高强度的钢筋，在使用阶段钢筋达到屈服时其拉应变很大，约在 2×10^{-3} 以上，与混凝土极限拉应变相差悬殊，裂缝宽度将很大，无法满足使用要求。因而，在普通钢筋混凝土结构中采用高强度钢筋是不能充分发挥其作用的。同样，在普通钢筋混凝土构件中，采用高强度的混凝土，由于其抗拉强度提高得很小，对提高构件的抗裂性和刚度效果也不明显。另外，对于处于高湿度或侵蚀性环境中的构件，为了满足变形和裂缝控制的要求，则须增加构件的截面尺寸和用钢量，将导致自重过大，使普通钢筋混凝土结构用于大跨度或承受动力荷载的结构成为不可能或很不经济。由此可见，在普通钢筋混凝土构件中，高强度混凝土和高强度钢筋是不能充分发挥作用的。

1.1.1　预应力混凝土的基本原理

为了充分利用高强度混凝土和高强度钢筋，避免钢筋混凝土结构的裂缝过早出现，可以在混凝土构件的受拉区预先施加压应力，造成人为的应力状态，来抵消或减小荷载作用所产生的拉应力，使结构构件内的拉应力很小，甚至处于受压状态，从而可避免或推迟裂缝的出现，减小裂缝的宽度，满足使用要求。这种在构件受荷前预先对混凝土受拉区施加压应力，借助混凝土较高的抗压强度来弥补其抗拉强度不足，达到提高截面刚度和抗裂度、推迟混凝土构件截面受拉区开裂目的的结构，称为"预应力混凝土结构"。

现以图 3-1-1 所示的预应力混凝土简支梁受力为例，说明预应力混凝土的基本原理。

在外荷载作用前，预先在梁的受拉区施加一对大小相等、方向相反的偏心预压应力 N，使得梁截面下边缘混凝土产生预压应力 σ_c，如图 3-1-1(a) 所示。当外荷 q 作用时，截面下边缘将产生拉应力 σ_{ct}，如图 3-1-1(b) 所示。在二者共同作用下，梁的应力分布为上述两种情况的叠加 $\sigma_{ct}-\sigma_c$；梁的下边缘应力可能是数值很小的拉应力，如图 3-1-1(c) 所示，也可能是压应力。也就是说，由于预压力的作用，可部分抵消或全部抵消外荷载所引起的拉应力，因而延缓了混凝土构件的开裂，提高了构件的抗裂刚度，并可以节约钢材，减轻自重，克服钢筋混凝土的缺点。同时，由于偏心预压力 N 引起的向上的反拱挠度，与荷载作用下的挠度叠加后，总的挠度也大为减小。

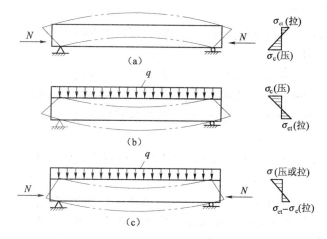

图 3-1-1 混凝土梁的受力分析

(a)预应力作用下；(b)外荷载作用下；(c)二者共同作用下

1.1.2 预应力混凝土的特点和应用

与普通混凝土相比，预应力混凝土结构具有以下特点：

(1)不会过早地出现裂缝，抗裂性能好。

(2)可合理利用高强度钢材和混凝土。与钢筋混凝土相比，可节约钢材 30%～50%，减轻结构自重达 30%左右，且跨度越大越经济。

(3)由于抗裂性能好，提高了结构的刚度和耐久性，加之反拱作用，结构的总挠度大为减小。

(4)扩大了混凝土结构的应用范围。

预应力混凝土结构的缺点是计算繁杂，施工技术要求高，需要专门的材料和设备等。下列结构宜优先采用预应力结构：

(1)要求裂缝控制等级较高的结构。如水池、油罐、原子能反应堆，受到侵蚀性介质作用的工业厂房、水利、海洋、港口工程结构物等。

(2)对构件的刚度和变形控制要求较高的结构构件。如工业厂房中的起重机梁、码头和桥梁中的大跨度梁式构件等。

(3)对构件的截面尺寸受到限制，跨度大，荷载大结构。

1.1.3 预应力混凝土的分类

预应力混凝土按预加应力的程度，可分为全预应力混凝土和部分预应力混凝土；按预加应力的方法，可分为先张法预应力混凝土和后张法预应力混凝土；按预应力钢筋与混凝土的粘结状况，可分为有粘结预应力混凝土和无粘结预应力混凝土；按预应力钢筋的位置，可分为体内预应力混凝土和体外预应力混凝土。

1. 全预应力混凝土和部分预应力混凝土

全预应力是指在使用荷载作用下，构件截面混凝土不出现拉应力，即为全截面受压。

全预应力混凝土具有抗裂性好和刚度大等优点，但也存在着一些缺点：

(1)抗裂要求高，预应力钢筋的配筋量取决于抗裂要求，而不是取决于承载力的需要，导致预应力钢筋配筋量增大。

(2)张拉应力高，对锚具和张拉设备要求高，锚具下混凝土受到较大的局部压力，需配置较多的钢筋网片或螺旋筋。

(3)施加预压力时，构件产生过大反拱，而且由于高压应力下混凝土的徐变，反拱随时间而增长，特别对于恒载小、活荷载较大的结构，常常影响正常使用。

(4)延性较差，由于全预应力混凝土结构构件的开裂荷载与极限荷载较为接近，导致延性较差，对抗震不利。

部分预应力是指在使用荷载作用下，构件截面混凝土允许出现拉应力或开裂，即只有部分截面受压。

与全预应力混凝土结构相比，部分预应力混凝土结构虽然抗裂性能稍差，刚度稍小，但克服了全预应力混凝土的缺点，可以合理控制裂缝节约钢材，控制反拱值不致过大。部分预应力混凝土构件由于配置了非预应力钢筋，可提高构件延性，有利于结构抗震，改善裂缝分布，减小裂缝宽度。与全预应力混凝土相比，其综合经济效果好。对于抗裂要求不高的结构构件，部分预应力混凝土是一种有应用前途的结构构件。

2. 先张法预应力混凝土和后张法预应力混凝土

先张法是指在混凝土构件浇筑之前张拉预应力筋的方法。制作先张法预应力构件一般都需要台座、拉伸机、传力架和夹具等设备，其工序如图 3-1-2 所示。张拉的预应力筋由夹具固定在台座上(此时预应筋的反力由台座承受)，然后浇筑混凝土；待混凝土达到设计强度和龄期(约为设计强度 75% 以上，且混凝土龄期不小于 7d，以保证具有足够的粘结力和避免徐变值过大，简称混凝土强度和龄期双控制)后，放松预应力钢筋，在预应筋回缩的过程中利用其与混凝土之间的粘结力，对混凝土施加预压应力。由此可见，先张法预应力混凝土构件中，预应力是靠钢筋与混凝土间的粘结力来传递的。

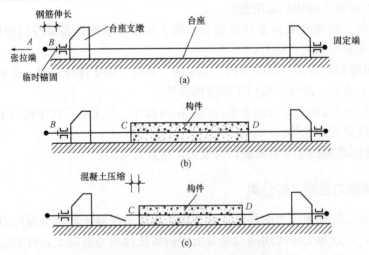

图 3-1-2 先张法预应力工艺流程

(a)钢筋就位、张拉；(b)钢筋锚固，混凝土施工和养护；(c)钢筋放松、混凝土受压缩

后张法是指在混凝土结硬后在构件上张拉钢筋的方法，工序如图 3-1-3 所示。在构件混

凝土浇筑之前按预应力筋的设置位置预留孔道；待混凝土达到设计强度后，再将预应力筋穿入孔道；然后，利用构件本身作为加力台座，张拉预应力筋使混凝土构件受压；当张拉预应力钢筋的应力达到设计规定值后，在张拉端用锚具锚住钢筋，使混凝土获得预压应力；最后，在孔道内灌浆，使预应力钢筋与构件混凝土形成整体。也可不灌浆，完全通过锚具施加预压力，形成无粘结的预应力结构。由此可见，后张法是靠锚具保持和传递预加应力的。

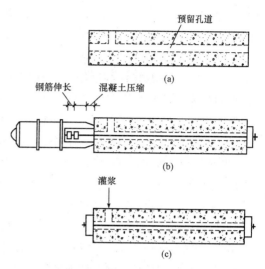

图 3-1-3　后张法预应力工艺流程
(a)预留孔道混凝土施工；(b)穿筋、张拉、锚固；(c)孔道压浆(或不压浆)、封锚

3. 有粘结预应力混凝土和无粘结预应力混凝土

有粘结预应力混凝土是指预应力钢筋与其周围的混凝土有可靠的粘结强度，使得在荷载作用下预应力钢筋与其周围的混凝土有共同的变形。

无粘结预应力混凝土是指预应力钢筋(经涂抹防锈油脂，以减小摩擦力防止锈蚀，用聚乙烯材料包裹制成的专用预应力筋)与其周围的混凝土没有任何粘结强度，在荷载作用下预应力钢筋与其周围的混凝土横向、竖向存在线变形协调关系，但在纵向可以相对周围混凝土发生纵向滑移。无粘结预应力混凝土是继有粘结预应力混凝土和部分预应力混凝土之后又一种新的预应力形式。

4. 体内预应力混凝土和体外预应力混凝土

体内预应力混凝土是指预应力筋布置在混凝土构件体内的预应力混凝土。先张法预应力混凝土和后张法预应力混凝土等均属此类。

体外预应力混凝土是指预应力筋布置在混凝土构件体外的预应力混凝土。混凝土斜拉桥与悬索桥属此类特例。

1.2　预应力混凝土的材料

1.2.1　预应力钢筋

与普通混凝土构件不同，钢筋在预应力构件中，从构件制作开始，到构件破坏为止，始终处于高应力状态。因此，要求预应力钢筋强度高，有良好的加工性能和一定的塑性，与混凝土间有足够的粘结强度。

常用的预应力钢筋分为中强度预应力钢丝、预应力螺纹钢筋、消除应力钢丝(有光面、螺旋肋、刻痕)和钢绞线四种。

(1)中强度预应力钢丝。《混凝土结构设计规范(2015 年版)》(GB 50010—2010)列入了中强度预应力钢丝，以补充中等强度预应力钢筋的空缺，这类预应力钢丝主要用于中、小跨度的预应力构件，如预应力檩条、楼板、预应力楼(屋)面梁等构件。它分为光圆和螺旋肋两类，公称直径有 5 mm、7 mm、9 mm 等。它的极限强度标准值最高达到了 1 270 MPa，抗拉设计强度最高达到了 810 MPa，抗压设计强度为 410 MPa。

(2)预应力螺纹钢筋。《混凝土结构设计规范(2015 年版)》(GB 50010—2010)列入大直径的预应力螺纹钢筋(精轧螺纹钢筋)，公称直径有 18 mm、25 mm、32 mm、40 mm 和 50 mm 等。它的极限强度标准值最高达到了 1 230 MPa，抗拉设计强度最高达到了 900 MPa，抗压设计强度为 410 MPa。这类预应力钢筋主要用于大跨度的预应力构件中。

(3)消除应力钢丝。消除应力钢丝有光圆、螺旋肋两种，公称直径有 5 mm、7 mm 和 9 mm 几种。它的极限强度标准值最高达到了 1 860 MPa，抗拉设计强度最高达到了 1 320 MPa，抗压设计强度为 410 MPa。在中小型构件中使用比较多。

(4)钢绞线。钢绞线由三根或七根高强钢丝绞接而成，三股钢绞线的公称直径分为 8.6 mm、10.8 mm 和 12.0 mm 三种，七股钢绞线的公称直径分为 9.5 mm、12.7 mm、15.2 mm、17.8 mm 和 21.6 mm 五种，钢绞线强度高，使用方便。它的极限强度标准值最高达到了 1 960 MPa，抗拉设计强度最高达到了 1 390 MPa，抗压设计强度为 390 MPa。可在受力较大的大中型构件中使用。

1.2.2　预应力混凝土构件中的混凝土

根据预应力混凝土构件的受力变化特征，应选择具有以下性能要求的混凝土。

(1)强度高。预应力混凝土必须具有较高的抗压强度，这样才能承受大吨位的预应力，有效地减小构件截面尺寸，减轻构件自重，节约材料。对于先张法构件，高强度的混凝土具有较高的粘结强度，可减少端部应力传递长度；对于后张法构件，采用高强度混凝土，可承受构件端部很高的局部压应力。《混凝土结构设计规范(2015 年版)》(GB 50010—2010)规定，在预应力混凝土结构中采用的混凝土强度等级不宜低于 C40 级，且不应低于 C30 级。

(2)收缩和徐变小。收缩和徐变是引起混凝土产生变形不可克服的特性，也是造成预应力损失的主要因素。为了有效降低预压力损失，防止预应力构件施工中由于徐变过大，造成预应力徐变损失太大、导致构件损毁，要求选用收缩和徐变小的混凝土。

(3)快硬、早强。快硬、早强混凝土可以加快施工进度，提高设备周转率和工效。

1.2.3　孔道及灌浆材料

后张法混凝土构件的预留孔道是通过制孔器来形成的，常用的制孔器的形式有两类，即抽拔式制孔器和埋入式制孔器。抽拔式制孔器，即在预应力混凝土构件中根据设计要求预留制孔器具，待混凝土初凝后抽拔出制孔器具，形成穿束孔道。常用橡胶抽拔管作为抽拔式制孔器。埋入式制孔器，即在预应力混凝土构件中根据设计要求永久埋置制孔器(管道)，形成预留孔道。常用钢管或金属波纹管作为埋入式制孔器。

目前，常用的留孔方法是预留金属波纹管。金属波纹管是由薄钢带用卷管机压波后卷成，具有重量轻、刚度好、弯折和连接简便、与混凝土粘结性好等优点，是预留后张预应力钢筋孔道的理想材料。

对于后张预应力混凝土构件为避免预应力筋腐蚀，保证预应力筋与其周围混凝土共同变形，应向孔道中灌入水泥浆。要求水泥浆密实(水胶比不宜过大)，应具有一定的粘结强度，而且收缩也不能过大。

1.2.4 预应力混凝土构件的锚具

预应力混凝土结构与构件中锚固预应力钢筋和钢丝的工具，通常有锚具和夹具两种。

在先张法预应力混凝土构件施工时，为保持预应力筋的拉力并将其固定在生产台座(或设备)上的临时性锚固装置；在后张法预应力混凝土结构或结构施工时，在张拉千斤顶或设备上夹持预应力筋的临时性锚固装置称为夹具(代号 J)。夹具根据工作特点，分为张拉夹具和锚固夹具。

在后张法预应力混凝土结构中，为保持预应力筋的拉力并将其传递到混凝土上所用的永远锚固在构件端部，与构件联成一体共同受力的锚固装置称为锚具(代号 M)。锚具根据工作特点，分为张拉端锚具(张拉和锚固)和固定端锚具(只能固定)。

有时，为方便计，将锚具和夹具统称为锚具。根据锚固方式的不同，锚具分为以下几种类型：

夹片式锚具，代号 J，如 JM 型锚具(JM12)；QM 型、XM 型(多孔夹片锚具)、OVM 型锚具；夹片式扁锚(BM)体系。

支承式锚具，代号 L(螺丝)和 D(镦头)，如螺丝端杆锚具(LM)、镦头锚具(DM)。

锥塞式锚具，代号 Z，如钢质锥形锚具(GZ)。

握裹式锚具，代号 W，如挤压锚具和压花锚具等。

锚具的标记由型号、预应力筋直径、预应力筋根数和锚固方式四部分组成。如锚固 6 根直径为 12 mm 预应力筋束的 JM12 锚具，标记为 JM12－6。

1. 夹片式锚具

夹片式锚具是由锚环或锚板和夹片组成，可锚固钢绞线束或钢丝束，如图 3-1-4 和图 3-1-5 所示。

JM 型锚具是我国 20 世纪 60 年代研制的钢绞线夹片锚具。它是利用楔块原理锚固多根预应力筋的锚具，后来又先后研制出了 XM 型锚具、QM 型锚具、OVM 型锚具和夹片式扁锚体系，使其既可作为张拉端的锚具，又可作为固定端的锚具或作为重复使用的工具锚。夹片式锚具是目前桥梁、水利、房屋等各种土建结构工程中应用较广泛的锚具形式。

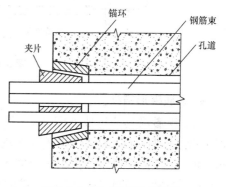

图 3-1-4　JM 型夹片式锚具

2. 螺丝端杆锚具

螺丝端杆锚具的组成如图 3-1-6 所示，是由螺丝端杆、螺母和垫板三部分组成。主要用于锚固高强粗预应力钢筋，螺丝端杆与预应力筋用对焊连接，预应力钢筋依靠螺母和螺丝端杆的摩擦力将预应力传递到垫板，再由垫板通过承压力传到混凝土构件。螺丝端杆锚具构造简单，施工方便，锚固可靠，预应力损失小，并能重复张拉、放松或拆卸。

3. 镦头锚具

镦头锚具的组成如图 3-1-7 所示，主要用于锚固钢丝束，或锚固直径在 14 mm 以下的钢绞线束。镦头锚具是利用钢丝两端的镦粗头来锚固预应力钢丝的一种锚具。

常用的钢丝束镦头锚具分 A 型与 B 型。A 型由锚环与螺母组成，可用于张拉端；B 型为锚板，用于固定端。镦头锚具加工简单，张拉方便，锚固可靠，成本较低，但对钢丝束的等长要求较严。

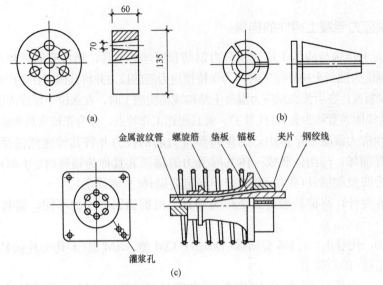

图 3-1-5　QM 型夹片式锚具

(a)锚板构造图；(b)夹片构造图；(c)QM 型锚具构件组成

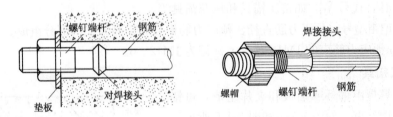

图 3-1-6　螺丝端杆锚具

4. 钢质锥形锚具

钢质锥形锚具的组成如图 3-1-8 所示，是由锚环和锚塞组成，用于锚固以锥锚式双作用千斤顶张拉的钢丝束。锥形锚是通过张拉钢丝束时顶压锚塞，把预应力钢丝楔紧在锚圈与锚塞之间，借助摩阻力锚固的。锥形锚的优点是锚固方便，锚具面积小；其缺点是锚固时钢丝的回缩量较大，预应力损失大；同时，它不能重复张拉和接长。为防止受振松动，必须及时给预留孔道压浆。

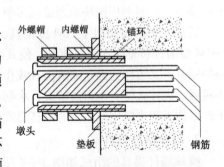

图 3-1-7　钢丝束墩头锚具

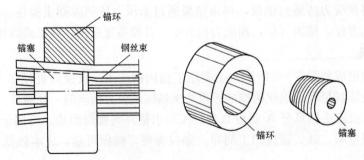

图 3-1-8　锥塞式锚具

1.3 构件设计一般规定

1.3.1 张拉控制应力

张拉控制应力是指预应力钢筋张拉时所控制达到的最大应力值。其值以张拉设备(如千斤顶上的油压表)所示的总张拉力除以预应力钢筋截面面积得出的应力值 σ_{con} 表示。

根据预应力的基本原理，预应力配筋一定时，σ_{con} 越大，构件产生的有效预应力越大，对构件在使用阶段的抗裂能力及刚度越有利。但如果钢筋的 σ_{con} 与其强度标准值的相对比值 σ_{con}/f_{ptk} 过大时，可能出现下列问题：

(1)构件出现裂缝时，预应力钢筋应力将接近于其抗拉强度设计值，使构件在破坏前缺乏明显的征兆，延性较差。

(2)σ_{con} 过高，将使预应力筋的应力松弛增大，为了减小摩擦损失及应力松弛损失，有时需进行超张拉，有可能在超张拉时使个别钢筋(丝)超过屈服(抗拉)强度，产生较大塑性变形或脆断。

(3)在施工阶段会使构件的某些部位受到拉应力(称为预拉区)甚至开裂，对后张法构件可能造成端部混凝土局部破坏。

所以，预应力钢筋的张拉应力必须加以控制，《混凝土结构设计规范(2015 年版)》(GB 50010—2010)根据国内外设计、施工经验及近年来的科研成果，给出了最大控制应力限值，见表 3-1-1。

表 3-1-1 张拉控制应力限值

钢筋种类	最大控制应力限值
消除应力钢丝、钢绞线	$0.75f_{ptk}$
中强度预应力钢丝	$0.70f_{ptk}$
预应力螺纹钢筋	$0.85f_{pyk}$

符合下列情况之一时，表 3-1-1 中的张拉控制应力限值可提高 $0.05f_{ptk}$ 或 $0.05f_{pyk}$：

(1)为了提高构件在施工阶段的抗裂性，而在使用阶段受压区设置预应力钢筋。

(2)为了部分抵消由于应力松弛、摩擦、钢筋分批张拉以及预应力钢筋与张拉台座间的温差等因素产生的预应力损失，可对预应力钢筋进行超张拉。

为了避免将 σ_{con} 定得过小，《混凝土结构设计规范(2015 年版)》(GB 50010—2010)规定对消除应力钢丝、钢绞线、中强度预应力钢丝的 σ_{con} 值不应小于 $0.4f_{ptk}$；预应力螺纹钢筋的 σ_{con} 值不宜小于 $0.5f_{pyk}$。

1.3.2 预应力损失

预应力混凝土构件在制造、运输、安装、使用的各个环节中，由于张拉工艺和材料特性等原因，钢筋中的张拉应力逐渐降低。与此同时，混凝土中的预压应力也逐渐降低，这一现象称为预应力损失。经过预应力损失后，预应力钢筋的预应力值才是有效的预应力 σ_{pe}，

即 $\sigma_{pe} = \sigma_{con} - \sigma_l$。

引起预应力损失的因素很多，《混凝土结构设计规范(2015年版)》(GB 50010—2010)提出了六项预应力损失，并采用分项计算各项应力损失再叠加的方法来求得预应力混凝土构件的总预应力损失。预应力损失的大小直接影响到预应力的效果，因此，准确计算各种因素引起的预应力损失及采取必要措施减小预应力损失，是一个非常重要的课题。

1. 张拉端锚具变形和预应力钢筋内缩引起的预应力损失 σ_{l1}

预应力钢筋当张拉到 σ_{con} 后锚固在台座上或构件上时，由于锚具、垫板与构件之间的缝隙被挤紧，或者由于钢筋和螺帽在锚具内的滑移，这些因素都会促使预应力钢筋回缩，使张拉程度降低，应力减小，从而引起预应力损失。其值可按下式计算：

$$\sigma_{l1} = \frac{a}{l} E_s \tag{3-1-1}$$

式中　a——张拉端锚具变形及预应力筋回缩值(mm)，按表3-1-2取用；

　　　l——张拉端到锚固端之间的距离(mm)，先张法为台座或钢筋长度，后张法为构件长度；

　　　E_s——预应力钢筋弹性模量(N/mm²)。

表 3-1-2　锚具变形和钢筋内缩值 a　　　　　　　　　　mm

锚具类别		a
支承式锚具(钢丝束镦头锚具等)	螺帽缝隙	1
	每块后加垫板的缝隙	1
夹片式锚具	有顶压时	5
	无顶压时	6~8
注：1. 表中的锚具变形和预应力筋内缩值也可根据实测数据确定。 　　2. 其他类型的锚具变形和钢筋内缩值应根据实测数据确定。		

锚具的损失只考虑张拉端，对于锚固端，由于锚具在张拉过程中已被挤紧，故不考虑其引起的预应力损失。

对块体拼成的结构，其预应力损失还应计及块体间填缝材料的预压变形。当采用混凝土或砂浆作为填缝材料时，每条填缝的预压变形值应取1 mm。

减少 σ_{l1} 损失的措施有：

(1)选择锚具变形小或使预应力钢筋内缩小的锚具、夹具，尽量少用垫板。

(2)增加台座长度，因为 σ_{l1} 值与台座长度成反比，采用先张法生产的台座，当张拉台座长度为100 m以上时，σ_{l1} 可忽略不计。

(3)采用超张拉施工方法。

2. 预应力钢筋与孔道壁之间的摩擦引起的预应力损失 σ_{l2}

后张法构件进行预应力钢筋的张拉时，由于预留孔道位置偏差、内壁粗糙及预应力筋表面粗糙等原因，使预应力筋在张拉时与孔道壁之间产生摩擦力。摩擦力的积累，使预应力筋的应力随距张拉端距离的增大而减小，各截面实际受拉应力与张拉控制应力之间的这种应力差值称为摩擦引起的预应力损失 σ_{l2}。

减少 σ_{l2} 损失的措施有：

（1）对于较长的构件可在两端进行张拉，则靠原锚固端一侧的预应力筋的应力损失大大减小，损失最大的截面转移到构件的中部，采取两端张拉约可减少一半摩擦损失。

（2）采用超张拉工艺。超张拉工艺一般的张拉程序是：从应力为零开始张拉至 $1.1\sigma_{con}$，持荷 2 min 后，卸载至 $0.85\sigma_{con}$，持续 2 min，再张拉至 σ_{con}。

（3）在接触材料表面涂水溶性润滑剂，以减小摩擦系数。

（4）提高施工质量，减小钢筋位置偏差。

3. 混凝土加热养护时预应力钢筋与台座间温差引起的预应力损失 σ_{l3}

采用先张法构件时，为缩短工期，浇筑混凝土常用蒸汽养护，加快混凝土结硬。加热时预应力钢筋因温度升高而伸长，而张拉台座与大地相接，且表面大部分暴露于空气中，加热基本不变，从而产生预应力损失 σ_{l3}。待降温时，预应力筋已与混凝土结硬成整体，两者线膨胀系数相近，能够一起回缩，所以预应力损失 σ_{l3} 无法恢复。

减小 σ_{l3} 的措施是二次升温养护，即首先按设计允许的温差（一般不超过 20 ℃）养护，待混凝土强度达到 10 N/mm² 以后，再升温至养护温度。混凝土强度达到 10 N/mm² 后，可认为预应力筋与混凝土之间已结硬成整体，能一起张缩，故第二阶段无预应力损失。

对于在钢模上张拉预应力钢筋的先张法构件，因钢模和构件一起加热蒸汽养护，所以，可不考虑此项温度损失。

4. 预应力钢筋的应力松弛引起的预应力损失 σ_{l4}

钢筋在高应力作用下，应力保持不变，应变随时间而增长的现象，称为徐变；应变保持不变，应力随时间而降低的现象，称为松弛。钢筋的徐变和松弛均将引起钢筋中的应力损失，这种损失称为钢筋应力松弛损失 σ_{l4}。

根据我国钢材试验结果，预应力钢筋松弛具有的特点是预应力筋的初拉应力越高，其应力松弛越大；预应力钢筋松弛量的大小与钢筋品种有关，一般热轧钢筋松弛较钢丝小，而钢绞线的松弛则比原单根钢丝大；预应力筋松弛与时间有关，开始阶段发展较快，第 1 个小时内松弛量最大，24 小时内完成约为 50% 以上，以后逐渐趋于稳定。

减少 σ_{l4} 损失的措施是采用低松弛预应力筋或者采用超张拉方法及增加持荷时间。

5. 混凝土收缩和徐变预应力损失 σ_{l5}

混凝土在一般温度条件下结硬时会发生体积收缩，而在预应力作用下，沿压力方向混凝土发生徐变。二者均使构件长度缩短，预应力钢筋随之回缩，因而引起受拉区和受压区预应力钢筋的预应力损失 σ_{l5} 和 σ'_{l5}。由于收缩和徐变是伴随产生的，且二者的影响因素相似。同时，收缩和徐变引起钢筋应力的变化规律也是相似的，因此，将二者产生的预应力损失合并考虑。

减少 σ_{l5}、σ'_{l5} 损失的措施是采用高强度水泥，控制每立方混凝土中的水泥用量及混凝土的水胶比；采用级配较好的集料，加强振捣，提高混凝土的密实性；加强养护，以减小混凝土收缩。

6. 用螺旋式预应力钢筋的环形构件由于混凝土的局部挤压引起的预应力损失 σ_{l6}

电线杆、水池、油罐、压力管道等环形构件可配置环形或螺旋式预应力钢筋，采用后张法直接在混凝土上进行张拉，混凝土在预应力钢筋的挤压下发生局部压陷，使构件直径减小，引起预应力损失 σ_{l6}。

σ_{l6} 与张拉控制应力 σ_{con} 成正比，与环形构件直径 d 成反比，《混凝土结构设计规范（2015 年版)》(GB 50010—2010)规定，只对直径 $d \leqslant 3$ m 的构件考虑应力损失，并取 $\sigma_{l6} = 30$ N/mm^2。

减小 σ_{l6} 的措施是做好级配、加强振捣、加强养护，以提高混凝土的密实性。

1.3.3 预应力损失值的组合

上述各项预应力损失不是同时产生的，它们有的只发生在先张法构件中，有的只发生在后张法构件中，有的两种构件均有，而且是分批产生的。为分析和计算方便考虑，《混凝土结构设计规范(2015 年版)》将这些损失按先张法和后张法构件分别分为两批，发生在混凝土预压以前的称为第一批预应力损失，用 σ_{lI} 表示；发生在混凝土预压以后的称为第二批预应力损失，用 σ_{lII} 表示，见表 3-1-3。

表 3-1-3　各阶段预应力损失值组合

预应力损失值的组合	先张法构件	后张法构件
混凝土预压前(第一批)的损失 σ_{lI}	$\sigma_{l1} + \sigma_{l2} + \sigma_{l3} + \sigma_{l4}$	$\sigma_{l1} + \sigma_{l2}$
混凝土预压后(第二批)的损失 σ_{lII}	σ_{l5}	$\sigma_{l4} + \sigma_{l5} + \sigma_{l6}$

注：先张法构件由于预应力筋应力松弛引起的损失值 σ_{l4} 在第一批和第二批损失中所占的比例，如需区分，可根据实际情况确定。

上述几种损失中，没有包括混凝土弹性压缩引起的预应力损失，只是在具体计算中加以考虑。

考虑到应力损失计算值可能与实际损失值有差异，为了保证预应力构件抗裂性能，《混凝土结构设计规范(2015 年版)》规定了总预应力损失的最小值，即当计算所得的总预应力损失值 σ_l 小于下列数值时，应按下列数值取用：

(1)先张法构件：100 N/mm^2。

(2)后张法构件：80 N/mm^2。

1.3.4 先张法构件预应力钢筋的传递长度

在先张法预应力混凝土构件中，预应力钢筋的预应力是由钢筋与混凝土之间的粘结力逐步建立的。当放松预应力钢筋后，在构件端部，预应力钢筋的应力为零，由端部向中部逐渐增加，必须经过一定的传递长度才能在相应的混凝土截面建立有效的预压应力 σ_{pc}。预应力钢筋中的应力由零增大到最大值的这段长度称为预应力传递长度 l_{tr}，如图 3-1-9 所示。

由图 3-1-9 可知，在传递长度范围内，应力差由预应力钢筋和混凝土的粘结力来平衡，预应力钢筋的应力按某曲线规律变化(图示实线)。为简化计算可按线性变化考虑(图示虚线)。

先张法预应力钢筋的预应力传递长度 l_{tr} 应按下式计算：

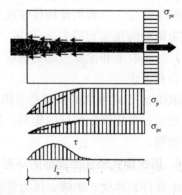

图 3-1-9　粘结应力(τ)、钢筋拉应力及混凝土预压应力沿构件长度的分布

$$l_{tr} = \alpha \frac{\sigma_{pe}}{f'_{tk}} d \tag{3-1-2}$$

式中　σ_{pe}——放张时预应力钢筋的有效预应力；

d——预应力钢筋的公称直径；

α——预应力钢筋的外形系数，按表 3-1-4 采用；

f'_{tk}——与放张时混凝土立方体抗压强度 f'_{tk} 相应的轴心抗拉强度标准值。

表 3-1-4　钢筋的外形系数 α

钢筋类型	光圆钢筋	带肋钢筋	螺旋肋钢丝	钢绞线	
				三股	五股
α	0.16	0.14	0.13	0.16	0.17

注：光圆钢筋末端应做 180°弯钩，弯后平直段长度不应小于 $3d$，但作受压钢筋时可不做弯钩。

当采用骤然放张预应力的施工工艺时，对光圆预应力钢丝，l_{tr} 的起点应从距构件末端 $l_{tr}/4$ 处开始计算。

1.4　预应力混凝土构件构造要求

预应力混凝土结构构件的构造要求，除应满足普通钢筋混凝土结构的有关规定外，还应根据预应力张拉工艺、锚固措施、预应力钢筋种类的不同，满足不同的构造要求。

1.4.1　一般规定

1. 截面形式和尺寸

预应力混凝土构件的截面形式应根据构件的受力特点进行合理选择，对于预应力轴心受拉构件，通常采用正方形或矩形截面；对预应力受弯构件，可采用 T 形、工字形、箱形等截面。此外，截面形式沿构件纵轴也可以根据受力要求变化，如预应力混凝土屋面大梁和起重机梁，其跨中可采用薄壁 I 形截面，而在支座处，为了承受较大的剪力以及能有足够的面积布置曲线预应力钢筋和锚具，往往加宽截面厚度。

由于预应力构件的抗裂度和刚度较大，其截面尺寸可比普通钢筋混凝土构件小些。对预应力受弯构件，其截面高度 $h = \frac{l}{20} \sim \frac{l}{14}$，最小可为 $\frac{l}{35}$（l 为跨度），大致可取普通钢筋混凝土构件高度的 0.7～0.8 倍左右。翼缘宽度一般可取 $\frac{h}{3} \sim \frac{h}{2}$，翼缘厚度可取 $\frac{h}{10} \sim \frac{h}{6}$，腹板宽度尽可能小些，可取 $\frac{h}{15} \sim \frac{h}{8}$。

2. 预应力纵向钢筋的布置

预应力纵向钢筋可分为直线布置、曲线布置和折线布置三种形式，如图 3-1-10 所示。当跨度和荷载不大时，直线布置最为简单，施工时采用先张法和/或后张法都可以；当跨度和荷载较大时，可布置成曲线形，施工时一般用后张法；当构件有倾斜受拉边的梁时，预应力钢筋可用折线布置，施工时一般采用先张法。

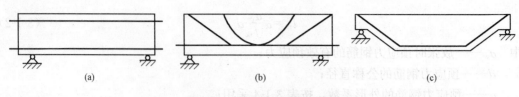

图 3-1-10　预应力钢筋的布置

(a)直线形；(b)曲线形；(c)折线形

3. 非预应力纵向钢筋的布置

预应力构件中，为了防止施工阶段因混凝土收缩和温差及施加预应力引起预拉区出现裂缝，以及防止构件在制作、堆放、运输、吊装时出现裂缝或限制裂缝宽度，可在构件预拉区设置一定数量的非预应力钢筋，如图 3-1-11 所示。其中，图 3-1-11(a)、(b)表示在吊点附近及跨中的预拉区设置的非预应力钢筋；图 3-1-11(c)、(d)表示在受拉区设置的非预应力钢筋。

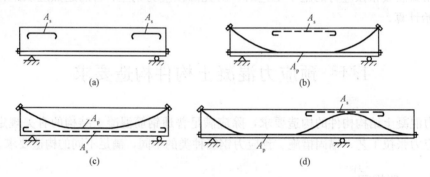

图 3-1-11　非预应力钢筋的布置

(a)梁端承受吊装；(b)跨中承受预应力；(c)改善裂缝分布及提高极限强度；(d)连续梁支座处负弯矩

4. 预拉区纵向钢筋的配筋率及直径

(1)施工阶段预拉区不允许出现裂缝的构件，预拉区纵向钢筋的配筋率 $\dfrac{A'_s + A'_p}{A} \geqslant$ 0.2%，其中 A 为构件截面面积。对于后张法构件，计算配筋率时可不计入 A'_p。

(2)施工阶段预拉区允许出现裂缝，而在预拉区仅配置非预应力筋(即 $A'_p = 0$)的构件，当 $\sigma_{ct} = 2f'_{tk}$ 时，预拉区纵向非预应力钢筋配筋率 $A'_s/A \geqslant 0.4\%$；当 $f'_{tk} < \sigma_{ct} < 2f'_{tk}$ 时，则在 0.2% 和 0.4% 之间按线性内插法确定。

(3)预拉区非预应力钢筋的直径，不宜大于 14 mm，并沿构件预拉区外边缘均匀配置。

1.4.2　先张法构件的构造要求

(1)预应力筋的净间距。先张法预应力钢筋之间的净间距应根据浇筑混凝土、施加预应力及钢筋锚固等要求确定。预应力钢筋间的净间距不宜小于其公称直径或等效直径的 2.5 倍和混凝土粗集料最大粒径的 1.25 倍，且应符合下列规定：预应力钢丝，不应小于 15mm；三股钢绞线，不应小于 20mm；七股钢绞丝，不应小于 25mm。当混凝土振捣密实有可靠保证时，净间距可放宽到最大粗集料粒径的 1.0 倍。

(2)为了防止切断预应力筋时在构件端部引起裂缝，要求对预应力筋端部周围的混凝土采取下列局部加强措施：

1)单根配置的预应力筋，其端部宜设置螺旋筋。

2)分散布置的多根预应力筋，在构件端部 10d 且不小于 100 mm 长度范围内，宜设置 3~5 片与预应力筋垂直的钢筋网片，此处 d 为预应力筋的公称直径。

3)采用预应力钢丝配筋的薄板，在板端 100 mm 长度范围内宜适当加密横向钢筋。

4)槽形板类构件，应在构件端部 100 mm 长度范围内沿构件板面设置附加横向钢筋，其数量不应少于 2 根。

(3)预制肋形板，宜设置加强其整体件和横向刚度的横肋。端横肋的受力钢筋应弯入纵肋内。当采用先张法生产有端横肋的预应力混凝土肋形板时，应在设计和制作上采取防止放张预应力时端横肋产生裂缝的有效措施。

(4)在预应力混凝土屋面梁、起重机梁等构件靠近支座的斜向主拉应力较大部位，宜将一部分预应力筋弯起配置。

(5)对预应力钢筋在构件端部全部弯起的受弯构件或直线配筋的先张法构件，当构件端部与下部支承结构焊接时，应考虑混凝土收缩、徐变及温度变化所产生的不利影响，宜在构件端部可能产生裂缝的部位设置足够的非预应力纵向构造钢筋。

1.4.3 后张法构件的构造要求

1. 预应力筋的预留孔道

预应力筋的预留孔道布置时应考虑张拉设备的位置、锚具的尺寸及构件端部混凝土局部受压等因素。

(1)预制构件中预留孔道之间的水平净间距不宜小于 50 mm，且不宜小于粗集料粒径的 1.25 倍；孔道至构件边缘的净间距不宜小于 30 mm，且不宜小于孔道直径的 50%。

(2)现浇混凝土梁中，预留孔道在竖直方向的净间距不应小于孔道外径，水平方向的净间距不宜小于 1.5 倍孔道外径，且不应小于粗集料粒径的 1.25 倍；从孔道外壁至构件边缘的净间距，梁底不宜小于 50 mm，梁侧不宜小于 40 mm；裂缝控制等级为三级的梁、梁底、梁侧净间距分别不宜小于 60 mm 和 50 mm。

(3)预留孔道的内径宜比预应力束外径及需穿过孔道的连接器外径大 6~15 mm，且孔道的截面面积宜为穿入预应力束截面面积的 3.0~4.0 倍。

(4)当有可靠经验并能保证混凝土浇筑质量时，预应力筋孔道可水平并列贴紧布置，但并排的数量不应超过 2 束。

(5)在现浇楼板中采用扁形锚固体系时，穿过每个预留孔道的预应力筋数量宜为 3~5 根；在常用荷载情况下，孔道在水平方向的净间距不应超过 8 倍板厚及 1.5 m 中的较大值。

(6)板中单根无粘结预应力筋的间距不宜大于板厚的 6 倍，且不宜大于 1 m；带状束的无粘结预应力筋根数不宜多于 5 根，带状束间距不宜大于板厚的 12 倍，且不宜大于 2.4 m。

(7)梁中集束布置的无粘结预应力筋，集束的水平净间距不宜小于 50 mm，束至构件边缘的净距不宜小于 40 mm。

2. 锚具要求

后张法预应力混凝土构件中，预应力钢筋锚固发挥作用是依靠锚具实现的。因此，后张法预应力筋所用锚具、夹具和连接器等的形式和质量应符合现行国家有关标准的规定。

后张法预应力混凝土构件的端部锚固区，除应满足局部承压计算中有关的构造要求外，还应满足下述要求：

(1)当采用整体铸造垫板时，其局部受压区的设计应符合相关标准的规定。

(2)在局部受压间接钢筋配置区以外，在构件端部长度 l 不小于截面重心线上部或下部预应力筋的合力点至邻近边缘的距离 e 的 3 倍，但不大于构件端部截面高度 h 的 1.2 倍，高度为 $2e$ 的附加配筋区范围内，应均匀配置附加防劈裂箍筋或网片(图 3-1-12)。

配筋面积可按下式计算：

$$A_{sb} \geq 0.18\left(1 - \frac{l_l}{l_b}\right)\frac{P}{f_{yv}} \tag{3-1-3}$$

式中　P——作用在构件端部截面重心线上部或下部预应力筋的合力设计值；

　　　l_l，l_b——分别沿构件高度方向 A_l、A_b 的边长或直径；

　　　f_{yv}——附加防劈裂钢筋的抗拉强度设计值，按《混凝土结构设计规范(2015 年版)》(GB 50010—2010)规定采用。

(3)当构件端部预应力筋需集中布置在截面下部或集中布置在上部和下部时，应在构件端部 $0.2h$ 范围内设置附加竖向防端面裂缝构造钢筋(图 3-1-12)，其截面面积应符合式(3-1-4)和式(3-1-5)的要求。

$$A_{sv} \geq \frac{T_s}{f_{yv}} \tag{3-1-4}$$

$$T_s = \left(0.25 - \frac{e}{h}\right)P \tag{3-1-5}$$

式中　T_s——锚固端端面拉力；

　　　P——作用在构件端部截面重心线上部或下部预应力筋的合力设计值；

　　　e——截面重心线上部或下部预应力筋的合力点至截面近边缘的距离；

　　　h——构件端部截面高度。

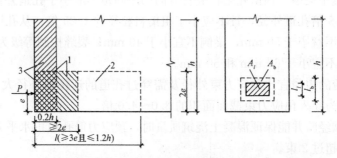

图 3-1-12　防止端部裂缝的配筋范围
1—局部受压间接钢筋配置区；2—附加防劈裂配筋区；3—附加防端面裂缝配筋区

当 $e > 0.2h$ 时，可根据实际情况适当配置构造钢筋。竖向防止端面裂缝钢筋宜靠近端面配置，可采用焊接钢筋网、封闭式箍筋或其他的形式，且宜采用带肋钢筋。

当端部截面上部和下部均有预应力筋时，附加竖向钢筋的总截面面积应按上部和下部的预应力合力分别计算的较大值采用。

在构件端面横向也应按上述方法计算抗端面裂缝钢筋，并与上述竖向钢筋形成网片筋配置。

(4)当构件在端部有局部凹进时，应增设折线构造钢筋或其他有效的构造钢筋。

(5)后张法预应力混凝土构件中，当采用曲线预应力束时，其曲率半径 r_p 宜按式(3-1-6)确定，但不宜小于 4 m。

$$r_p \geqslant \frac{P}{0.35 f_c d_p} \qquad (3\text{-}1\text{-}6)$$

式中 P——预应力筋的合力设计值，对有粘结预应力混凝土构件取 1.2 倍张拉控制力，对无粘结预应力混凝土取 1.2 倍张拉控制应力和 $(f_{ptk} A_p)$ 中的较大值，f_{ptk} 为无粘结预应力筋的抗拉强度标准值；

r_p——预应力束的曲率半径/m；

d_p——预应力束孔道的外径；

f_c——混凝土轴心抗压强度设计值，当验算张拉阶段曲率半径时，可取与施工阶段混凝土立方体抗压强度 f'_{cu} 对应的抗压强度设计值 f'_c。

对于折线配筋的构件，在预应力束弯折处的曲率半径可适当减小。当曲率半径 γ_p 不满足上述要求时，可在曲线预应力束弯折处内侧设置钢筋网片或螺旋筋。

(6)在预应力混凝土结构中，当沿构件凹面布置的纵向曲线预应力束时，应进行防崩裂设计。当曲率半径 γ_p 满足式(3-1-7)要求时，可仅配置构造 U 形插筋(图 3-1-13)。

$$P \leqslant f_t(0.5 d_p + c_p) r_p \qquad (3\text{-}1\text{-}7)$$

当不满足时，每单肢 U 形插筋的截面面积应按式(3-1-8)确定。

$$A_{sv1} \geqslant \frac{P s_v}{2 r_p f_{yv}} \qquad (3\text{-}1\text{-}8)$$

式中 P——预应力束的合力设计值；

f_t——混凝土轴心抗拉强度设计值，或与施工张拉阶段混凝土立方体抗压强度 f'_{cu} 对应的抗拉强度设计值 f'_t；

c_p——预应力束孔道净混凝土保护层厚度；

A_{sv1}——每单肢插筋截面面积；

s_v——U 形插筋间距；

f_{yv}——U 形插筋抗拉强度设计值，按《混凝土结构设计规范(2015 年版)》(GB 50010—2010)采用，当大于 360 N/mm² 时，取 360 N/mm²。

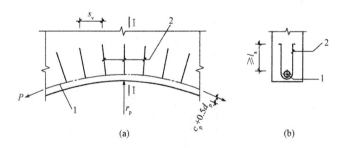

图 3-1-13 抗崩裂 U 形插筋构造示意图

(a)抗崩裂 U 形插筋布置；(b) I — I 剖面

1—预应力束；2—沿曲线预应力束均匀布置的 U 形插筋

U 形插筋的锚固长度不应小于 l_a；当实际锚固长度 l_e 小于 l_a 时，每单肢 U 形插筋的截面面积可按 A_{sv1}/k 取值。其中，k 取 $l_e/15d$ 和 $l_e/200$ 中的较小值，且不大于 1.0。

当有平行的几个孔道，且中心距不大于 $2d_p$ 时，预应力筋的合力设计值应按相邻全部孔道内的预应力筋确定。

(7)构件端部尺寸应考虑锚具的布置、张拉设备的尺寸和局部受压的要求，必要时应适当加大。

(8)后张预应力混凝土外露金属锚具，应采取可靠的防腐及防火措施，并应符合下列规定：

1)无粘结预应力筋外露锚具应采用注有足量防腐油脂的塑料帽封闭锚具端头，并应采用无收缩砂浆或细石混凝土封闭。

2)对处于二 b、三 a、三 b 类环境条件下的无粘结预应力锚固系统，应采用全封闭的防腐蚀体系，其封锚端及各连接部位应能承受 10 kPa 的静水压力而不得透水。

3)采用混凝土封闭时，混凝土强度等级宜与构件混凝土强度等级一致，且不应低于 C30。封锚混凝土与构件混凝土应可靠粘结，如锚具在封闭前应将周围混凝土界面凿毛并冲洗干净，且宜配置 1~2 片钢筋网，钢筋网应与构件混凝土拉结。

4)采用无收缩砂浆或混凝土封闭保护时，其锚具及预应力筋端部的保护层厚度不应小于：一类环境时 20 mm；二 a、二 b 类环境时 50 mm；三 a、三 b 类环境时 80 mm。

项目 2　混凝土构件的使用性能及结构耐久性

钢筋混凝土构件除了可能由于材料强度破坏或失稳等原因达到承载能力极限状态以外，还可能由于构件变形或裂缝过大影响了构件的适用性及耐久性，而达不到结构正常使用要求。因此，钢筋混凝土构件除要求进行持久状况承载能力极限状态计算外，还要进行持久状况正常使用极限状态的计算。

考虑到结构构件不满足正常使用极限状态对生命财产的危害性比不满足承载力极限状态的要小，其相应的可靠指标 β 值要小些，故《混凝土结构设计规范(2015 年版)》(GB 50010—2010)规定，结构构件承载力计算应采用荷载设计值；变形及裂缝宽度验算均采用荷载标准值。由于构件的变形及裂缝宽度都随时间而增大，因此，验算变形及裂缝宽度时，应按荷载的标准组合并考虑长期作用影响进行。按正常使用极限状态验算结构构件的变形及裂缝宽度时，其荷载效应大致相当于破坏荷载效应值的 $50\% \sim 70\%$。

本项目主要讲述混凝土构件按正常使用极限状态进行变形、裂缝宽度验算的方法及影响结构耐久性的因素和耐久性设计的基本规定。

2.1　钢筋混凝土受弯构件挠度验算

2.1.1　受弯构件的变形特点

由材料力学可知，匀质弹性材料梁挠度计算公式的一般形式为

$$f = \alpha \frac{M l_0^2}{EI} \tag{3-2-1}$$

式中　f——梁的最大挠度；

　　　α——与荷载形式、支承条件有关的系数，如均布荷载作用的简支梁 $\alpha = 5/48$；

　　　M——跨中最大的弯矩；

　　　EI——匀质弹性材料梁截面的抗弯刚度；

　　　l_0——梁的计算跨度。

匀质弹性材料梁当截面尺寸及材料给定后，EI 为常数，即挠度 f 与弯矩 M 呈线性关系(图 3-2-1 中的虚线)；但钢筋混凝土梁的挠度与弯矩的关系是非线性的。因为梁是带裂缝工作的，裂缝处的实际截面减小，即梁的惯性矩减小，导致梁的刚度下降。另一方面，随着弯矩增加，梁塑性变形发展，变形模量也随之减小，即 E 也随之减小。由此可见，钢筋混凝土梁的截面抗弯刚度不是一个常数，而是随着弯矩的大小而变化，如图 3-2-1 所示中的实线。故不能用 EI 来表示钢筋混凝土的抗弯刚度。为了区别匀质弹性材料受弯构件的抗弯刚度，将钢筋混凝土梁在荷载标准效应组合作用下的截面抗弯刚度，简称为短期刚度，用 B_s 表示；而钢筋混凝土梁在荷载效应标准组合作用下并考虑荷载长期作用影响的截面抗弯

刚度，称为构件刚度，用 B 表示。

  计算钢筋混凝土受弯构件的挠度，实质上是计算它的抗弯刚度 B，一旦求出抗弯刚度后，就可以用 B 代替 EI，然后按照弹性材料梁的变形公式即可算出梁的挠度。

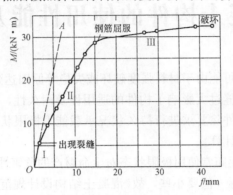

图 3-2-1 受弯构件挠度与弯矩关系

2.1.2 受弯构件在荷载效应标准组合下的短期刚度

  影响钢筋混凝土受弯构件截面抗弯刚度的主要因素，有截面形状与尺寸、材料的强度等级、配筋率、荷载的大小及作用时间等。通过理论分析和试验，《混凝土结构设计规范（2015 年版）》（GB 50010—2010）给出了矩形、T 形、倒 T 形、I 字形截面受弯构件按荷载效应的标准组合的短期刚度计算公式：

$$B_s = \frac{E_s A_s h_0^2}{1.15\psi + 0.2 + \dfrac{6\alpha_E \rho}{1 + 3.5\gamma_f'}} \tag{3-2-2}$$

式中 E_s——钢筋的弹性模量；

  A_s——纵向受拉钢筋的面积；

  h_0——截面有效高度；

  α_E——钢筋弹性模量与混凝土弹性模量的比值，$\alpha_E = E_s / E_c$；

  ρ——纵向受拉钢筋的配筋率；

  γ_f'——受压翼缘加强系数，T 形、I 字形 $\gamma_f' = \dfrac{(b_f' - b)h_f'}{bh_0}$（其中 b_f'、h_f' 为受压翼缘的宽度、高度，当 $b_f' b_f' > 0.2h_0$ 时，取 $b_f' b_f' = 0.2h_0$），对于矩形截面 $\gamma_f' = 0$；

  ψ——纵向受拉钢筋的应变不均匀系数，$\psi = 1.1 - \dfrac{0.65 f_{tk}}{\rho_{te}\sigma_s}$，取值为 $0.2 \sim 1.0$；

  f_{tk}——混凝土轴心抗拉强度的标准值；

  σ_s——按荷载效应的准永久组合计算的纵向受拉钢筋的应力；

  M_k——按荷载效应的标准组合计算的弯矩；

  ρ_{te}——按有效受拉混凝土面积计算的受拉钢筋的配筋率，如图 3-2-2 所示。

$$\rho_{te} = \frac{A_s}{A_{te}} = \frac{A_s}{0.5bh + (b_f - b)h_f}$$

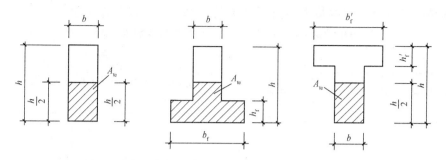

图 3-2-2　受弯构件有效受拉混凝土面积

2.1.3　受弯构件考虑荷载长期作用影响的刚度

在长期荷载作用下，钢筋混凝土梁的挠度将随时间而持续缓慢增长，抗弯刚度随时间而不断降低，这一过程往往要持续很长时间。

在长期荷载作用下，钢筋混凝土梁挠度不断增长的原因主要是由于受压区混凝土的徐变，使混凝土的压应变随时间而增长。另外，裂缝之间受拉区钢筋的应力松弛及受拉钢筋和混凝土之间粘结滑移，都使得构件的挠度随时间不断增长，刚度不断下降。因此，凡是影响混凝土徐变和收缩的因素，如受压钢筋配筋率、加荷龄期、使用环境的温湿度等，都会使长期荷载作用下构件挠度增长，刚度降低。

验算变形及裂缝宽度时，应按荷载效应的标准组合并考虑长期作用的影响。受弯构件的刚度可按下式计算：

$$B=\frac{M_k}{M_q(\theta-1)+M_k}B_s \tag{3-2-3}$$

式中　M_k——按荷载效应标准组合计算的弯矩，计算区段内最大弯矩值；

M_q——按荷载效应的准永久组合计算的弯矩，计算区段内最大弯矩值；

θ——考虑荷载效应的准永久组合对挠度增大的影响系数。

根据试验结果，θ 取值如下：

$$\theta=1.6+0.4\left(1-\frac{\rho'}{\rho}\right) \tag{3-2-4}$$

式中，ρ 和 ρ' 分别为纵向受拉钢筋的配筋率 $\left(\rho=\dfrac{A_s}{bh_0}\right)$ 和受压钢筋的配筋率 $\left(\rho'=\dfrac{A'_s}{bh_0}\right)$。由于受压钢筋能阻碍受压区混凝土的徐变，因而可减小挠度，上式中的 $\dfrac{\rho'}{\rho}$ 反映了受压钢筋这一有利影响。此外，对于翼缘位于受拉区的倒 T 形截面，θ 应增加 20%。

2.1.4　受弯构件的最小刚度原则和挠度计算

钢筋混凝土构件截面的抗弯刚度随弯矩的增大而减小。因此，即使等截面梁，由于梁的弯矩一般沿梁长方向是变化的，故梁各个截面的抗弯刚度也是不一样的，弯矩大的截面抗弯刚度小，弯矩小的截面抗弯刚度大，即梁的刚度沿梁长为变值。变刚度梁的挠度计算是十分复杂的。在实际设计中为了简化计算通常采用"最小刚度原则"，即在同号弯矩区段内采用其最大弯矩（绝对值）截面处的最小刚度作为该区段的抗弯刚度来计算变形。对于承受均布荷载的简支梁，即取最大正弯矩截面处的刚度，并以此作为全梁的抗弯刚度，如图 3-2-3 所示；对于受均布荷载作用的外伸梁，其截面刚度分布如图 3-2-4 所示。

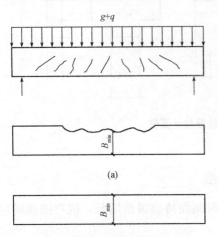

(a)

图 3-2-3　简支梁抗弯刚度分布

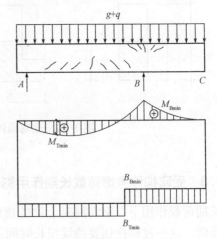

图 3-2-4　带悬臂简支梁抗弯刚度分布

计算钢筋混凝土受弯构件中的挠度，先要求出同一符号弯矩区段内的最大弯矩，而后求出该区段弯矩最大截面处的刚度，再根据梁的支座类型套用相应的力学挠度公式，计算钢筋混凝土受弯构件的挠度。求得的挠度值不应大于《混凝土结构设计规范(2015 年版)》(GB 50010—2010)规定的挠度限值 f_{lim}，f_{lim} 可根据受弯构件的类型及计算跨度查附表 A11。

需要指出的是，钢筋混凝土受弯构件同一符号区段内最大弯矩处截面刚度最小，但此截面的挠度不一定最大，图 3-2-4 所示外伸梁的 B 支座截面，弯矩绝对值最大，而挠度为零。

2.1.5　验算挠度的步骤

(1)按受弯构件荷载效应的标准组合并考虑荷载长期作用影响计算弯矩值 M_k、M_q。

(2)计算受拉钢筋应变不均匀系数：$\psi = 1.1 - \dfrac{0.65 f_{tk}}{\rho_{te}\sigma_s}$。

(3)计算构件的短期刚度 B_s。

1)计算钢筋与混凝土弹性模量比值：$\alpha_E = E_s / E_c$。

2)计算纵向受拉钢筋配筋率：$\rho = \dfrac{A_s}{bh_0}$。

3)计算受压翼缘面积与腹板有效面积的比值：$\gamma_f' = \dfrac{(b_f' - b)h_f'}{bh_0}$，对矩形截面 $\gamma_f' = 0$。

4)计算短期刚度 B_s：

$$B_s = \frac{E_s A_s h_0^2}{1.15\psi + 0.2 + \dfrac{6\alpha_E \rho}{1 + 3.5\gamma_f'}}$$

(4)计算构件刚度 B：

$$B = \frac{M_k}{M_q(\theta - 1) + M_k} B_s$$

(5)计算构件挠度，并验算：

$$f = S\frac{M_k l^2}{B} \leqslant f_{\lim} \leqslant f = S\frac{M_k l^2}{B} \leqslant f_{\lim}.$$

2.1.6 减小构件挠度的措施

若求出的构件挠度 f 大于《混凝土结构设计规范(2015年版)》(GB 50010—2010)规定的挠度限值 $f_{\lim}$，则应采取措施减小挠度。减小挠度的实质就是提高构件的抗弯刚度，最有效的措施就是增大构件截面高度，其次是增加钢筋的截面面积，其他措施如提高混凝土强度等级，选用合理的截面形状等效果都不显著。此外，采用预应力混凝土构件也是提高受弯构件刚度的有效措施。

2.2 钢筋混凝土构件裂缝宽度验算

2.2.1 裂缝控制

由于混凝土的抗拉强度很低，在荷载不大时，混凝土构件受拉区就已经开裂。引起裂缝的原因是多方面的，最主要的是由于荷载产生的内力所引起的裂缝，此外，由于基础的不均匀沉降，混凝土收缩和温度作用而产生的变形受到钢筋或其他构件约束时，以及因钢筋锈蚀时的体积膨胀，都会在混凝土中产生拉应力，当拉应力超过混凝土的抗拉强度时即开裂。由此看来，截面受有拉应力的钢筋混凝土构件在正常使用阶段出现裂缝是难免的，对于一般的工业与民用建筑来说，也是允许带有裂缝工作的。之所以要对裂缝的开展宽度进行限制，主要是基于以下两个方面的理由：一是外观的要求；二是耐久性的要求，且以后者为主。

从外观要求考虑，裂缝过宽给人以不安全的感觉，同时也影响对质量的评估。从耐久性要求考虑，如果裂缝过宽，在高湿度或侵蚀性的环境中，裂缝处的钢筋将锈蚀甚至严重腐蚀，导致钢筋截面面积减小，使构件的承载力下降。因此，必须对构件的裂缝宽度进行控制。值得指出的是，近20年来的试验研究表明，与钢筋垂直的横向裂缝处钢筋的锈蚀并不像人们通常所设想的那样严重，故在设计时不应将裂缝宽度的限值看作是严格的界限值，而应更多地看成是一种带有参考性的控制指标。从结构耐久性的角度讲，保证混凝土的密实性及保证混凝土保护层最小厚度规定，要比控制构件表面的横向裂缝宽度重要得多。

在进行结构构件设计时，应根据使用要求选用不同的裂缝控制等级。《混凝土结构设计规范(2015年版)》(GB 50010—2010)将裂缝控制等级划分为三级：

(1)一级：严格要求不出现裂缝的构件，按荷载效应的标准组合进行计算时，构件受拉边边缘的混凝土不应产生拉应力。

(2)二级：一般要求不出现裂缝的构件，按荷载标准组合进行计算时，构件受拉边缘混凝土的拉应力不应大于混凝土抗拉强度标准值。

(3)三级：允许出现裂缝的构件，对钢筋混凝土构件，按荷载准永久组合并考虑长期作用影响求得的最大裂缝宽度 w_{max}，不应超过《混凝土结构设计规范(2015年版)》(GB 50010—2010)规定的最大裂缝宽度限值 $w_{\lim}$。$w_{\lim}$ 为最大裂缝宽度的限值。

上述一、二级裂缝控制属于构件的抗裂能力控制，对于钢筋混凝土构件来说，混凝土在使用阶段一般都是带裂缝工作的，故按三级标准来控制裂缝宽度。

2.2.2 混凝土构件裂缝宽度验算

众所周知，混凝土是一种非匀质材料，其抗拉强度离散性较大，因而构件裂缝的出现和开展宽度也带有随机性，这就使裂缝宽度计算的问题变得比较复杂。对此，国内外从 20 世纪 30 年代开始进行研究，并提出了各种不同的计算方法。这些方法大致可归纳为两类：一种是试验统计法，即通过大量的试验获得实测数据，然后通过回归分析得出各种参数对裂缝宽度的影响，再由数理统计建立包含主要参数的计算公式；另一种是半理论半经验法，即根据裂缝出现和开展的机理，在若干假定的基础上建立理论公式，然后，根据试验资料确定公式的参数，从而得到裂缝宽度的计算公式。我国《混凝土结构设计规范（2015 年版）》(GB 50010—2010)采用的是后一种方法。

1. 裂缝的出现和开展过程

以受弯构件为例，受弯构件的裂缝包括由弯矩产生的正应力引起的垂直裂缝和由弯矩、剪力产生的主拉应力引起的斜裂缝。对于主拉应力引起的斜裂缝，当按斜截面抗剪承载力计算配置了足够的腹筋后，其斜裂缝的宽度一般都不会超过《混凝土结构设计规范（2015 年版）》(GB 50010—2010)所规定的最大裂缝宽度的限值，所以，在此主要讨论由弯矩引起的垂直裂缝情况。

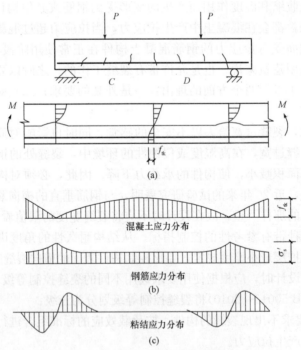

图 3-2-5　受弯构件裂缝开展过程

图 3-2-5 所示的简支梁，其 CD 段为纯弯段，设 M 为外荷载产生的弯矩，M_{cr} 为构件沿正截面的开裂弯矩，即构件垂直裂缝即将出现时的弯矩。当 $M < M_{cr}$ 时，构件受拉区边缘混凝土的拉应力 σ_t 小于混凝土的抗拉强度 f_{tk}，构件不会出现裂缝。当 $M = M_{cr}$ 时，由于在纯弯段各截面的弯矩均相等，故理论上来说各截面受拉区混凝土的拉应力都同时达到混凝土

的抗拉强度，各截面均进入裂缝即将出现的极限状态。然而实际上由于构件混凝土的实际抗拉强度的分布是不均匀的，故在混凝土最薄弱的截面将首先出现第一条裂缝。

在第一条裂缝出现后，裂缝截面处的受拉混凝土退出工作，荷载产生拉力全部由钢筋承担，使开裂截面处纵向受拉钢筋的拉应力突然增大，而裂缝处混凝土的拉应力降为零，裂缝两侧还未开裂的混凝土必然试图使其拉应力降为零，从而使该处的混凝土向裂缝两侧回缩，混凝土与钢筋表面出现相对滑移并产生变形差，故裂缝一出现即具有一定的宽度。由于钢筋和混凝土之间存在粘结应力，因而裂缝截面处的钢筋应力又通过粘结应力逐渐传递给混凝土，钢筋的拉应力则相应减小，而混凝土拉应力则随着离开裂缝截面的距离的增大而逐渐增大，随着弯矩的增加，即当 $M > M_{cr}$ 时，在离开第一条裂缝一定距离的截面的混凝土拉应力又达到了其抗拉强度，从而出现第二条裂缝。在第二条裂缝处的混凝土同样朝裂缝两侧滑移，混凝土的拉应力又逐渐增大，当其达到混凝土的抗拉强度时，又出现新的裂缝。按类似的规律，新的裂缝不断产生，裂缝间距不断减小，当裂缝减小到无法使未产生裂缝处的混凝土的拉应力增大到混凝土的抗拉强度时，这时即使弯矩继续增加，也不会产生新的裂缝，因而可以认为此时裂缝的出现已经稳定。

当荷载继续增加，即 M 由 M_{cr} 增加到使用阶段荷载效应标准组合的弯矩标准值 M_{ck} 时，对一般梁，在使用荷载作用下裂缝的发展已趋于稳定，新的裂缝将不再增加。最后，各裂缝宽度达到一定的数值，裂缝截面处受拉钢筋的应力达到 σ_{sk}。

2. 裂缝宽度验算

（1）平均裂缝间距。计算构件裂缝宽度时，需先计算裂缝的平均间距。理论分析表明，裂缝间距主要取决于有效配筋率 ρ_{te}、钢筋直径 d 及表面形状，此外，还与混凝土的保护厚度 c 有关。根据试验结果，平均裂缝间距可按半理论半经验公式计算：

$$l_m = \beta\left(1.9c + 0.08\frac{d_{eq}}{\rho_{te}}\right) \tag{3-2-5}$$

式中　β——系数，对轴心受拉构件 $\beta = 1.1$；对受弯、偏心受压、偏心受拉构件取 $\beta = 1.0$；

　　　c——最外层受拉钢筋外边缘至受拉区底边的距离（mm），当 $c < 20$ 时，取 $c = 20$，当 $c > 65$ 时，取 $c = 65$；

　　　ρ_{te}——以有效受拉混凝土面积计算的纵向受拉钢筋配筋率，$\rho_{te} = \dfrac{A_s + A_p}{A_{te}}$，当 $\rho_{te} < 0.01$ 时，取 $\rho_{te} = 0.01$；

　　　A_{te}——受拉区有效混凝土的截面面积，如图 3-2-6 所示。对轴心受拉构件，A_{te} 取构件截面面积，对受弯、偏心受压和偏心受拉构件取 $A_{te} = 0.5bh + (b_f - b)h_f$，其中 b_f、h_f 为受压翼缘的宽度、高度，受拉区为矩形截面时，$A_{te} = 0.5bh$；

　　　d_{eq}——受拉区纵向受拉钢筋的等效直径（mm），$d_{eq} = \dfrac{\sum n_i d_i^2}{\sum n_i v_i d_i}$；

　　　d_i——受拉区第 i 种纵向受拉钢筋的公称直径（mm）；

　　　n_i——受拉区第 i 种纵向受拉钢筋的根数；

　　　v_i——受拉区第 i 种纵向受拉钢筋的相对粘结特性系数；对光圆钢筋，取为 0.7；对带肋钢筋，取为 1.0。

（2）平均裂缝宽度 w_m。如上所述，裂缝的开展是由于混凝土的回缩造成的，因此两条裂缝之间受拉钢筋的伸长值与同一处受拉混凝土伸长值的差值就是构件的平均裂缝宽度，

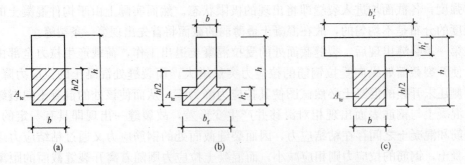

图 3-2-6 受拉区有效受拉混凝土截面面积 A_{te} 的取值

如图 3-2-7 所示。由此可推出受弯构件的平均裂缝宽度 w_m 为

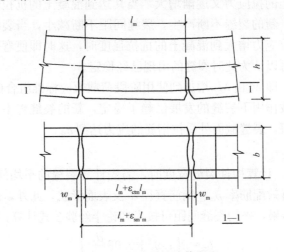

图 3-2-7 平均裂缝计算图式

$$w_m = \varepsilon_{sm} l_m - \varepsilon_{ctm} l_m = \varepsilon_{sm}\left(1 - \frac{\varepsilon_{ctm}}{\varepsilon_{sm}}\right) l_m \tag{3-2-6}$$

式中　ε_{sm}——纵向受拉钢筋的平均拉应变；

　　　ε_{ctm}——与纵向受拉钢筋相同水平处侧表面混凝土的平均拉应变。

令 $\alpha_c = 1 - \dfrac{\varepsilon_{ctm}}{\varepsilon_{sm}}$，$\alpha_c$ 称为裂缝间混凝土自身伸长对裂缝宽度的影响系数，将 α_c 代入式 (3-2-6) 变化后得

$$w_m = \alpha_c \psi \frac{\sigma_{sk}}{E_s} l_m \tag{3-2-7}$$

一般情况下，α_c 变化不大且对裂缝开展宽度影响也不大，为简化计算，α_c 可近似取为 0.85，则式 (3-2-7) 变为

$$w_m = 0.85 \psi \frac{\sigma_{sk}}{E_s} l_m \tag{3-2-8}$$

式中　ψ——裂缝间纵向受拉钢筋应变不均匀系数，$\psi = \psi = 1.1 - \dfrac{0.65 f_{tk}}{\rho_{te}\sigma_{sq}}$；当 $\psi > 0.2$ 时，

　　　取 $\psi = 0.2$；当 $\psi < 0.1$ 时，取 $\psi = 0.1$，对于直接承受重复荷载构件，取 $\psi = 0.1$；

　　　f_{tk}——混凝土抗拉强度标准值；

E_s——钢筋弹性模量；

w_m——混凝土构件平均裂缝宽度；

σ_{sk}——按荷载效应的准永久组合计算的钢筋混凝土构件纵向受拉钢筋的应力，可按下列公式计算：

对受弯构件
$$\sigma_{sq} = \frac{M_k}{0.87h_0 A_s} \tag{3-2-9}$$

对轴心受拉构件
$$\sigma_{sq} = \frac{N_q}{A_s} \tag{3-2-10}$$

对偏心受拉构件
$$\sigma_{sq} = \frac{N_q e'}{A_s(h_0 - a'_s)} \tag{3-2-11}$$

对偏心受压构件
$$\sigma_{sq} = \frac{N_q(e-z)}{A_s z} \tag{3-2-12}$$

$$e = \eta_s e_0 + y_s$$

$$\eta_s = 1 + \frac{1}{4\,000\,\frac{e_0}{h_0}}\left(\frac{l_0}{h}\right)^2$$

$$z = \left[0.87 - 0.12(1 - \gamma'_f) + \left(\frac{h_0}{e}\right)^2\right]h_0$$

式中　A_s——受拉区纵向钢筋截面面积，对轴心受拉构件，A_s 取全部纵向钢筋截面面积；对偏心受拉构件，取受拉较大边的纵向钢筋截面面积；对受弯构件和偏心受压构件，A_s 取受拉区纵向钢筋截面面积；

e'——轴向拉力作用点至受压区或受拉较小边纵向钢筋合力点的距离；

e——轴向压力作用点至纵向受拉钢筋合力点的距离；

z——纵向受拉钢筋合力点至截面受压区合力点之间的距离，且 $z \leqslant 0.87h_0$；

η_s——使用阶段的偏心距增大系数；当 $l_0/h \leqslant 14$ 时，取 $\eta_s = 1.0$；

y_s——截面重心至纵向受拉钢筋合力点的距离，对矩形截面 $y_s = h/2 - a_s$；

γ'_f——受压翼缘面积与腹板有效面积之比值，$\gamma'_f = \frac{(b'_f - b)h'_f}{bh_0}$，其中，$b'_f$、$h'_f$ 为受压翼缘的宽度、高度，当 $h_f > 0.2h_0$ 时，取 $h'_f = 0.2h_0$；

M_q，N_q——按荷载准永久组合计算的弯矩值、轴向力值；

（3）最大裂缝宽度 w_{max} 及其验算。由于钢筋混凝土材料的不均匀性及裂缝出现的随机性，导致裂缝间距和裂缝宽度的离散性较大，故必须考虑裂缝计算中需考虑反映裂缝宽度不均匀性扩大系数 τ，使计算出来的最大裂缝宽度 w_{max} 具有 95% 的保证率，该系数可由实测裂缝宽度分布图的统计分析求得，对于轴心受拉和偏心受拉构件 τ 取 1.9；对于轴心受弯和偏心受压构件 τ 取 1.66；此外，在荷载长期作用影响下，由于受拉区混凝土应力松弛和滑移以及混凝土收缩，裂缝间受拉钢筋平均应变还将继续增长，裂缝宽度还会随之加大。因此，短期作用下的最大裂缝宽度还应乘以荷载长期作用影响的裂缝扩大系数 τ_1，其计算值取为 1.5。《混凝土结构设计规范（2015 年版）》（GB 50010—2010）规定各种受力构件正截面最大裂缝宽度的按下式统一计算和验算：

$$w_{max} = \alpha_{cr}\psi\frac{\sigma_s}{E_s}\left(1.9c_s + 0.08\frac{d_{eq}}{\rho_{te}}\right) \leqslant w_{lim} \tag{3-2-13}$$

式中　α_{cr}——构件受力特征系数，对轴心受拉构件 $\alpha_{cr} = 2.7$；对偏心受拉构件 $\alpha_{cr} = 2.4$；对

受弯和偏心受压构件 $\alpha_{cr}=1.9$；

σ_s——按荷载准永久组合计算的钢筋混凝土构件纵向受拉普通钢筋应力；

c_s——最外层纵向受拉钢筋外边缘至受拉区底边的距离，当 $c_s<20$ mm 时，取 $c_s=20$ mm；当 $c_s>65$ mm 时，取 $c_s=65$ mm；

w_{lim}——裂缝宽度限值，对一类环境条件取为 0.3 mm；对二、三类环境条件取为 0.2 mm，其具体要求可查阅附表 A12；

w_{max}——按荷载的标准组合并考虑长期作用影响计算的构件最大裂缝宽度。

对于斜裂缝宽度，当配置受剪承载力所需的腹筋后，使用阶段的裂缝宽度一般小于 0.2 mm，故不必验算。

2.2.3 验算最大裂缝宽度的步骤

(1)按荷载效应的标准组合计算弯矩 M_q。

(2)计算纵向受拉钢筋应力 σ_{sq}。

(3)计算有效配筋率 ρ_{te}。

(4)计算受拉钢筋的应力不均匀系数 ψ。

(5)计算最大裂缝宽度 w_{max}。

(6)验算 $w_{max}\leqslant w_{lim}$。

2.3 混凝土结构的耐久性

混凝土结构的功能要求包含安全性、适用性和耐久性三个方面的要求，前面的任务中分别按承载能力极限状态和正常使用极限状态的设计原则，对混凝土构件进行了承载力计算和变形、裂缝宽度验算，保证了混凝土结构的安全性和适用性。同时，为了保证混凝土结构在自然环境、人为环境及材料内部因素的作用下，在设计要求的目标使用期内，不需要花费大量资金加固处理而保持安全、使用功能和外观要求，还必须对混凝土结构构件进行耐久性设计。

混凝土结构的耐久性是指结构对气候作用、化学侵蚀、物理作用或任何其他破坏过程的抵抗能力。耐久的混凝土结构当暴露于使用环境时，具有保持原有形状、质量和适用性的能力，不会由于保护层碳化或裂缝宽度过大而引起钢筋腐蚀，不发生混凝土严重腐蚀而影响结构的使用寿命而破坏。结构的耐久性与结构的使用寿命总是相联系的。结构的耐久性越好，使用寿命越长。

2.3.1 影响混凝土结构耐久性能的主要因素

影响混凝土结构耐久性能的因素很多，主要分为内部和外部两个方面。内部因素主要有混凝土的强度、密实性、水泥用量、水胶比、氯离子及碱含量、外加剂用量、保护层厚度等；外部因素则主要是环境条件，包括温度、湿度、CO_2 含量、侵蚀性介质等。出现耐久性能下降的问题，往往是内、外部因素综合作用的结果。此外，设计不完善、施工质量差或使用中维修不当等也会影响耐久性能。

1. 混凝土冻融破坏

混凝土水化硬结后内部有很多毛细孔。在浇筑混凝土时，为了得到必要的和易性，往往会比水泥水化所需要的水要多些。这部分多余的水以游离水的形式滞留于混凝土毛细孔中。这些在毛细孔中的水遇到低温就会结冰，结冰时体积膨胀约 9%，引起混凝土内部结构的破坏。经多次反复、损伤积累到一定程度就引起结构破坏。

综上所述，要防止混凝土冻融循环破坏，主要措施是降低水胶比，减少混凝土中的自由游离水。另一方面是在浇筑混凝土时加入引气剂，使混凝土中形成微细气孔，这对提高抗冻性是很有作用的。

2. 混凝土的碱-集料反应

混凝土集料中某些活动矿物与混凝土微孔中的碱性溶液产生化学反应称为碱-集料反应，碱-集料反应产生碱-硅酸盐凝胶，并吸水膨胀，体积可增大 3~4 倍，从而引起混凝土剥落、开裂，强度降低，甚至导致破坏。

引起碱-集料反应有三个条件：

(1) 混凝土凝胶中有碱性物质。这种碱性物质主要来自水泥。若水泥中含碱量（NaO，K_2O）大于 0.6% 以上时则会很快析出到水溶液中，遇到活性集料可产生反应。

(2) 集料中有活性集料。如蛋白石、黑硅石、燧石、玻璃质火山石、安山岩等含 SiO_2 的集料。

(3) 水分。碱-集料反应的充分条件是有水分，在干燥状态下很难发生碱-集料反应。

碱-集料反应进展缓慢，要有多年时间才造成破坏，故常列入耐久性破坏之中。

防止碱-集料反应的主要措施是采用低碱水泥，或掺用粉煤灰等掺合料降低混凝土中的碱性。对含活性成分的集料加以控制。

3. 侵蚀性介质的腐蚀

化学介质对混凝土的侵蚀在石化、化学、冶金及港湾建筑中很普遍。有的工厂建了几年就濒临破坏，我国 20 世纪五六十年代在海港建造的码头几乎都遭到了不同程度的破坏。有些化学介质侵入，造成混凝土中一些成分被溶解、流失，引起裂缝、孔隙、松散破碎；有的化学介质侵入与混凝土中一些成分反应生成物体积膨胀，引起混凝土结构破坏。常见的主要侵蚀介质有硫酸盐腐蚀、酸腐蚀、海水腐蚀、盐类结晶型腐蚀。

4. 机械磨损

机械磨损常见于工业地面、公路路面、桥面、飞机跑道等。采用耐磨的地面及掺有钢纤维的路面，可以增加耐磨性。

5. 混凝土的碳化

混凝土的碳化是指混凝土中的成分[主要是 $Ca(OH)_2$]与渗透进混凝土中的二氧化碳（CO_2）和其他酸性气体的二氧化硫（SO_2）、硫化氢（H_2S）等发生化学反应的过程。碳化的实质是混凝土的中性化。其中大气中的二氧化碳深入到混凝土中引起的混凝土碳化是最常见的一种，称为混凝土碳化。由于混凝土的凝胶孔隙和部分毛细管可能被碳化物（$CaCO_3$）等堵塞，混凝土的密度与强度会有所提高，表面硬度增大。但是，由于降低了混凝土的碱度，破坏钢筋表面的钝化膜而使钢筋产生锈蚀。此外，碳化会加剧混凝土的收缩，可导致混凝土开裂。这些均给混凝土的耐久性带来不利的影响。混凝土碳化是混凝土耐久性的重要问题之一。

6. 钢筋锈蚀

钢筋的锈蚀会发生锈胀，会使混凝土保护层脱落，严重的会产生纵向裂缝，影响正常使用。钢筋锈蚀导致钢筋有效截面面积减小，破坏钢筋与混凝土的粘结，使结构承载力降低，甚至导致结构破坏。因而钢筋锈蚀是影响钢筋混凝土结构耐久性最重要的因素。

环境条件对锈蚀影响很大，如温度、湿度及干湿交替作用，海浪飞溅、海盐渗透、冻融循环作用对混凝土中钢筋的锈蚀有明显作用。尤其当混凝土质量差，密实性不好，有缺陷时，这些因素的影响就会更特殊。调查结果表明，钢筋在干燥无腐蚀性介质的使用条件下，只要保护层足够厚，使用 50 年问题不大。但在潮湿及有害介质作用下，钢筋一般只能用十多年，有的甚至只有 3～5 年，故应采取特别的措施。

7. 其他因素

影响混凝土耐久性的因素还有很多，如高温作用、生物腐蚀、混凝土徐变等。

2.3.2 耐久性设计

根据国内外的研究成果和工程经验，《混凝土结构设计规范（2015 年版）》（GB 50010—2010）也列入了有关耐久性设计的条文。

1. 耐久性设计的目的和基本原则

耐久性概念设计的目的是指在规定的设计使用年限内，在正常维护下，必须保持适合于使用，满足既定功能的要求。

对临时性混凝土结构和大体积混凝土的内部，可以不考虑耐久性设计。

耐久性概念设计的基本原则是根据结构的环境类别和设计使用年限进行设计。

2. 混凝土结构使用环境类别

混凝土结构相同但所处使用环境不同，结构的寿命也不同。很显然，处于强腐蚀环境中的混凝土结构要比处在一般大气环境中的混凝土结构寿命短。因此，混凝土结构的耐久性与其使用环境密切相关。

对混凝土结构使用环境进行分类，可以在设计时针对不同的环境类别，采取相应的措施，满足达到设计工作寿命的要求。《混凝土结构设计规范（2015 年版）》（GB 50010—2010）规定的环境类别共五类，见附表 A10。下面主要针对一、二、三类常见环境的相关问题作进一步的讨论。

3. 混凝土结构的设计使用年限

混凝土结构设计的使用年限主要根据建筑物的重要程度确定，在我国可按照国家标准《建筑结构可靠度设计统一标准》（GB 50068—2001）确定，一般可分为 50 年和 100 年。也可以根据业主的要求确定。目前设计使用年限的预测，主要基于混凝土碳化和钢筋锈蚀所需时间并考虑环境条件的修正加以估算。

4. 保证耐久性的技术措施及构造要求

为保证混凝土结构的耐久性，根据环境类别和设计的使用年限，针对影响耐久性的主要因素，应从设计、材料和施工方面提出技术措施，并采取有效的构造措施。

（1）结构设计技术措施。

1）未经技术鉴定及设计许可，不能改变结构的使用环境，不得改变结构的用途。

2）对于结构中使用环境较差的构件，宜设计成可更换或易更换的构件。

3)宜根据环境类别，规定维护措施及检查年限；对重要的结构，宜在与使用环境类别相同的适当位置设置供耐久性检查的专用构件。

4)对于暴露在侵蚀性环境中的结构构件，其受力钢筋可采用环氧涂层带肋钢筋，预应力钢筋应有防护措施。

（2）对混凝土材料的要求。用于一、二和三类环境中设计使用年限为50年的结构混凝土，应控制最大水胶比、最低强度等级、最大氯离子含量以及最大碱含量，符合表3-2-1的要求。

表 3-2-1　结构混凝土耐久性的基本要求

环境类别	最大水胶比	最低混凝土强度等级	最大氯离子含量 /%	最大碱含量 /(kg·m⁻³)
一	0.60	C20	0.30	不限制
二 a	0.55	C25	0.20	
二 b	0.50(0.55)	C30(C25)	0.15	
三 a	0.45(0.50)	C35(C30)	0.15	3.0
三 b	0.40	C40	0.10	

注：1. 氯离子含量是指其占胶凝材料总量的百分比。

2. 预应力构件混凝土中的最大氯离子含量为0.06%；其最低混凝土强度等级宜按表中的规定提高两个等级。

3. 素混凝土构件的水胶比及最低强度等级的要求可适当放松。

4. 有可靠工程经验时，二类环境中的最低混凝土强度等级可降低一个等级。

5. 处于严寒和寒冷地区二 b、三 a 类环境中的混凝土应使用引气剂，并可采用括号中的有关参数。

6. 当使用非碱活性集料时，对混凝土中的碱含量可不作限制。

设计使用年限为100年且处于一类环境中的混凝土结构，应符合下列规定：

1)钢筋混凝土结构的混凝土强度等级不应低于C30，预应力混凝土结构的混凝土强度等级不应低于C40。

2)混凝土中氯离子含量为0.06%。

3)宜使用非碱活性集料；当使用碱活性集料时，混凝土中碱含量不应超过3.0 kg/m³。

4)最外层钢筋的保护层厚度应符合表2-1-3的规定；当采取有效的表面防护措施时，混凝土保护层厚度可适当减少。

5)在使用过程中定期维护。

（3）施工要求。混凝土的耐久性主要取决于它的密实性，除应满足上述对混凝土材料的要求外，还应高度重视混凝土的施工质量，控制商品混凝土的各个环节，加强对混凝土的养护，防止过早受荷等。

（4）混凝土保护层最小厚度。混凝土保护层最小厚度是以保证钢筋与混凝土共同工作，满足对受力钢筋的有效锚固以及保证耐久性的要求为依据的。

纵向受力钢筋及预应力钢筋、钢丝、钢绞线的混凝土保护层厚度是指从钢筋外缘到混凝土外边缘的距离，它不应小于钢筋的公称直径，且应符合表2-1-3的要求。

由以上所述可知，混凝土耐久性设计可能与混凝土材料、结构构造和裂缝控制措施、施工要求、定期检测和必要的防腐蚀附加措施等内容有关，并且混凝土结构的耐久性在很大程度上取决于结构施工过程中的质量控制与质量保证以及结构使用过程中的正确维修与例行检测，单独采取某一种措施可能效果不理想，需要根据混凝土结构物的使用环境、使用年限作出综合的防治措施，结构才能取得较好的耐久性。

附录 A

附表 A1　钢筋强度标准值、钢筋强度设计值、钢筋弹性模量　　　　　$N \cdot mm^{-2}$

牌号	符号	公称直径 d(mm)	屈服强度标准值 f_{yk}	抗拉强度设计值 f_y	抗压强度设计值 f_y'
HPB300	Φ	6～14	300	270	270
HRB335	Φ	6～14	335	300	300
HRB400 HRBF400 RRB400	Φ Φ^F Φ^R	6～50	400	360	360
HRB500 HRBF500	Φ Φ^F	6～50	500	435	435

附表 A2　预应力钢筋强度标准值

种类		符号	公称直径 d/mm	屈服强度标准值 $f_{pyk}/(N \cdot mm^{-2})$	极限强度标准值 $f_{ptk}/(N \cdot mm^{-2})$
中强度预应力钢丝	光面螺旋肋	Φ^{PM} Φ^{HM}	5、7、9	620	800
				780	970
				980	1 270
预应力螺纹钢筋	螺纹	Φ^T	18、25、32、40、50	785	980
				930	1 080
				1 080	1 230
消除应力钢丝	光面螺旋肋	Φ^P Φ^H	5	—	1 570
				—	1 860
			7	—	1 570
			9	—	1 470
				—	1 570
钢绞线	1×3(三股)	Φ^S	8.6、10.8、12.9	—	1 570
				—	1 860
				—	1 960
	1×7(七股)		9.5、12.7、15.2、17.8	—	1 720
				—	1 860
				—	1 960
			21.6	—	1 860

注：极限强度标准值为 1 960 N/mm² 的钢绞线作后张预应力配筋时，应有可靠的工程经验。

种类	抗拉强度标准值 f_{ptk}	抗拉强度设计值 f_{py}	抗压强度设计值 f'_{py}
中强度预应力钢丝	800	510	410
	970	650	
	1 270	810	
消除应力钢丝	1 470	1 040	410
	1 570	1 110	
	1 860	1 320	
钢绞线	1 570	1 110	390
	1 720	1 220	
	1 860	1 320	
	1 960	1 390	
预应力螺纹钢筋	980	650	400
	1 080	770	
	1 230	900	

注：当预应力筋的强度标准值不符合表中的规定时，其强度设计值应进行相应的比例换算。

附表 A4　混凝土强度标准值　　　　　　　　　　　　　　　N·mm^{-2}

强度种类	混凝土强度等级													
	C15	C20	C25	C30	C35	C40	C45	C50	C55	C60	C65	C70	C75	C80
f_{ck}	10.0	13.4	16.7	20.1	23.4	26.8	29.6	32.4	35.5	38.5	41.5	44.5	47.4	50.2
f_{tk}	1.27	1.54	1.78	2.01	2.20	2.39	2.51	2.64	2.74	2.85	2.93	2.99	3.05	3.11

附表 A5　混凝土强度设计值及弹性模量　　　　　　　　　　　N·mm^{-2}

强度种类	混凝土强度等级													
	C15	C20	C25	C30	C35	C40	C45	C50	C55	C60	C65	C70	C75	C80
f_c	7.2	9.6	11.9	14.3	16.7	19.1	21.1	23.1	25.3	27.5	29.7	31.8	33.8	35.9
f_t	0.91	1.10	1.27	1.43	1.57	1.71	1.80	1.89	1.96	2.04	2.09	2.14	2.18	2.22
$E_c(\times 10^4)$	2.20	2.55	2.80	3.00	3.15	3.25	3.35	3.45	3.55	3.60	3.65	3.70	3.75	3.80

注：1. 计算现浇钢筋混凝土轴心受压及偏心受压构件时，如截面的长边或直径小于 300 mm，则表中混凝土的设计强度应乘以系数 0.8，当构件质量（如混凝土成型、截面和轴线尺寸等）确有保证时，可不受此限；

　　2. 离心混凝土的设计强度应按专门标准取用。

附表 A6 民用建筑楼面均布活荷载标准值及组合值、频遇值和准永久值系数

项次	类别	标准值 /(kN·m⁻²)	组合值系数 ψ_c	频遇值系数 ψ_f	准永久值系数 ψ_q
1	(1)住宅、宿舍、旅馆、办公楼、医院病房、托儿所、幼儿园	2.0	0.7	0.5	0.4
	(2)试验室、阅览室、会议室、医院门诊室	2.0	0.7	0.6	0.5
2	教室、食堂、餐厅、一般资料档案室	2.5	0.7	0.6	0.5
3	(1)礼堂、剧场、影院、有固定座位的看台	3.0	0.7	0.5	0.3
	(2)公共洗衣房	3.0	0.7	0.6	0.5
4	(1)商店、展览厅、车站、港口、机场大厅及其旅客候车室	3.5	0.7	0.6	0.5
	(2)无固定座位的看台	3.5	0.7	0.5	0.3
5	(1)健身房、演出舞台	4.0	0.7	0.6	0.5
	(2)运动场、舞厅	4.0	0.7	0.6	0.3
6	(1)书库、档案库、贮藏室	5.0	0.9	0.9	0.8
	(2)密集柜书库	12.0	0.9	0.9	0.8
7	通风机房、电梯机房	7.0	0.9	0.9	0.8
8	汽车通道及客车停车库： (1)单向板楼盖(板跨不小于 2 m)和双向板楼盖(板跨不小于 3 m×3 m) 客车 消防车	 4.0 35.0	 0.7 0.7	 0.7 0.5	 0.6 0
	(2)双向板楼盖(板跨不小于 6 m×6 m)和无梁楼盖(柱网尺寸不小于 6 m×6 m) 客车 消防车	 2.5 20.0	 0.7 0.7	 0.7 0.5	 0.6 0
9	厨房： (1)其他 (2)餐厅	 2.0 4.0	 0.7 0.7	 0.6 0.7	 0.5 0.7
10	浴室、卫生间、盥洗室	2.5	0.7	0.6	0.5
11	走廊、门厅： (1)宿舍、旅馆、医院病房、托儿所、幼儿园、住宅 (2)办公室、餐厅、医院门诊部 (3)教学楼及其他可能出现人员密集的情况	 2.0 2.5 3.5	 0.7 0.7 0.7	 0.5 0.6 0.5	 0.4 0.5 0.3

项次	类别	标准值/(kN·m⁻²)	组合值系数 ψ_c	频遇值系数 ψ_f	准永久值系数 ψ_q
12	楼梯： (1)多层住宅 (2)其他	2.0 3.5	0.7 0.7	0.5 0.5	0.4 0.3
13	阳台： (1)可能出现人员密集的情况 (2)其他	3.5 2.5	0.7 0.7	0.6 0.6	0.5 0.5

注：1. 本表所给各项活荷载适用于一般使用条件，当使用荷载较大、情况特殊或有专门要求时，应按实际情况采用。

2. 第6项书库活荷载当书架高度大于2 m时，书库活荷载应按每米书架高度不于2.5 kN/m² 确定。

3. 第8项中的客车活荷载只适用于停放载人少于9人的客车；消防车活荷载适用于满载总重为300 kN的大型车辆；当不符合本表的要求时，应将车轮的局部荷载按结构效应的等效原则，换算为等效均布荷载。

4. 第8项消防车活荷载，当双向板楼盖板跨介于3 m×3 m～6 m×6 m之间时，可按线性插值确定。

5. 第12项楼梯活荷载，对预制楼梯踏步平板，应按1.5 kN集中荷载验算。

6. 本表各项荷载不包括隔墙自重和二次装修荷载；对固定隔墙的自重应按恒荷载考虑，当隔墙位置可灵活自由布置时，非固定隔墙的自重应取不小于1/3的每延米长墙重(kN/m)作为楼面活荷载的附加值(kN/m²)计入，且附加值不小于1.0 kN/m²。

附表 A7　活荷载按楼层数的折减系数

墙、柱、基础计算截面以上的层数	1	2～3	4～5	6～8	9～20	＞20
计算截面以上各楼层活荷载总和折减系数	1.00 (0.90)	0.85	0.70	0.65	0.60	0.55

注：当楼面梁的从属面积超过25 m²时，采用括号内的系数。

附表 A8　屋面均布活荷载

项次	类别	标准值/(kN·m⁻²)	组合值系数 ψ_c	频遇系数 ψ_f	准永久值系数 ψ_q
1	不上人的屋面	0.5	0.7	0.5	0
2	上人的屋面	2.0	0.7	0.5	0.4
3	屋顶花园	3.0	0.7	0.6	0.5
4	屋顶运动场地	3.0	0.7	0.6	0.4

注：1. 不上人的屋面，当施工或维修荷载较大时，应按实际情况采用；对不同类型的结构应按有关设计规范的规定采用，但不得低于0.3 kN/m²；

2. 上人的屋面，当兼作其他用途时，应按相应楼面活荷载采用；

3. 对于因屋面排水不畅、堵塞等引起的积水荷载，应采取构造措施加以防止；必要时，应按积水的可能深度确定屋面活荷载；

4. 屋顶花园活荷载不包括花圃土石等材料自重。

附表 A9 常用材料和构件自重

类别	名称	自重	备注
隔墙及墙面 /(kN·m⁻²)	双面抹灰板条隔墙	0.90	每面抹灰厚 16～24 mm，龙骨在内
	水泥粉刷墙面	0.36	20 mm 厚，水泥粗砂
	剁假石墙面	0.50	25 mm 厚，包括打底
	贴瓷砖墙面	0.50	包括水泥砂浆打底，共厚 25 mm
屋顶 /(kN·m⁻²)	水泥平瓦屋面	0.50～0.55	
	屋顶天窗	0.35～0.40	9.5 mm 夹丝玻璃，框架自重在内
	捷罗克防水层	0.10	厚 8 mm
	油毡防水层 （包括改性沥青防水卷材）	0.05	一层油毡刷油两遍
		0.25～0.30	四层做法，一毡二油上铺小石子
		0.30～0.35	六层做法，二毡三油上铺小石子
		0.35～0.40	八层做法，三毡四油上铺小石子
屋架、门窗 /(kN·m⁻²)	钢屋架	0.12＋0.011×跨度	无天窗，包括支撑，按屋面水平 投影面积计算，跨度以 m 计
	木门	0.10～0.20	
	钢铁门	0.40～0.45	
	钢框玻璃窗	0.40～0.45	
建筑用压型钢板 /(kN·m⁻²)	单波型 V-300(S-30)	0.120	波高 173 mm，板厚 0.8 mm
	双波型 W-500	0.110	波高 130 mm，板厚 0.8 mm
	多波型 V-125	0.065	波高 35 mm，板厚 0.6 mm
建筑墙板 /(kN·m⁻²)	彩色钢板金属幕墙板	0.11	两层，彩色钢板厚 0.6 mm， 聚苯乙烯芯材厚 25 mm
	彩色钢板岩棉夹心板	0.24	钢板厚 100 mm，两层彩色钢板， Z 型龙骨岩棉芯材
	GRC 空心隔墙板	0.3	长(2 400～2 800)mm，宽 600 mm，厚 60 mm
	GRC 内隔墙板	0.35	长(2 400～2 800)mm，宽 600 mm，厚 60 mm
	玻璃幕墙	1.00～1.50	一般可按单位面积玻璃 自重增大 20%～30%采用
	泰柏板	0.95	板厚 10 mm，钢丝网片夹聚苯乙烯 保温层，每面抹水泥砂浆层 20 mm
地面 /(kN·m⁻²)	硬木地板	0.2	厚 25 mm，剪刀撑、钉子等自重在内， 不包括格栅自重
	水磨石地面	0.65	10 mm 面层，20 mm 水泥砂浆打底
	地板格栅	0.2	仅格栅自重
顶棚 /(kN·m⁻²)	V 形轻钢龙骨吊顶	0.12	一层 9 mm 纸面石膏板，无保温层
		0.25	二层 9 mm 纸面石膏板，有 50 mm 的岩棉保温层

类别	名称	自重	备注
基本材料 /(kN·m⁻²)	素混凝土	22～24	振捣或不振捣
	钢筋混凝土	24～25	
	加气混凝土	5.5～7.5	单块
	焦渣混凝土	10～14	填充用
	石灰砂浆、混合砂浆	17	
	水泥砂浆	20	
	瓷面砖	17.8	150 mm×150 mm×8 mm(15 556 块/m²)
	岩棉	0.50～2.5	
	水泥膨胀珍珠岩制品 憎水珍珠岩制品	3.5～4.0	强度 1 N/m²；导热系数 0.058～0.081[W/(m·k)]
	水泥蛭石制品	4～6	导热系数 0.093～0.14[W/(m·k)]
砌体 /(kN·m⁻²)	浆砌普通砖	18.0	砂：白灰＝92：8
	浆砌矿渣砖	21.0	
	浆砌焦渣砖	12.5～14.0	
	灰砂砖	18.0	
	煤渣砖	17.0～18.5	

附表 A10 混凝土结构的环境类别

环境类别	条件
一	室内干燥环境
	无侵蚀性静水浸没环境
二 a	室内潮湿环境
	非严寒和非寒冷地区的露天环境
	非严寒和非寒冷地区与无侵蚀性的水或土壤直接接触的环境
	严寒和寒冷地区的冰冻线以下与无侵蚀性的水或土壤直接接触的环境
二 b	干湿交替环境
	水位频繁变动环境
	严寒和寒冷地区的露天环境
	严寒和寒冷地区冰冻线以上与无侵蚀性的水或土壤直接接触的环境
三 a	严寒和寒冷地区冬季水位变动区环境
	受除冰盐影响环境
	海风环境
三 b	盐渍土环境
	受除冰盐作用环境
	海岸环境

环境类别	条件
四	海水环境
五	受人为或自然的侵蚀性物质影响的环境

注：1. 室内潮湿环境是指构件表面经常处于结露或湿润状态的环境。

2. 严寒和寒冷地区的划分应符合现行国家标准《民用建筑热工设计规范》(GB 50176—2016)的有关规定。

3. 海岸环境和海风环境宜根据当地情况，考虑主导风向及结构所处迎风、背风部位等因素的影响，由调查研究和工程经验确定。

4. 受除冰盐影响环境是指受到除冰盐盐雾影响的环境；受除冰盐作用环境是指被除冰盐溶液溅射的环境以及使用除冰盐地区的洗车房、停车楼等建筑。

5. 暴露的环境是指混凝土结构表面所处的环境。

附表 A11　受弯构件挠度限值

构件类型	挠度限值
起重机梁；手动起重机	$l_0/500$
电动起重机	$l_0/600$
屋盖、楼盖及楼梯构件	
当 $l_0<7$ m 时	$l_0/200(l_0/250)$
当 7 m$\leqslant l_0\leqslant$9 m 时	$l_0/250(l_0/300)$
当 $l_0>9$ m 时	$l_0/300(l_0/400)$

注：1. 表中 l_0 为构件计算跨度；计算悬臂构件的挠度限值时，其计算跨度 l_0 按实际悬臂长度的 2 倍取用。

2. 表中括号内数值适用于使用上对挠度有较高要求的构件。

3. 如果构件制作时预先起拱，且使用上也允许，则在验算挠度时，可将计算所得的挠度值减去起拱值；对预应力混凝土构件，还可减去预加力所产生的反拱值。

4. 构件制作时的起拱值和预加力所产生的反拱值，不宜超过构件在相应荷载组合作用下的计算挠度值。

附表 A12　结构构件的裂缝控制等级及最大裂缝宽度的限值　　　　　mm

环境类别	钢筋混凝土结构		预应力混凝土结构	
	裂缝控制等级	w_{lim}	裂缝控制等级	w_{lim}
一	三级	0.30(0.40)	三级	0.20
二 a		0.20		0.10
二 b			二级	—
三 a、三 b			一级	—

注：1. 对处于年平均相对湿度小于 60% 地区一类环境下的受弯构件，其最大裂缝宽度限值可采用括号内的数值。

2. 在一类环境下，对钢筋混凝土屋架、托架及需作疲劳验算的起重机梁，其最大裂缝宽度限值应取为 0.20 mm；对钢筋混凝土屋面梁和托梁，其最大裂缝宽度限值应取为 0.30 mm。

3. 在一类环境下，对预应力混凝土屋架、托架及双向板体系，应按二级裂缝控制等级进行验算；对一类环境下的预应力混凝土屋面梁、托梁、单向板，应按表中二 a 类环境的要求进行验算；在一类和二 a 类环境下需作疲劳验算的预应力混凝土起重机梁，应按裂缝控制等级不低于二级的构件进行验算。

4. 表中规定的预应力混凝土构件的裂缝控制等级和最大裂缝宽度限值仅适用于正截面的验算；预应力混凝土构件的斜截面裂缝控制验算应符合本规范第 7 章的有关规定。

5. 对于烟囱、筒仓和处于液体压力下的结构，其裂缝控制要求应符合专门标准的有关规定。

6. 对于处于四、五类环境下的结构构件，其裂缝控制要求应符合专门标准的有关规定。

7. 表中的最大裂缝宽度限值为用于验算荷载作用引起的最大裂缝宽度。

附表 A13 钢筋的计算截面面积及理论质量

公称直径 /mm	不同根数钢筋的计算截面面积									单根钢筋理论质量/kg·m^{-1}
	1	2	3	4	5	6	7	8	9	
6	28.3	57	85	113	142	170	198	226	255	0.222
8	50.3	101	151	201	252	302	352	402	453	0.395
10	78.5	157	236	314	393	471	550	628	707	0.617
12	113.1	226	339	452	565	678	791	904	1 017	0.888
14	153.9	308	461	615	769	923	1 077	1 231	1 385	1.21
16	201.1	402	603	804	1 005	1 206	1 407	1 608	1 809	1.58
18	254.5	509	763	1 017	1 272	1 527	1 781	2 036	2 290	2.00(2.11)
20	314.2	628	942	1 256	1 570	1 884	2 199	2 513	2 827	2.47
22	380.1	760	1 140	1 520	1 900	2 281	2 661	3 041	3 421	2.98
25	490.9	982	1 473	1 964	2 454	2 945	3 436	3 927	4 418	3.85(4.10)
28	615.8	1 232	1 847	2 463	3 079	3 695	4 310	4 926	5 542	4.83
32	804.2	1 609	2 413	3 217	4 021	4 826	5 630	6 434	7 238	6.31(6.65)
36	1 017.9	2 036	3 054	4 072	5 089	6 107	7 125	8 143	9 161	7.99
40	1 256.6	2 513	3 770	5 027	6 283	7 540	8 796	10 053	11 310	9.87(10.34)
50	1 963.5	3 928	5 892	7 856	9 820	11 784	13 748	15 712	17 676	15.42(16.28)

注：括号内为预应力螺纹钢筋的数值。

附表 A14 钢筋混凝土板每米宽的钢筋面积   mm^2

钢筋间距/mm	钢筋直径/mm											
	3	4	5	6	6/8	8	8/10	10	10/12	12	12/14	14
70	101	180	280	404	561	719	920	1 121	1 369	1 616	1 907	2 199
75	94.2	168	262	377	524	671	859	1 047	1 277	1 503	1 780	2 052
80	88.4	157	245	354	491	629	805	981	1 198	1 414	1 669	1 924
85	83.2	148	231	333	462	592	758	924	1 127	1 331	1 571	1 811
90	78.2	140	218	314	437	559	716	872	1 064	1 257	1 483	1 710
95	74.5	132	207	298	414	529	678	826	1 008	1 190	1 405	1 620
100	70.6	126	196	283	393	503	644	785	958	1 131	1 335	1 539
110	64.2	114	178	257	357	457	585	714	871	1 023	1 214	1 399
120	58.9	105	163	236	327	419	537	654	798	942	1 113	1 283
125	56.5	101	157	226	314	402	515	623	766	905	1 068	1 231
130	54.4	96.6	151	218	302	387	495	604	737	870	1 027	1 184
140	58.5	89.8	140	202	281	359	460	561	684	808	54	1 099
150	47.1	83.8	131	189	262	335	429	523	639	754	890	1 026
160	44.1	78.5	123	177	246	314	403	491	599	707	831	962
170	41.5	73.9	115	168	231	295	379	462	564	665	785	905
180	39.2	69.8	109	157	218	279	358	436	532	628	742	855
190	37.2	66.1	103	149	207	265	339	413	504	595	703	810
200	35.3	62.8	98.2	141	196	251	322	393	479	565	668	770
220	32.1	57.1	89.2	129	179	229	293	357	436	514	607	700
240	29.4	52.4	84.8	118	164	210	268	327	399	471	556	641
250	28.3	50.3	78.5	113	157	201	258	314	383	452	543	616
260	27.2	48.3	75.5	109	151	193	248	302	369	435	513	592
280	25.2	44.9	70.1	101	140	180	230	280	342	404	477	550
300	23.6	41.9	65.5	94.2	131	168	215	262	319	377	445	513
320	22.1	39.3	61.4	88.4	123	157	201	245	299	353	417	481

附表 A15　等跨梁在常用荷载作用下的内力及挠度系数

1. 在均布及三角形荷载作用下：

M＝表中系数×ql^2;

Q＝表中系数×ql;

2. 在集中荷载作用下：

M＝表中系数×Pl;

Q＝表中系数×P;

f＝表中系数×$\dfrac{pl^3}{100EI}$

3. 当荷载组成超出本表所示的形式时，对于对称荷载，可利用附表 A16 中的等效均布荷载 q_e，求算支座弯矩；然后按单跨简支梁在实际荷载及求出的支座弯矩共同作用下计算跨中弯矩和剪力。

两跨梁

荷载图	跨内最大弯矩		支座弯矩	剪力				跨度中点挠度	
	M_1	M_2	M_B	Q_A	$Q_{B左}$	$Q_{B右}$	Q_c	f_1	f_2
	0.070	0.070 3	−0.125	0.375	−0.625	0.625	−0.375	0.521	0.521
	0.096	—	−0.063	0.437	−0.563	0.063	0.063	0.912	−0.391
	0.048	0.048	−0.078	0.172	−0.328	0.328	−0.172	0.345	0.345
	0.064	—	−0.039	0.211	−0.289	0.039	0.039	0.589	−0.244
	0.156	0.156	−0.188	0.312	−0.688	0.688	−0.312	0.911	0.911
	0.203	—	−0.094	0.406	−0.594	0.094	0.094	1.497	−0.586

三 跨 梁

荷载图	跨内最大弯矩		支座弯矩		剪力						跨度中点挠度		
	M_1	M_2	M_B	M_C	Q_A	$Q_{B左}$	$Q_{B右}$	$Q_{C左}$	$Q_{C右}$	Q_D	f_1	f_2	f_3
	0.080	0.025	−0.100	−0.100	0.400	−0.600	0.500	−0.500	0.600	−0.400	0.677	0.052	0.677
	0.101	—	−0.050	−0.050	0.450	−0.550	0	0	0.550	−0.450	0.990	−0.625	0.990
	—	0.075	−0.050	−0.050	−0.050	−0.050	0.500	−0.500	0.050	0.050	−0.313	0.677	−0.313
	0.073	0.054	−0.117	−0.033	0.383	−0.617	0.583	−0.417	0.033	0.033	0.573	0.365	−0.208
	0.094	—	−0.067	0.017	0.433	−0.567	0.083	0.083	−0.017	−0.017	0.885	−0.313	0.104
	0.175	0.100	−0.150	−0.150	0.350	−0.650	0.500	−0.500	0.650	−0.350	1.146	0.208	1.146
	0.213	—	−0.075	−0.075	0.425	−0.575	0	0	0.575	−0.425	1.615	−0.937	1.615
	—	0.175	−0.075	−0.075	−0.075	−0.075	0.500	−0.500	0.075	0.075	−0.469	1.146	−0.469
	0.162	0.137	−0.175	−0.050	0.325	−0.675	0.625	−0.375	0.050	0.050	0.990	0.677	−0.312
	0.200	—	−0.100	0.025	0.400	−0.600	0.125	0.125	−0.025	−0.025	1.458	−0.469	0.156

四 跨 梁

荷载图	跨内最大弯矩				支座弯矩			剪力					跨度中点挠度			
	M_1	M_2	M_3	M_4	M_B	M_C	M_D	Q_A	$Q_{B左}$ / $Q_{B右}$	$Q_{C左}$ / $Q_{C右}$	$Q_{D左}$ / $Q_{D右}$	Q_E	f_1	f_2	f_3	f_4
	0.077	0.036	0.036	0.077	−0.107	−0.071	−0.107	0.393	−0.607 / 0.536	−0.464 / 0.464	−0.536 / 0.607	−0.393	0.632	0.186	0.186	0.632
	0.100	—	0.081	—	−0.054	−0.036	−0.054	0.446	−0.554 / 0.018	0.018 / 0.482	−0.518 / 0.054	0.054	0.967	−0.558	0.744	−0.335
	0.072	0.061	—	0.098	−0.121	−0.018	−0.058	0.380	−0.620 / 0.603	−0.397 / −0.040	−0.040 / 0.558	−0.442	0.549	0.437	−0.474	0.939
	—	0.056	0.056	—	−0.036	−0.107	−0.036	−0.036	−0.036 / 0.429	−0.571 / 0.571	−0.429 / 0.036	0.036	−0.223	0.409	0.409	−0.223
	0.094	—	—	—	−0.067	0.018	−0.004	0.433	−0.567 / 0.085	0.085 / −0.022	−0.022 / 0.004	0.004	0.884	−0.307	0.084	−0.028
	—	0.074	—	—	−0.049	−0.054	0.013	−0.049	−0.049 / 0.0496	−0.504 / 0.067	0.067 / −0.013	−0.013	−0.307	0.660	−0.251	0.084
	0.169	0.116	0.116	0.169	−0.161	−0.107	−0.161	0.339	−0.661 / 0.554	−0.446 / 0.446	−0.554 / 0.661	−0.339	1.079	0.409	0.409	1.079
	0.210	—	0.183	—	−0.181	−0.027	−0.080	0.420	−0.580 / 0.027	0.027 / 0.473	−0.527 / 0.080	0.080	1.581	−0.837	1.246	−0.502
	0.159	0.146	0.142	0.206	−0.054	−0.161	−0.087	0.319	−0.681 / 0.654	−0.346 / −0.060	−0.060 / 0.587	−0.413	0.953	0.786	−0.711	1.539
	—	0.142	—	—	−0.100	−0.054	−0.054	−0.054	−0.054 / 0.393	−0.607 / 0.607	−0.393 / 0.054	0.054	−0.335	0.744	0.744	−0.335
	0.200	—	—	—	−0.074	0.027	−0.007	0.400	−0.600 / 0.127	0.127 / −0.033	−0.033 / 0.007	0.007	1.456	−0.460	0.126	−0.042
	—	0.173	—	—	−0.074	−0.080	0.020	−0.074	−0.074 / 0.493	−0.507 / 0.100	0.100 / −0.020	−0.020	−0.460	1.121	−0.377	0.126

（荷载图：q、$M_1\ M_2\ M_3\ M_4$；支座 $A\ B\ C\ D\ E$；跨度 $l\ l\ l\ l$）

五 跨 梁

荷载图	跨内最大弯矩			支座弯矩				剪力						跨度中点挠度				
	M_1	M_2	M_3	M_B	M_C	M_D	M_E	Q_A	$Q_{B左}$ / $Q_{B右}$	$Q_{C左}$ / $Q_{C右}$	$Q_{D左}$ / $Q_{D右}$	$Q_{E左}$ / $Q_{E右}$	Q_F	f_1	f_2	f_3	f_4	f_1
	0.078	0.033	0.046	−0.105	−0.079	−0.079	−0.105	0.394	−0.606 / 0.526	−0.474 / 0.500	−0.500 / 0.474	−0.526 / 0.606	−0.394	0.644	0.151	0.315	0.151	0.644
	0.100	—	0.085	−0.053	−0.040	−0.040	−0.053	0.447	−0.553 / 0.013	0.013 / 0.500	−0.500 / −0.013	−0.013 / 0.553	−0.447	0.973	−0.576	0.809	−0.576	0.973
	—	0.079	—	−0.053	−0.040	−0.040	−0.053	−0.053	−0.053 / 0.513	−0.487 / 0	0 / 0.487	−0.513 / 0.053	0.053	−0.329	0.727	−0.493	0.727	−0.329
	0.073	②0.059 0.078	0.064	−0.119	−0.022	−0.044	−0.051	0.380	−0.620 / 0.598	−0.402 / −0.023	−0.023 / 0.493	−0.507 / 0.052	0.052	0.555	0.420	−0.411	0.704	−0.321
	①0.098	0.055	0.064	−0.035	−0.111	−0.020	−0.057	−0.035	−0.035 / 0.424	−0.576 / 0.591	−0.409 / −0.037	−0.037 / 0.557	−0.443	−0.217	0.390	0.480	−0.048 6	0.943
	0.094	0.074	—	−0.067	0.018	−0.005	0.001	0.433	−0.567 / 0.085	0.085 / −0.023	−0.023 / 0.006	0.006 / −0.001	−0.001	0.883	−0.307	0.082	−0.022	0.008
	—	—	0.072	−0.049	−0.054	0.014	−0.004	−0.049	−0.049 / 0.495	−0.505 / 0.068	0.068 / −0.018	−0.018 / 0.004	0.004	−0.307	0.659	−0.247	0.067	−0.022
	—	—	—	0.013	−0.053	−0.053	0.013	0.013	0.013 / −0.066	−0.066 / 0.500	−0.500 / 0.066	0.066 / −0.013	−0.013	0.082	−0.247	0.644	−0.247	0.082

荷载图	跨内最大弯矩			支座弯矩				剪力						跨度中点挠度				
	M_1	M_2	M_3	M_B	M_C	M_D	M_E	Q_A	$Q_{B左}$ / $Q_{B右}$	$Q_{C左}$ / $Q_{C右}$	$Q_{D左}$ / $Q_{D右}$	$Q_{E左}$ / $Q_{E右}$	Q_F	f_1	f_2	f_3	f_4	f_1
	0.171	0.112	0.132	−0.158	−0.118	−0.118	−0.158	0.342	−0.658 / 0.540	−0.460 / 0.500	−0.500 / 0.460	−0.540 / 0.658	−0.342	1.097	0.356	0.603	0.356	1.097
	0.211	—	0.191	−0.079	−0.059	−0.059	−0.079	0.421	−0.579 / 0.020	0.020 / 0.500	−0.500 / −0.020	−0.020 / 0.579	−0.421	1.590	−0.863	1.343	−0.863	1.590
	—	0.181	—	−0.079	−0.059	−0.059	−0.079	−0.079	−0.079 / 0.520	−0.480 / 0	0 / 0.480	−0.520 / 0.079	0.079	−0.493	1.220	−0.740	1.220	−0.493
	0.160	②0.144 / 0.178	—	−0.179	−0.032	−0.066	−0.077	0.321	−0.679 / 0.647	−0.353 / −0.034	−0.034 / 0.489	−0.511 / 0.077	0.077	0.962	0.760	−0.617	1.186	−0.482
	①— / 0.207	0.140	0.151	−0.052	−0.167	0.031	−0.086	−0.052	−0.052 / 0.385	−0.615 / 0.637	−0.363 / −0.056	−0.056 / 0.586	−0.414	−0.325	0.715	0.850	−0.729	1.545
	0.200	—	—	−0.100	0.027	−0.007	0.002	0.400	−0.600 / 0.127	0.127 / −0.034	−0.034 / 0.009	0.009 / −0.002	−0.002	1.455	−0.460	0.123	−0.034	0.011
	—	0.173	—	−0.073	−0.081	0.022	−0.005	−0.073	−0.073 / 0.493	−0.507 / 0.102	0.102 / −0.027	−0.027 / 0.005	0.005	−0.460	1.119	−0.370	0.101	0.034
	—	—	0.171	0.020	−0.079	−0.079	0.020	0.020	0.020 / −0.099	−0.099 / 0.500	−0.500 / 0.099	0.099 / −0.020	−0.020	0.123	−0.370	1.097	−0.370	0.123

附表 A16 按弹性理论计算矩形双向板在均布荷载作用下的弯矩系数

一、刚度

$$B_c = \frac{Eh^3}{12(1-v^2)}$$

式中　E——弹性模量；

　　　h——板厚；

　　　v——泊桑比；

　　　f，f_{max}——分别为板中心点的挠度和最大挠度；

　　　f_{ox}，f_{oy}——分别为平行于 l_x 和 l_y 方向自由边的中心挠度；

　　　M_x，M_{xmax}——分别为平行于 l_x 方向板中心点的弯矩和板跨内最大弯矩；

　　　M_y，M_{ymax}——分别为平行于 l_y 方向板中心点的弯矩和板跨内最大弯矩；

　　　M_{ox}，M_{oy}——分别为平行于 l_x 和 l_y 方向自由边的中点弯矩；

　　　M_x^0——固定边中点沿 l_x 方向的弯矩；

　　　M_y^0——固定边中点沿 l_y 方向的弯矩；

　　　M_{ox}^0——平行于 l_x 方向自由边上固定端的支座弯矩。

　　　———— 代表自由边　　======代表简支边　　⊥⊥⊥⊥⊥代表固定边

正负号的规定：

弯矩——使板的受荷面受压者为正；

挠弯——变位方向与荷载方向相同者为正。

二、计算公式

A16.1～16.6：

挠度＝表中系数$\times\dfrac{ql^4}{B_c}$，弯矩＝表中系数$\times ql^2$，表中 l_x 和 l_y 中之较小者。

A16.7～16.10 公式：

挠度＝表中系数$\times\dfrac{ql_x^4}{B_c}$，弯矩＝表中系数$\times ql_x^2$

　　$v=0$ 代表一种实际上并不存在的假想材料，$v=1/6$ 和项系数可用于钢筋混凝土板中；表 19.1～表 19.6 仅列出了 $v=0$ 的弯矩系数与挠度系数。当 v 值不等于零时，其挠度及支座中点弯矩仍可按这些要求求得，当求其跨内弯矩时，可按下式求得：

$$M_x^{(v)} = M_x + vM_y$$
$$M_y^{(v)} = M_y + vM_x$$

式中，M_x 及 M_y 为 $v=0$ 时的跨内弯矩。必须注意，有自由边的板不能应用上述这两个公式。

三、均布荷载作用下计算系数表

A16.1($v=0$)

l_x/l_y	f	M_x	M_y	l_x/l_y	f	M_x	M_y
0.50	0.010 13	0.096 5	0.017 4	0.80	0.006 03	0.056 1	0.033 4
0.55	0.009 40	0.089 2	0.021 0	0.85	0.005 47	0.050 6	0.034 8
0.60	0.008 67	0.082 0	0.024 2	0.90	0.004 96	0.045 6	0.035 8
0.65	0.007 96	0.075 0	0.027 1	0.95	0.004 49	0.041 0	0.036 4
0.70	0.007 27	0.068 3	0.029 6	1.00	0.004 06	0.036 8	0.036 8
0.75	0.006 63	0.062 0	0.031 7				

l_x/l_y	l_y/l_x	f	f_{max}	M_x	M_{xmax}	M_y	M_{ymax}	M_x^0
0.50		0.004 88	0.005 04	0.058 3	0.064 6	0.006 0	0.006 3	−0.121 2
0.55		0.004 71	0.004 92	0.056 3	0.061 8	0.008 1	0.008 7	−0.118 7
0.60		0.004 53	0.004 72	0.053 9	0.058 9	0.010 4	0.011 1	−0.115 8
0.65		0.004 32	0.004 48	0.051 3	0.055 9	0.012 6	0.013 3	−0.002 4
0.70		0.004 10	0.004 22	0.048 5	0.052 9	0.014 8	0.015 4	−0.108 7
0.75		0.003 88	0.003 99	0.045 7	0.049 6	0.016 8	0.017 4	−0.104 8
0.80		0.003 65	0.003 76	0.042 8	0.046 3	0.018 7	0.019 3	−0.100 7
0.85		0.003 43	0.003 52	0.040 0	0.043 1	0.020 4	0.021 1	−0.096 5
0.90		0.003 21	0.003 29	0.037 2	0.040 0	0.021 9	0.022 6	−0.092 2
0.95		0.002 99	0.003 06	0.034 5	0.036 9	0.023 2	0.023 9	−0.088 0
1.00	1.00	0.002 79	0.002 85	0.031 9	0.034 0	0.024 3	0.024 9	−0.083 9
	0.95	0.003 16	0.003 24	0.032 4	0.034 5	0.028 0	0.028 7	−0.088 2
	0.90	0.003 60	0.003 68	0.032 8	0.034 7	0.032 2	0.033 0	−0.092 6
	0.85	0.004 09	0.004 17	0.032 9	0.034 7	0.037 0	0.037 8	−0.097 0
	0.80	0.004 64	0.004 73	0.032 6	0.034 3	0.042 4	0.043 3	−0.101 4
	0.75	0.005 26	0.005 36	0.031 9	0.033 5	0.048 5	0.049 4	−0.105 6
	0.70	0.005 95	0.006 05	0.030 8	0.032 3	0.055 3	0.056 2	−0.109 6
	0.65	0.006 70	0.006 80	0.029 1	0.030 6	0.062 7	0.063 7	−0.113 3
	0.60	0.007 52	0.007 62	0.026 8	0.028 9	0.070 7	0.071 7	−0.116 6
	0.55	0.008 38	0.008 48	0.023 9	0.027 1	0.079 2	0.080 1	−0.119 3
	0.50	0.009 27	0.009 35	0.020 5	0.024 9	0.088 0	0.088 8	−0.121 5

A16. 3($v=0$)

l_x/l_y	l_y/l_x	f	M_x	M_y	M_x^0
0.50		0.002 61	0.041 6	0.001 7	−0.084 3
0.55		0.002 59	0.041 0	0.002 8	−0.084 0
0.60		0.002 55	0.040 2	0.004 2	−0.083 4
0.65		0.002 50	0.039 2	0.005 7	−0.082 6
0.70		0.002 43	0.037 9	0.007 2	−0.081 4
0.75		0.002 36	0.036 6	0.008 8	−0.079 9
0.80		0.002 28	0.035 1	0.010 3	−0.078 2
0.85		0.002 20	0.033 5	0.011 8	−0.076 3
0.90		0.002 11	0.031 9	0.013 3	−0.074 3
0.95		0.002 01	0.030 2	0.014 6	−0.072 1
1.00	1.00	0.001 92	0.028 5	0.015 8	−0.069 8
	0.95	0.002 23	0.029 6	0.018 9	−0.074 6
	0.90	0.002 60	0.030 6	0.022 4	−0.079 7
	0.85	0.003 03	0.031 4	0.026 6	−0.085 0
	0.80	0.003 54	0.031 9	0.031 6	−0.090 4
	0.75	0.004 13	0.032 1	0.037 4	−0.095 9
	0.70	0.004 82	0.031 8	0.044 1	−0.101 3
	0.65	0.005 60	0.030 8	0.051 8	−0.106
	0.60	0.006 47	0.029 2	0.060 4	−0.111 4
	0.55	0.007 43	0.026 7	0.069 8	−0.115 6
	0.50	0.008 44	0.023 4	0.079 8	−0.119 1

A16. 4(ν=0)

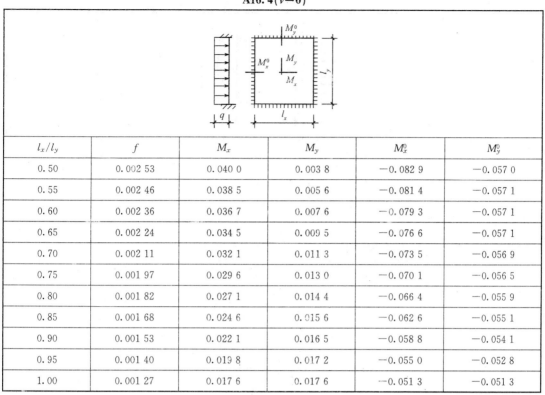

l_x/l_y	f	M_x	M_y	M_x^0	M_y^0
0.50	0.002 53	0.040 0	0.003 8	−0.082 9	−0.057 0
0.55	0.002 46	0.038 5	0.005 6	−0.081 4	−0.057 1
0.60	0.002 36	0.036 7	0.007 6	−0.079 3	−0.057 1
0.65	0.002 24	0.034 5	0.009 5	−0.076 6	−0.057 1
0.70	0.002 11	0.032 1	0.011 3	−0.073 5	−0.056 9
0.75	0.001 97	0.029 6	0.013 0	−0.070 1	−0.056 5
0.80	0.001 82	0.027 1	0.014 4	−0.066 4	−0.055 9
0.85	0.001 68	0.024 6	0.015 6	−0.062 6	−0.055 1
0.90	0.001 53	0.022 1	0.016 5	−0.058 8	−0.054 1
0.95	0.001 40	0.019 8	0.017 2	−0.055 0	−0.052 8
1.00	0.001 27	0.017 6	0.017 6	−0.051 3	−0.051 3

A16. 5(ν=0)

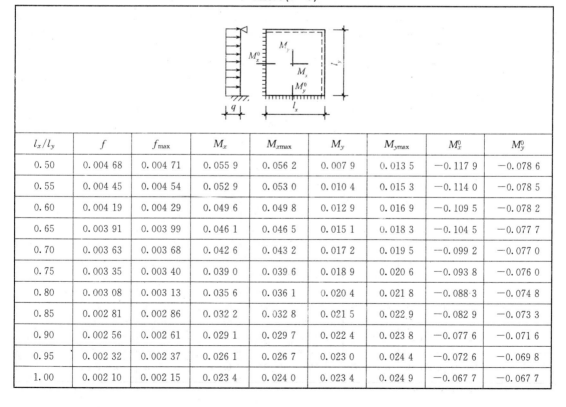

l_x/l_y	f	f_{max}	M_x	M_{xmax}	M_y	M_{ymax}	M_x^0	M_y^0
0.50	0.004 68	0.004 71	0.055 9	0.056 2	0.007 9	0.013 5	−0.117 9	−0.078 6
0.55	0.004 45	0.004 54	0.052 9	0.053 0	0.010 4	0.015 3	−0.114 0	−0.078 5
0.60	0.004 19	0.004 29	0.049 6	0.049 8	0.012 9	0.016 9	−0.109 5	−0.078 2
0.65	0.003 91	0.003 99	0.046 1	0.046 5	0.015 1	0.018 3	−0.104 5	−0.077 7
0.70	0.003 63	0.003 68	0.042 6	0.043 2	0.017 2	0.019 5	−0.099 2	−0.077 0
0.75	0.003 35	0.003 40	0.039 0	0.039 6	0.018 9	0.020 6	−0.093 8	−0.076 0
0.80	0.003 08	0.003 13	0.035 6	0.036 1	0.020 4	0.021 8	−0.088 3	−0.074 8
0.85	0.002 81	0.002 86	0.032 2	0.032 8	0.021 5	0.022 9	−0.082 9	−0.073 3
0.90	0.002 56	0.002 61	0.029 1	0.029 7	0.022 4	0.023 8	−0.077 6	−0.071 6
0.95	0.002 32	0.002 37	0.026 1	0.026 7	0.023 0	0.024 4	−0.072 6	−0.069 8
1.00	0.002 10	0.002 15	0.023 4	0.024 0	0.023 4	0.024 9	−0.067 7	−0.067 7

A16. 6(v=0)

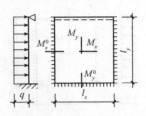

l_x/l_y	l_y/l_x	f	$f_{\max}$	M_x	$M_{x\max}$	M_y	$M_{y\max}$	M_x^0	M_y^0
0. 50		0. 002 57	0. 002 58	0. 040 8	0. 040 9	0. 002 8	0. 089	−0. 083 6	−0. 056 9
0. 55		0. 002 52	0. 002 55	0. 039 8	0. 039 9	0. 004 2	0. 093	−0. 082 7	−0. 057 0
0. 60		0. 002 45	0. 002 49	0. 038 4	0. 038 6	0. 005 9	0. 010 5	−0. 081 4	−0. 057 1
0. 65		0. 002 37	0. 002 40	0. 036 8	0. 037 1	0. 007 6	0. 011 6	−0. 079 6	−0. 057 2
0. 70		0. 002 27	0. 002 29	0. 035 0	0. 035 4	0. 009 3	0. 012 7	−0. 077 4	−0. 057 2
0. 75		0. 002 16	0. 002 19	0. 033 1	0. 033 5	0. 010 9	0. 013 7	−0. 075 0	−0. 057 2
0. 80		0. 002 05	0. 002 08	0. 031 0	0. 031 4	0. 012 4	0. 014 7	−0. 072 2	−0. 057 0
0. 85		0. 001 93	0. 001 96	0. 028 9	0. 029 3	0. 013 8	0. 015 5	−0. 069 3	−0. 056 7
0. 90		0. 001 81	0. 001 84	0. 026 8	0. 027 3	0. 015 9	0. 016 3	−0. 066 3	−0. 056 3
0. 95		0. 001 69	0. 001 72	0. 024 7	0. 025 2	0. 016 0	0. 017 2	−0. 063 1	−0. 055 8
1. 00	1. 00	0. 001 57	0. 001 60	0. 022 7	0. 023 1	0. 016 8	0. 018 0	−0. 060 0	−0. 055 0
	0. 95	0. 001 78	0. 001 82	0. 022 9	0. 023 4	0. 019 4	0. 020 7	−0. 062 9	−0. 059 9
	0. 90	0. 002 01	0. 002 06	0. 022 8	0. 023 4	0. 022 3	0. 023 8	−0. 065 6	−0. 065 3
	0. 85	0. 002 27	0. 002 33	0. 022 5	0. 023 1	0. 025 5	0. 027 3	−0. 068 3	−0. 071 1
	0. 80	0. 002 56	0. 002 62	0. 021 9	0. 022 4	0. 029 0	0. 031 1	−0. 070 7	−0. 077 2
	0. 75	0. 002 86	0. 002 94	0. 020 8	0. 021 4	0. 032 9	0. 035 4	−0. 072 9	−0. 083 7
	0. 70	0. 003 19	0. 003 27	0. 019 4	0. 020 0	0. 037 0	0. 040 0	−0. 074 8	−0. 090 3
	0. 65	0. 003 52	0. 003 62	0. 017 5	0. 018 2	0. 041 2	0. 044 6	−0. 076 2	−0. 097 0
	0. 60	0. 003 86	0. 004 03	0. 015 3	0. 016 0	0. 045 4	0. 049 3	−0. 077 3	−0. 103 3
	0. 55	0. 004 19	0. 004 37	0. 012 7	0. 013 3	0. 049 6	0. 054 1	−0. 078 0	−0. 109 3
	0. 50	0. 004 49	0. 004 63	0. 009 9	0. 010 3	0. 053 4	0. 053 8	−0. 078 4	−0. 114 6

A16.7(v=1/6)

l_x/l_y	f	f_{ax}	M_x	M_y	M_{ax}
0.30	0.001 52	0.002 89	0.014 5	0.010 3	0.025 0
0.35	0.001 99	0.003 72	0.019 2	0.013 1	0.032 7
0.40	0.002 48	0.004 58	0.024 2	0.015 9	0.040 7
0.45	0.002 99	0.005 42	0.029 4	0.018 6	0.048 7
0.50	0.003 51	0.006 24	0.034 6	0.021 0	0.056 4
0.55	0.004 02	0.007 03	0.039 7	0.023 1	0.063 9
0.60	0.004 52	0.007 76	0.044 7	0.025 0	0.070 9
0.65	0.005 01	0.008 43	0.049 5	0.026 6	0.077 3
0.70	0.005 47	0.009 05	0.054 2	0.027 9	0.083 3
0.75	0.005 92	0.009 62	0.058 5	0.028 9	0.088 6
0.80	0.006 34	0.010 13	0.062 6	0.029 8	0.093 5
0.85	0.006 74	0.010 58	0.066 5	0.030 4	0.097 9
0.90	0.007 11	0.010 99	0.070 2	0.030 9	0.101 8
0.95	0.007 47	0.011 35	0.073 6	0.031 3	0.105 2
1.00	0.007 80	0.011 67	0.076 8	0.031 5	0.108 3
1.10	0.008 41	0.012 21	0.082 6	0.031 7	0.113 5
1.20	0.008 94	0.012 62	0.087 7	0.031 5	0.117 5
1.30	0.009 41	0.012 94	0.092 2	0.031 2	0.120 5
1.40	0.009 83	0.013 19	0.096 1	0.030 7	0.122 9
1.50	0.010 20	0.013 38	0.099 5	0.030 1	0.124 7
1.75	0.010 95	0.013 68	0.106 5	0.028 6	0.127 6
2.00	0.011 51	0.013 83	0.111 5	0.027 1	0.129 1

A16.8($v=1/6$)

l_x/l_y	f	f_{ax}	M_y^0	M_x	M_y	M_{ax}
0.30	0.000 29	0.000 77	−0.038 8	0.000 7	−0.006 0	0.005 2
0.35	0.000 48	0.001 25	−0.048 9	0.002 2	−0.005 8	0.003 9
0.40	0.000 72	0.001 84	−0.058 8	0.004 5	−0.004 8	0.014 7
0.45	0.001 02	0.002 52	−0.068 0	0.007 3	−0.003 1	0.021 0
0.50	0.001 36	0.003 27	−0.076 4	0.010 8	−0.000 8	0.028 0
0.55	0.001 74	0.004 06	−0.083 9	0.014 6	0.001 8	0.035 5
0.60	0.002 14	0.004 86	−0.090 5	0.018	0.004 5	0.043 1
0.65	0.002 56	0.005 66	−0.096 2	0.023 2	0.007 4	0.050 8
0.70	0.003 00	0.006 44	−0.101 1	0.027 7	0.010 2	0.058 2
0.75	0.003 44	0.007 18	−0.105 2	0.032 3	0.012 9	0.065 2
0.80	0.003 88	0.007 87	−0.108 7	0.036 8	0.015 4	0.071 9
0.85	0.004 31	0.008 52	−0.111 6	0.041 3	0.017 7	0.078 1
0.90	0.004 74	0.009 12	−0.114 0	0.045 6	0.019 8	0.083 8
0.95	0.005 15	0.009 66	−0.116 0	0.049 9	0.021 7	0.089 0
1.00	0.005 55	0.010 15	−0.117 6	0.053 9	0.023 3	0.093 8
1.10	0.006 30	0.010 99	−0.120 0	0.061 5	0.025 9	0.101 8
1.20	0.006 99	0.011 67	−0.121 6	0.068 4	0.027 7	0.108 3
1.30	0.007 62	0.012 20	−0.122 7	0.074 6	0.028 9	0.113 4
1.40	0.008 20	0.012 61	−0.123 4	0.080 2	0.029 7	0.117 3
1.50	0.008 71	0.012 93	−0.123 9	0.085 2	0.030 0	0.120 4
1.75	0.009 79	0.012 45	−0.124 5	0.095 5	0.029 8	0.125 4
2.00	0.010 62	0.013 71	−0.124 8	0.103 3	0.028 8	0.127 9

A16. 9(ν=1/6)

l_x/l_y	f	f_{ax}	M_{xz}^0	M_x	M_y	M_{ax}	M_x^0
0. 30	0. 000 87	0. 001 62	−0. 064 3	0. 012 7	0. 008 4	0. 021 1	−0. 037 2
0. 35	0. 001 04	0. 001 89	−0. 067 3	0. 015 7	0. 010 0	0. 025 6	−0. 042 1
0. 40	0. 001 20	0. 002 12	−0. 068 8	0. 018 5	0. 011 4	0. 029 5	−0. 046 7
0. 45	0. 001 34	0. 002 30	−0. 069 4	0. 021 0	0. 012 5	0. 032 8	−0. 050 8
0. 50	0. 001 47	0. 002 44	−0. 069 2	0. 023 2	0. 013 3	0. 035 5	−0. 054 6
0. 55	0. 001 58	0. 002 55	−0. 068 6	0. 025 2	0. 013 9	0. 037 6	−0. 057 9
0. 60	0. 001 69	0. 002 64	−0. 067 7	0. 027 0	0. 014 3	0. 039 3	−0. 061 0
0. 65	0. 001 78	0. 002 70	−0. 066 7	0. 028 6	0. 014 6	0. 040 6	−0. 063 7
0. 70	0. 001 87	0. 002 74	−0. 065 6	0. 030 1	0. 014 6	0. 041 5	−0. 066 2
0. 75	0. 001 95	0. 002 76	−0. 064 6	0. 031 4	0. 014 6	0. 042 2	−0. 068 4
0. 80	0. 002 02	0. 002 78	−0. 063 7	0. 032 6	0. 014 5	0. 042 7	−0. 070 4
0. 85	0. 002 09	0. 002 79	−0. 062 9	0. 033 6	0. 014 2	0. 043 1	−0. 072 1
0. 90	0. 002 15	0. 002 80	−0. 062 2	0. 034 6	0. 014 0	0. 043 3	−0. 073 7
0. 95	0. 002 20	0. 002 80	−0. 061 6	0. 035 4	0. 013 6	0. 043 4	−0. 075 1
1. 00	0. 002 25	0. 002 80	−0. 061 2	0. 036 2	0. 013 3	0. 043 5	−0. 076 3
1. 10	0. 002 34	0. 002 79	−0. 060 7	0. 037 5	0. 012 5	0. 043 5	−0. 078 3
1. 20	0. 002 40	0. 002 78	−0. 060 5	0. 038 6	0. 011 8	0. 043 4	−0. 079 9
1. 30	0. 002 46	0. 002 77	−0. 060 6	0. 039 4	0. 011 0	0. 043 3	−0. 081 1
1. 40	0. 002 50	0. 002 76	−0. 060 8	0. 040 1	0. 010 4	0. 043 3	−0. 082 0
1. 50	0. 002 53	0. 002 76	−0. 061 2	0. 040 6	0. 009 8	0. 043 2	−0. 082 6
1. 75	0. 002 58	0. 002 75	−0. 062 4	0. 041 4	0. 008 6	0. 043 1	−0. 083 6
2. 00	0. 002 60	0. 002 75	−0. 063 7	0. 041 7	0. 007 8	0. 043 1	−0. 083 9

l_x/l_y	f	f_{ax}	M_{xx}^0	M_{ax}	M_x	M_y	M_x^0	M_y^0
0.30	0.000 24	0.000 64	−0.034 5	0.006 8	0.001 8	−0.003 9	−0.013 5	−0.034 4
0.35	0.000 37	0.000 94	−0.043 2	0.011 2	0.003 9	−0.002 6	−0.017 9	−0.040 6
0.40	0.000 52	0.001 25	−0.050 6	0.016 0	0.006 3	−0.000 8	−0.022 7	−0.045 4
0.45	0.000 67	0.001 55	−0.056 4	0.020 7	0.009 0	0.001 4	−0.027 5	−0.048 9
0.50	0.000 81	0.001 81	−0.060 7	0.025 0	0.011 6	0.003 4	−0.032 2	−0.051 3
0.55	0.000 95	0.002 04	−0.063 5	0.028 8	0.014 2	0.005 4	−0.036 8	−0.530
0.60	0.001 09	0.002 22	−0.065 2	0.032 0	0.016 6	0.007 2	−0.041 2	−0.054 1
0.65	0.001 21	0.002 37	−0.066 1	0.034 7	0.018 8	0.008 7	−0.045 3	−0.054 8
0.70	0.001 33	0.002 49	−0.066 3	0.036 8	0.020 9	0.010 0	−0.049 0	−0.055 3
0.75	0.001 44	0.002 58	−0.066 1	0.038 5	0.022 8	0.011 1	−0.052 6	−0.055 7
0.80	0.001 55	0.002 46	−0.065 6	0.039 9	0.024 6	0.011 9	−0.055 8	−0.056 0
0.85	0.001 64	0.002 69	−0.065 1	0.040 9	0.026 2	0.012 5	−0.058 8	−0.056 2
0.90	0.001 73	0.002 73	−0.064 4	0.041 7	0.027 7	0.012 9	−0.061 5	−0.056 3
0.95	0.001 82	0.002 75	−0.063 8	0.042 2	0.029 1	0.013 2	−0.063 9	−0.056 4
1.00	0.001 89	0.002 77	−0.063 2	0.042 7	0.030 4	0.013 3	−0.066 2	−0.056 5
1.10	0.002 03	0.002 78	−0.062 3	0.043 1	0.032 7	0.013 3	−0.070 1	−0.056 6
1.20	0.002 15	0.002 78	−0.061 7	0.043 3	0.034 5	0.013 0	−0.073 2	−0.056 7
1.30	0.002 25	0.002 78	−0.061 4	0.043 4	0.036 1	0.012 5	−0.075 8	−0.056 8
1.40	0.002 33	0.002 77	−0.061 4	0.043 3	0.037 4	0.011 9	−0.077 8	−0.056 8
1.50	0.002 39	0.002 76	−0.061 6	0.043 3	0.038 4	0.011 3	−0.079 4	−0.056 9
1.75	0.002 50	0.002 75	−0.062 5	0.043 1	0.040 2	0.009 9	−0.081 9	−0.056 9
2.00	0.002 56	0.002 75	−0.063 7	0.043 1	0.041 1	0.008 7	−0.083 2	−0.056 9

附表 A17　风荷载体型系数 μ_s

项次	类别	体型及体型系数 μ_s
1	封闭式落地 双坡屋面	 中间值按内插法计算
2	封闭式 双坡屋面	 中间值按内插法计算
3	封闭式 带天窗 双坡屋面	 带天窗的拱形屋面可按本图采用
4	封闭式 双跨双坡屋面	 迎风坡面的 μ_s 按第2项采用
5	封闭式 不等高不等跨的双跨 双坡屋面	 迎风坡面的 μ_s 按第2项采用
6	封闭式 不等高不等跨的 三跨双坡屋面	 迎风坡面的 μ_s 按第2项采用； 中跨上部迎风墙的 μ_{s1} 按下式采用： $$\mu_{s1}=0.6(1-2h_1/h)$$ 但当 $h_1=h$ 时，取 $\mu_{s1}=-0.6$

项次	类别	体型及体型系数 μ_s
7	封闭式 带天窗带坡的 双坡屋面	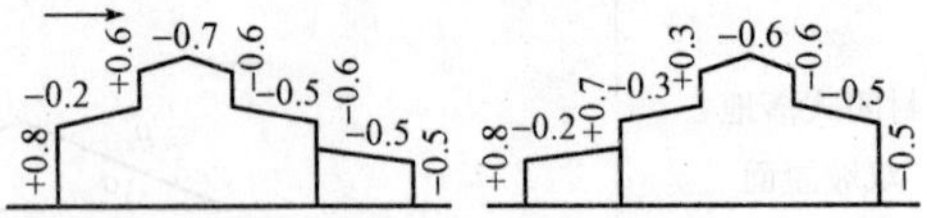 左图：$+0.8$, -0.2, $+0.6$, -0.7, -0.6, -0.5, -0.6, -0.5, -0.5 右图：$+0.8$, -0.2, $+0.7$, $+0.3$, -0.3, -0.6, -0.6, -1, -0.5, -0.5
8	封闭式 带天窗带双坡的 双坡屋面	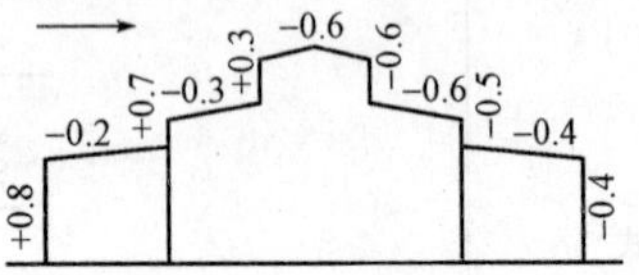 $+0.8$, -0.2, -0.7, -0.3, $+0.3$, -0.6, -0.6, -0.5, -1, -0.4, -0.4
9	封闭式 不等高不等跨 且中跨带天窗的 三跨双坡屋面	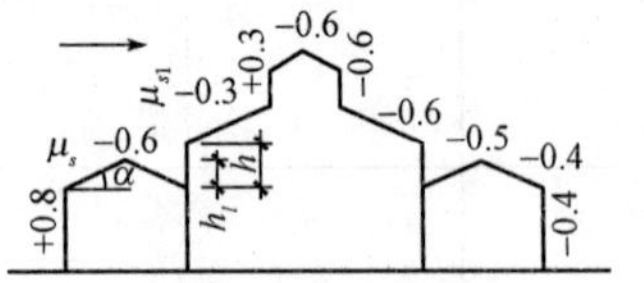 μ_s -0.6, $+0.8$, μ_{s1}, -0.3, $+0.3$, -0.6, -0.6, -0.6, -0.5, -0.4, -0.4 迎风坡面的 μ_s 按第2项采用； 中跨上部迎风墙面的 μ_{s1} 按下式采用： $\mu_{s1}=0.6(1-2h_1/h)$ 但当 $h_1=h$ 时，取 $\mu_{s1}=-0.6$
10	封闭式 带天窗的双跨 双坡屋面	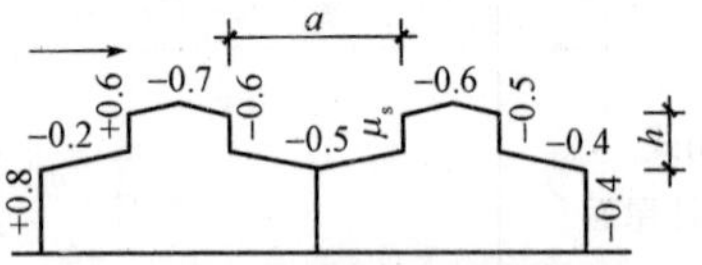 a, $+0.8$, -0.2, -0.6, -0.7, -0.6, -0.5, μ_s, -0.6, -0.5, -0.4, -0.4, h 迎风坡面第2跨的天窗面的 μ_s 按下列规定采用： 当 $a\leqslant 4h$ 时，取 $\mu_s=0.2$；当 $a>4h$ 时，取 $\mu_s=0.6$
11	封闭式 带女儿墙的 双坡屋面	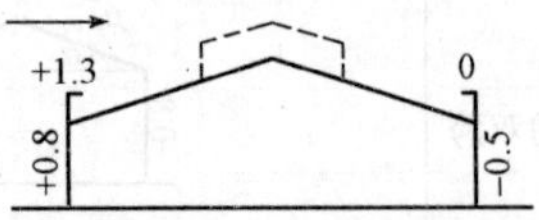 $+1.3$, $+0.8$, 0, -0.5 当屋面坡度不大于15°时，屋面上的体型系数 可按无女儿墙的屋面采用
12	封闭式 带天窗挡风板的屋面	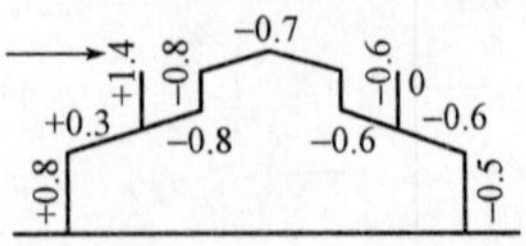 $+1.4$, $+0.8$, -0.7, $+0.3$, $+0.8$, -0.8, -0.6, -0.6, 0, -0.6, -0.5
13	封闭式 带天窗挡风板的 双跨坡屋面	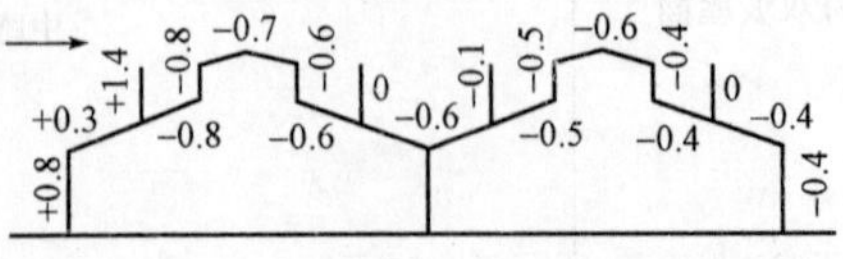 $+1.4$, -0.8, -0.7, -0.6, -0.8, -0.6, -0.1, -0.5, -0.6, -0.4, $+0.3$, $+0.8$, -0.8, -0.6, 0, -0.6, -0.5, -0.4, 0, -0.4, -0.4

项次	类别	体型及体型系数 μ_s
14	封闭式房屋和构筑物	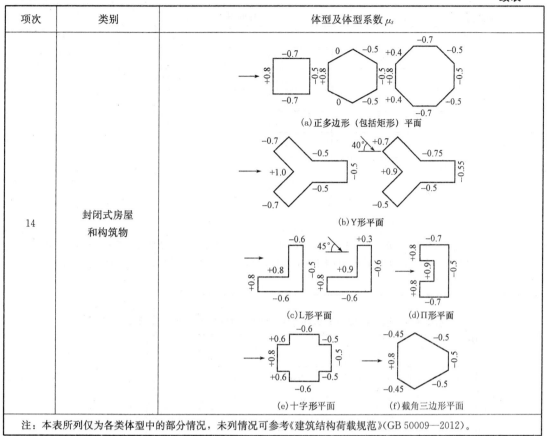

注：本表所列仅为各类体型中的部分情况，未列情况可参考《建筑结构荷载规范》(GB 50009—2012)。

附表 A18　风压高度变化系数 μ_z

离地面或海平面高度/m	地面粗糙度类别			
	A	B	C	D
5	1.09	1.00	0.65	0.51
10	1.28	1.00	0.65	0.51
15	1.42	1.13	0.65	0.51
20	1.52	1.23	0.74	0.51
30	1.67	1.39	0.88	0.51
40	1.79	1.52	1.00	0.60
50	1.89	1.62	1.10	0.69
60	1.97	1.71	1.20	0.77
70	2.05	1.79	1.28	0.84
80	2.12	1.87	1.36	0.91
90	2.18	1.93	1.43	0.98
100	2.23	2.00	1.50	1.04
150	2.46	2.25	1.79	1.33

离地面或海平面高度/m	地面粗糙度类别			
	A	B	C	D
200	2.64	2.46	2.03	1.58
250	2.78	2.63	2.24	1.81
300	2.91	2.77	2.43	2.02
350	2.91	2.91	2.60	2.22
400	2.91	2.91	2.76	2.40
450	2.91	2.91	2.91	2.58
500	2.91	2.91	2.91	2.74
≥550	2.91	2.91	2.91	2.91

注：地面粗糙度可分为 A、B、C、D 四类：A 类指近海海面和海岛、海岸、湖岸及沙漠地区；B 类指田野、乡村、丛林、丘陵以及房屋比较稀疏的乡镇；C 类指有密集建筑群的城市市区；D 类指有密集建筑群且房屋较高的城市市区。

附表 A19 规则框架承受均布水平力作用时标准反弯点的高度比 y_0 值

m	K \ n	0.1	0.2	0.3	0.4	0.5	0.6	0.7	0.8	0.9	1.0	2.0	3.0	4.0	5.0
1	1	0.80	0.75	0.70	0.65	0.65	0.60	0.60	0.60	0.60	0.55	0.55	0.55	0.55	0.55
2	2	0.45	0.40	0.35	0.35	0.35	0.35	0.40	0.40	0.40	0.40	0.45	0.45	0.45	0.45
	1	0.95	0.80	0.75	0.70	0.65	0.65	0.65	0.60	0.60	0.60	0.55	0.55	0.55	0.50
3	3	0.15	0.20	0.20	0.25	0.30	0.30	0.30	0.35	0.35	0.35	0.40	0.45	0.45	0.45
	2	0.55	0.50	0.45	0.45	0.45	0.45	0.45	0.45	0.45	0.45	0.45	0.50	0.50	0.50
	1	1.00	0.85	0.80	0.75	0.70	0.70	0.65	0.65	0.65	0.60	0.55	0.55	0.55	0.55
4	4	−0.05	0.05	0.15	0.20	0.25	0.30	0.30	0.35	0.35	0.35	0.40	0.45	0.45	0.45
	3	0.25	0.30	0.30	0.35	0.35	0.40	0.40	0.40	0.40	0.45	0.45	0.50	0.50	0.50
	2	0.65	0.55	0.50	0.50	0.45	0.45	0.45	0.45	0.45	0.45	0.50	0.50	0.50	0.50
	1	1.10	0.90	0.80	0.75	0.70	0.70	0.65	0.65	0.65	0.60	0.55	0.55	0.55	0.55
5	5	−0.20	0.00	0.15	0.20	0.25	0.30	0.30	0.30	0.35	0.35	0.40	0.45	0.45	0.45
	4	0.10	0.20	0.25	0.30	0.35	0.35	0.40	0.40	0.40	0.40	0.45	0.45	0.50	0.50
	3	0.40	0.40	0.40	0.40	0.40	0.45	0.45	0.45	0.45	0.45	0.50	0.50	0.50	0.50
	2	0.65	0.55	0.50	0.50	0.50	0.50	0.50	0.50	0.50	0.50	0.50	0.50	0.50	0.50
	1	1.20	0.95	0.80	0.75	0.75	0.70	0.70	0.65	0.65	0.65	0.55	0.50	0.55	0.55
6	6	−0.30	0.00	0.10	0.20	0.25	0.25	0.30	0.30	0.35	0.35	0.40	0.45	0.45	0.45
	5	0.00	0.20	0.25	0.30	0.35	0.35	0.40	0.40	0.40	0.40	0.45	0.45	0.50	0.50
	4	0.20	0.30	0.35	0.35	0.40	0.40	0.40	0.45	0.45	0.45	0.45	0.50	0.50	0.50
	3	0.40	0.40	0.40	0.45	0.45	0.45	0.45	0.45	0.45	0.45	0.50	0.50	0.50	0.50.
	2	0.70	0.60	0.55	0.50	0.50	0.50	0.50	0.50	0.50	0.50	0.50	0.50	0.50	0.50
	1	1.20	0.95	0.85	0.80	0.75	0.70	0.70	0.65	0.65	0.65	0.55	0.55	0.55	0.55

m	K / n	0.1	0.2	0.3	0.4	0.5	0.6	0.7	0.8	0.9	1.0	2.0	3.0	4.0	5.0
7	7	−0.35	−0.05	0.10	0.20	0.20	0.25	0.30	0.30	0.35	0.35	0.40	0.45	0.45	0.45
	6	0.10	0.15	0.25	0.30	0.35	0.35	0.35	0.40	0.40	0.40	0.45	0.45	0.50	0.50
	5	0.10	0.25	0.30	0.35	0.40	0.40	0.40	0.45	0.45	0.45	0.45	0.50	0.50	0.50
	4	0.30	0.35	0.40	0.40	0.40	0.45	0.45	0.45	0.45	0.45	0.50	0.50	0.50	0.50
	3	0.50	0.45	0.45	0.45	0.45	0.45	0.45	0.45	0.45	0.45	0.50	0.50	0.50	0.50
	2	0.75	0.60	0.55	0.50	0.50	0.50	0.50	0.50	0.50	0.50	0.50	0.50	0.50	0.50
	1	1.20	0.95	0.85	0.80	0.75	0.70	0.70	0.65	0.65	0.65	0.55	0.55	0.55	0.55
8	8	−0.35	−0.15	1.10	0.15	0.25	0.25	0.30	0.30	0.35	0.35	0.40	0.45	0.45	0.45
	7	0.10	0.15	0.25	0.30	0.35	0.35	0.40	0.40	0.40	0.40	0.45	0.50	0.50	0.50
	6	0.05	0.25	0.30	0.35	0.40	0.40	0.40	0.45	0.45	0.45	0.45	0.50	0.50	0.50
	5	0.20	0.30	0.35	0.40	0.40	0.45	0.45	0.45	0.45	0.45	0.50	0.50	0.50	0.50
	4	0.35	0.40	0.40	0.45	0.45	0.45	0.45	0.45	0.45	0.45	0.50	0.50	0.50	0.50
	3	0.50	0.45	0.45	0.45	0.45	0.45	0.45	0.45	0.50	0.50	0.50	0.50	0.50	0.50
	2	0.75	0.60	0.55	0.55	0.50	0.50	0.50	0.50	0.50	0.50	0.50	0.50	0.50	0.50
	1	1.20	1.00	0.85	0.80	0.75	0.70	0.70	0.65	0.65	0.65	0.55	0.55	0.55	0.55
9	9	−0.40	−0.05	0.10	0.20	0.25	0.25	0.30	0.30	0.35	0.35	0.45	0.45	0.45	0.45
	8	−0.15	0.15	0.25	0.30	0.35	0.35	0.35	0.40	0.40	0.40	0.45	0.45	0.50	0.50
	7	0.05	0.25	0.30	0.35	0.40	0.40	0.40	0.45	0.45	0.45	0.45	0.50	0.50	0.50
	6	0.15	0.30	0.35	0.40	0.40	0.45	0.45	0.45	0.45	0.45	0.50	0.50	0.50	0.50
	5	0.25	0.35	0.40	0.40	0.45	0.45	0.45	0.45	0.45	0.45	0.50	0.50	0.50	0.50
	4	0.40	0.40	0.40	0.45	0.45	0.45	0.45	0.45	0.45	0.45	0.50	0.50	0.50	0.50
	3	0.55	0.45	0.45	0.45	0.45	0.45	0.45	0.45	0.50	0.50	0.50	0.50	0.50	0.50
	2	0.80	0.65	0.55	0.55	0.50	0.50	0.50	0.50	0.50	0.50	0.50	0.50	0.50	0.50
	1	1.20	1.00	0.85	0.80	0.75	0.70	0.70	0.65	0.65	0.65	0.55	0.55	0.55	0.55
10	10	−0.40	−0.05	0.10	0.20	0.25	0.30	0.30	0.30	0.35	0.35	0.40	0.45	0.45	0.45
	9	−0.15	0.15	0.25	0.30	0.35	0.35	0.40	0.40	0.40	0.40	0.45	0.45	0.50	0.50
	8	0.00	0.25	0.30	0.35	0.40	0.40	0.40	0.45	0.45	0.45	0.45	0.50	0.50	0.50
	7	0.10	0.30	0.35	0.40	0.40	0.45	0.45	0.45	0.45	0.45	0.50	0.50	0.50	0.50
	6	0.20	0.35	0.40	0.40	0.45	0.45	0.45	0.45	0.45	0.45	0.50	0.50	0.50	0.50
	5	0.30	0.40	0.40	0.45	0.45	0.45	0.45	0.45	0.45	0.50	0.50	0.50	0.50	0.50
	4	0.40	0.40	0.45	0.45	0.45	0.45	0.45	0.45	0.45	0.50	0.50	0.50	0.50	0.50
	3	0.55	0.50	0.45	0.45	0.45	0.50	0.50	0.50	0.50	0.50	0.50	0.50	0.50	0.50
	2	0.80	0.65	0.55	0.55	0.55	0.50	0.50	0.50	0.50	0.50	0.50	0.50	0.50	0.50
	1	1.30	1.00	0.85	0.80	0.75	0.70	0.70	0.65	0.65	0.65	0.60	0.55	0.55	0.55

m	K / n	0.1	0.2	0.3	0.4	0.5	0.6	0.7	0.8	0.9	1.0	2.0	3.0	4.0	5.0
	11	−0.40	0.05	0.10	0.20	0.25	0.30	0.30	0.30	0.35	0.35	0.40	0.45	0.45	0.45
	10	−0.15	0.15	0.25	0.30	0.35	0.35	0.40	0.40	0.40	0.40	0.45	0.45	0.50	0.50
	9	0.00	0.25	0.30	0.35	0.40	0.40	0.40	0.45	0.45	0.45	0.45	0.50	0.50	0.50
	8	0.10	0.30	0.35	0.40	0.40	0.45	0.45	0.45	0.45	0.45	0.50	0.50	0.50	0.50
	7	0.20	0.35	0.40	0.45	0.45	0.45	0.45	0.45	0.45	0.45	0.50	0.50	0.50	0.50
11	6	0.25	0.35	0.40	0.45	0.45	0.45	0.45	0.45	0.45	0.45	0.50	0.50	0.50	0.50
	5	0.35	0.40	0.40	0.45	0.45	0.45	0.45	0.50	0.45	0.50	0.50	0.50	0.50	0.50
	4	0.40	0.45	0.45	0.45	0.45	0.45	0.50	0.50	0.50	0.50	0.50	0.50	0.50	0.50
	3	0.55	0.50	0.50	0.50	0.50	0.50	0.50	0.50	0.50	0.50	0.50	0.50	0.50	0.50
	2	0.80	0.65	0.60	0.55	0.55	0.50	0.50	0.50	0.50	0.50	0.50	0.50	0.50	0.50
	1	1.30	1.00	0.85	0.80	0.75	0.70	0.70	0.65	0.65	0.65	0.60	0.55	0.55	0.55

注：

$$\begin{array}{c|c} i_1 & i_2 \\ \hline & i_c \\ \hline i_3 & i_4 \end{array} \qquad \overline{K}=\frac{i_1+i_2+i_3}{2i_c}$$

附表 A20　上、下层横梁线刚度比对 y_0 的修正值 y_1

α_1 \ $\overline{K}$	0.1	0.2	0.3	0.4	0.5	0.6	0.7	0.8	0.9	1.0	2.0	3.0	4.0	5.0
0.4	0.55	0.40	0.30	0.25	0.20	0.20	0.20	0.15	0.15	0.15	0.05	0.05	0.05	0.05
0.5	0.45	0.30	0.20	0.20	0.15	0.15	0.15	0.10	0.10	0.10	0.05	0.05	0.05	0.05
0.6	0.30	0.20	0.15	0.15	0.10	0.10	0.10	0.05	0.05	0.05	0.05	0	0	0
0.7	0.20	0.15	0.10	0.10	0.10	0.10	0.05	0.05	0.05	0.05	0.05	0	0	0
0.8	0.15	0.10	0.05	0.05	0.05	0.05	0.05	0.05	0.05	0	0	0	0	0
0.9	0.05	0.05	0.05	0.05	0	0	0	0	0	0	0	0	0	0

注：

$$\begin{array}{c|c} i_1 & i_2 \\ \hline & i_c \\ \hline i_3 & i_4 \end{array}$$

，当 $i_1+i_2>i_3+i_4$ 时，$\alpha_1=\dfrac{i_1+i_2}{i_3+i_4}$，当 $i_1+i_2>i_3+i_4$ 时，α_1 取倒数，即 $\alpha_1=\dfrac{i_3+i_4}{i_1+i_2}$，

并且 y_1 值取负号"−"。

$$\overline{K}=\frac{i_1+i_2+i_3}{2i_c}$$

附表 A21 上、下层高变化对 y_0 的修正值 y_2 和 y_3

α_2	α_3	$\overline{K}$ 0.1	0.2	0.3	0.4	0.5	0.6	0.7	0.8	0.9	1.0	2.0	3.0	4.0	5.0
2.0		0.25	0.15	0.15	0.10	0.10	0.10	0.10	0.10	0.05	0.05	0.05	0.05	0.0	0.0
1.8		0.20	0.15	0.10	0.10	0.10	0.05	0.05	0.05	0.05	0.05	0.05	0.0	0.0	0.0
1.6	0.4	0.15	0.10	0.10	0.05	0.05	0.05	0.05	0.05	0.05	0.05	0.0	0.0	0.0	0.0
1.4	0.6	0.10	0.05	0.05	0.05	0.05	0.05	0.05	0.05	0.05	0.0	0.0	0.0	0.0	0.0
1.2	0.8	0.05	0.05	0.05	0.0	0.0	0.0	0.0	0.0	0.0	0.0	0.0	0.0	0.0	0.0
1.0	1.0	0.0	0.0	0.0	0.0	0.0	0.0	0.0	0.0	0.0	0.0	0.0	0.0	0.0	0.0
0.8	1.2	−0.05	−0.05	−0.05	0.0	0.0	0.0	0.0	0.0	0.0	0.0	0.0	0.0	0.0	0.0
0.6	1.4	−0.10	−0.05	−0.05	−0.05	−0.05	−0.05	−0.05	−0.05	−0.05	0.0	0.0	0.0	0.0	0.0
0.4	1.6	−0.15	−0.10	−0.10	−0.05	−0.05	−0.05	−0.05	−0.05	−0.05	0.0	0.0	0.0	0.0	0.0
	1.8	−0.20	−0.15	−0.10	−0.10	−0.10	−0.05	−0.05	−0.05	−0.05	−0.05	0.0	0.0	0.0	0.0
	2.0	−0.25	−0.15	−0.15	−0.10	−0.10	−0.10	−0.10	−0.10	−0.05	−0.05	−0.05	−0.05	0.0	0.0

注：

$h_上$	$\alpha_2 h$
h	
$h_下$	$\alpha_3 h$

y_2——按照 $\overline{K}$ 及 α_2 求得，上层较高时为正值；

y_3——按照 $\overline{K}$ 及 α_3 求得。

附录 B

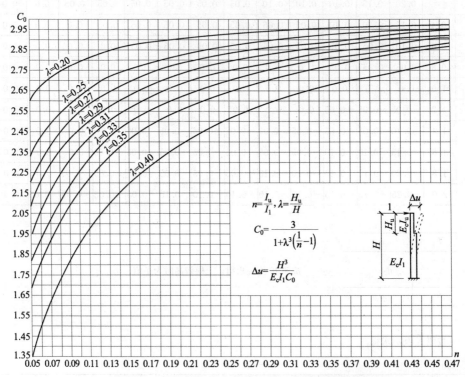

附图 **B1**　柱顶单位集中荷载作用下系数 C_0 的数值

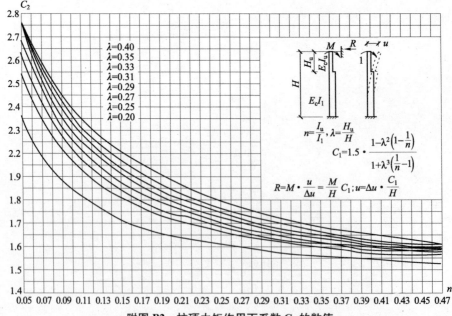

附图 **B2**　柱顶力矩作用下系数 C_1 的数值

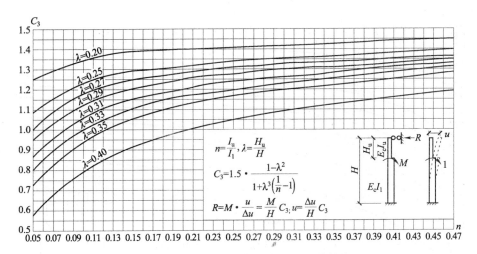

附图 **B3** 力矩作用下牛腿面系数 C_3 的数值

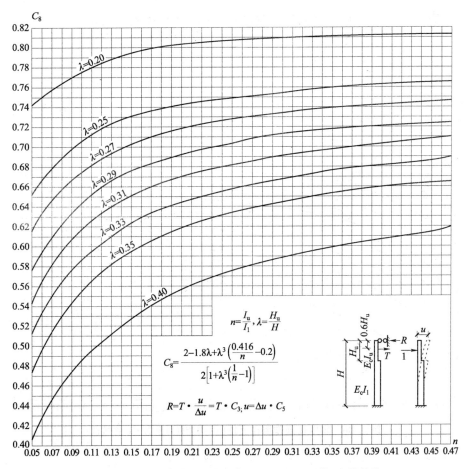

附图 **B4** 集中荷载作用在上柱($y=0.6H_1$)系数 C_5 的数值

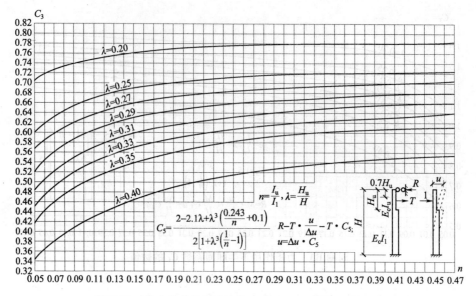

附图 **B5** 集中荷载作用在上柱($y=0.7H_1$)系数 C_5 的数值

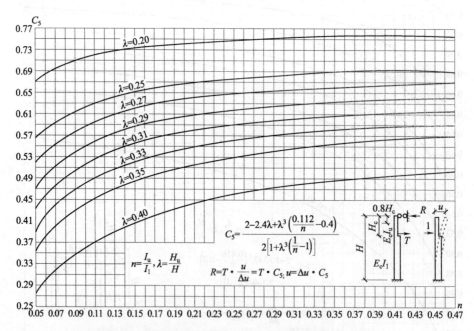

附图 **B6** 集中荷载作用在上柱($y=0.8H_1$)系数 C_5 的数值

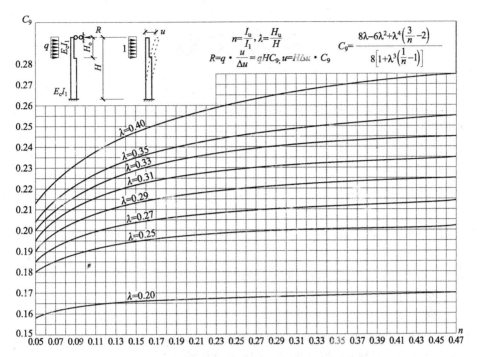

附图 **B7** 均布荷载作用在整个上柱系数 C_9 的数值

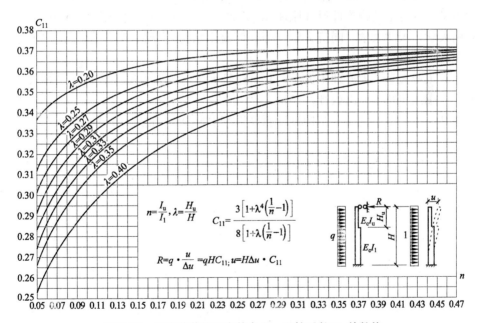

附图 **B8** 均布荷载作用在整个上、下柱系数 C_{11} 的数值

参 考 文 献

[1] 中华人民共和国标准.GB 50010—2010 混凝土结构设计规范(2015 年版)[S]. 北京：中国建筑工业出版社，2016.

[2] 中华人民共和国标准.GB 50009—2012 建筑结构荷载规范[S]. 北京：中国建筑工业出版社，2012.

[3] 中华人民共和国标准.GB 50003—2011 砌体结构设计规范[S]. 北京：中国建筑工业出版社，2012.

[4] 中华人民共和国标准.GB 50011—2010 建筑抗震设计规范(2016 年版)[S]. 北京：中国建筑工业出版社，2016.

[5] 杨晓光，张颂娟. 混凝土结构与砌体结构[M]. 北京：清华大学出版社，2006.

[6] 梁兴文，王社良，李晓文，等. 混凝土结构设计原理[M]. 北京：科学出版社，2003.

[7] 梁兴文，史庆轩. 混凝土结构设计[M]. 北京：科学出版社，2004.

[8] 王振武，张伟. 混凝土结构[M].3 版. 北京：科学出版社，2011.

[9] 唐岱新. 砌体结构[M].2 版. 北京：高等教育出版社，2010.

[10] 许成祥，何培玲. 混凝土结构设计原理[M]. 北京：北京大学出版社，2006.

[11] 徐占发. 混凝土结构构件设计原理[M]. 北京：中国建筑工业出版社，2006.

[12] 东南大学，天津大学，同济大学，等. 混凝土结构(上册)[M]. 北京：中国建筑工业出版社，2001.

[13] 哈尔滨工业大学，大连理工大学，北京建筑大学，等. 混凝土及砌体结构[M].2 版. 北京：中国建筑工业出版社，2014.

[14] 杨霞林，丁小军. 混凝土结构设计原理学习指导[M]. 北京：机械工业出版社，2007.